HBase
不睡觉书

杨曦 著

清华大学出版社
北京

内 容 简 介

HBase 是 Apache 旗下一个高可靠性、高性能、面向列、可伸缩的分布式存储系统。利用 HBase 技术可在廉价的 PC 服务器上搭建大规模的存储化集群，使用 HBase 可以对数十亿级别的大数据进行实时性的高性能读写，在满足高性能的同时还保证了数据存取的原子性。

本书共分为 9 章，由浅入深地讲解 HBase 概念、安装、配置、部署，让读者对 HBase 先有一个感性认识，再从应用角度介绍了高级用法、监控和性能调优。既兼顾了初学者，也适用于想要深入学习 HBase 的读者。

本书适合于以前没有接触过 HBase，或者了解 HBase，并希望能够深入掌握的读者，适合 HBase 应用开发人员和系统管理人员学习使用。

本书封面贴有清华大学出版社防伪标签，无标签者不得销售。
版权所有，侵权必究。举报：010-62782989，beiqinquan@tup.tsinghua.edu.cn。

图书在版编目（CIP）数据

HBase 不睡觉书 / 杨曦著. — 北京：清华大学出版社，2018 (2024.1 重印)
ISBN 978-7-302-49055-5

Ⅰ. ①H… Ⅱ. ①杨… Ⅲ. ①计算机网络—信息存贮 Ⅳ. ①TP393

中国版本图书馆 CIP 数据核字（2017）第 295500 号

责任编辑：夏毓彦
封面设计：王　翔
责任校对：闫秀华
责任印制：曹婉颖

出版发行：清华大学出版社
网　　址：https://www.tup.com.cn，https://www.wqxuetang.com
地　　址：北京清华大学学研大厦 A 座　　邮　编：100084
社 总 机：010-83470000　　邮　购：010-62786544
投稿与读者服务：010-62776969，c-service@tup.tsinghua.edu.cn
质量反馈：010-62772015，zhiliang@tup.tsinghua.edu.cn

印 装 者：三河市龙大印装有限公司
经　　销：全国新华书店
开　　本：190mm×260mm　　印　张：26　　字　数：666 千字
版　　次：2018 年 1 月第 1 版　　印　次：2024 年 1 月第 9 次印刷
定　　价：89.00 元

产品编号：069575-01

前 言

为什么要叫不睡觉书呢？因为我们发现阻碍人们学习新技术最大的障碍不是技术的难度或者条件的限制，而是学习技术时难以抵挡的困意，所以我们的目标就是写一本让人看了不会睡着的 HBase 技术书籍。希望大家可以通过这本书成功地入门 HBase 技术。

为什么要写这本书？

- 目前网上关于 HBase 的知识比较零碎，缺乏系统性。翻译的作品，语言的组织又不符合国人的习惯。
- 目前的资料都很旧。连英文的资料很多都过时了，比如现在很多的书籍和网上的资料都还在介绍三层查询架构，可是 HBase 早已经改成二层查询架构了。实际操作到的跟书上的操作不一样，这很让人沮丧。

如何才能不睡着地看本书

作为本书的作者我强烈不建议大家从头按顺序地读到尾，这不是一种好的读书方式，而且极容易睡着。看书应该是非线性的，先扫一遍目录，然后只看适合自己的，最后再发散式地补看别的章节。

- 如果你手头没有合适的环境，或者你想快速了解 HBase 能干什么，或者你是公司的运维，想知道怎么搭建 HBase，"第 2 章 让 HBase 跑起来"适合你。
- 如果公司的运维帮你搭好了环境，老板催着你赶紧做出项目，那么请直接看"第 4 章 客户端 API 入门"。
- 如果你更关心 HBase 是如何实现它的数据结构的，建议你直接看"第 5 章 HBase 内部探险"。
- 如果你想知道 HBase 如何提升性能，建议你直接看"第 8 章 再快一点"。

如果你还是觉得困，那肯定不是这本书的关系，是你的确缺乏睡眠，请马上去睡觉，有精神了再来看书。看得慢，看得少都没有关系，千万别困着看！

如何才能不睡着地看所有书

为什么我们看技术书籍总是犯困呢？

因为技术书籍必须把方法和知识点都写全面，否则容易误导读者，你可以把技术书籍看成是一本电话黄页。我们总是错误地以为既然要学习，那么每一个知识点、每一个方法都不能错过，所以认真地精读每一本技术书籍。你想象一下，如果你精读一本电话黄页，会不会感到疲劳？会不会忍不住睡去？

其实不光是读本书，学习所有的技术书籍都应该掌握正确的方法。那就是：跳着看，具体地说就是不要针对每一个 API 方法都精读，这样很容易迷失在一长串的 API 方法列表中，感到疲劳，导致无法坚持下去；而是针对某个知识点精细地掌握某一个方法，亲自实践这一个方法，然后别的方法快速略读过去，等回头需要用的时候再回来查阅。我们需要把每一本技术书籍都看成入门教程+技术手册，第一遍阅读的时候把每个知识点挑出一个方法作为入门，把其他方法当作技术手册来查阅，你总不会想细读一本电话黄页吧。

本书在很多地方都给出了阅读提示，提醒大家不要精读，该略过的部分就要勇敢地略过。

这本书不是 HBase 知识大全

这本书的目的只是让你学会 HBase。有些知识点并没有涉及，比如集群备份、ACL 权限控制、REST 客户端等，所以想学习这些知识的同学们可能要失望了。我只能让你们愉快地入门，更深层次的知识就看你们自己的努力了！

技术支持与致谢

如果你在看本书的时候发现了一些问题或者不足之处，请发邮件给 alexyang11@qq.com 告诉我。

部分彩色图片可以到下面网址（注意数字与字母大小写）下载：

https://pan.baidu.com/s/1slqjJnZ

最后感谢我的家人、朋友、同事对我编写本书的帮助，感谢清华大学出版社的夏毓彦编辑，感谢 HBase Team 的 Ted Yu，没有他们的帮助，我不可能完成本书！

著者
2017 年 11 月于硅谷

目 录

第 1 章 初识 HBase 1

1.1 海量数据与 NoSQL 1
1.1.1 关系型数据库的极限 1
1.1.2 CAP 理论 1
1.1.3 NoSQL 2
1.2 HBase 是怎么来的 3
1.3 为什么要用 HBase 3
1.4 你必须懂的基本概念 4
1.4.1 部署架构 4
1.4.2 存储架构 7
1.4.3 跟关系型数据库的对比 9

第 2 章 让 HBase 跑起来 11

2.1 本书测试环境 12
2.2 配置服务器名 12
2.3 配置 SSH 免密登录 13
2.4 安装 Hadoop 15
2.4.1 安装 Hadoop 单机模式 15
2.4.2 安装 Hadoop 集群模式 20
2.4.3 ZooKeeper 23

		2.4.4 配置 Hadoop HA 27
		2.4.5 让 Hadoop 可以开机自启动 35
		2.4.6 最终配置文件 41
	2.5	安装 HBase 43
		2.5.1 单机模式 45
		2.5.2 伪分布式模式 47
		2.5.3 关于 ZooKeeper 不得不说的事 51
		2.5.4 完全分布式模式 52
		2.5.5 HBase Web 控制台（UI） 58
		2.5.6 让 HBase 可以开机自启动 58
		2.5.7 启用数据块编码（可选） 60
		2.5.8 启用压缩器（可选） 65
		2.5.9 数据块编码还是压缩器（可选） 70

第 3 章 HBase 基本操作 71

	3.1	hbase shell 的使用 71
		3.1.1 用 create 命令建表 72
		3.1.2 用 list 命令来查看库中有哪些表 73
		3.1.3 用 describe 命令来查看表属性 73
		3.1.4 用 put 命令来插入数据 74
		3.1.5 用 scan 来查看表数据 76
		3.1.6 用 get 来获取单元格数据 77
		3.1.7 用 delete 来删除数据 77
		3.1.8 用 deleteall 删除整行记录 79
		3.1.9 用 disable 来停用表 80
		3.1.10 用 drop 来删除表 80
		3.1.11 shell 命令列表 81

3.2 使用 Hue 来查看 HBase 数据 121
    3.2.1 准备工作 121
    3.2.2 安装 Hue 124
    3.2.3 配置 Hue 127
    3.2.4 使用 Hue 来查看 HBase 132

第 4 章 客户端 API 入门 134
4.1 10 分钟教程 134
4.2 30 分钟教程 141
4.3 CRUD 一个也不能少 147
    4.3.1 HTable 类和 Table 接口 147
    4.3.2 put 方法 148
    4.3.3 append 方法 155
    4.3.4 increment 方法 157
    4.3.5 get 方法 158
    4.3.6 exists 方法 162
    4.3.7 delete 方法 162
    4.3.8 mutation 方法 164
4.4 批量操作 166
    4.4.1 批量 put 操作 167
    4.4.2 批量 get 操作 167
    4.4.3 批量 delete 操作 168
4.5 BufferedMutator（可选）... 168
4.6 Scan 扫描 170
    4.6.1 用法 170
    4.6.2 缓存 173
4.7 HBase 支持什么数据格式 174

4.8 总结 175

第 5 章 HBase 内部探险

5.1 数据模型 176

5.2 HBase 是怎么存储数据的 178

  5.2.1 宏观架构 178

  5.2.2 预写日志 181

  5.2.3 MemStore 183

  5.2.4 HFile 184

  5.2.5 KeyValue 类 186

  5.2.6 增删查改的真正面目 186

  5.2.7 数据单元层次图 187

5.3 一个 KeyValue 的历险 187

  5.3.1 写入 188

  5.3.2 读出 188

5.4 Region 的定位 189

第 6 章 客户端 API 的高阶用法

6.1 过滤器 193

  6.1.1 过滤器快速入门 194

  6.1.2 比较运算快速入门 198

  6.1.3 分页过滤器 201

  6.1.4 过滤器列表 203

  6.1.5 行键过滤器 208

  6.1.6 列过滤器 214

  6.1.7 单元格过滤器 227

  6.1.8 装饰过滤器 228

		6.1.9 自定义过滤器 231
		6.1.10 如何在 hbase shell 中使用过滤器 248
	6.2	协处理器 249
		6.2.1 协处理器家族 249
		6.2.2 快速入门 251
		6.2.3 如何加载 254
		6.2.4 协处理器核心类 256
		6.2.5 观察者 259
		6.2.6 终端程序 276

第 7 章 客户端 API 的管理功能 290

7.1	列族管理 290
7.2	表管理 296
7.3	Region 管理 299
7.4	快照管理 304
7.5	维护工具管理 307
	7.5.1 均衡器 307
	7.5.2 规整器 308
	7.5.3 目录管理器 310
7.6	集群状态以及负载（ClusterStatus & ServerLoad） 311
7.7	Admin 的其他方法 315
7.8	可见性标签管理 319
	7.8.1 快速入门 321
	7.8.2 可用标签 328
	7.8.3 用户标签 329
	7.8.4 单元格标签 329

第 8 章 再快一点 331

8.1 Master 和 RegionServer 的 JVM 调优 331
8.1.1 先调大堆内存 331
8.1.2 可怕的 Full GC 333
8.1.3 Memstore 的专属 JVM 策略 MSLAB 335

8.2 Region 的拆分 340
8.2.1 Region 的自动拆分 341
8.2.2 Region 的预拆分 345
8.2.3 Region 的强制拆分 347
8.2.4 推荐方案 347
8.2.5 总结 347

8.3 Region 的合并 348
8.3.1 通过 Merge 类合并 Region 348
8.3.2 热合并 348

8.4 WAL 的优化 349

8.5 BlockCache 的优化 351
8.5.1 LRUBlockCache 352
8.5.2 SlabCache 353
8.5.3 BucketCache 354
8.5.4 组合模式 356
8.5.5 总结 357

8.6 Memstore 的优化 357
8.6.1 读写中的 Memstore 358
8.6.2 Memstore 的刷写 358
8.6.3 总结 361

8.7 HFile 的合并 361
8.7.1 合并的策略 361

	8.7.2 compaction 的吞吐量限制参数 374
	8.7.3 合并的时候 HBase 做了什么 377
	8.7.4 Major Compaction 378
	8.7.5 总结 380
8.8	诊断手册 380
	8.8.1 阻塞急救 380
	8.8.2 朱丽叶暂停 381
	8.8.3 读取性能调优 384
	8.8.4 案例分析 385

第 9 章 当 HBase 遇上 MapReduce 389

9.1	为什么要用 MapReduce 389
9.2	快速入门 389
9.3	慢速入门：编写自己的 MapReduce 391
	9.3.1 准备数据 391
	9.3.2 新建项目 392
	9.3.3 建立 MapReduce 类 393
	9.3.4 建立驱动类 396
	9.3.5 打包、部署、运行 400
9.4	相关类介绍 402
	9.4.1 TableMapper 402
	9.4.2 TableReducer 403
	9.4.3 TableMapReduceUtil 403

第 1 章
初识 HBase

1.1 海量数据与 NoSQL

1.1.1 关系型数据库的极限

想必大家都用过类似 MySQL 或者 Oracle 这样的关系型数据库。一个网站或者系统最核心的表就是用户表,而当用户表的数据达到几千万甚至几亿级别的时候,对单条数据的检索将花费数秒甚至达到分钟级别。实际情况更复杂,查询的操作速度将会受到以下两个因素的影响:

- 表会被并发地进行插入、编辑以及删除操作。一个大中型网站的并发操作一般能达到几十乃至几百并发,此时单条数据查询的延时将轻而易举地达到分钟级别。
- 查询语句通常都不是简单地对一个表的查询,而有可能是多个表关联后的复杂查询,甚至有可能有 group by 或者 order by 操作,此时,性能下降随之而来。

因此,当关系型数据库的表数据达到一定量级的时候,查询的操作就会慢得无法忍受。姑且不论聘请经验丰富的 DBA 进行深度优化的成本多少,实际情况是,哪怕是进行了深度的优化,情况仍然不容乐观。原本这种情况只发生在某些垄断行业中,但是现在随着越来越多的"独角兽公司"(估值达到 10 亿美元以上的公司)的出现,在海量数据下进行快速开发,并进行高效运行的需求越来越多。这可难倒了全世界的关系型数据库专家,世界的数据库技术似乎达到了瓶颈。怎么办呢?

1.1.2 CAP 理论

有的专家尝试将关系型数据库做成分布式数据库,把压力分摊到了多个服务器上,但是,随之而来的问题则是很难保证原子性。原子性可是数据库最根本的 ACID 中的元素啊!如果没有了原子性,数据库就不可靠了,这样的数据库还能用吗?如果增加一些必要的操作,那么原子性是保证了,但是性能却大幅下降了。专家们始终没有办法构建出一个既有完美原子性又兼具高性能的分布式数据库。

就在一筹莫展的时候,有人突然想起,20 世纪 90 年代初期 Berkerly 大学有位 Eric Brew

er 教授提出了一个 CAP 理论，如图 1-1 所示。

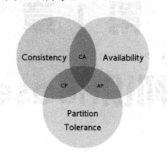

图 1-1

全称是 Consistency Availability and Partition tolerance：

- Consistency（一致性）：数据一致更新，所有数据变动都是同步的。
- Availability（可用性）：良好的响应性能。
- Partition tolerance（分区容错性）：可靠性。

Brewer 教授给出的定理是：

> 任何分布式系统只可同时满足二点，没法三者兼顾。

Brewer 教授给出的忠告是：

> 架构师不要将精力浪费在如何设计能满足三者的完美分布式系统，而是应该进行取舍。

这回人们可以不用纠结于如何设计一个拥有完美原子性的高性能分布式数据库了。现在的问题是，我们究竟要舍弃哪一个特性？

1.1.3　NoSQL

对 CAP 特性的放弃带来了一种全新类型的数据库——非关系型数据库。和关系型数据库正好相反，非关系型数据库 NoSQL 对事务性的要求并不严格，甚至可以说是相当马虎。

有些数据库是保证最终一致性，信息不会立即同步，而是经过了一段时间才达到一致性。比如你发了一篇文章，你的一部分朋友立马看到了这篇文章，另一部分朋友却要等到 5 分钟之后才能刷出这篇文章。虽然有延时，但是对于一个娱乐性质的 Web 2.0 网站又有谁会在乎这几分钟的延时呢？如果你用传统关系型数据库，网站可能早就宕掉了。

有些数据库可以在部分机器宕机的情况下依然可以正常运行，其实原理就是把同一份数据复制成了好几份放到了好几个地方，正应了那句老话：

> 不要把鸡蛋同时放在一个篮子里。

读者在之后的篇章中可以看到，HBase 正是这种类型的 NoSQL 数据库。

总之，数据库的世界从此开始百花齐放起来了，如图 1-2 所示。

NotOnlySQL

图 1-2

很多人以为 NoSQL 是非 SQL 的意思，其实它是 Not Only SQL 的缩写，意思是不只是 SQL。

1.2 HBase 是怎么来的

2006 年 Google 技术人员 Fay Chang 发布了一篇文章 *Bigtable: A Distributed Storage System for Structured Data*。该文章向世人介绍了一种分布式的数据库，这种数据库可以在局部几台服务器崩溃的情况下继续提供高性能的服务。

2007 年 Powerset 公司的工作人员基于此文研发了 BigTable 的 Java 开源版本，即 HBase。刚开始它只是 Hadoop 的一部分。

2008 年 HBase 成为了 Apache 的顶级项目。HBase 几乎实现了 BigTable 的所有特性。它被称为一个开源的非关系型分布式数据库。

2010 年 HBase 的开发速度打破了一直以来跟 Hadoop 版本一致的惯例，因为 HBase 的版本发布速度已经超越了 Hadoop。它的版本号一下从 0.20.x 跳跃到了 0.89.x。

HBase Logo 的演化过程如图 1-3 所示。

图 1-3

看来我不是唯一一个觉得以前的 Logo 很丑的人。

1.3 为什么要用 HBase

HBase 的存储是基于 Hadoop 的。Hadoop 是这些年崛起的拥有着高性能，高稳定，可管理的大数据应用平台。Hadoop 已经快要变为大数据的代名词了，基于 Hadoop 衍生出了大量优秀的开源项目。

Hadoop 实现了一个分布式文件系统（HDFS）。HDFS 有高容错性的特点，被设计用来部署在低廉的硬件上，而且它提供高吞吐量以访问应用程序的数据，适合那些有着超大数据集的应用程序。基于 Hadoop 意味着 HBase 与生俱来的超强的扩展性和吞吐量。

HBase 采用的是 Key/Value 的存储方式，这意味着，即使随着数据量增大，也几乎不会导致查询的性能下降。HBase 又是一个列式数据库（对比于传统的行式数据库而言），当你的表字段很多的时候，你甚至可以把其中几个字段放在集群的一部分机器上，而另外几个字段放到另外一部分机器上，充分分散了负载压力。然而，如此复杂的存储结构和分布式的存储方式带来的代价就是：哪怕只是存储少量数据，它也不会很快。所以我常常跟人说：

> HBase 并不快，只是当数据量很大的时候它慢的不明显

凡事都不可能只有优点而没有缺点。数据分析是 HBase 的弱项，因为对于 HBase 乃至整个 NoSQL 生态圈来说，基本上都是不支持表关联的。当你想实现 group by 或者 order by 的时候，你会发现，你需要写很多的代码来实现 MapReduce。

因此，请不要盲目地使用 HBase。

当你的情况大体上符合以下任意一种的时候：

- 主要需求是数据分析，比如做报表。
- 单表数据量不超过千万。

请不要使用 HBase，使用 MySQL 或者 Oracle 之类的产品可以让你的脑细胞免受折磨。

当你的情况是：

- 单表数据量超千万，而且并发还挺高。
- 数据分析需求较弱，或者不需要那么灵活或者实时。

请使用 HBase，它不会让你失望的。

1.4 你必须懂的基本概念

1.4.1 部署架构

在安装 HBase 之前，有几个概念你必须弄懂，否则你可能就不知道自己在装什么。

我们先从大到小介绍一下 HBase 的架构。从 HBase 的部署架构上来说，HBase 有两种服务器：Master 服务器和 RegionServer 服务器。

一般一个 HBase 集群有一个 Master 服务器和几个 RegionServer 服务器。Master 服务器负责维护表结构信息，实际的数据都存储在 RegionServer 服务器上，如图 1-4 所示。

HBase 有一点很特殊：客户端获取数据由客户端直连 RegionServer 的，所以你会发现 Master 挂掉之后你依然可以查询数据，但就是不能新建表了。

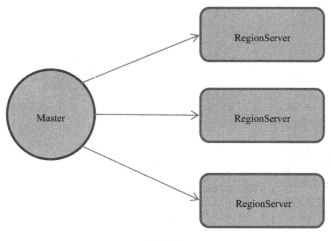

图 1-4

RegionServer 是直接负责存储数据的服务器。RegionServer 保存的表数据直接存储在 Hadoop 的 HDFS 上，架构如图 1-5 所示。

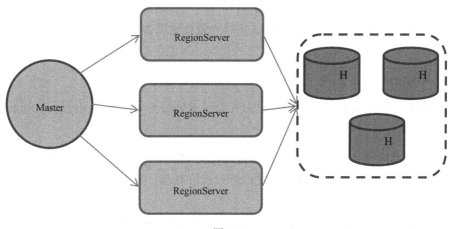

图 1-5

RegionServer 非常依赖 ZooKeeper 服务，可以说没有 ZooKeeper 就没有 HBase。ZooKeeper 在 HBase 中扮演的角色类似一个管家。ZooKeeper 管理了 HBase 所有 RegionServer 的信息，包括具体的数据段存放在哪个 RegionServer 上。

客户端每次与 HBase 连接，其实都是先与 ZooKeeper 通信，查询出哪个 RegionServer 需要连接，然后再连接 RegionServer。因此，以上的架构又可以拓展成如图 1-6 所示的这样：

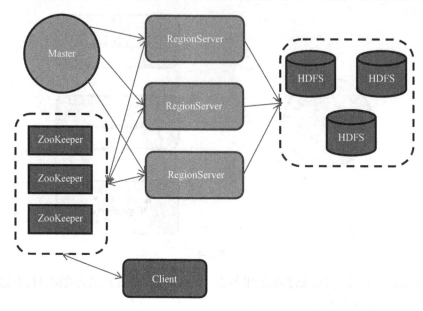

图 1-6

这就是 HBase 的整体架构。接下来，我们从微观角度去看具体的表数据是以怎样的结构存储。

1.4.1.1 Region 是什么

Region 就是一段数据的集合。HBase 中的表一般拥有一个到多个 Region。Region 有以下特性：

- Region 不能跨服务器，一个 RegionServer 上有一个或者多个 Region。
- 数据量小的时候，一个 Region 足以存储所有数据；但是，当数据量大的时候，HBase 会拆分 Region。
- 当 HBase 在进行负载均衡的时候，也有可能会从一台 RegionServer 上把 Region 移动到另一台 RegionServer 上。
- Region 是基于 HDFS 的，它的所有数据存取操作都是调用了 HDFS 的客户端接口来实现的。

1.4.1.2 RegionServer 是什么

RegionServer 就是存放 Region 的容器，直观上说就是服务器上的一个服务。一般来说，一个服务器只会安装一个 RegionServer 服务，不过你实在想在一个服务器上装多个 RegionServer 服务也不是不可以。

当客户端从 ZooKeeper 获取 RegionServer 的地址后，它会直接从 RegionServer 获取数据。

1.4.1.3 Master 是什么

可能你们会想当然地觉得 Master 是 HBase 的领导，所有的数据、所有的操作都会经过它。错！其实在 HBase 中 Master 的角色不像领导，更像是打杂的。我们之前说过，客户端从

ZooKeeper 获取了 RegionServer 的地址后，会直接从 RegionServer 获取数据。其实不光是获取数据，包括插入、删除等所有的数据操作都是直接操作 RegionServer，而不需要经过 Master。

Master 只负责各种协调工作（其实就是打杂），比如建表、删表、移动 Region、合并等操作。它们的共性就是需要跨 RegionServer，这些操作由哪个 RegionServer 来执行都不合适，所以 HBase 就将这些操作放到了 Master 上了。

这种结构的好处是大大降低了集群对 Master 的依赖。而 Master 节点一般只有一个到两个，一旦宕机，如果集群对 Master 的依赖度很大，那么就会产生单点故障问题。在 HBase 中，即使 Master 宕机了，集群依然可以正常地运行，依然可以存储和删除数据。

1.4.2 存储架构

最基本的存储单位是列（column），一个列或者多个列形成一行（row）。传统数据库是严格的行列对齐。比如这行有三个列 a、b、c，下一行肯定也有三个列 a、b、c。而在 HBase 中，这一行有三个列 a、b、c，下一个行也许是有 4 个列 a、e、f、g。在 HBase 中，行跟行的列可以完全不一样，这个行的数据跟另外一个行的数据也可以存储在不同的机器上，甚至同一行内的列也可以存储在完全不同的机器上！

每个行（row）都拥有唯一的行键（row key）来标定这个行的唯一性。每个列都有多个版本，多个版本的值存储在单元格（cell）中。

若干个列又可以被归类为一个列族。

综上所述，HBase 的存储结构可以表示成如图 1-7 所示的结构。

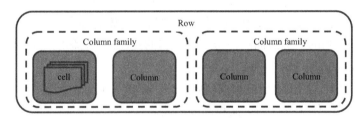

图 1-7

1.4.2.1 行键是什么

rowkey 和 MySQL、Oracle 中的主键比起来简单多了。这个 rowkey 完全是由用户指定的一串不重复的字符串，规则随你定！不过，话虽如此，你定的 rowkey 可是会直接决定这个 row 的存储位置的。HBase 中无法根据某个 column 来排序，系统永远是根据 rowkey 来排序的。因此，rowkey 就是决定 row 存储顺序的唯一凭证。而这个排序也很简单：根据字典排序。

比如，以下三个 rowkey：

- row-1
- row-2
- row-11

根据字典排序结果：

- row-1
- row-11
- row-2

如果你插入 HBase 的时候，不小心用了之前已经存在的 rowkey 呢？

那你就会把之前存在的那个 row 更新掉。

之前已经存在的值呢？

会被放到这个单元格的历史记录里面，并不会丢掉，只是你需要带上版本参数才可以找到这个值。

什么是单元格呢？

一个列上可以存储多个版本的单元格。单元格就是数据存储的最小单元。

1.4.2.2 列族

在 HBase 中，若干列可以组成列族（column family）。

建表的时候是不需要制定列的，因为列是可变的，它非常灵活，唯一需要确定的就是列族。这就是为什么说一个表有几个列族是一开始就定好的。此外，表的很多属性，比如过期时间、数据块缓存以及是否压缩等都是定义在列族上的，而不是定义在表上或者列上。这一点做法跟以往的数据库有很大的区别。同一个表里的不同列族可以有完全不同的属性配置，但是同一个列族内的所有列都会有相同的属性，因为他们都在一个列族里面，而属性都是定义在列族上的。

一个没有列族的表是没有意义的，因为列必须依赖列族而存在。

在 HBase 中一个列的名称前面总是带着它所属的列族。列名称的规范是列族:列名，比如 brother:age、brother:name、parent:age、parent:name。

列族存在的意义是：HBase 会把相同列族的列尽量放在同一台机器上，所以说，如果想让某几个列被放到一起，你就给他们定义相同的列族。

一个表要设置多少个列族比较合适？官方的建议是：越少越好，因为 HBase 并不希望大家指定太多的列族。为什么？因为没有必要，虽然 HBase 是分布式数据库，但是数据在同一台物理机上依然会加速数据的查询过程。所以请根据实际需要来指定列族，列族太多会极大程度地降低数据库性能；而且根据目前的 HBase 实现，列族定得太多，容易出 BUG。

1.4.2.3 单元格

你以为行键:列族:列就能唯一地确定一个值了吗？错！虽然列已经是 HBase 的最基本单位了，但是，一个列上可以存储多个版本的值，多个版本的值被存储在多个单元格里面，多个版本之间用版本号（Version）来区分。所以，唯一确定一条结果的表达式应该是行键:列族:列:版本号（rowkey:column family:column:version）。

不过，版本号是可以省略的。如果你不写版本号，HBase 默认获取最后一个版本的数据返回给你。每个列或者单元格的值都被赋予一个时间戳。这个时间戳默认是由系统制定的,也可以由用户显示指定。

1.4.2.4 Region 跟行的关系

之前提到了 Region 的概念,后来我们又提到了行的概念,那么他们之间的关系是什么呢?其实很简单,一个 Region 就是多个行的集合。在 Region 中行的排序按照行键(rowkey)字典排序。

1.4.3 跟关系型数据库的对比

看完了前面的描述,如果你对 HBase 的存储结构还是没有一个直观的理解,那我们用它来跟传统关系型数据库对比一下。

传统的关系型数据库的表结构如图 1-8 所示。

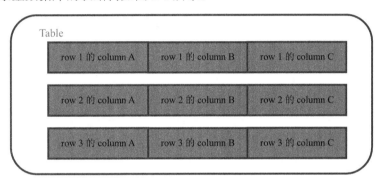

图 1-8

其中每个行都是不可分割的,也就是说三个列必须在一起,而且要被存储在同一台机器上,甚至是同一个文件里面。

HBase 的表结构如图 1-9 所示。

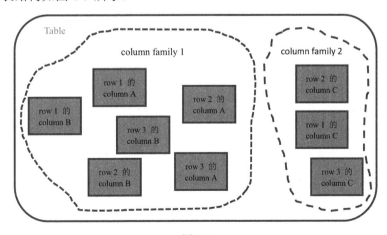

图 1-9

HBase 中的每一个行都是离散的。因为有列族的存在,所以一个行里面的不同列甚至被分配到了不同的服务器上。行的概念被减弱到只有一个抽象的存在。在实体上，把多个列标定为一个行的关键词是 rowkey，这也是行这个概念在 HBase 中的唯一体现。

在 HBase 中，每一个存储语句都必须精确地写出数据是要被存储到哪个单元格，而单元格是由表:列族:行:列来定义的。翻译过来就是你要精确地写出数据要被存储到哪个表的哪个列族的哪个行的哪个列。如果一行有 10 列，那存储一行的数据得写 10 行的语句；而在传统数据库中存储语句（insert 语句）可以把整个行的数据一次性写在行语句里面。

第 2 章
◀ 让HBase跑起来 ▶

以下内容均假设用户已经安装了 Java 环境。Hadoop 和 HBase 都要求 JDK 版本至少是 1.6 以上，建议使用 Oracle 提供的 JDK 版本。

先从 Apache HBase 页面下载 HBase （http://www.apache.org/dyn/closer.cgi/HBase/）。

由于我们的 HBase 是安装在本来已经有的 Hadoop 上，而 Hadoop 又分为 HA （High Avaliable，高可用性）模式和非 HA 模式（实际上生产环境都是 HA 环境的，这样可以保证没有单点故障问题）。

什么是非 HA 模式

非 HA 模式是相对于 HA 模式而言的。如果你不知道什么是 Hadoop HA 模式，那么你用的多半是非 HA 模式。HA 模式是用来防止单点故障的。

什么是单点故障

通俗地说：单点故障就是你的系统太依赖于某一个节点，以至于只要该节点宕掉了，就算整个集群的其他节点都是好的，你的集群也相当于整体瘫痪。单点故障问题一般会出现在集群的元数据存储节点上，这种节点一般一个集群就一个，它一旦坏了，整个系统就不能正常使用了。所以说这个词相当于一个贬义词，我们在做系统架构的时候要尽量避免我们搭建的系统有单点故障问题。

Hadoop 怎么避免单点故障问题

Hadoop 的单点故障一般会出在 namenode 上（关于什么是 namenode 的相关资料请自行查询 Hadoop 的文献，本书由于涵盖范围有限不会详细介绍）。Hadoop 的做法是，同时启动两个 namenode：其中一个工作，另一个总是处于后备机（standby）状态，让它只是单纯地同步活跃机（active）的数据，当活跃机宕掉的时候就可以自动切换过去。这种模式称为 HA 模式。HA 模式下不能用 <namenode 主机>:<端口>的模式来访问 Hadoop 集群，因为 namenode 主机已经不是一个固定的 IP 了，而是采用<serviceid>的方式来访问，这个 serviceid 存储在 ZooKeeper 里面。

什么是 ZooKeeper

ZooKeeper 是一个轻量级的分布式架构集群。以往我们（实际上一般人不会干这事，这里的我们指的是 Hadoop 和 HBase 的开发者这种组件编写者）在编写组件的时候需要自己编写节点的注册、取消、维持等代码。比如节点是否存活的检测、节点失效后的处理等这些事情。

ZooKeeper 的诞生把我们从这些工作量中解放出来了，因为 ZooKeeper 会启动一个属于它自己的集群，而这个集群干的事情就是维护你的节点，这样你不需要再自己编写这些代码了。目前很多架构，比如 Hadoop、HBase 等都采用 ZooKeeper 作为分布式节点管理的解决方案。

我要采用什么方式来安装 Hadoop

事实上有很多种方式来安装 Hadoop。比如 Cloudera 出品的一键安装，还有 Hortonworks 出品的 Ambari。这些工具都提供了很好的图形化界面和各种预设。不过并不建议一上来就用这些工具，因为 Hadoop 从本质上说还是一个开源的很复杂的架构，有很多概念知识你并不熟悉，用这些工具搭建的集群出问题的话，你很难去排查问题。最重要的是，你学不到什么东西，只是迷迷糊糊地把它装上去了而已，对你的职业发展无甚裨益。当你懂得了一些之后，再用这些工具来维护，那才是很不错的选择。所以，建议你用 Hadoop 官网上下载的工具和根据 Hadoop 官网的教程来安装 Hadoop。

当你从 Hadoop 官网（http://hadoop.apache.org/releases.html）下载好了 Hadoop 的安装包，然后根据教程一步一步地安装好 Hadoop 后，接下来就是安装 HBase 了。

2.1 本书测试环境

以下是本书的测试环境：

- 操作系统 CentOS 6.5。
- 总共 5 台机器，前两台作为 namenode，我称之为 nn01、nn02；后三台作为 datanode，我称之为 dn01、dn02、dn03。
- 每台机器的内存为 8GB。请一定确保每台机器都有 8GB 以上内存，因为 HBase 对配置的要求很高，如果低于 8GB，有可能会卡到，出现各种超时故障。
- 每台机器的硬盘为 60GB。如果仅仅是学习，硬盘没有什么固定的要求，只要保证有一个分区达到 30GB 以上就行了，到时候用这个分区来存放 Hadoop 和 HBase 的数据和日志。
- JDK 版本为 Oracle JDK1.7。

2.2 配置服务器名

已经装过 Hadoop 的用户可以跳过这个步骤。

把 /etc/hosts 文件，所有的机器的 IP 和机器名都配置到 hosts 文件里面去，这样可以通过服务器名来 SSH 或者访问机器，而不是直接输入 IP 地址。这样做不只是为了更方便，而是为了符合 HBase 和 Hadoop 的硬性要求。不过既然你都装了 Hadoop，那么肯定是设置了这个文件。如果没有，请现在开始设置。设置完的文件类似：

```
192.168.78.50 nn01
192.168.78.51 nn02
192.168.78.52 dn01
192.168.78.53 dn02
192.168.78.54 dn03
```

第二个要配置的是本机的 hostname。如果你们在 Linux 下使用 hostname 打出来的是很奇怪的名字，或者不是你想要的，你就要修改 hostname，否则 HBase 极易出现问题。由于我用的是 CentOS 系统，我编辑 /etc/sysconfig/network 文件，修改 HOSTNAME 这个配置项，比如：

```
HOSTNAME=dn03
```

最后，重启一下就会生效了。

2.3 配置 SSH 免密登录

已经装过 Hadoop 的用户可以跳过这个步骤。

请先确保五台机器之间有一个用户可以免密登录到其他的机器上。假设你已经装完了 Hadoop，那么你应该已经有一个用户可以用于免密登录的，否则，估计你也装不成 Hadoop。如果没有这样一个用户的话，你需要先配置它。

这个用户的要求是：

- 可以通过 sudo 命令来以 root 权限运行命令。
- 可以不加密码，直接用 SSH 在别的机器上执行命令。
- 所有机器上都要有这个用户，名字和权限完全相同。
- 该用户最好不要是 root，当然用 root 也可以，只是生产环境没人这么干，太危险了。
- 如果你不知道怎么取名，就跟我一样用 hadoop 这个用户名吧。

具体如何建立该用户并且配置上 SSH 不在本书的讨论范围中，不同的机器有不同的做法，大家可以自行查阅资料找到属于自己操作系统的方法。

本书使用的用户名是 hadoop。我的操作系统是 CentOS6.5，以下是我操作的具体步骤：

1. 登录到在 nn01 上

（1）切换到 root 用户，然后建立 hadoop 用户。

```
# useradd hadoop
# passwd hadoop
New passwd:
Retype new passwd:
```

（2）添加 hadoop 到 sudoers（以下命令以 root 用户执行）列表。

```
chmod u+w /etc/sudoers
```

然后用 vi 编辑器打开 sudoers 文件，在里面添加一句话：

```
hadoop ALL=NOPASSWD:ALL
```

现在你可以用 whoami 命令测试 hadoop 用户是否拥有 sudo 的权限：

```
[hadoop@50 root]$ sudo whoami
Root
```

（3）生成 rsa 密钥：

```
$ ssh-keygen -t rsa
```

采用默认配置，即默认目录和空密码。

然后检查 home/hadoop/.ssh 目录，可以看到 id_rsa.pub 文件，这个就是我们这台机器中 hadoop 用户的公钥，我们要把这个文件传输到 host2 上。

（4）传输公钥到 host2：

```
scp ~/.ssh/id_rsa.pub hadoop@nn02:/home/hadoop
```

中间会问你

```
Are you sure you want to continue connecting (yes/no)?
```

记得一定要回答 yes。

2. nn02 上

接下来用 hadoop 用户 SSH 到 nn02 上执行以下步骤。

（1）确认是否存在 ~/.ssh 目录，如果不存在就创建一个。

分配权限的时候注意一点：网上有的文章提到做 SSH 免密时给 .ssh 以及以下的文件夹分配权限使用了以下命令：

```
chmod -R 600 ~/.ssh
```

如果你用 chmod -R 600 ~/.ssh，那么你会把 .ssh 文件夹内的文件以及 .ssh 文件夹本身的权限都改为 600，这么做以后连 cd ~/.ssh 这样简单的命令都做不了了，因为 cd 命令是需要 x 权限的，所以，正确的做法是给 .ssh 文件夹赋予 700 权限：

```
chmod 700 ~/.ssh
```

（2）把我们刚刚传输过来的公钥的信息复制到 authorized_keys 内：

```
cat id_rsa.pub >> ~/.ssh/authorized_keys
```

注意 authorized_key 的权限：如果 authorized_keys 之前没有，那么 cat 命令创建出来的

authorized_keys 文件默认权限是 664，你需要修改权限为 600，否则由于这个文件的权限过大，在 SSH 的时候还是会要求你输入密码。

回到 nn01 去测试：

```
ssh nn02
```

会发现你已经可以直接登录到 nn02 上，而不需要输入用户名和密码。

之后，把这个步骤在其他机器上也做一遍，确保机器之间都可以互相 SSH，**包括自己都可以 SSH 自己**。比较简单的方式就是把 5 台机器的 id_rsa.pub 文件放到一起打个包，然后传输到所有机器上，最后用 cat 追加进 authorized_keys 文件里面去。

磨刀不误砍柴工：测试的时间永远比事后解决问题的时间更划算。

做完这些后，请仔仔细细地把所有机器都测试一遍，如果嫌手动输入麻烦就写一段脚本来测试。无论如何，不要吝啬你的测试时间。现在可能只是多花几分钟来把测试的覆盖率提高到 100%。如果为了节省时间，不执行完成测试，导致后面出问题，到时候查日志、上网搜索、尝试的时间可能要几个小时甚至几天。所以，无论是搭建环境，写代码甚至于生活中的琐事，我都认为更多的测试时间总归是值得的。

2.4 安装 Hadoop

已经安装过 Hadoop 的用户可以跳过这个步骤。

在安装 HBase 之前先要安装 Hadoop，这是 HBase 运行的基础。安装过的就跳过这个步骤，没有安装过的就看看我的安装过程。你不一定要严格按照我的过程来做，只要能装上 Hadoop 就行，我的安装过程权当抛砖引玉。由于 Hadoop 安装有一定的复杂度和难度，一步到位的安装方式容易出错。花费大量的时间来调试错误容易让人产生挫折感，进而放弃，所以安装 Hadoop 的过程最好分三步走，如图 2-1 所示。

图 2-1

友情提醒：安装 Hadoop 或者 HBase 这种分布式系统最好用一些批量执行命令的小工具，比如 pssh 或者 dsh 就很不错，否则真是复制粘贴到令人疯狂。

2.4.1 安装 Hadoop 单机模式

已经安装过 Hadoop 的用户可以跳过这个步骤。

2.4.1.1 下载 Hadoop 发布包

我下载的是 2.6.4 版本，文件名是 hadoop-2.6.4.tar.gz。如果你下载的版本号跟我的差别太远了，比如 3.0.1 之类的，连大版本都不一样了，建议你以 apache 官网的安装教程为准，因为版本不一样有可能安装方式也会变得不一样，但是你依然可以用我的安装教程来辅助你理解官方的教程。下载完成后查看一下你的系统分区情况。以下是我的系统分区情况：

```
[hadoop@50 etc]$ df -h
Filesystem            Size  Used Avail Use% Mounted on
/dev/sda3             8.6G  1.6G  6.6G  20% /
tmpfs                 3.9G     0  3.9G   0% /dev/shm
/dev/sda1             190M   72M  109M  40% /boot
/dev/sda5             4.7G  525M  4.0G  12% /home
/dev/sda7             969M  1.3M  917M   1% /tmp
/dev/sda6             4.7G  112M  4.4G   3% /var
/dev/mapper/vg_00-lv--data  49G  1.1G   45G   3% /data
```

现在我的磁盘的最大分区是 /data，次大分区是 /，我们要把 Hadoop 的数据文件夹放到 /data 下面，程序文件夹放到 /usr/local 下面。

这边要解释一下数据文件夹和程序文件夹：

> 现在我们下载的是 Hadoop 的发布包，Hadoop 不需要安装，只需要解压运行就可以了，你可以把这个发布包看成是一个绿色软件。运行的模式类似 Tomcat 或者 Maven，即运行文件夹只存放运行的程序，而具体存放数据的目录一般都设定为另外一个文件夹，跟程序文件夹分离。

言归正传，我们先把压缩包解压开：

```
# tar zxvf hadoop-2.6.4.tar.gz
```

再将 hadoop 文件夹重命名一下：

```
# mv hadoop-2.6.4 hadoop
```

接着确保 hadoop 文件夹的权限是我们刚刚创建的 hadoop 用户可以操作的：

```
# chown hadoop.hadoop hadoop
```

最后将 hadoop 文件夹移动到 /usr/local 下面去：

```
# mv hadoop /usr/local
```

2.4.1.2 添加环境变量

这些环境变量是一定要设定的，否则 Hadoop 会用默认的路径，比如用 home 目录去放日志，这样你的系统分区会很容易被占满，然后整个 Hadoop 集群就会宕掉，出现奇怪的问题，甚至机器也不正常。排除这些故障会花掉你很多天的时间，所以，不如认真地把环境变量设定好。

切换到 hadoop 用户，并编辑 ~/.bashrc 文件，添加以下环境变量：

```
export HADOOP_HOME=/usr/local/hadoop
export HADOOP_PREFIX=$HADOOP_HOME
export HADOOP_MAPRED_HOME=$HADOOP_HOME
export HADOOP_COMMON_HOME=$HADOOP_HOME
export HADOOP_HDFS_HOME=$HADOOP_HOME
export YARN_HOME=$HADOOP_HOME
export HADOOP_COMMON_LIB_NATIVE_DIR=$HADOOP_HOME/lib/native
export PATH=$PATH:$HADOOP_HOME/sbin:$HADOOP_HOME/bin
export HADOOP_INSTALL=$HADOOP_HOME
```

注意：

- HADOOP_HOME 就是设置为我们刚刚移动过来的 hadoop 程序文件夹的路径。
- HADOOP_PREFIX 会被 hadoop 自带的 $HADOOP_HOME/sbin/start-dfs.sh 脚本用到，打开这个文件看下就知道这里为什么要设定 HADOOP_PREFIX 了。

HADOOP_HOME 还是 HADOOP_PREFIX

有的教程提到配置 HADOOP_HOME，而官方教程说是配置 HADOOP_PREFIX，那么究竟 Hadoop 是用哪个环境变量来标定 Hadoop 的程序文件夹位置？实际上是这样的，早期 Hadoop 主要用 HADOOP_HOME 来标定程序文件夹位置，后来他们改成了 HADOOP_PREFIX，所以为了兼容性，干脆都设置上，并且保持一样的值吧。

写完记得使用 source 命令加载 ~/.bashrc 文件，让配置立即生效：

```
$ source ~/.bashrc
```

2.4.1.3 修改配置文件

配置 hadoop-env.sh

编辑 hadoop 的 $HADOOP_PREFIX/etc/hadoop/hadoop-env.sh 文件，在文件开头添加以下变量：

```
export HADOOP_NAMENODE_OPTS=" -Xms1024m -Xmx1024m -XX:+UseParallelGC"
export HADOOP_DATANODE_OPTS=" -Xms1024m -Xmx1024m"
export HADOOP_LOG_DIR=/data/logs/hadoop
```

这个配置最好不要按照默认配置来，因为：

- JVM 运行的内存如果不设定占用大小的话，要么不够，要么就把机器的内存都占满了。曾经有一次我们项目组花了整整一个星期来解决 Hadoop 集群的节点频繁地自己挂掉的问题，最后发现是内存分配不足造成的。之后我就养成了只要用到 JVM 的地方都加入内存参数，至少内存多少自己心里有数，让情况可控。
- 日志文件路径如果不设定的话，多半后期会遇到放日志的分区满了，各种奇怪故障层出不穷。

接下来，记得创建日志文件夹，并分配正确的权限，切换到 root 用户（顺便说一句，Hadoop 一定要有 root 权限，否则寸步难行，如果你的网管不给你 root 权限你就可以罢工了！其实只需要安装的时候暂时给一下 root 权限就行了。没错，你可以拿着这本书上的这句话作为证据给他看，不用谢），然后运行：

```
# mkdir /data/logs
# mkdir /data/logs/hadoop
# chown hadoop.hadoop /data/logs/hadoop
```

配置 core-site.xml

顾名思义，这个文件就是配置 Hadoop 的 Web 属性的文件。我们需要在<configuration>节点中增加配置项，添加后的<configuration>节点是这样的：

```
<configuration>
  <property>
    <name>fs.defaultFS</name>
    <value>hdfs://nn01:8020</value>
  </property>
</configuration>
```

有的教程让你把端口配置成 9000，那是比较早期版本的 Hadoop，后来 Hadoop 把端口修改为 8020 了。更具体的属性说明请查阅 Hadoop 官网。

编辑 hdfs-site.xml

这个文件负责配置 HDFS 相关的属性。我们需要在<configuration>节点中增加配置项，添加后的<configuration>节点是这样的：

```
<configuration>
  <property>
    <name>dfs.replication</name>
    <value>1</value>
  </property>
  <property>
    <name>dfs.namenode.name.dir</name>
    <value>file:///data/hadoop/hdfs/nn</value>
  </property>
  <property>
    <name>dfs.datanode.data.dir</name>
    <value>file:///data/hadoop/hdfs/dn</value>
  </property>
</configuration>
```

说明：

（1）dfs.replication 是用于设置数据备份的，我们只是学习，所以暂时设置为1。实际开发中请千万不要设置成1，因为 Hadoop 的数据很容易坏。坏了不是问题，只要有备份就不算真得坏，Hadoop 会自动使用备份；但是如果没有备份，就比较麻烦了。

（2）dfs.namenode.name.dir 是 namenode 在硬盘上存储文件的位置，有的教程用 dfs.name.dir，这是比较早期的参数名，现在已经淘汰。

（3）dfs.datanode.data.dir 是 datanode 在硬盘上存储文件的位置，有的教程用 dfs.data.dir，这是比较早期的参数名，现在也已经淘汰。

为什么在 namenode 上也要设定 datanode 的存储目录

其实为 namenode 节点设置 datanode 的存储目录的确没什么意义。不过在所有节点上用同一份配置文件是 Hadoop 官方的要求，所以哪怕是 namenode 节点的配置文件，也包含有 datanode 的存储目录。这样做的理由是：

（1）实际生产环境中有可能有成百上千台机器，为不同角色的机器设定不同的配置文件实在太麻烦，干脆就都用同一份文件，各个角色分别读取属于自己的配置项就好了。

（2）配置文件经常需要更新，用同一份文件的好处就是，当配置更新的时候，全部批量覆盖一遍就好了，简单粗暴。

配置完记得去创建这几个文件夹。我用 root 权限建立这些文件夹并赋权限：

```
# mkdir -p /data/hadoop/hdfs/nn
# mkdir -p /data/hadoop/hdfs/dn
# chown -R hadoop.hadoop /data/hadoop
```

2.4.1.4 格式化 namenode

切换到 hadoop 用户，然后用 hdfs 命令格式化 namenode：

```
$ hdfs namenode -format
```

2.4.1.5 启动单机模式

我们现在要用 start-dfs.sh（这个文件不在我们熟知的 bin 里面而是在 sbin 里面）命令来启动 hadoop。

```
$ $HADOOP_PREFIX/sbin/start-dfs.sh
```

你可能要问：我们现在只是配置了 nn01 这一台机器，那 datanode 之类的其他节点都还没有配置，怎么就启动了？ 是这样的，现在我们用 start-dfs.sh 启动 hadoop，hadoop 就会在 nn01 上同时启动 namenode、secondary namenode、datanode。这样一来，nn01 就是一个独立节点模式（single node）的 hadoop 集群（严格来说都不算是个集群，不过姑且这么称它吧），这就是单机模式。这样做的好处有：

- 你可以验证你的配置是否正确。

- 通过前面辛苦的配置你可以看到一点成果，让自己有动力继续做下去，而且是放心地继续往下做。
- 可以先熟悉一下 Hadoop 的一些基本界面和操作，为后面更复杂的配置打基础。

启动的时候注意看有没有什么异常，启动完记得看看启动日志有没有什么异常。

通过 tail 命令查看启动日志：

```
tail -200f /data/logs/hadoop/hadoop-hadoop-namenode-50.log
```

这里的具体日志名根据机器的名字不同而不同。日志文件存放的位置就是我们之前配置的 HADOOP_LOG_DIR。

用浏览器访问 Hadoop 控制台

确定没看到什么问题后，打开浏览器访问 http://nn01:50070/ 。如果没问题的话就可以看到以下画面，如图 2-2 所示，这里的 nn01 是我配置的服务器名，你可以换成你配置的服务器名，或者直接输入 ip 也可以。

图 2-2

看到这个画面，你就可以庆祝一下了，开瓶啤酒，吃个辣翅，你终于看到 Hadoop 长什么样子了！

> 提示：如果想停止单机模式的 Hadoop，使用命令：stop-dfs.sh

2.4.2 安装 Hadoop 集群模式

已经安装过 Hadoop 的用户可以跳过这个步骤。

接下来把我们的集群装上。第一件要做的事情就是把我们在单机模式上配置好的文件夹复制到其他机器上，把环境变量再配置一遍。

2.4.2.1 准备工作

（1）把 nn01 上的 hadoop 文件夹复制到其他机器上的 /usr/local 文件夹下，并确保权限正确。我用的是以下命令。

在 nn01 上用 hadoop 执行：

```
$ scp -r /usr/local/hadoop root@nn02:/usr/local/
```

在 nn02 上用 root 执行：

```
# chown -R hadoop.hadoop /usr/local/hadoop
```

修改 core-site.xml 中的 fs.defaultFS 属性为该服务器的 hostname，比如 hdfs://nn02:8020。

（2）在所有机器上切换到 hadoop 用户，然后在 ~/.bashrc 内增加以下环境变量：

```
export HADOOP_HOME=/usr/local/hadoop
export HADOOP_PREFIX=$HADOOP_HOME
export HADOOP_MAPRED_HOME=$HADOOP_HOME
export HADOOP_COMMON_HOME=$HADOOP_HOME
export HADOOP_HDFS_HOME=$HADOOP_HOME
export YARN_HOME=$HADOOP_HOME
export HADOOP_COMMON_LIB_NATIVE_DIR=$HADOOP_HOME/lib/native
export PATH=$PATH:$HADOOP_HOME/sbin:$HADOOP_HOME/bin
export HADOOP_INSTALL=$HADOOP_HOME
```

不要忘记用 source 命令让这些环境变量生效。

（3）在所有机器上建立必要的文件夹。

建立数据文件夹：

```
# mkdir -p /data/hadoop/hdfs/nn
# mkdir -p /data/hadoop/hdfs/dn
# chown -R hadoop.hadoop /data/hadoop
```

建立日志文件夹：

```
# mkdir /data/logs
# mkdir /data/logs/hadoop
# chown hadoop.hadoop /data/logs/hadoop
```

（4）在所有机器上格式化 namenode（仅仅用来调试，不代表这些机器都要用作 namenode）。

```
$ hdfs namenode -format
```

（5）在所有机器上用 start-dfs.sh 启动单机模式，通过日志和浏览器访问 <hostname/IP>:50070 来确保所有机器上的配置都是正确的。

如果想停止单机模式的 Hadoop，就用 stop-dfs.sh。

单机模式都正常后，用 stop-dfs.sh 来停止所有节点的单机模式，然后把所有节点上的 core-site.xml 内的 fs.defaultFS 值都设置成 hdfs://nn01:8020，因为我们接下来要把所有的节点按不同的角色启动起来，并连接起来。

清空数据文件夹

请先别激动，我们要先清除单机模式留下来的数据。在保证所有节点都停止后，在所有节点上清空数据文件夹。

在 dn01~dn03（我的所有 datanode 节点）上删除 namenode 数据：

```
$ rm -rf /data/hadoop/hdfs/nn/current
```

在所有节点（namenode 和 datanode 都要）上删除 datanode 数据：

```
$ rm -rf /data/hadoop/hdfs/dn/current
```

2.4.2.2 连接节点成为集群

终于到了要连接起一个集群的时候了！请进行以下步骤：

（1）在 nn01（我的第一个 namenode 节点）上用 hadoop 用户执行以下命令来启动 namenode：

```
$ $HADOOP_PREFIX/sbin/hadoop-daemon.sh --script hdfs start namenode
```

如果想停止的话，把上面这条命令的 start 换成 stop 就可以了。

用 jps 命令（这个命令很好用，可以查看当前运行的 hadoop 进程）执行如下：

```
$ jps
1240 Jps
1197 NameNode
```

（2）nn02（我的第二个 namenode 节点）不需要启动，等后面配置 HA 的时候再用它。现在暂时用不上它。

（3）在 dn01~dn03（我的 datanode 节点）上清空 datanode 文件夹：

```
$ rm -rf /data/hadoop/hdfs/dn/current
```

并用以下命令启动 datanode：

```
$ $HADOOP_PREFIX/sbin/hadoop-daemons.sh --script hdfs start datanode
```

如果想停止的话，把上面这条命令的 start 换成 stop 就可以了。

同样用 jps 命令检查一下 datanode 是否有启动。

（4）接下来打开 nn01 的控制台。方法是，用浏览器访问 nn01（我的第一个 namenode 节点）的 50070 端口，并切换到 Datanodes 标签。如果你看到出现了 3 个 datanode，说明 datanode

跟 namenode 之间连接起来了！如图 2-3 所示。

图 2-3

datanode 跟 namenode 是怎么连接起来的

datanode 通过 core-site.xml 中的 fs.defaultFS 属性去连接 namenode 的 8020 端口，一旦连上它们之间就会建立联系，该 datanode 就会成为 namenode 的数据节点。

2.4.3 ZooKeeper

在继续把 Hadoop 配置成 HA 之前，必须要提的是 ZooKeeper。ZooKeeper 不止 Hadoop 的 HA 模式用到，HBase 也会用到，所以它是必装组件。ZooKeeper 也是 Apache 旗下的一个开源项目，如图 2-4 所示。它是一个开放源码的分布式应用程序协调服务，是 Google Chubby 的一个开源的实现，也是 Hadoop 和 HBase 的重要组件。它可以为分布式应用提供一致性服务，所提供的功能包括：配置维护、域名服务、分布式同步、组服务等。

图 2-4

ZooKeeper 最大的功能之一是知道某个节点是否宕机了，那么 ZooKeeper 是如何知道某个节点宕机了呢？

答案是，每一个机器在 ZooKeeper 中都有一个会话（Session），如果某个机器宕机了，这个会话（Session）就会过期，与此同时，ZooKeeper 就会知道该节点已宕机。

接下来我们具体来安装一下。

（1）首先要知道 ZooKeeper 的节点总数最好是奇数，这样有利于仲裁。偶数个节点，如果遇上五五开就判断不出结果了。正好我的节点数是 5 个，所以我就把 5 台机器都装上 ZooKeeper。先创建 zookeeper 用户：

```
# useradd zookeeper
# passwd zookeeper
```

（2）从 ZooKeeper 官网上把发布包下载下来。我下载的是 3.4.6 版本，所以文件名是 zookeeper-3.4.6.tar.gz。解压开，并移到 /usr/local 目录下，最后把用户修改为 zookeeper.zookeeper：

```
# tar zxvf zookeeper-3.4.6.tar.gz
# mv /home/zookeeper/zookeeper-3.4.6 /usr/local/zookeeper
# chown -R zookeeper.zookeeper /usr/local/zookeeper
```

（3）配置环境变量。

切换到 zookeeper 用户，在 /etc/profile 中增加：

```
export ZOOKEEPER_HOME=/usr/local/zookeeper
```

然后用 source /etc/profile 命令让配置生效（这次用/etc/profile，是因为这个文件设置的是全局变量，之前那个 ~/.bashrc 是单用户的变量，其实他们之间的区别并不只是这个，不过不属于本书讨论范围）。

（4）配置 ZooKeeper。

把 /usr/local/zookeeper/conf/zoo_sample.cfg 文件复制一份，改名成 zoo.cfg，然后编辑这个文件，其他的部分不用动，只需要修改 dataDir 这一行。dataDir 是 ZooKeeper 的数据文件夹的位置，在我的机器上我用的是 /data/zookeeper，你们可以设置成你们的目录。

```
...
dataDir=/data/zookeeper
...
```

修改 bin/zkEnv.sh，在该文件的 ZOOBINDIR="${ZOOBINDIR:-/usr/bin}" 行以上增加日志输出文件夹的配置（我喜欢把日志都放到/data/logs 文件夹下，这个文件夹的定位比较随意，你们可以根据自己的喜好来定义）：

```
ZOO_LOG_DIR=/data/logs/zookeeper
```

 不要把配置写到 #!/usr/bin/env bash 这行的上面去，因为这行是脚本的头部用来声明执行脚本的工具，如果你把代码放到它上面，这行代码就无法被解析了。

不要忘记使用 root 用户去建立这些文件夹，并分配正确的权限：

```
# mkdir /data/zookeeper
# chown zookeeper.zookeeper /data/zookeeper
# mkdir /data/logs/zookeeper
# chown zookeeper.zookeeper /data/logs/zookeeper
```

（5）在每一台机器上的 dataDir （我配置的是 /data/zookeeper）目录下手动建立一个文

件，命名为 myid，并写入这台服务器的 ZooKeeper id（是集群模式才需要的文件）。这个 id 数字可以自己随便写，取值范围是 1~255。在这里我给每一台机器赋上 id，如表 2-1 所示。

表 2-1 每一台机器赋上 id

服务器名	id
nn01	1
nn02	2
dn01	3
dn02	4
dn03	5

以 nn01 来举例，在 nn01 上执行：

```
$ cat 1 /data/zookeeper/myid
```

在别的机器上只需要把 1 换成具体的 id 就好了。

（6）切换到 zookeeper 用户下启动 ZooKeeper。

```
$ $ZOOKEEPER_HOME/bin/zkServer.sh start
```

启动后用 $ZOOKEEPER_HOME/bin/zkCli.sh 测试一下是否可以连上。如果没报什么错误，用 ls / 命令看下是否可以查看 ZooKeeper 根目录的东西：

```
[zk: localhost:2181(CONNECTED) 1] ls /
[zookeeper]
```

（7）将 ZooKeeper 配置到所有节点上。

在连接各个 ZooKeeper 节点之前，我们先要把刚才 ZooKeeper 启动后产生的数据删除，否则当 ZooKeeper 集群启动后会报错。具体方法是：用$ $ZOOKEEPER_HOME/bin/zkServer.sh stop 来停止 ZooKeeper，然后清空数据文件夹和日志文件夹：

```
$ rm -rf /data/logs/zookeeper/*
$ rm -rf /data/zookeeper/*
```

编辑 $ZOOKEEPER_HOME/conf/zoo.cfg，在末尾加上所有节点的信息：

```
server.1=nn01:2888:3888
server.2=nn02:2888:3888
server.3=dn01:2888:3888
server.4=dn02:2888:3888
server.5=dn03:2888:3888
```

ZooKeeper 会自动根据这里的配置把所有的节点连接成一个集群。

接着，把所有其他节点都装上 ZooKeeper 并配置好，最后一并启动起来。

(8)检查一下日志,再用 jps 看看进程有没有启动起来。

```
$ jps
3249 QuorumPeerMain
3283 Jps
```

一切正常就可以继续进行下一步了。

(9)添加 ZooKeeper 到自启动脚本。

这个步骤是可选的,可以不做,但是添加自启动脚本是一个好习惯,免得重启之后完全忘记之前是怎么启动这些服务的了。我经常重启服务器,如果不设定自启动脚本,那么,每次都需要把启动服务的那些命令都敲一遍,非常费时。

用 root 账户在 /etc/init.d 下建立一个文件叫 zookeeper,内容如下(请自行替换 JAVA_HOME 变量为你机器的 JDK 所在目录路径)。

 下面脚本只适用于 CentOS 6 及以下版本,不适用于 CentOS 7。如果你使用的是 CentOS 7,你需要自行编写并创建 systemd 服务。systemd 极大地简化了服务脚本的编写,不过具体创建的方法请自行咨询资料。

```bash
#!/bin/bash
#chkconfig:2345 80 10
#description: zookeeper service
RETVAL=0
export JAVA_HOME="/usr/local/jdk1.7.0_79"
start(){
  su zookeeper -c "/usr/local/zookeeper/bin/zkServer.sh start"
}
stop(){
  su zookeeper -c "/usr/local/zookeeper/bin/zkServer.sh stop"
}
case $1 in
start)
  start
;;
stop)
  stop
;;
esac
exit $RETVAL
```

保存之后给它一个可执行权限:

```
# chmod +x zookeeper
```

你可以用 service 命令来测试一下这个服务是否正常（要在 root 用户下才能执行 service）：

```
# service zookeeper start
```

使用 chkconfig 来添加服务到自启动：

```
# chkconfig zookeeper on
```

现在，你可以重启一下机器测试这个自启动脚本是否生效。

2.4.4 配置 Hadoop HA

已经安装过 Hadoop 的用户可以跳过这个步骤。

接下来我们要为 Hadoop 配置上 HA。HA 的作用是保证在一个 namenode 挂掉的时候，另外一个 namenode 可以立即启动来替代这个挂掉的 namenode。这样就不会发生单点故障问题。实现原理简单来说就是：

- 同时启动两台 namenode，一台是 active 状态（活跃状态，真正在工作的），另外一台是 standby 状态（它唯一要做的事情就是把 active 状态的 namenode 做过的所有事情同步过来，方便在第一台 namenode 故障的时候可以无缝切换）。
- 设想一下，既然是故障恢复方案，总得有那么一个机制是用来检测故障的，比如做系统心跳之类的，是吧？在 HA 方案中，Hadoop 集群利用 ZooKeeper 来做节点维护，具体的就是节点的故障检测、状态标定等。这些杂事要自己来写也是很麻烦的，所以 Hadoop 就把这些事情交给了 ZooKeeper。当 ZooKeeper 检测到 active 节点已经宕机，就会启动切换机制。
- 之前提到 standby 状态的 namenode 所做的唯一的事情就是同步 active 状态节点的数据，那么也需要一个数据同步的机制，是吧？这块无论是让哪个 namenode 来做都不是很合适。所以，在这里又引入了一种新的节点，叫做 journalnode。这种节点专门用于同步 namenode 的所有操作。standby 节点就是通过 journalnode 集群来同步 active 节点的操作。

2.4.4.1 JournalNode

JournalNode 跟 namenode、datanode 一样，只是 Hadoop 集群中的一个角色，用于同步两个 namenode 之间的操作，并防止"脑裂现象"发生（关于脑裂现象，我会在后续的章节继续介绍，目前你不需要了解的太多）。JournalNode 的配置相对简单，一般只需要配置数据文件夹 dfs.journalnode.edits.dir 的位置就好了。我们在下面的手动 HA 配置里面会一起配置这个属性。

有时候你会发现 namenode 自杀了

有时候你会发现 namenode 自己停掉了（就是自杀了）。看日志会发现它留下了这样一行话：

```
java.io.IOException: Timed out waiting 20000ms for a quorum of nodes to respond.
```

然后就自杀了：

```
/*************************************************************
SHUTDOWN_MSG: Shutting down NameNode at 50/0.0.0.50
*************************************************************/
```

遇到这种情况，如果你的机器配置恰好不是很好（生产环境的机器 CPU 建议值是 8 核~12 核，内存是 8GB~16GB，而测试的机器通常来说没有那么好），这时你可以在 hdfs-site.xml 里面添加 dfs.qjournal.start-segment.timeout.ms 的配置，来增加跟 journalnode 集群之间通信的超时时间：

```
<property>
    <name>dfs.qjournal.start-segment.timeout.ms</name>
    <value>60000</value>
</property>
```

但是，在生产环境下，凡是这些关于超时的参数都是在可接受范围内越小越好。因为集群越小对于故障的反应越及时，你的网站客户感受到故障的时间也就越短。

2.4.4.2 手动 failover 配置

所谓 failover 就是故障切换。当 Hadoop 有一台 namenode 宕掉了，可以切换到另外一台。或者两台都是 standby 状态的情况下，选出一台来做 active 的 namenode。

failover 可以手动操作，也可以配置成自动。之所以叫 HighAvailable，是相对于单点故障而言。当系统只有一台 namenode，而这台 namenode 正好宕掉的话，整个集群就瘫痪了，这就是所谓的单点故障问题。而配置上自动 failover 之后，当其中一台宕掉了，另一台会迅速地自动进入 active 状态，开始工作。

我们先从手动 failover 开始。

在自动 failover 之前，先做好手动 failover 配置。请先停止之前的所有 Hadoop 进程，再进行下面的步骤。

1. hdfs-site.xml

在所有节点上修改 $HADOOP_PREFIX/etc/hadoop/hdfs-site.xml 文件（为了简化操作你可以在一台机器上做，然后把文件批量推送到其他服务器上，可以用类似 pscp 这样的工具）

STEP 1 增加服务 id（nameservice ID，我管它叫集群 ID）

现在有两个 namenode 了，你不能写死用哪个 namenode，因为他们会互相切换，所以就有了一个新的概念，就是——服务 id：

```
<property>
    <name>dfs.nameservices</name>
    <value>mycluster</value>
</property>
```

STEP 2 配置服务 id 内含有的 namenode

此处 mycluster 就是你刚刚配置的服务 id 名称，如果你换了个名称，比如 alexcluster，那么，配置名就要叫做 dfs.ha.namenodes.alexcluster。此处使用 mycluster 作为服务 id：

```xml
<property>
    <name>dfs.ha.namenodes.mycluster</name>
    <value>nn01,nn02</value>
</property>
```

STEP 3 配置这两个 namenode 的 rpc 访问地址

还记得 core-site.xml 的 fs.defaultFS 吗？在 HA 模式下 8020 端口的配置移到这里来了：

```xml
<property>
    <name>dfs.namenode.rpc-address.mycluster.nn01</name>
    <value>nn01:8020</value>
</property>
<property>
    <name>dfs.namenode.rpc-address.mycluster.nn02</name>
    <value>nn02:8020</value>
</property>
```

STEP 4 配置 namenode 的 http 访问地址

```xml
<property>
    <name>dfs.namenode.http-address.mycluster.nn01</name>
    <value>nn01:50070</value>
</property>
<property>
    <name>dfs.namenode.http-address.mycluster.nn02</name>
    <value>nn02:50070</value>
</property>
```

STEP 5 配置 journalnode 集群的访问地址

```xml
<property>
    <name>dfs.namenode.shared.edits.dir</name>
<value>qjournal://nn01:8485;nn02:8485;dn01:8485;dn02:8485;dn03:8485/mycluster</value>
</property>
```

"不要把鸡蛋都放到一个篮子里"。工作中如果条件允许，请单独分配几台机器来搭建 jouralnode 集群（ZooKeeper 集群可以安装到 journalnode 集群的机器上来节省成本）。namenode 如果宕掉了，往往不只是 namenode 本身的问题，有可能那台服务器有问题，比如网络不通，或者硬盘坏了，这样一来，这台服务器上别的服务也会有问题。如果把 journalnode 配置到 namenode 上，那么当 namenode 机器挂掉的时候，这个 journalnode 节点也会跟着一起坏掉。

STEP 6 配置 dfs 客户端

dfs 客户端的作用是判断哪个 namenode 是活跃的，我们现在要配置 dfs 客户端的 Java 类名。目前就一个实现，除非你要自己自定义一个类，否则照着这个配置写就对了：

```xml
<property>
    <name>dfs.client.failover.proxy.provider.mycluster</name>
    <value>org.apache.hadoop.hdfs.server.namenode.ha.ConfiguredFailoverProxyProvider</value>
</property>
```

STEP 7 配置杀（Kill）掉 namennode 的方式

杀掉死掉的节点，是为了让活的节点活得更好。当需要"故障切换"（failover）发生的时候，被判断为故障的 namenode 有可能停止不下来，这样就有可能引发"脑裂现象"。关于"脑裂现象"的解释，详见"2.4.4.3 脑裂现象"。为了防止这种情况，需要配置一个终极解决方案，比如直接 SSH 过去 kill 掉它！我们配置成 SSH 手段就好了。

```xml
<property>
    <name>dfs.ha.fencing.methods</name>
    <value>sshfence</value>
</property>
<property>
    <name>dfs.ha.fencing.ssh.private-key-files</name>
    <value>/home/hadoop/.ssh/id_rsa</value>
</property>
```

此处，private-key-files 配置成之前我们配置的 SSH 免密登录所生成的 id_rsa 文件，因为 Hadoop 到时候会用这个文件来免密登录到另外一个 namenode 上去 kill 掉进程。

配置 journalnode 的数据文件夹位置：

```xml
<property>
    <name>dfs.journalnode.edits.dir</name>
    <value>/data/hadoop/hdfs/jn</value>
</property>
```

2. core-site.xml

修改 core-site.xml 文件。

将之前的 fs.defaultFS 从：

```xml
<property>
    <name>fs.defaultFS</name>
    <value>hdfs://nn01:8020</value>
</property>
```

换成：

```xml
<property>
```

```
            <name>fs.defaultFS</name>
            <value>hdfs://mycluster</value>
    </property>
```

这个地方的 8020 端口配置移到 hdfs-site.xml 里面了。namenode 对外开放的 URI 不再需要指定单独的机器和端口了，因为两个 namenode 已经组成了一个服务集群，对外只需要暴露服务 ID（nameservice ID）就可以了。

至此你可能会有疑惑：

> 给我一个 id，我还是不知道怎么连接上去，因为计算机网络的访问本质还是需要一个 ip 和端口啊！

答案是各个客户端都是拿这个服务 ID（nameservice ID）去 ZooKeeper 集群中查出活跃状态（active）的 namenode 的 ip 和端口，再进行连接的。

3. journalnode

建立 journalnode 需要的数据文件夹。

```
# mkdir /data/hadoop/hdfs/jn
# chown hadoop.hadoop /data/hadoop/hdfs/jn
```

启动 journalnode。你想启动几个 journalnode 就启动几个，在这里除了数量必须是奇数的以外没有别的要求。我用作例子的机器有 5 台，所以我就在 5 台上都启动 journalnode。启动的命令如下：

```
$ $HADOOP_PREFIX/sbin/hadoop-daemon.sh start journalnode
```

同样地，不要敲完命令就不管了，下面几个事情还是要照做的。

（1）用 jps 看看有没有 JournalNode 进程启动。
（2）如果没有就看看 journalNode 的日志，解决一下错误。启动日志在你启动后会有一句话输出，比如：

```
starting journalnode, logging to
/data/logs/hadoop/hadoop-hadoop-journalnode-50.out
```

（3）如果想停止，就把启动命令中的 start 换成 stop 就行了。

4. 格式化 namenode

在第一个 namenode 上进行格式化。我的机器是 nn01，所以我就在 nn01 上执行以下命令：

```
$ hdfs namenode -format
```

接下来，初始化第二个 namenode。这样做的目的是清空第二个 namenode，让它完全做好作为备份机的准备。我的第二个 namenode 是 nn02，所以我在 nn02 上执行：

```
$ hdfs namenode -bootstrapStandby
```

然后初始化 journode 中的记录，在第一台 namenode 上（nn01）执行以下命令：

```
$ hdfs namenode -initializeSharedEdits
```

5. 启动 namenode

在两个 namenode 上都用以下命令启动 namenode：

```
$ $HADOOP_PREFIX/sbin/hadoop-daemon.sh --script hdfs start namenode
```

之后，你可以打开浏览器访问这两个 namenode 的 50070 管理页面。你会发现这两个 namenode 的名字后都出现了一个括号来显示他们的状态，现在他们都处于备份（standby）状态。这是因为在 HA 中的 namenode 启动的时候都是 standby 状态，只有执行了手动切换或者自动切换后才会变成 active 状态，如图 2-5 所示。

Overview 'nn01:8020' (standby)

Overview 'nn02:8020' (standby)

图 2-5

6. 执行手动 failover

手动 failover 即手动切换 namenode。我们现在还没有配置自动故障切换（Auto Failover），所以两台机器并不知道它们中的谁应该是激活（active）状态，所以他们不会做任何动作。我们现在要用手动的方式来把其中一台机器切换为 active（虽然在实际的生产环境下基本都是靠自动切换，不过未雨绸缪，手动总有一天是可以派上用场的）。手动切换可以用 haadmin 命令。由于我有两个 namenode：nn01 和 nn02，因此我要把 nn01 切换为激活（active）状态，需要执行的命令如下（如果你们的 namenode 叫另外的名字请自行替换命令中的 hostname）：

```
hdfs haadmin -failover nn02 nn01
```

这个命令的意思是强制把 nn02 切换为 standby 状态（现在 nn02 已经是 standby 状态了，所以不会对 nn02 有什么影响），把 nn01 切换到 active 状态。这个命令如果执行成功的话，会打印出一句话：

```
Failover from nn02 to nn01 successful
```

这个时候我们再去看 nn01 的控制台，如图 2-6 所示。

Overview 'nn01:8020' (active)

图 2-6

我们可以看到，nn01 的状态已经被成功地切换成 active 了。

2.4.4.3 脑裂现象

Kill 掉非正常的 namenode 的目的就是防止脑裂现象。因为 zkfc 判断 namenode 是否宕机是基于超时机制的。如果当时网络状况不好，或者机器负载过重造成响应很慢，也有可能被判断为宕机。一旦判断该机为宕机，zkfc 会立即去将另外一个 standby 的 namenode 设置为 active 状态。此时由于之前那台 active 的 namenode 有可能进程还活着，客户端还在往里面写数据，如果不将其 kill 掉，等这台被误认为是已经宕机的 namenode 恢复了工作后，就会造成系统中同时有两个 namenode 在工作，数据就混乱了，这就是脑裂现象。

这时候同时有两个 namenode 在操作 datanode，该问题如图 2-7 所示。

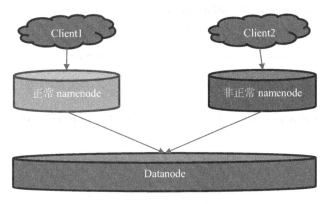

图 2-7

2.4.4.4 zkfc

要防止脑裂现象的发生，首先要有一个机制来自动检测哪台 namenode 宕机了。Hadoop zkfc 就是用于自动检测 namenode 是否宕机的服务。如果宕机就自动将另一个 standby 状态的 namenode 启动，并将当前已宕机的 namenode 上的 namenode 进程杀死（kill -9）以防止脑裂现象的服务，也就是自动 failover 过程。

zkfc 好像不是那么稳定

使用 zkfc 的时候，你会发现在硬件条件不那么好的情况下，zkfc 不稳定。就像我们在做这篇教程的时候，使用的实验机器一般都不会像生产环境那么好（生产环境 CPU 要 8~12 核，内存要 8GB~16GB），很可能你会跟我一样经常遇到重启后 zkfc 就启动不起来了的问题（说白了都是因为穷啊）。仔细看日志，你会发现 zkfc 一般都是超过 5s 连不上 ZooKeeper 就自动退出了。为了解决此类问题，我们需要提高 ha.zookeeper.session-timeout.ms 的设置（我在试验环境下设置它为 30000）。我们可以在 core-site.xml 中加入这段配置：

```
<property>
    <name>ha.zookeeper.session-timeout.ms</name>
    <value>30000</value>
</property>
```

不过这并不代表把这个参数设置得越大越好。相反地，生产环境中这个参数越小越好。因为越大意味着 zkfc 越迟知道 namenode 宕掉了,在 namenode 宕掉后 zkfc 没及时判断它为宕机并去切换另一个 namenode 为 active 的这段时间内,你的网站用户的体验一定很糟糕。

2.4.4.5 配置自动 failover

自动 failover 是基于 ZooKeeper 的,所以请先确保 ZooKeeper 已经都启动了。如果没有就先启动 ZooKeeper 集群。

按以下步骤配置自动 failover(配置的修改跟之前一样,在一个地方修改后推送到所有机器上去):

(1)添加自动 failover 配置到 hdfs-site.xml 内。

```xml
<property>
  <name>dfs.ha.automatic-failover.enabled</name>
  <value>true</value>
</property>
```

(2)因为 auto failover 是基于 ZooKeeper 的,所以我们要把 ZooKeeper 集群的访问地址配置进去。

```xml
<property>
  <name>ha.zookeeper.quorum</name>
  <value>nn01:2181,nn02:2181,dn01:2181,dn02:2181,dn03:2181</value>
</property>
```

我在 5 台机器上都启动了 ZooKeeper,所以我配置了 5 个地址,你可以根据自己的需要修改 ZooKeeper 集群的配置。

(3)初始化 ZooKeeper 集群。

使用 Hadoop 自带的 hdfs 工具初始化 ZooKeeper 集群。随便在一台只要能访问到 ZooKeeper 集群的机器上,这里我在 nn01(我的第一个 namenode)上操作初始化 ZooKeeper 的动作。执行以下命令:

```
$ $HADOOP_PREFIX/bin/hdfs zkfc -formatZK
```

执行完后用 $ZOOKEEPER_HOME/bin/zkCli.sh 看下集群的目录情况:

```
[zk: localhost:2181(CONNECTED) 1] ls /
[hadoop-ha, zookeeper]
```

可以看到多出来一个 hadoop-ha 目录,说明初始化正确。

(4)我们来把 namenode 都停掉,再启动起来,让它们都进入 standby 状态。

在两台机器上都停止 namenode:

```
$ $HADOOP_PREFIX/sbin/hadoop-daemon.sh --script hdfs stop namenode
```

然后启动 namenode：

```
$ $HADOOP_PREFIX/sbin/hadoop-daemon.sh --script hdfs start namenode
```

启动之后通过浏览器访问 <hostname>:50070 控制台，可以看到两台 namenode 目前都处于 standby 状态。这回我们不使用手动 failover，我们使用 zkfc 的自动 failover 功能让他们中的其中一台 namenode 自动切换为 active。

（5）启动 zkfc。

Hadoop 有一个 zkfc 进程，这个进程用户跟 ZooKeeper 通信，然后根据通信的结果来进行故障切换（failover）。所以，实际上是这个进程在帮我做自动的 failover。首先，在两个 namenode 上都执行以下命令：

```
$HADOOP_PREFIX/sbin/hadoop-daemon.sh --script $HADOOP_PREFIX/bin/hdfs start zkfc
```

用 jps 查看进程是否启动了：

```
$ jps
26004 Jps
9249 JournalNode
25717 NameNode
25941 DFSZKFailoverController
```

（6）验证自动 failover。

打开浏览器访问两个 namenode 的控制台 <hostname>:50070，你会发现此时至少有一个 namenode 变为了 active 状态。这说明自动 failover 成功了！

自动 failover 成功后，先别急着安装 HBase。之前我们这些进程（除了 ZooKeeper，因为我们之前做过一次了）都是手动启动的，电脑总有关机重启的时候，要是重启了，那些服务可就都没了，所以我们还要做一些收尾工作，在进行以下操作之前，请先关闭整个 Hadoop 集群。

（7）由于做 HA 的过程中 namenode 被格式化了，所以我们需要把之前的 datanode 数据文件夹清空，以避免 datanode 由于找不到自己的数据块在 namenode 中的注册信息而连接不上 namenode 的情况发生：

```
# rm -rf /data/hadoop/hdfs/dn/*
```

然后，先启动 namenode，再逐个启动 datanode，看各个 datanode 在 namenode 控制台 UI 中是否正确地被显示出来。

（8）让 Hadoop 可以开机自启动。

2.4.5 让 Hadoop 可以开机自启动

已经安装过 Hadoop 的用户可以跳过这个步骤。

类似之前给 ZooKeeper 做开机自启动的例子，我们需要把 Hadoop 的 namenode、datanode 和 journalnode 都做成可以开机自启动。

只需要两个步骤：

（1）用一个脚本把进程做成服务。

（2）把这个服务用 chkconfig 添加到开机自启动。

但是，要注意各个服务启动顺序，如图 2-8 所示。

图 2-8

我们在设置 chkconfig 的启动和停止顺序的时候也要按照这个顺序操作。

2.4.5.1 先添加 journalnode 到开机自启动

切换到 root 用户，在/etc/init.d/下建立 hadoop-journalnode 脚本，并推送到所有服务器：

 以下脚本只适用于 CentOS 6 及以下版本，不适用于 CentOS 7。如果你使用的是 CentOS 7，你需要自行编写并创建 systemd 服务。systemd 极大地简化了服务脚本的编写，不过具体创建的方法请自行查询。

```
#!/bin/bash
#chkconfig:2345 81 09
#description: hadoop-namenode service
RETVAL=0
# Source hadoop enviroment variables
. /home/hadoop/.bashrc
start(){
  su hadoop -c "$HADOOP_PREFIX/sbin/hadoop-daemon.sh start journalnode"
}
stop(){
  su hadoop -c "$HADOOP_PREFIX/sbin/hadoop-daemon.sh stop journalnode"
}
case $1 in
start)
  start
;;
stop)
  stop
;;
esac
```

```
exit $RETVAL
```

这回我们把原先在 ZooKeeper 自启动脚本中的那句 export JAVA_HOME="xxxxxx" 替换成 . /home/hadoop/.bashrc （注意不要少了前面的 . 符号）。这是因为之前 ZooKeeper 只需要一个 JAVA_HOME 环境变量就够了，但是这回 namenode 需要的环境变量有好几个，一排写下来太冗长了。我们可以通过直接读取 Hadoop 的 .bashrc 文件获取到这些环境变量。 这样做还有一个好处就是：一处修改，全局生效。

我们还把 chkconfig 的启动顺序改为 81，关闭顺序改为 09，这是相对于 ZooKeeper 的启动顺序为 80，关闭顺序为 10 的设定而定，保证 journalnode 在 ZooKeeper 之后启动，并在 ZooKeeper 关闭之前关闭。

接着给这个脚本赋予可执行权限：

```
# chmod +x /etc/init.d/hadoop-journalnode
```

然后添加这个服务到自启动列表：

```
# chkconfig hadoop-journalnode on
```

2.4.5.2 把 namenode 添加到开机自启动

切换到 root 用户，在/etc/init.d 下建立一个服务脚本，命名为 hadoop-namenode，内容如下：

 以下脚本只适用于 CentOS 6 及以下版本，不适用于 CentOS 7。如果你使用的是 CentOS 7，你需要自行编写并创建 systemd 服务。systemd 极大地简化了服务脚本的编写，不过具体创建的方法请自行查询。

```
#!/bin/bash
#chkconfig:2345 82 08
#description: hadoop-namenode service
RETVAL=0
# Source hadoop enviroment variables
. /home/hadoop/.bashrc
start(){
  su hadoop -c "$HADOOP_PREFIX/sbin/hadoop-daemon.sh --script hdfs start namenode"
}
stop(){
  su hadoop -c "$HADOOP_PREFIX/sbin/hadoop-daemon.sh --script hdfs stop namenode"
}
case $1 in
start)
  start
;;
```

```
stop)
  stop
;;
esac
exit $RETVAL
```

请记得把这个配置推送到另外一个 namenode 上。

接着给这个脚本赋予可执行权限：

```
# chmod +x /etc/init.d/hadoop-namnode
```

然后添加这个服务到自启动列表：

```
# chkconfig hadoop-namenodenode on
```

接下来，把这个脚本推送到另外一个 namenode 上。我们可以尝试用 service hadoop-namenode start 启动 namenode，以检测我们的脚本是否正确。

如果你遇到启动失败的状况，并且出现类似这样的错误信息：

```
2016-07-23 09:45:46,632 ERROR
org.apache.hadoop.hdfs.server.namenode.EditLogInputStream: Got error reading edit log input stream
http://dn03:8480/getJournal?jid=mycluster&segmentTxId=3&storageInfo=-60%3A428788124%3A0%3ACID-fea95b64-3272-4f55-9ab6-9bdecf53dc37; failing over to edit log
http://dn02:8480/getJournal?jid=mycluster&segmentTxId=3&storageInfo=-60%3A428788124%3A0%3ACID-fea95b64-3272-4f55-9ab6-9bdecf53dc37
  org.apache.hadoop.hdfs.server.namenode.RedundantEditLogInputStream$PrematureEOFException: got premature end-of-file at txid 2; expected file to go up to 3
    at
org.apache.hadoop.hdfs.server.namenode.RedundantEditLogInputStream.nextOp(RedundantEditLogInputStream.java:194)
    at
org.apache.hadoop.hdfs.server.namenode.EditLogInputStream.readOp(EditLogInputStream.java:85)
    at
org.apache.hadoop.hdfs.server.namenode.EditLogInputStream.skipUntil(EditLogInputStream.java:151)
    at
org.apache.hadoop.hdfs.server.namenode.RedundantEditLogInputStream.nextOp(RedundantEditLogInputStream.java:178)
    at
org.apache.hadoop.hdfs.server.namenode.EditLogInputStream.readOp(EditLogInputStream.java:85)
```

请不要慌张，只需要在这台 namenode 上再次执行以下命令：

```
$ hdfs namenode -bootstrapStandby
```

它会重新初始化这个namenode，然后就可以正常启动了。

2.4.5.3　添加zkfc到自启动

在/etc/init.d下建立hadoop-zkfc脚本，并推送到所有安装了zkfc服务的服务器上。这里的启动优先级设置为98，是所有Hadoop服务中最后启动的。zkfc如果启动得太早，跟ZooKeeper连接不上的话，它就会自动停掉。

以下脚本只适用于CentOS 6及以下版本，不适用于CentOS 7。如果你使用的是CentOS 7，你需要自行编写并创建systemd服务。systemd极大地简化了服务脚本的编写，不过具体创建的方法请自行查询。

```
#!/bin/bash
#chkconfig:2345 98 07
#description: hadoop-zkfc service
RETVAL=0
# Source hadoop enviroment variables
. /home/hadoop/.bashrc
start(){
  su hadoop -c "$HADOOP_PREFIX/sbin/hadoop-daemon.sh --script $HADOOP_PREFIX/bin/hdfs start zkfc"
}
stop(){
  su hadoop -c "$HADOOP_PREFIX/sbin/hadoop-daemon.sh --script $HADOOP_PREFIX/bin/hdfs stop zkfc"
}
case $1 in
start)
  start
;;
stop)
  stop
;;
esac
exit $RETVAL
```

赋予可执行权限和添加到自启动的步骤跟之前的一模一样，就不赘述了。

2.4.5.4　最后把datanode添加到开机自启动

最后我们建立脚本叫 hadoop-datanode，并把它推送到所有datanode上去。脚本的内容如下（其实就是把hadoop-namenode脚本中的namenode字样换成datanode而已）：

以下脚本只适用于CentOS 6及以下版本，不适用于CentOS 7。如果你使用的是CentOS 7，你需要自行编写并创建systemd服务。systemd极大地简化了服务脚本的编写，不过具体创建的方法请自行咨询资料。

```bash
#!/bin/bash
#chkconfig:2345 84 06
#description: hadoop-datanode service
RETVAL=0
# Source hadoop enviroment variables
. /home/hadoop/.bashrc
start(){
  su hadoop -c "$HADOOP_PREFIX/sbin/hadoop-daemon.sh --script hdfs start datanode"
}
stop(){
  su hadoop -c "$HADOOP_PREFIX/sbin/hadoop-daemon.sh --script hdfs stop datanode"
}
case $1 in
start)
  start
;;
stop)
  stop
;;
esac
exit $RETVAL
```

赋予可执行权限和添加到自启动的步骤跟之前的一模一样，就不赘述了。

最后不要忘记把所有机器重启一遍来测试我们的自启动脚本是否生效。

检查成功与否的标准是：

（1）检查所有机器上的 jps 看是否正常。

（2）打开 namenode 的 <hostname>:50070 控制台看当前集群状态是否正常。

如果一切正常，你可以在控制台的 Datanode 标签页看到所有的 Datanode，如图 2-9 所示。

Datanode Information

In operation

Node	Last contact	Admin State	Capacity	Used	Non DFS Used
0.0.0.53 (　　.78.53:50010)	1	In Service	48.39 GB	24 KB	3.04 GB
0.0.0.54 (　　.78.54:50010)	1	In Service	48.39 GB	24 KB	3.04 GB
0.0.0.52 (　　.78.52:50010)	1	In Service	48.39 GB	24 KB	3.2 GB

图 2-9

2.4.6 最终配置文件

以下是我最终的配置文件,作为例子供大家参考。

```xml
core-site.xml
<configuration>
  <property>
    <name>fs.defaultFS</name>
    <value>hdfs://mycluster</value>
  </property>
  <property>
    <name>ha.zookeeper.quorum</name>
    <value>nn01:2181,nn02:2181,dn01:2181,dn02:2181,dn03:2181</value>
  </property>
  <property>
    <name>ha.zookeeper.session-timeout.ms</name>
    <value>30000</value>
  </property>
</configuration>

hdfs-site.xml
<configuration>
  <property>
    <name>dfs.nameservices</name>
    <value>mycluster</value>
  </property>
  <property>
    <name>dfs.ha.namenodes.mycluster</name>
    <value>nn01,nn02</value>
  </property>
  <property>
    <name>dfs.namenode.rpc-address.mycluster.nn01</name>
    <value>nn01:8020</value>
  </property>
  <property>
    <name>dfs.namenode.rpc-address.mycluster.nn02</name>
    <value>nn02:8020</value>
  </property>
  <property>
    <name>dfs.namenode.http-address.mycluster.nn01</name>
    <value>nn01:50070</value>
  </property>
  <property>
    <name>dfs.namenode.http-address.mycluster.nn02</name>
```

```xml
      <value>nn02:50070</value>
    </property>
    <property>
      <name>dfs.namenode.shared.edits.dir</name>
      <value>qjournal://nn01:8485;nn02:8485;dn01:8485;dn02:8485;dn03:8485/mycluster</value>
    </property>
    <property>
      <name>dfs.client.failover.proxy.provider.mycluster</name>
      <value>org.apache.hadoop.hdfs.server.namenode.ha.ConfiguredFailoverProxyProvider</value>
    </property>
    <property>
      <name>dfs.ha.fencing.methods</name>
      <value>sshfence</value>
    </property>
    <property>
      <name>dfs.ha.fencing.ssh.private-key-files</name>
      <value>/home/hadoop/.ssh/id_rsa</value>
    </property>
    <property>
      <name>dfs.replication</name>
      <value>1</value>
    </property>
    <property>
      <name>dfs.namenode.name.dir</name>
      <value>file:///data/hadoop/hdfs/nn</value>
    </property>
    <property>
      <name>dfs.datanode.data.dir</name>
      <value>file:///data/hadoop/hdfs/dn</value>
    </property>
    <property>
      <name>dfs.journalnode.edits.dir</name>
      <value>/data/hadoop/hdfs/jn</value>
    </property>
    <property>
      <name>dfs.ha.automatic-failover.enabled</name>
      <value>true</value>
    </property>
  </configuration>
```

2.5 安装 HBase

安装 HBase 比安装 Hadoop 简单多了。安装 HBase 有一个前提就是你一定要有 ZooKeeper（其实如果你没有 ZooKeeper 的话，HBase 会自带一个 ZooKeeper。但是强烈不建议使用 HBase 自带的 Zookeepor，因为生产环境下 Zookeepor 集群是 Hadoop、HBase 等很多软件公用的），没有 ZooKeeper 的朋友请回去查看 ZooKeeper 安装的部分，把 ZooKeeper 装上并配置成自启动服务。一定不要图省事而跳过添加自启动服务的步骤，否则一段时间之后，如果服务器突然宕掉重启（所有机器都逃不过宕掉的命运），你就懵了。

先从 HBase 官网上下载安装包，我下载的版本是 HBase-1.2.2-bin.tar.gz。

如果从官网的下载镜像单击进去可以看到一个 stable（稳定版本）文件夹，单击该文件夹进去后就是 HBase-1.2.2-bin.tar.gz 。初学者还是谨慎一点用稳定版本，开发版本的坑就留给大神去跳吧。如图 2-10 所示。

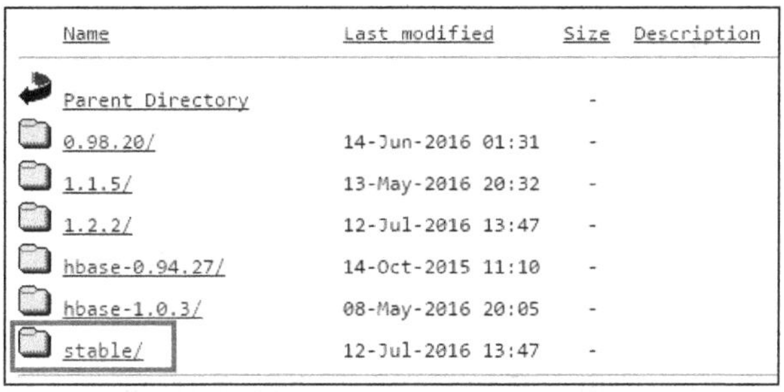

图 2-10

下载完安装包后解压开会看到如图 2-11 所示这样的目录结构。

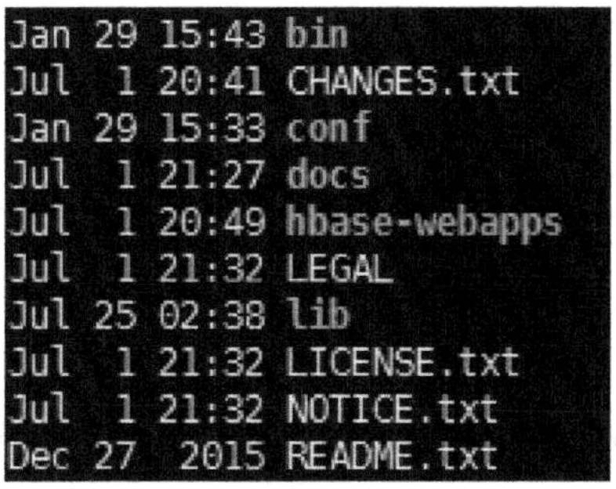

图 2-11

按照官方文档，HBase 菜鸟最好要分三步以进阶的方式来安装 HBase 集群：

（1）单机模式

（2）伪分布模式

（3）完全分布模式

前两种模式是为了让你快速上手，理解 HBase 的基本概念。在前两种模式下，你可以使用 hbase shell（HBase 的命令行工具）来直观地熟悉 HBase。然而，前两种模式下 HBase 会使用自带的 ZooKeeper 来启动 HBase。大家应该还记得我们在前面的步骤已经安装了 ZooKeeper，2181 端口已经被占用了。所以，当你的 Hadoop 集群是运行在 HA 模式下时，你就无法安装 HBase 的单机模式和伪分布式模式。最简单的解决方案是，先把 Hadoop 集群给停掉，然后再启动 HBase 的单机模式和伪分布式模式。

慢着，为什么 HBase 会自带一个 ZooKeeper？

因为 HBase 没了 ZooKeeper 不能活。HBase 的设计架构中，ZooKeeper 是一个必不可少的组成部分。HBase 都是依靠 ZooKeeper 来维护节点的，换句话说"无 ZooKeeper 不 HBase"。

如图 2-12 所示是 HBase 的一个基本架构。

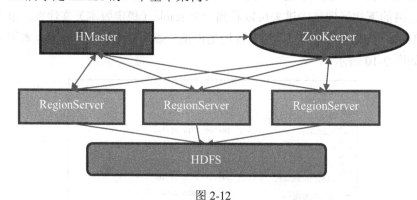

图 2-12

- HBase 中有一个 Master 用来管理元数据，它就像 Hadoop 中的 namenode。
- RegionServer 是用来存储数据的，相当于 Hadoop 中的 datanode。
- ZooKeeper 负责维护 HBase 的所有节点。如果 ZooKeeper 宕掉了，你一个节点都连不上。
- 生产环境下的完全部署模式是基于 HDFS 的，使用 HDFS 来存储数据。HBase 甚至可以不用依赖 HDFS 来部署，在单机模式下直接使用普通文件系统来存储数据，虽然这只是玩玩，但至少说明了 HBase 离开 HDFS 还是可以生存的。

在使用中你会发现，就算把 Master 关掉了，你也一样可以从 HBase 中读取数据和写入数据，只是不能建表或者修改表。这是因为客户端读取数据的时候只是跟 ZooKeeper 和 RegionServer 交互。如果你把 ZooKeeper 关掉了，整个集群就一点都连不上了。所以，ZooKeeper 甚至比 Master 还重要。

 在开始之前请再三检查自己的 /etc/hosts 和 /etc/sysconfig/network （主要是看 hostname，如果你使用的不是 CentOS 系统，请查询相关资料学习如何修改 hostname） 是否配置正确，否则你会遇到各种连接错误。我之前的 RegionServer 总是无法连接 Master，检查了一阵，连源代码都看了，还是不知道为什么，后来才想到 hostname 可能有问题，修改好了，也就可以启动了。

2.5.1 单机模式

我们来说说单机模式要怎么安装。

 首先记得把你们的 Hadoop 集群给关了，以免 ZooKeeper 占用了端口导致 HBase 内的 ZooKeeper 开不起来。

建立 hbase 用户

我们建一个新的用户 hbase 来进行 HBase 的相关操作。

```
# useradd hbase
# passwd hbase
New passwd:
Retype new passwd
```

添加 JAVA_HOME 环境变量到 hbase 用户

编辑 hbase 用户的 ~/.bashrc 文件，加入 JAVA_HOME 的设置：

```
export JAVA_HOME=/usr/local/jdk1.7.0_79
export PATH=$PATH:$JAVA_HOME/bin
```

添加 HBASE_HOME 环境变量到 hbase 用户

继续在~/.bashrc 中添加：

```
export HBASE_HOME=/usr/local/hbase
export PATH=$PATH:$HBASE_HOME/bin
```

保存，然后用 source ~/.bashrc 让配置立即生效。

 永远要记住，建立了用户后必须要添加 JAVA_HOME 环境变量！

切换到 hbase 用户，编辑 conf/hbase-site.xml 文件，添加上 hbase.rootdir 和 hbase.zookeeper.property.dataDir 的配置：

```xml
<configuration>
  <property>
    <name>hbase.rootdir</name>
    <value>file:///home/hbase/hbase</value>
  </property>
  <property>
    <name>hbase.zookeeper.property.dataDir</name>
    <value>/home/hbase/zookeeper</value>
  </property>
</configuration>
```

一般不建议把 hbase.rootdir 设置到/home 目录下。我这里使用/home/hbase 是因为我打算在

hbase 这个用户下试运行 HBase 单机模式，所以暂时用这个文件夹。如果你们的用户名不一样，或者打算用另外的位置来测试，请记得替换路径。另外，这两个文件夹无须事先创建，HBase 会自动创建好。

接下来，我们执行 bin/start-hbase.sh。

启动后，用 jps 命令看下启动的情况：

```
$ jps
1820 Jps
1463 HMaster
```

如果启动不顺利的话，请查看 logs 目录下的日志来确认出错原因。

用 hbase shell 测试一下 hbase

现在，我们有了一个最简单的 HBase 实例了，可以开始熟悉 HBase 的基本命令了。启动单机模式后，用 bin/hbase shell 来启动 HBase 的 shell 命令行工具。我们先用 HBase 的 shell 命令测试 HBase 当前是否可以正常工作。之后我们再来深入讲解 hbase shell 的具体使用。

首先，我们用 bin/hbase shell 来连接上 HBase。如果一切正常，你会看到如下画面：

```
$ ./hbase shell
2016-07-26 07:49:44,967 WARN  [main] util.NativeCodeLoader: Unable to load native-hadoop library for your platform... using builtin-java classes where applicable
HBase Shell; enter 'help<RETURN>' for list of supported commands.
Type "exit<RETURN>" to leave the HBase Shell
Version 1.2.2, r3f671c1ead70d249ea4598f1bbcc5151322b3a13, Fri Jul  1 08:28:55 CDT 2016
hbase(main):001:0>
```

接着，用 create 'testTable', 'testFamily' 建立一张测试表：

```
create 'testTable','testFamily'
0 row(s) in 1.2370 seconds

=> Hbase::Table - testTable
```

然后插入一条数据：

```
hbase(main):003:0> put 'testTable','row1','testFamily:name','jack'
0 row(s) in 0.3380 seconds
```

插入成功后，用 scan 查询这个表：

```
hbase(main):005:0> scan 'testTable'
ROW         COLUMN+CELL
row1         column=testFamily:name, timestamp=1469491097996, value=jack
1 row(s) in 0.0570 seconds
```

完美，一切正常。关于这几条命令的深入学习，我会在后面的章节详细介绍，你现在还不需要了解得太多。

接下来，我们马上用伪分布式模式部署 HBase。开始之前先停掉单机模式的 HBase：

```
$ ./stop-hbase.sh
```

然后删掉之前 HBase 自动新建的文件夹。文件夹的位置我们可以通过 conf/hbase-site.xml 内的 hbase.rootdir 和 hbase.zookeeper.property.dataDir 来配置：

```
$ rm -rf /home/hbase/hbase /home/hbase/zookeeper
```

2.5.2 伪分布式模式

伪分布式模式使用的 HDFS 为非 HA 模式，所以 HDFS 是 HA 模式的读者只需略读该章节即可。

所谓的伪分布式模式就是：虽然实际上 HBase 只在一台机器上跑，但是 HMaster、HRegionServer 和 ZooKeeper 是分成三个不同的进程的。乍一看，很像生产环境下的完全分布式模式。这么做的目的是让大家在部署分布式之前热身一下，熟悉 HBase 的各个进程都长什么样，而且我们现在开始要用上 HDFS 了！

开始之前的注意事项：

- 环境变量问题：请确保 JAVA_HOME 已经设置为真正可用的 JDK 位置。
- 权限问题：由于在伪分布式和完全分布式的情况下 HBase 会直接在 HDFS 的根目录下建立/hbase 文件夹。在根目录下要建立文件夹需要超级用户组权限。超级用户组权限由 hdfs-site.xml 中的 dfs.permissions.supergroup 来定义。如果你不设定这个参数，默认的超级用户组组名是 supergroup。我先假定大家都没有设定 dfs.permissions.supergroup 属性。现在我们要做的事情，就是把 hbase 添加到 Linux 的 supergroup 组去。如果你跟我一样使用的是 CentOS 系统，那么请执行下面的语句：

```
# groupadd supergroup
# groupmems -g supergroup -a hbase
```

这样就可以把 hbase 添加到 supergroup 组了。

2.5.2.1 看看自己的 HDFS 是否有 HA

开始配置伪分布式模式之前，请先确保你的 HDFS 为非 HA 模式。伪分布式是给只有单机的用户测试以及体验分布式用的，如果你之前的 HDFS 已经配置了 HA（就像我的一样），说明你已经有了分布式环境了，请跳过以下内容直接看完全分布式模式。 以下内容（直到完全分布式模式为止）是献给 HDFS 运行在非 HA 模式下的读者的。

2.5.2.2 配置 hbase-site.xml

编辑 conf/hbase-site.xml 文件，添加 hbase.cluster.distributed 属性：

```xml
<property>
  <name>hbase.cluster.distributed</name>
  <value>true</value>
</property>
```

修改 hbase.rootdir 配置项，因为我们现在要用 HDFS 来存储数据了。

配置 hbase.rootdir 为（在 conf/hbase-site.xml 文件里面）：

```xml
<property>
  <name>hbase.rootdir</name>
  <value>hdfs://<hostname>:8020/hbase</value>
</property>
```

其中的<hostname>请替换为你的 HDFS 的 namenode 所在服务器名。如果你的 HDFS 就装在这台机器，可以写 hdfs://localhost:8020/hbase 。

设置 localhost 可能会给你带来麻烦。我在这个 hostname 的设置上栽过跟头。我曾经设置成 localhost，结果 HBase 的 Master 总也连不上 ZooKeeper。查看日志后，我发现是连不上 localhost:8020，我用 telnet 命令确认 telent localhost 8020 是不行的。把 localhost 换成我对外的 hostname，比如 dn03 （只是举个例子，实际操作中请换成你机器的 hostname），就成功了。所以，请尽量避免使用 localhost。开始之前最好使用 telnet <hostname> 8020 命令以确认可以连接。

全部修改后，你的 conf/hbase-site.xml 应该是这样的：

```xml
<configuration>
  <property>
    <name>hbase.zookeeper.property.dataDir</name>
    <value>/home/hbase/zookeeper</value>
  </property>
  <property>
    <name>hbase.cluster.distributed</name>
    <value>true</value>
  </property>
  <property>
    <name>hbase.rootdir</name>
    <value>hdfs://dn03:8020/hbase</value>
  </property>
</configuration>
```

配置没问题后，我们还不可以启动 HBase。因为现在已经是伪分布式了，系统会去用 SSH 启动我们的 Master、RegionServer、ZooKeeper（HBase 自带的那个），虽然最终还是在一台机器上启动 HBase 的所有服务，但是 HBase 是把这些服务当作分布式服务来对待的（虽然是伪的，但至少要假装一下吧）。而 HBase 的各个服务器之间是需要配置免密 SSH 的。所以，我们要配置 hbase 这个用户，让它可以自己免密 SSH 登录自己。

2.5.2.3 配置 SSH 免密登录

首先，生成 rsa 公钥。

```
$ ssh-keygen -t rsa
```

把 id_rsa.pub 添加到 ~/.ssh/authorized_keys 文件里，并修改 authorized_keys 文件的权限为 600：

```
$ cat ~/.ssh/id_rsa.pub >> ~/.ssh/authorized_keys
$ chmod 600 ~/.ssh/authorized_keys
```

你们可以试着 SSH localhost，看看情况如何。

```
$ ssh localhost
```

2.5.2.4 启动 HBase

如果一切正常，我们就可以启动 HBase 了。

```
$ bin/start-hbase.sh
```

Troubleshooting（故障排除）： Troubleshooting 这个单词在英语中代表排查故障，故障修复。我们做程序的偶尔也要了解一下国际用语。特别是我们做 Hadoop 的，中文资料太少太旧，经常需要直接看英文资料。所以，学好英文可以提高不少程序功力。我在这里遇到了几次 troubleshooting。以下是两个在 HBase 启动时你们可能会遭遇的高发问题。

连不上 ZooKeeper

刚开始我的 HBabse 启动后，过一会儿进程就自己退出了。Master 的日志报了如下异常：

```
2016-07-27 02:28:58,466 INFO [main-SendThread(localhost:2181)] zookeeper.ClientCnxn: Opening socket connection to server localhost/0:0:0:0:0:0:0:1:2181. Will not attempt to authenticate using SASL (unknown error)
2016-07-27 02:28:58,471 WARN [main-SendThread(localhost:2181)] zookeeper.ClientCnxn: Session 0x0 for server null, unexpected error, closing socket connection and attempting reconnect
java.net.ConnectException: Connection refused
    at sun.nio.ch.SocketChannelImpl.checkConnect(Native Method)
```

RegionServer 的日志是这种错误：

```
2016-07-27 02:28:58,956 INFO [main] zookeeper.ZooKeeper: Initiating client connection, connectString=localhost:2181 sessionTimeout=90000 watcher=regionserver:162010x0, quorum=localhost:2181, baseZNode=/hbase
2016-07-27 02:28:58,974 INFO [main-SendThread(localhost:2181)] zookeeper.ClientCnxn: Opening socket connection to server localhost/127.0.0.1:2181. Will not attempt to authenticate using SASL (unknown error)
2016-07-27 02:28:58,979 WARN [main-SendThread(localhost:2181)]
```

```
zookeeper.ClientCnxn: Session 0x0 for server null, unexpected error, closing socket
connection and attempting reconnect
    java.net.ConnectException: Connection refused
        at sun.nio.ch.SocketChannelImpl.checkConnect(Native Method)
```

用 jps 只能看到 HMaster 和 HRegionServer，没有看到 HQuorumPeer。所以，这个问题其实可以归纳为连不上 ZooKeeper/ZooKeeper 没有启动/jps 中没有看到 HQuorumPeer 的问题。三种情况是一回事。

这种情况的原因一般都是出在部署方面。比如 hostname 错了、DNS 有问题之类的（这也是广大程序员最痛苦的事情。经常自己的程序是好好的没问题，上了生产环境各种奇葩状况，排查到最后都是环境方面的一点小差异造成的）。还有一个祸端，十有八九都是它：JAVA_HOME 的值是空的。我注意到在输出日志中有一句话：

```
localhost: |  Error: JAVA_HOME is not set  |
```

我意识到是我的 hbase 用户的 ~/.bashrc 文件里面没有添加 jAVA_HOME 环境变量。

启动后用 jps 命令查看进程：

```
$ jps
26736 HRegionServer
26637 HMaster
26568 HQuorumPeer
26938 Jps
```

这回 RegionServer 和 QuorumPeer（就是 ZooKeeper 集群）被分出来称为单独的进程了。

HBase 在 HDFS 下的 Permission Denied

没错，进程是启动起来了；但是，我在日志里面看到这样的异常：

```
2016-07-29 10:00:31,405 FATAL [dn03:16000.activeMasterManager] master.HMaster:
Unhandled exception. Starting shutdown.
    org.apache.hadoop.security.AccessControlException: Permission denied:
user=hbase, access=WRITE, inode="/":root:supergroup:drwxr-xr-x
```

我这才意识到，由于我安装 HBase 的用户不是 Hadoop 运行的用户，它并没有在根目录下创建/hbase 文件夹的权限。这个时候，我只需要把 hbase 用户添加到 supergroup 组里面再重启 Hbase 就好了：

```
# groupadd supergroup
# groupmems -g supergroup -a hbase
```

2.5.2.5 检测安装结果

现在，我们来检测一下 HBase 有没有连接上 Hadoop。

检测的方法如下：

（1）连上 HDFS，确认 HBase 自动创建了/hbase 这个文件夹。

（2）尝试新建一个表。

具体步骤如下：

（1）用 hdfs dfs -ls /查看根目录下是否有自动建立/hbase 文件夹：

```
# hdfs dfs -ls /
16/07/30 02:50:04 WARN util.NativeCodeLoader: Unable to load native-hadoop
library for your platform... using builtin-java classes where applicable
Found 1 items
drwxr-xr-x   - hbase supergroup          0 2016-07-30 02:30 /hbase
```

如上所示，说明自动建立/hbase 文件夹成功了。

（2）执行 bin/hbase shell 进入 hbase shell，然后新建一张表。

```
hbase(main):001:0> create 'testTable','testFamily'
0 row(s) in 2.9820 seconds

=> Hbase::Table - testTable
```

没有异常，一切正常！接下来我们进入完全分布式模式的安装。

2.5.3　关于 ZooKeeper 不得不说的事

在说完全分布式模式之前，必须重点提一下 ZooKeeper。虽然 ZooKeeper 不是 HBase 的组成部分，但它却是其不可或缺的依赖组件。你必须完全理解 ZooKeeper 在 HBase 中的作用和地位，才能避免在接下来的教程中懵懵懂懂。

首先你需要知道：HBase 自带了一个 ZooKeeper，而且会默认启动自己的 ZooKeeper。

ZooKeeper 进程的名字

如果 HBase 用的是自己的 ZooKeeper，那你在 jps 中看到的 ZooKeeper 名字是 HQuorumPeer。如果你使用的是外部的 ZooKeeper 集群，那么它的名字叫 QuorumPeer 或者 QuorumPeerMain。

是否开启 HBase 自带的 ZooKeeper 开关

是否开启自带的 ZooKeeper 由 conf/hbase-env.sh 中定义的 HBASE_MANAGES_ZK 变量定义。这个变量默认为 true，也就是开启自带的 ZooKeeper。如果你不希望让 HBase 开启自带的 ZooKeeper（一般生产环境都不会用 HBase 自带的 ZooKeeper），那么请将这行代码的注释去掉，并修改为 false：

```
# Tell HBase whether it should manage it's own instance of Zookeeper or not.
#export HBASE_MANAGES_ZK=true
```

修改完后为：

```
# Tell HBase whether it should manage it's own instance of Zookeeper or not.
```

```
export HBASE_MANAGES_ZK=false
```

ZooKeeper 的配置在哪里

如果你用的是独立部署的 ZooKeeper 的配置,它是在 zoo.cfg 文件里。如果你用的是 HBase 自带的 ZooKeeper,那么它就在 hbase-site.xml 里面配置。它们的区别是,在 hbase-site.xml 中的 ZooKeeper 相关配置项就是在 zoo.cfg 中对应的属性名前面加上 hbase.zookeeper.property. 前缀。比如在 zoo.cfg 中的配置项 dataDir,在 hbase-site.xml 中就叫 hbase.zookeeper.property. dataDir。

多少个节点最好

节点越多容灾能力就越强。不过节点数一定要是奇数个,虽然偶数个也不是不能启动,但是不建议使用偶数个节点。有以下两个原因:

(1) ZooKeeper 采用仲裁制度来决定大多数的操作是否成功。比如,当过半的节点认为该写入操作是成功的,那么该写入操作就是成功的。

(2) ZooKeeper 的容灾机制定义了:集群中只要有过半的机器是正常工作的,那么整个集群对外就是可用的。如果你有 5 个节点,那么有 2 个节点宕掉,你的集群依然可以运行。这时我们称该集群的容灾能力是 2。就算你多部署了一个节点,目前的节点数为 6,那么只要 3 个节点宕掉整个集群就宕掉了,所以你的集群的容灾能力还是只有 2。

机器的配置

最好分配 1GB 的内存给 ZooKeeper,并且 ZooKeeper 的存储位置是在一个独立的磁盘上的(包括程序文件夹和数据文件夹)。ZooKeeper 是管理集群的,到底什么节点宕掉了,只有它知道,所以它应该是系统中最后关闭、最稳定的部分。把 ZooKeeper 存储在一个独立的磁盘上可以避免当磁盘出现 IO 问题的时候 ZooKeeper 被波及。

了解了 ZooKeeper 的基本知识后,我们可以往下讲完全分布式模式了。

2.5.4 完全分布式模式

如果你的 HDFS 集群已经配置好了 HA (如果你照着我之前的教程来安装 Hadoop,那么你现在的 Hadoop 已经是 HA 了),或者你刚刚做完伪分布式配置,那么可以把之前的配置都清空并且删除数据文件夹。我们接下来要重新部署 HBase 为完全分布式模式。这也是生产环境上使用的部署模式。

完全分布式下的 ZooKeeper

完全分布式下,你可以使用 HBase 自带的 ZooKeeper 或者独立部署的 ZooKeeper。建议使用独立部署的 ZooKeeper。如要使用独立部署的 ZooKeeper,请在 hbase-env.sh 中关闭自带的 ZooKeeper:

```
# Tell HBase whether it should manage it's own instance of Zookeeper or not.
#export HBASE_MANAGES_ZK=true
```

HBase_MANAGERS_ZK 默认是 true，即启动自带 ZooKeeper。 当想用独立部署的 ZooKeeper 的时候，我们就把这个属性设置为 false。接下来的教程中，我会使用独立的 ZooKeeper 集群来配置完全分布式模式的 HBase。如果你想使用 HBase 自带的 ZooKeeper 也没有关系，除了 HBase_MANAGERS_ZK 以外，配置是一样的。如果你想跟我一样，使用独立的 ZooKeeper 集群，请参考 2.4.3 ZooKeeper 章节的内容安装 ZooKeeper。

开始之前为了防止之前的伪分布式的配置影响到我们分布式的配置,你可以把建立的文件夹（包括 HBase 自己建的）都删掉，你甚至可以把 HBase 的程序文件夹都删掉，重新解压一份。

2.5.4.1 准备工作

在所有即将安装 HBase 的机器上建立 hbase 用户，并赋予权限（请把以下命令在所有机器上都执行一遍）。

建立 hbase 用户

```
# useradd hbase
# passwd hbase
New passwd:
Retype new passwd
```

添加 JAVA_HOME 环境变量到 hbase 用户

编辑 hbase 用户的 ~/.bashrc 文件，加入 JAVA_HOME 的设置：

```
export JAVA_HOME=/usr/local/jdk1.7.0_79
export PATH=$PATH:$JAVA_HOME/bin
```

添加 HBASE_HOME 环境变量到 hbase 用户

继续在~/.bashrc 中添加：

```
export HBASE_HOME=/usr/local/hbase
export PATH=$PATH:$HBASE_HOME/bin
```

保存，然后用 source ~/.bashrc 让配置立即生效。

建立 supergroup 用户组 （hdfs 默认的超级用户组，如果你的机器上没有的话需要手动建立）：

```
# groupadd supergroup
```

添加 hbase 用户到 supergroup 中：

```
# groupmems -g supergroup -a hbase
```

解压 HBase 安装包

把 HBase 安装包推送到所有机器上，解压并移动到 /usr/local/hbase 目录 （不一定是 /usr/local 目录，也可以是别的目录，只是我比较喜欢把程序文件夹放到这个目录下，把数据文件夹放到/data 目录下而已）。

```
tar zxvf hbase-1.2.2-bin.tar.gz
mv hbase-1.2.2 /usr/local/hbase
```

把 hbase 文件夹的所有者改成 hbase。

```
chown -R hbase.hbase /usr/local/hbase
```

建立 HBase 的日志文件夹

请建立一个专门放 HBase 日志的文件夹。这个文件夹要放到硬盘比较大的那个分区上，否则容易把系统分区占满并造成很多问题。我的机器最大的分区是/data，所以我建立日志文件夹的步骤如下：

```
# mkdir /data/logs/hbase
# chown hbase.hbase /data/logs/hbase
```

到这里，我们的准备工作就做完了，可以开始配置了。完全分布式模式中不止有一台机器，所以接下来的教程我们先按一台机器来做，之后把配置推送到其他机器上。当然，你手动在所有机器上都粘贴一遍也可以。

2.5.4.2 配置 hbase-env.sh

配置 HBASE_MANAGES_ZK（是否启动自带 ZooKeeper 开关）

如果你的 Hadoop 已经有 HA，或者你已经有一个独立的 ZooKeeper 集群，那么你就需要在 hbase-env.sh 中把 HBase 自带的 ZooKeeper 关掉以防止端口冲突。

```
# Tell HBase whether it should manage it's own instance of Zookeeper or not.
export HBASE_MANAGES_ZK=false
```

如果你用的是 HBase 自带的 ZooKeeper（比如你的 Hadoop 不是根据我前面的教程装成 HA 模式，没有关系，就算 Hadoop 是单机模式也没有关系，一样可以继续往下看教程，我在后面的教程中会分别写出 HDFS 为 HA 模式和非 HA 模式的安装方法），那你可以跳过这一步，因为 HBASE_MANAGES_ZK 默认是 true。

配置 HBASE_CLASSPATH

HBase 会根据 HDFS 的客户端配置来做一些策略调整，比如 HBase 默认存储的备份数是 3，当你把 dfs.replication 数设置为 5 的时候，如果 HBase 能读到这个配置，它会自动把备份数提高到 5。

让 HBase 读取到 HDFS 的配置有三种方式：

（1）把 HADOOP_CONF_DIR 添加到 HBASE_CLASSPATH 中（推荐）。

（2）把 HDFS 的配置文件复制一份到 HBase 的 conf 文件夹下，或者直接建一个 hdfs-site.xml 的软链接到 hbase/conf 下。

（3）把 HDFS 的几个配置项直接写到 hbase-site.xml 文件里面去。

我们现在采用把 HADOOP_CONF_DIR 添加到 HBASE_CLASSPATH 里面去的方式。

我的 Hadoop 配置文件夹路径是 /usr/local/hadoop/etc/hadoop，所以我在 hbase-env.sh 中找到这行：

```
# Extra Java CLASSPATH elements. Optional.
# export HBASE_CLASSPATH=
```

将其改成：

```
# Extra Java CLASSPATH elements. Optional.
export HBASE_CLASSPATH=/usr/local/hadoop/etc/hadoop
```

修改 HBase 日志输出文件夹

接下来，我们要修改 HBase 日志输出的文件夹。默认的日志文件夹是 $HBASE_HOME/logs。一般我们的$HBASE_HOME 都是程序文件夹的位置，而日志通常要放在比较大的分区里面（比如跟数据文件夹在一个分区上），所以我们要手动改变日志文件夹的位置。首先，请找到以下配置项：

```
# Where log files are stored. $HBASE_HOME/logs by default.
# export HBASE_LOG_DIR=${HBASE_HOME}/logs
```

将 HBASE_LOG_DIR 前面的注释去掉，并修改为你想要的目录位置（比如我的是 /data/logs/hbase）。

```
# Where log files are stored. $HBASE_HOME/logs by default.
export HBASE_LOG_DIR=/data/logs/hbase
```

2.5.4.3 配置 hbase-site.xml

编辑我们的 conf/hbase-site.xml。

1. hbase 存储根目录（hbase.rootdir）

由于我们使用 HDFS 来存储数据，所以这里不能被配置成本地路径的格式了，而是要配置成 HDFS 路径的格式。HDFS 有 HA 和没有 HA 的情况下这个路径的写法是不一样的。

如果你的 HDFS 没有 HA，那么你只有一个 namenode，访问的方式是 <namenode>:8020。你的配置项 hbase.rootdir 应该是这样：

```
<property>
  <name>hbase.rootdir</name>
  <value>hdfs://<namenode>:8020/hbase</value>
</property>
```

其中<namenode>请替换为你的 namenode 所在机器的 hostname。不过使用 localhost 可能会导致连接有问题，所以哪怕是本机，最好使用 hostname 吧。

如果你的 HDFS 有 HA，这里就写成：

```
<property>
  <name>hbase.rootdir</name>
```

```xml
    <value>hdfs://<clustername>/hbase</value>
</property>
```

其中<clustername>请替换为你的集群 id，比如我的集群 id 是 mycluster，那么这项现在写为 hdfs://mycluster/hbase。因为如果你的 HDFS 有 HA，那么你就有两台 namenode，我们事先并不知道哪一台是激活状态的，并且这个激活状态随时可能会发生变化，所以需要设置的不是 namenode 的 hostname，而是集群的 id。HBase 会通过集群 id，连接 ZooKeeper 来查询 namenode 的情况。我配置的是：

```xml
<property>
    <name>hbase.rootdir</name>
    <value>hdfs://mycluster/hbase</value>
</property>
```

并且后面的小节中我们还要加上一个配置项 hbase.zookeeper.quorum，它是用来告诉 HBase，要连上哪个 ZooKeeper 集群（再次重申：如果有 HA，请切记关掉 HBase 自带的那个 ZooKeeper）来得知 HDFS 集群的各个服务器的连接方式。

2. 分布式开关（hbase.cluster.distributed）

添加这个配置项，并设置成 true 来告诉 HBase 现在要按分布式模式启动了！如果你做过之前的伪分布式教程，那你现在已经修改过这个配置了。

```xml
<property>
    <name>hbase.cluster.distributed</name>
    <value>true</value>
</property>
```

跟单机模式最明显的区别就是现在 HBase 会启动至少两个进程 HMaster 和 HRegionServer。如果你配置成用 HBase 自带的 ZooKeeper，那么还会再启动一个进程叫 HQuorumPeer。不过当你有了带 HA 的 HDFS 的时候就不能使用自己的 ZooKeeper 了，因为此时的 ZooKeeper 不仅要给 HBase 用，还要给 HDFS 用，所以大家要共用一个 ZooKeeper 集群。

3. ZooKeeper 集群地址（base.zookeeper.quorum）

我们来配置 ZooKeeper 集群的访问地址。由于 ZooKeeper 在分布式环境下一定是一个集群，所以有多台机器。由于我有 5 台机器，两台 namenode，分别叫 nn01、nn02，三台 datanode，分别叫 dn01、dn02、dn03。我把它们都装上 zookeeper 服务了，所以我的配置如下：

```xml
<property>
<name>hbase.zookeeper.quorum</name>
    <value>nn01,nn02,dn01,dn02,dn03</value>
</property>
```

2.5.4.4 启动 Hbase 集群

先把之前做好的配置文件（hbase-site.xml 和 hbase-env.sh）推送（或者复制）到所有机器

上，然后确保你的 Hadoop 集群已经启动了。如果你用的是独立的 ZooKeeper，那么确保 ZooKeeper 也已经启动了。

1. 启动 Master

我们先挑选集群中的一台机器作为 Master，我挑选 nn01 作为 Master。登录到 nn01 后切换到 hbase 用户，执行以下命令：

```
$ $HBASE_HOME/bin/hbase-daemon.sh start master
```

然后用 jps 来看看 Master 启动了没有：

```
$ jps
4891 Jps
2705 HMaster
```

很好，我们看到了 HMaster，说明 Master 成功地被启动了。

2. 启动 RegionServer

登录到所有你希望启动 RegionServer 的机器上，切换到 hbase 用户，执行以下命令启动 HBase：

```
$ $HBASE_HOME/bin/hbase-daemon.sh start regionserver
```

启动后用 jps 看看是否启动了 RegionServer：

```
$ jps
2871 HRegionServer
4891 Jps
2705 HMaster
```

3. Troubleshooting

启动后记得去看日志中是否有异常，如果你不停地看到这种异常：

```
2016-08-09 05:19:16,022 INFO [regionserver//0.0.0.50:16020] regionserver.HRegionServer: reportForDuty to master=0.0.0.50,16000,1470691047033 with port=16020, startcode=1470691131312
2016-08-09 05:19:16,023 WARN [regionserver//0.0.0.50:16020] regionserver.HRegionServer: error telling master we are up
com.google.protobuf.ServiceException: java.net.SocketException: Invalid argument
```

那多半是因为你的机器名没有设置好，如果你是 CentOS 系统（其他系统请自行查阅资料修改），那么就编辑 /etc/sysconfig/network 文件，编辑 HOSTNAME 这个配置项，修改好后记得重启一下服务器让配置生效。

一切正常后，我们终于可以看看 HBase 的 Web 控制台（Web UI）长什么样子了。

2.5.5 HBase Web 控制台（UI）

YES！我们终于将 HBase 以完全分布式的方式跑起来了！但是我们还是不能直观地看到集群的运行状态。接下来，我要带你们去看 HBase 的 Web 控制台，在那，你们可以一目了然地看到集群的各项指标，比如有多少 RegionServer、有多少表、有多少请求等。

HBase 启动后会同时启动一个 Web 控制台（Web UI）。如果你访问<master>:16010 就能看到以下画面，如图 2-13 所示，而且你能在 Region Servers 这个列表里面看到你的 RegionServer 服务器。

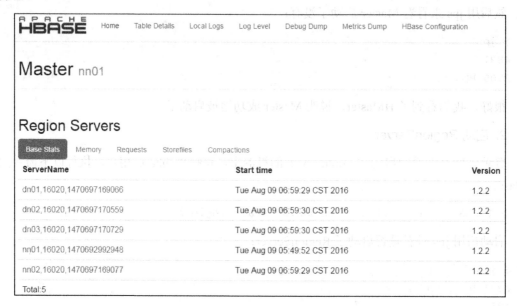

图 2-13

是 16010 端口还是 60010 端口

很多教程都说 HBase 的 Web UI 端口是 60010，其实是因为曾经 Web 控制台 UI 的端口是 60010，现在已经改成 16010 了。

我的 RegionServers 列表是空的

如果你的 RegionServers 列表是空的，请通过查看 RegionServer 的日志来排查问题。如果你的 RegionServer 正常启动了，但是由于连不上 Master 又自己停止了，而且 Master 跟 RegionServer 之间的网络连接，端口可见性都是正常的，那么多半都是因为 /etc/hosts 内设置的其他服务器的 ip 跟 hostname 映射并不正确，或者 /etc/sysconfig/network 内设置的本机 hostname 有问题造成的。

2.5.6 让 HBase 可以开机自启动

同样的，我们也要把 HBase 添加到开机自启动，以免我们重启后手忙脚乱地去启动 HBase 的各项服务。

添加 Master 到自启动

先编写以下服务脚本,命名为 hbase-master,放到/etc/init.d 下:

> 以下脚本只适用于 CentOS 6 及以下版本,不适用于 CentOS 7。如果你使用的是 CentOS 7,你需要自行编写并创建 systemd 服务。systemd 极大地简化了服务脚本的编写,具体创建的方法请自行咨询资料。

```bash
#!/bin/bash
#chkconfig:2345 98 02
#description: hbase-master service
RETVAL=0
# Source hadoop enviroment variables
. /home/hbase/.bashrc
start(){
  su hbase -c "$HBASE_HOME/bin/hbase-daemon.sh start master"
}
stop(){
  su hbase -c "$HBASE_HOME/bin/hbase-daemon.sh stop master"
}
case $1 in
start)
  start
;;
stop)
  stop
;;
esac
exit $RETVAL
```

赋予可执行权限:

```
$ chomod +x hbase-master
```

然后执行 chkconfig hbase-master on 添加服务到自启动。

添加 RegionServer 到自启动

在 /etc/init.d 下新建 hbase-regionserver 自启动脚本(设置 RegionServer 的启动顺序比 Master 迟一点)。

> 以下脚本只适用于 CentOS 6 及以下版本,不适用于 CentOS 7。如果你使用的是 CentOS 7,你需要自行编写并创建 systemd 服务。systemd 极大地简化了服务脚本的编写,不过具体创建的方法请自行咨询资料。

```bash
#!/bin/bash
#chkconfig:2345 99 01
#description: hbase-regionserver service
RETVAL=0
```

```
# Source hadoop enviroment variables
. /home/hbase/.bashrc
start(){
  su hbase -c "$HBASE_HOME/bin/hbase-daemon.sh start regionserver"
}
stop(){
  su hbase -c "$HBASE_HOME/bin/hbase-daemon.sh stop regionserver"
}
case $1 in
start)
  start
;;
stop)
  stop
;;
esac
exit $RETVAL
```

赋予可执行权限：

```
$ chmod +x hbase-regionserver
```

添加到自启动：

```
$ chkconfig hbase-regionserver on
```

2.5.7 启用数据块编码（可选）

如果这是你第一次读本书，强烈建议你跳过本小节，因为这个不是你目前最需要了解的知识。强行阅读可能会让你睡着。你可以直接进入 HBase 基本操作。请至少当你看完了第 5 章 HBase 内部探险后，再回来看该小节。

首先说说我们为什么需要数据块编码（DATA BLOCK ENCODING）？

由于 HBase 是一个列式数据库，一行中的不同列可以被存储在不同的地方，甚至不同的服务器。为了实现这样的结构，势必要在每一个单元格上都存储进所有可以定位到这个单元格的维度信息，所以至少要有以下几个信息：

- 行键（Rowkey）
- 列族（Column Family）
- 列（Column）
- 版本（Version）

其实除了这几个信息以外，在 HBase 中的最小存储单元 KeyValue 中还存储着一些其他的元数据信息，比如 KeyLen（rowkey 的长度）、ValueLen（值的长度）、KeyType（rowkey 的类型）等，所以在一个 KeyValue 中真正存储数据的部分只有最后的那么一点点，就像图 2-14 所示的一样。

图 2-14

这种存储结构的确是很浪费空间，因为真正存储值的部分可能就只占到了 5~10%，如果你只是存储一两个字符，那么比例就下降的更厉害了。我们使用 hbase shell 来查看一条数据也会发现就算只是存储简单的一个字母 a，也有 column、timestamp 等其他信息，这些信息占用的空间是 value 的好几倍：

```
ROW           COLUMN+CELL
 row1          column=mycf:class, timestamp=1473615458364, value=a
```

如何启用数据块编码

启动的方式是修改列族描述，比如：

```
hbase> alter 'mytable', { NAME => 'mycf', DATA_BLOCK_ENCODING => 'FAST_DIFF' }
```

什么是数据块编码

数据块编码主要是针对 KeyValue 中的 Key 进行编码，减少 Key 存储所占用的空间。因为我们可以发现其实很多 Key 的前缀都是重复的。我们取一个比较极端的例子，假设有这样一个表，它的行键（Rowkey）、列族（Column Family）、列（Column）的定义规则是：

- 行键以 myrow 前缀打头，后面跟上数字来组成行键，比如 myrow001、myrow002、myrow003 等。
- 拥有一个列族叫 mycf。
- mycf 列族中有 5 个列，分别名叫 col1、col2、col3、col4、col5。

我们取出这个表的前 2 行数据，他们的存储结构如表 2-2 所示。

表 2-2 前 2 行数据的存储结构

KeyLen	ValLen	…	Key	Value
18	…	…	myrow001:mycf:col1	…
18	…	…	myrow001:mycf:col2	…
18	…	…	myrow001:mycf:col3	…
18	…	…	myrow001:mycf:col4	…
18	…	…	myrow001:mycf:col5	…
18	…	…	myrow002:mycf:col1	…
18	…	…	myrow002:mycf:col2	…
18	…	…	myrow002:mycf:col3	…
18	…	…	myrow002:mycf:col4	…
18	…	…	myrow002:mycf:col5	…

可以看到这么多行的 Key 其实有很大一部分的字符是重复的。聪明的你肯定一下就想到了简化方案：只存储递进值。比如我们可以避免存储重复的前缀，这就是前缀编码（Prefix）。

2.5.7.1 前缀编码

如果你使用前缀编码作为数据块编码方式，那么它只会存储第一个 Key 的完整字符串，后面的 key 只存储跟第一个 key 的差异字符。重新编码过的数据如表 2-3 所示。

表 2-3 重新编码过的数据

KeyLen	ValLen	…	Key	Value
18	…	…	myrow001:mycf:col1	…
1	…	…	2	…
1	…	…	3	…
1	…	…	4	…
1	…	…	5	…
11	…	…	2:mycf:col1	…
1	…	…	2	…
1	…	…	3	…
1	…	…	4	…
1	…	…	5	…

可以看到我们把 Key 的存储空间极大地缩小了。编码后的 Key 总存储空间只用了 37 个字符，而未编码前是 180 个字符，空间占用减少了 79%。

2.5.7.2 差异编码

差异编码（Diff）比前缀编码更进一步。这回差异编码甚至把以下字段也一起进行了差异化的编码。

- 键长度（KeyLen）。
- 值长度（ValueLen）。
- 时间戳（Timestamp），也即是 Version。
- 类型（Type），也即是键类型。

增加了前缀长度（Prefix Len）字段表示当前的 Key 跟与之相比的 Key 的相同前缀的长度。采用了差异编码后的 KeyValue 结构为：

- 1 byte: 标志位。
- 1-5 bytes: Key 长度（KeyLen）。
- 1-5 bytes: Value 长度（ValLen）。
- 1-5 bytes: 前缀长度（Prefix Len）。
- … bytes: 剩余的部分。
- … bytes: 真正的 Key 或者只是有差异的 key 后缀部分。

- 1-8 bytes：时间戳（timestamp）或者时间戳的差异部分。
- 1 byte：Key 类型（type）。
- ... bytes：值（value）。

使用了差异编码后的数据存储格式变为表 2-4 所示的这样。

表 2-4 使用了差异编码后的数据存储格式

Flag	KeyLen	ValLen	Prefix Len	...	Key	Timestamp	Type	Value
0	18	102	0	...	myrow001:mycf:col1	1477960061020	4	...
5		230	17	...	2	0		...
7			17	...	3	160		...
3			17	...	4	260	4	...
1		56	17	...	5	36	8	...
1		59	7	...	2:mycf:col1	100	4	...
7			17	...	2	233		...
1		125	17	...	3	77		...
1		66	17	...	4	263	4	...
3			17	...	5	55	4	...

是不是看不懂？没关系，我第一次看也没看懂。我来解释一下这个表的含义。

如果该行记录中存在跟上一个 KeyValue 一样的字段就直接放空。比如，第二行记录的 Key 是 myrow001:mycf:col2，它的 KeyLen（Key 的长度）跟第一行记录是一样的，所以我们不需要存储它的 KeyLen。如果当前记录的 Timestamp 跟上一行记录的 Timestamp 一样，则记录为 0，如果不一样，只需要记录差值就行，比如第三行记录的 Timestamp 比第二行记录的大 160，所以它只需要存储 160 即可。

差异编码最大的特点是在存储结构的头部新增了标志位（Flag）。

标志位是什么

它是一个二进制数。比如，5=11,7=111。它的作用就是记录当前这个 KeyValue 跟上一个 KeyValue 之间有哪几个字段有差异，以下是产生标志位的部分规则：

- 如果当前 KeyValue 中的 KeyLen（Key 的长度）跟上一个 KeyValue 相等，则标志码为 1。
- 如果当前 KeyValue 中的 ValLen（Value 长度）跟上一个 ValLen 相等，则标志码为 10。
- 如果当前 KeyValue 中的 Type 跟上一个 Type 相等，则标志码为 100。

只需要把 flag 跟标志码做一个与（&）计算就可以快速地知道这个字段跟上一个字段的差异在哪里。具体的计算过程比较复杂，在此不详细地解释，大家只要能理解标志位的作用就可以了。

这样编码几乎是最大程度地对数据进行了编码压缩，但是这个编码方式默认是不启用的。为什么？因为太慢了，每条数据都要这样计算一下，获取数据的速度很慢。除非你要追求极致的压缩比，但是不考虑读取性能的时候可以使用它，比如你想要把这部分数据当作归档数据的时候，可以考虑使用差异编码。

2.5.7.3 快速差异编码

快速差异编码（Fast Diff）借鉴了 Diff 编码的思路，也考虑到了差异编码速度慢的致命缺陷。快速差异编码的 KeyValue 结构跟差异编码一模一样，只有 Flag 的存储规则不一样，并且优化了 Timestamp 的计算。Fast Diff 的实现比 Diff 更快，也是比较推荐的算法。如果你想用差异算法来压缩你的数据，那么最好用快速差异编码。不过这个"快速"只是相对本来的差异算法而言的，由于还是有很多计算过程存在，所以快速差异算法的速度依然属于比较慢的。关于快速差异编码的具体计算过程，在此不深入讲解。

2.5.7.4 前缀树编码

前缀树编码（Prefix Tree）从名字上很容易看出来它就是前缀算法的变体，它是 0.96 版本之后才加入的特性。这个算法设计的出发点是：

- 应该对前缀进行编码压缩。
- 当前的 KeyValue 的 metadata 太重了。
- 在数据块（Block）中应该支持随机查找 KeyValue。由于数据块中总是顺序查找 KeyValue，所以带来一个问题，那就是数据块越大查找 KeyValue 的速度就越慢。

该算法的特点是：

- 对 rowkey 进行字典树编码（Trie）以消除重复的 rowkey，并把相似的 rowkey 以字典树的形式来存储。
- 每个数据块中只在开头的部分存储一次列族（反正一个块只可能属于一个列族）。
- 每个数据块中的限定符（Rowkey:ColumnFamily:Column，合起来叫 qualifier）以字典树的形式存储。
- 每个数据块的头部存储有一个最小时间戳（timestamp），其他时间戳用该最小时间戳换算得出。

要具体地解释这个算法需要很大的篇幅，但是我可以用一幅图让大家理解这里面多次提到的字典树是什么（摘自维基百科），如图 2-15 所示。

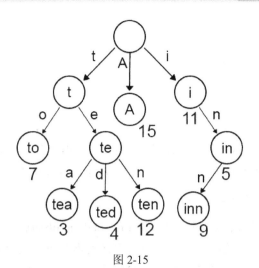

图 2-15

前缀树编码最大的作用就是提高了随机读的能力,但是其复杂的算法相对地也降低了写入的速度,消耗了更多的 CPU 资源。所以有舍必有得,大家需要在资源的消耗和随机读的性能之间进行取舍。

数据块编码主要专注于对限定符,即行键(Rowkey):列族(Column Family):列(Column),接下来我们来看下专注于对值(value)进行压缩的压缩器。

2.5.8 启用压缩器(可选)

如果这是你第一次读本书,强烈建议你跳过本小节,因为这个不是你目前最需要了解的知识,可以直接进入 HBase 基本操作。

压缩器的作用是可以把 HBase 的数据按压缩的格式存储,这样可以更节省磁盘空间。当然这步完全是可选的,不过推荐大家还是安装 Snappy 压缩器,这是 HBase 官方目前排名比较高的压缩器。不过 Snappy 的缺点是安装过程对环境要求较高,很容易装不上。

如何启用压缩器

启动的方式是修改列族描述,比如:

```
hbase> alter 'mytable', { NAME => 'mycf', COMPRESSION=>'snappy' }
```

使用 Hadoop 自带的原生库

由于 Hadoop 的共享库(shared Library)拥有很多资源,包括压缩器,所以你可以直接将他们用在 HBase 中。通过以下命令可以检查你的 Hadoop 目前有用的压缩器:

```
$ hbase --config $HBASE_HOME/conf org.apache.hadoop.util.NativeLibraryChecker
```

如果你看到以下结果:

```
2016-11-06 03:29:46,415 WARN [main] util.NativeCodeLoader: Unable to load
native-hadoop library for your platform... using builtin-java classes where
applicable
```

```
Native library checking:
hadoop:  false
zlib:    false
snappy:  false
lz4:     false
bzip2:   false
```

说明 NativeLibraryChecker 无法读取到 Hadoop 的 native 库。从这个类的源代码，可以看到他先调用了 NativeCodeLoader 类来尝试加载 Hadoop 这个 Library：

```
System.loadLibrary("hadoop");
```

如果这行报错，就会输出 Unable to load native-hadoop library for your platform...。

如果有 JVM 加载 JNI 经验的读者（没有就直接搜索一下，这玩意并不高深），就可以知道这行的作用就是尝试在 LD_LIBRARY_PATH 目录下加载 libhadoop.so 这个文件，然后我们用 find 搜索一下这个文件在哪里：

```
find / -name *hadoop.so*
```

在我的 CentOS 6 上，可以看到这个文件的路径为 /usr/local/hadoop/lib/native/libhadoop.so。那么为什么加载不到它呢？有可能是下面两个原因：

（1）LD_LIBRARY_PATH 不包含 /usr/local/hadoop/lib/native/。
（2）你的 Linux 系统上的 GLIBC 版本低于 2.14。

我们来根据这两种情形分别进行排查。

LD_LIBERARY_PATH 路径设置问题

排查的方式是在 $HBASE_HOME/bin/hbase 脚本中找到这段话：

```
# Exec unless HBASE_NOEXEC is set.
export CLASSPATH
if [ "${HBASE_NOEXEC}" != "" ]; then
  "$JAVA" -Dproc_$COMMAND -XX:OnOutOfMemoryError="kill -9 %p" $HEAP_SETTINGS $HBASE_OPTS $CLASS "$@"
else
  exec "$JAVA" -Dproc_$COMMAND -XX:OnOutOfMemoryError="kill -9 %p" $HEAP_SETTINGS $HBASE_OPTS $CLASS "$@"
fi
```

这段话在脚本的最后几行，即开始执行你传入的 class。在这几行前面加入打印 LD_LIBERAY_PATH 的语句，比如：

```
echo "--------------> $LD_LIBRARY_PATH"
```

然后再执行：

```
$ hbase --config $HBASE_HOME/conf org.apache.hadoop.util.NativeLibraryChecker
```

可以看到 LD_LIBRARY_PATH 的输出，如果输出的路径中包含了 libhadoop.so 文件所在的路径：

```
--------------->  :/usr/lib64:/usr/local/hadoop/lib/native
```

那么说明路径没问题。如果没有这个路径请在 hbase-env.sh 中加入以下语句：

```
export HBASE_LIBRARY_PATH=/usr/local/hadoop/lib/native/
```

保存后再次运行 NativeLibraryChecker。如果路径正常了，但是还是报跟之前同样的错误：

```
Unable to load native-hadoop library for your platform...
```

接下来就需要考虑 GLIBC 的版本问题了。

GLIBC 版本问题

在 org.apache.hadoop.util.NativeCodeLoader.java 的源码中可以看到它尝试加载 Hadoop：

```
System.loadLibrary("hadoop");
```

如果失败，则会抛出我们看到的错误。

接下来我们要测试 GLIBC 是否正确。测试的方法是：在 CentOS 上建立一个 Java 文件 Ts.java。

```java
public class Ts {
  public static void main(String[] args) {
    System.out.println(System.getenv("LD_LIBRARY_PATH"));
    System.loadLibrary("hadoop");
  }
}
```

然后编译它：

```
$ javac Ts.java
```

然后定义 LD_LIBRARY_PATH：

```
$ export LD_LIBRARY_PATH=/usr/local/hadoop/lib/native
```

执行生成的 class 文件：

```
$ java -cp . Ts
```

如果你看到以下的错误提示：

```
Exception in thread "main" java.lang.UnsatisfiedLinkError:
/usr/local/hadoop/lib/native/libhadoop.so.1.0.0: /lib64/libc.so.6: version
`GLIBC_2.14' not found (required by
/usr/local/hadoop/lib/native/libhadoop.so.1.0.0)
    at java.lang.ClassLoader$NativeLibrary.load(Native Method)
    at java.lang.ClassLoader.loadLibrary1(ClassLoader.java:1968)
```

```
at java.lang.ClassLoader.loadLibrary0(ClassLoader.java:1893)
at java.lang.ClassLoader.loadLibrary(ClassLoader.java:1883)
at java.lang.Runtime.loadLibrary0(Runtime.java:849)
at java.lang.System.loadLibrary(System.java:1088)
at Ts.main(Ts.java:6)
```

说明问题出在 GLIBC 的版本上。我们用 ldd –version 来看看本机的 GLIBC 版本：

```
$ ldd --version
ldd (GNU libc) 2.12
```

那么你需要把你本机的 GLIBC 升级到 2.14 就可以解决问题。不过升级过程需要下载源码并编译，过程较复杂，且不属于本书范围，请自行查询资料。

2.5.8.1 Snappy 压缩器

Snappy 是 Google 开发的压缩器，根据官网描述有以下特点：

- 快速：压缩速度达到 250MB/s。
- 稳定：已经用于 Google 多个产品长达数年。
- 健壮：Snappy 的解压器可以保证在数据被损坏的时候也不会太糟。
- 免费开源。

安装方式

Snappy 的 GitHub 主页和官网上提供的都是源代码，直接下载需要自己去编译。还有另外一种更简单的方法：使用 Linux 包管理器。

如果你使用的是 CentOS/RHEL，可以执行如下命令安装 Snappy：

```
yum install snappy snappy-devel
```

如果是 SLES，执行：

```
zypper install snappy snappy-devel
```

记得要在每一台机器上都安装好压缩器。安装好后用 find 命令查找一下 libsnappy.so.x （x 是版本号）在哪个文件夹里面：

```
find / -name *snappy*
```

我用的是 CentOS 系统，安装好后的 snappy 路径为/usr/lib64/libsnappy.so.1.1.4 。然后在每一台机器上的 $HBASE_HOME/conf/hbase-env.sh 里添加以下环境变量：

```
export HBASE_LIBRARY_PATH=/usr/lib64:$HBASE_LIBRARY_PATH
```

这里只需要定义一个可以找到 libsnappy 文件的路径即可，你也可以定义任何一个文件夹，然后建立一个软链接指向 libsnappy 文件。最后重启每一个 RegionServer。使用的方式是将列族的 COMPRESSION 属性修改为 snappy。

2.5.8.2 GZ 压缩器

GZ 压缩器的特点：

- GZ 压缩器拥有最高的压缩比。
- 速度较慢，占用较多 CPU。
- 安装简单。

所以，一般情况下如果不是对速度要求很低的归档文件，一般不建议使用 GZ 压缩器。

安装方式

Java 已经自带了一个 GZ 压缩器，所以 GZ 压缩器虽然不是性能最好的，但是却是最容易使用的。你什么都不需要设置，只需要直接修改列族的 COMPRESSION 属性为 GZ 即可。

```
hbase(main):002:0> alter test1',{NAME=>'mycf',COMPRESSION=>'GZ'}
```

其实 GZ 压缩器的性能问题可以通过使用 native 的压缩库来缓解。方法是把 GZ 压缩器的 native 文件所在的文件夹路径配置到 hbase-env.sh 中的 LD_LIBRARY_PATH 中。

检验 HBase 是否加载了 native 的压缩器的方式是，检查日志中是否存在以下文本：

```
Got brand-new compressor
```

如果存在，说明 native 的 GZIP 压缩器没有被加载，HBase 会使用纯 Java 编写的 GZIP 压缩器，这样性能就下降了。

2.5.8.3 LZO 压缩器

在 Snappy 推出之前，LZO 是 HBase 官方推荐的压缩算法。主要原因是 GZ 压缩的速度太慢了，而 LZO 正好就是专注于速度，所以相比起来使用 LZO 会比 GZ 更好。不过自从 Snappy 出了之后，LZO 就没有什么优势了。

安装方式

由于 LZO 的版权许可是 GPL 的，所以 HBase 中不能自带 LZO 压缩器。关于 LZO 压缩器的安装方式也请自行查询资料。

2.5.8.4 LZ4 压缩器

LZ4 的特点：

- 拥有低丢失率。
- 速度很快，可以达到 400M/s 每核。

看起来 LZ4 比 Snappy 更快，很多评测的结果似乎也印证了这个结果。

安装方式

LZ4 压缩器已经集成在 libhadoop.so 中，所以只需要让 HBase 加载 Hadoop 自带的原生库即可。

2.5.9 数据块编码还是压缩器（可选）

如果这是你第一次读本书，强烈建议你跳过本小节，因为这个不是你目前最需要了解的知识，可以直接进入 HBase 基本操作。

使用数据块编码还是压缩器取决于你存储的数据中是限定符占的空间较大还是值占的空间较大。

- 如果是限定符占的空间较大，建议使用数据块编码。
- 如果是值占的空间较大，建议使用编码器。

第 3 章

HBase基本操作

3.1 hbase shell 的使用

一般的数据库都有命令行工具，HBase 也自带了一个用 JRuby（JRuby 是用 Java 写的 Ruby 解释器）写的 shell 命令行工具。我们来介绍下 hbase shell 的使用。

鉴于本书并不是一本 HBase 工具书。所以我不会把所有的命令都写出来，因为这样会让人看到睡着的。我会只详细介绍几个常用命令，其他的命令我在 3.1.11 小节 Shell 命令列表集中介绍。

首先，切换到 hbase 用户下，执行以下命令来进入 HBase 的 shell：

```
$HBASE_HOME/bin/hbase shell
```

如果没有抛出什么异常的话，打印出来的日志不会太长，就像这样：

```
$ bin/hbase shell
2016-08-09 07:25:03,086 WARN  [main] util.NativeCodeLoader: Unable to load native-hadoop library for your platform... using builtin-java classes where applicable
SLF4J: Class path contains multiple SLF4J bindings.
SLF4J: Found binding in [jar:file:/usr/local/hbase/lib/slf4j-log4j12-1.7.5.jar!/org/slf4j/impl/StaticLoggerBinder.class]
SLF4J: Found binding in [jar:file:/usr/local/hadoop/share/hadoop/common/lib/slf4j-log4j12-1.7.5.jar!/org/slf4j/impl/StaticLoggerBinder.class]
SLF4J: See http://www.slf4j.org/codes.html#multiple_bindings for an explanation.
SLF4J: Actual binding is of type [org.slf4j.impl.Log4jLoggerFactory]
HBase Shell; enter 'help<RETURN>' for list of supported commands.
Type "exit<RETURN>" to leave the HBase Shell
Version 1.2.2, r3f671c1ead70d249ea4598f1bbcc5151322b3a13, Fri Jul  1 08:28:55 CDT 2016
```

```
hbase(main):001:0>
```

如果打印出一堆日志就要根据异常排查问题了，原因多半是因为 hbase 没有启动起来造成的。

3.1.1 用 create 命令建表

在 hbase shell 下执行：

```
create 'test', 'cf'
```

输出结果：

```
0 row(s) in 1.7740 seconds
=> Hbase::Table - test
```

这句话的意思是建立一个叫 test 的表，这个表里面有一个列族，这个列族叫 cf。我们之前说过：

- HBase 的表都是由列族（Column Family）组成的。
- 没有列族的表是没有意义的。
- 列并不是依附于表上，而是依附列族上。

所以 HBase 的表跟列之间的关系中间还有一层：列族，如图 3-1 所示。

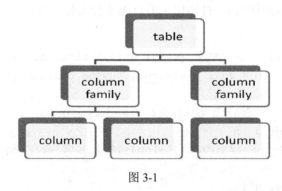

图 3-1

我们现在建立的表有一个列族，叫 cf，但是我们没有指定这个列族里面有什么列。

为什么不用定义列

很多初学者都在焦急地寻找着怎样为 HBase 的表定义列。因为在传统的关系型数据库里面，建表都必须定义列，不然我的数据要放哪里？但是你会发现 HBase 的表在新建的时候并没有地方让你定义列。这是因为 HBase 中的列全部都是灵活的，可以随便定义的。列只有在你插入第一条数据的时候才会生成。不过确切地说，不能叫"生成"，因为并没有生成列定义之类的操作。你只是向 HBase 中插入了一个单元格，而这个单元格是由表:列族:行:列来定位的，所以是你在 TableA 中插入了一个单元格，这个单元格的列属性叫 A，才让这行数据有了一个

A 列，而别的行有没有 A 列 HBase 并不知道。只有在 HBase 遍历到这行的时候它才会知道该行是否有这个列。

我的表属性要定义在哪里

这又是初学者经常困惑的地方。在传统的关系型数据库里，建表需要定义很多属性的，既然 HBase 是一个数据库，那它就不可避免地必须拥有一些表的属性，但是我们又无法在表定义中找到这些属性。那么它们在哪里呢？它们都定义在列族上。HBase 的所有数据属性都是定义在列族上的。同一个表的不同列族可以定义完全不同的两套属性，所以从这个意义上来说，列族更像是传统关系数据库中的表，而表本身反倒变成只是存放列族的空壳了。

3.1.2 用 list 命令来查看库中有哪些表

用 list 命令可以看到整个库中有哪些表：

```
list
```

输出结果：

```
TABLE
test
1 row(s) in 0.4590 seconds
```

说明现在我们的库中只有 test 一个表。

3.1.3 用 describe 命令来查看表属性

我们用 describe 命令来看看我们刚刚建立的这个表有什么属性：

```
describe 'test'
```

输出结果：

```
Table test is ENABLED
test
COLUMN FAMILIES DESCRIPTION
{NAME => 'cf', DATA_BLOCK_ENCODING => 'NONE', BLOOMFILTER => 'ROW',
REPLICATION_SCOPE => '0', VERSIONS => '1', COMPRESSION => 'NONE', MIN_VERSIONS =>
'0', TTL => 'FOREVER', KEEP_DELETED_CELLS => 'FALSE', BLOCKSIZE => '65536',
IN_MEMORY => 'false', BLOCKCACHE => 'true'}
```

你会看到刚刚建立的这个表的属性。不过要知道 NAME 这个属性表示的是列族的名称，而不是表的名称，而且后面的所有属性都是针对列族的而不是针对表的。因为 HBase 中表上只有少数的几个属性，大部分属性都在列族上。你所熟知的所有有可能跟表有关的属性都依附在列族上。一个表的两个列族可以有两套大相径庭的属性配置。

接下来我们来尝试再增加一个列族。这里有一个难点。直接从 shell 命令列表中找不到新增列族的命令。实际上，我们通过调用 alter 命令并传入一个全新的列族名就可以建立新列族：

```
alter 'test','cf2'
```

在生产环境下执行这个命令之前，最好先停用（disable）这个表（关于 disable 命令后面再细说）。因为对列族的所有操作都会同步到所有拥有这个表的 RegionServer 上，你在执行命令的时候可以看到总共有多少个 RegionServer，当前执行了几个 RegionServer。当有很多客户端都在连着的时候，直接新增一个列族对性能的影响较大。

建立完后再用 describe 命令看看表的属性（以下显示的属性并不是原始的输出文本，为了方便，这里是格式化后的表属性）：

```
{
    NAME = >'cf',
    DATA_BLOCK_ENCODING = >'NONE',
    BLOOMFILTER = >'ROW',
    REPLICATION_SCOPE = >'0',
    VERSIONS = >'1',
    COMPRESSION = >'NONE',
    MIN_VERSIONS = >'0',
    TTL = >'FOREVER',
    KEEP_D ELETED_CELLS = >'FALSE',
    BLOCKSIZE = >'65536',
    IN_MEMORY = >'false',
    BLOCKCACHE = >'true'
} {
    NAME = >'cf2',
    DATA_BLOCK_ENCODING = >'NONE',
    BLOOMFILTER = >'ROW',
    REPLICATION_SCOPE = >'0',
    COMPRESSION = >'NONE',
    VERSIONS = >'1',
    TTL = >'FOREVER',
    MIN_VERSIONS = >'0',
    KEEP_ DELETED_CELLS = >'FALSE',
    BLOCKSIZE = >'65536',
    IN_MEMORY = >'false',
    BLOCKCACHE = >'true'
}
```

你可以看到现在 describe 输出的是两个元素，分别对应 cf 和 cf2 两个列族。

3.1.4 用 put 命令来插入数据

在 HBase 中，如果你的一行有 10 列,那存储一行的数据得写 10 行的语句。这是因为 HBase 中行的每一个列都存储在不同的位置，你必须指定你要存储在哪个单元格；而单元格需要根据表、行、列这几个维度来定位，插入数据的时候你必须告诉 HBase 你要把数据插入到哪个表的哪个列族的哪个行的哪个列。所以我们的 put 命令就很长，像这样：

```
put 'test','row1','cf:name','jack'
```

这条语句的意思就是：

- 往 test 表插入一个单元格。
- 这个单元格的 rowkey 为 row1，也就是说它是属于 row1 这个行中的一个列。
- 该单元格的列族为 cf。
- 该单元格的列名为 name。
- 数据值为 jack。

这是最简单的一句插入语句，插入后的效果我们用 scan 命令查看如下：

```
ROW                COLUMN+CELL
 row1                 column=cf:name, timestamp=1471109859330, value=jack
1 row(s) in 0.1410 seconds
```

我们可以看到表中有一条记录，ROW 列显示的就是 rowkey，COLUMN+CELL 显示的就是这个记录的具体列族（column 里面冒号前面的部分）、列（colum 里面冒号后面的部分）、时间戳（timestamp）、值（value）信息。

1. 关于时间戳

当你看这条记录的时候，你会看到时间戳属性。每一个单元格都可以存储多个版本（version）的值。HBase 的单元格并没有 version 这个属性，它用 timestamp 来存储该条记录的时间戳，这个时间戳就用来当版本号使用。

如果你在写 put 语句的时候不指定时间戳，系统就会自动用当前时间帮你指定它。有意思的是，这个 timestamp 虽然说是时间的标定，其实你可以输入任意的数字，比如 1、2、3 都可以存储进去。当你用 scan 命令的时候 HBase 会显示拥有最大（最新）的 timestamp 的数据版本。接下来，我们来试试看再插入一条数据。

在此之前，我们要先调整一下 HBase 的 version 为 5。为什么呢？因为我刚刚的语句创建的表默认版本数为 1，所以你就算在一个单元格中插入多个版本的数据，HBase 也只会保留最后一个版本。修改版本数的命令如下：

```
alter 'test',{NAME=>'cf',VERSIONS=>5}
```

这条就是修改表定义的语句，其中 NAME 为要修改的列族的名称，后面跟上要修改的属性，我们修改 VERSIONS 为 5，然后我们新插入两条数据：

```
put 'test','row2','cf:name','ted'
put 'test','row2','cf:name','billy',2222222222222
```

第二条数据我们采用自己定义的时间戳。我手动插入了一条拥有 13 位 2 时间戳的数据，这个时间戳肯定比我们现在的时间戳更晚（我把这个时间戳转换成日期，发现是北京时间 2040

年 6 月 1 日）。

接下来，我们再用 scan 查询一下表的数据：

```
row2 column=cf:name, timestamp=2222222222222, value=billy
```

由于我们插入的 billy 这条数据的时间戳比 ted 的那条大，所以用 scan 只能看到时间戳最大的那条结果。不过 ted 的那条数据并没有丢掉，我们可以用 get 命令来查询到所有版本的数据：

```
get 'test','row2',{COLUMN=>'cf:name', VERSIONS=>3}
```

输出结果：

```
COLUMN          CELL
 cf:name         timestamp=2222222222222, value=billy
 cf:name         timestamp=1471111946510, value=ted
```

可以看到当前的单元格里面其实是有两条数据的。

2. 关于列族和列的标识

你会发现在 get 或者 scan 的输出结果中，HBase 并没有专门的一个列族的栏来显示列族这个属性。它总是把列族和列用"列族:列"的组合方式来一起显示，无论是 put 存储还是 scan 的查询使用的列定义，都是"列族:列"的格式。比如，cf:name 表示列族为 cf，列为 name。

3.1.5 用 scan 来查看表数据

这条命令其实在前面已经被提及多次。Scan 是最常用的查询表数据的命令，这个命令相当于传统数据库的 select。你想查看表的数据就得用它了。通过用以下格式就可以遍历出这个表的数据：

```
scan '表名'
```

不过在实际环境下很少会直接这么写，因为表的数据太大了。如果你就这么输入的话，会从第一条数据开始把所有数据全部显示一遍，这个时间简直无法想象。传统的关系型数据库有 limit 参数来限制显示的条数，那么在 HBase 中如何限制记录条数呢？

在 HBase 中我们用起始行（STARTROW）和结束行（ENDROW）来限制显示记录的条数。STARTROW 和 ENDROW 都是可选的参数，可以不输入。如果 ENDROW 不输入的话，就从 STARTROW 开始一直显示下去直到表的结尾；如果 STARTROW 不输入的话，就从表头一直显示到 ENDROW 为止。

以下这条命令会显示所有 rowkey 大于且等于 row3 的记录：

```
scan 'test',{STARTROW=>'row3'}
ROW      COLUMN+CELL
 row3     column=cf:name, timestamp=1471112677398, value=alex
 row4     column=cf:name, timestamp=1471112686290, value=jim
```

以下这条命令会显示所有 rowkey 小于 row4（但不包括）的记录：

```
scan 'test',{ENDROW=>'row4'}
ROW            COLUMN+CELL
 row2           column=cf:name, timestamp=2222222222222, value=billy
 row3           column=cf:name, timestamp=1471112677398, value=alex
```

我们可以总结出来这两个参数如果一起用的话，就是显示 >= STARTROW 并且 < ENDROW 中的那段数据。

3.1.6 用 get 来获取单元格数据

之前说过用 scan 可以查询到表的多条数据，其实还有一个命令可以用来查询数据，那就是 get。不过 get 只能查询一个单元格的记录，听起来是不是还不如 scan？其实不是的，在表的数据很大的时候，get 查询的速度远远高于 scan。

get 最简单的用法就是查询某个单元格的记录：

```
get 'test','row7','cf:name'
```

不过这太简单了，接下来演示一下如何用 get 来获取一个单元格内的多个版本数据。这里我们来查询一下 row7 的记录，把查询版本数设定为 5：

```
get 'test','row7',{COLUMN=>'cf:name',VERSIONS=>5}
```

执行结果：

```
COLUMN                  CELL
 cf:name                 timestamp=3, value=wangwu
 cf:name                 timestamp=2, value=lisi
 cf:name                 timestamp=1, value=zhangsan\
```

不过，其实 scan 跟上 VERSIONS 参数也可以查询出多个版本的数据，具体执行结果我就不写了，命令写在这里大家可以自行实验：

```
scan 'test',{VERSIONS=>5}
```

3.1.7 用 delete 来删除数据

有增就有删，接下来我们来看看如何删除表数据。删除表数据用的是 delete 命令，最简单的例子就是：

```
delete 'test','row4','cf:name'
```

删除的结果是表中 rowkey 为 row4 的 cf:name 单元格被删掉了：

```
ROW         COLUMN+CELL
 row2        column=cf:name, timestamp=2222222222222, value=billy
 row3        column=cf:name, timestamp=1471112677398, value=alex
```

说到这里可能很多人跟我一开始想的一样，以为最简单的删除语句是把整行记录删除（就像我们在传统关系型数据库中做的那样）。你没看错，哪怕是最简单的语句也是要写到列。当在 HBase 中用 Scan 查看表数据的时候会发现，就算是一个 row 的不同列也是显示成不同的行，因为 HBase 就是这么存储数据的，所有的单元格都是离散分布的。你一条语句删除的只能是一个单元格，而单元格的最小维度定义就是精确到列的。

不过我们可以使用接下来要说的 deleteall 来删除整个行的数据。

根据版本删除数据

delete 命令可以跟上时间戳（timestamp）参数，就像这样：

```
delete 't1','r1','c1',ts
```

应该有很多人跟我刚开始看到这个命令的时候一样，以为是根据时间戳删除指定的版本的数据。不过实际上这条命令的意思是删除这个版本之前的所有版本。

下面我们来做一个实验，先插入 4 条数据，版本号依次递增：

```
put 'test','row6','cf:name','apple',1
put 'test','row6','cf:name','microsoft',2
put 'test','row6','cf:name','google',3
put 'test','row6','cf:name','facebook',4
```

然后查询一下刚刚插入的数据：

```
row6 column=cf:name, timestamp=4, value=facebook
```

然后来试着删除版本号为 2 的记录：

```
delete 'test','row6','cf:name',2
```

然后查询一下这个列的数据，会发现除了 timestamp 为 2 的那条记录没了，连 timestamp 为 1 的记录也没了：

```
get 'test','row6',{COLUMN=>'cf:name',VERSIONS=>5}
COLUMN                  CELL
 cf:name                timestamp=4, value=facebook
 cf:name                timestamp=3, value=google
```

并且会发现现在再插入 timestamp 为 1 的数据的话，会显示插入是正常的，但是就是查询不出来：

```
put 'test','row6','cf:name','twitter',1
```

再次查询：

```
get 'test','row6',{COLUMN=>'cf:name',VERSIONS=>5}
COLUMN                  CELL
 cf:name                timestamp=4, value=facebook
 cf:name                timestamp=3, value=google
```

这是因为 HBase 删除记录并不是真的删除了数据，而是放置了一个墓碑标记（tombstone marker），把这个版本连同之前的版本都标记为不可见了。这是为了性能着想，这样 HBase 就可以定期去清理这些已经被删除的记录，而不用每次都进行删除操作。"定期"的时间点是在 HBase 做自动合并（compaction，HBase 整理存储文件时的一个操作，会把多个文件块合并成一个文件）的时候。这样删除操作对于 HBase 的性能影响被降到了最低，就算在很高的并发负载下大量删除记录也不怕了！

被打上墓碑标记（tombstone marker）的记录还可以被查询到

在记录被真正删除之前还是可以查询到的，只需要在 scan 命令后跟上 RAW=>true 参数和适当的 VERSIONS 参数就可以看到。跟上 RAW 就是查询到表的所有未经过过滤的原始记录。我们现在来查询一下表的所有记录，并用 VERSIONS=>5 作为参数，表示查询的版本数为 5：

```
scan 'test',{RAW=>true,VERSIONS=>5}
```

输出结果：

```
ROW          COLUMN+CELL
 row2          column=cf:name, timestamp=2222222222222, value=billy
 row2          column=cf:name, timestamp=1471199211607, type=DeleteColumn
 row2          column=cf:name, timestamp=1471199211270, type=DeleteColumn
 row2          column=cf:name, timestamp=1471199210734, type=DeleteColumn
 row2          column=cf:name, timestamp=1471199209686, type=DeleteColumn
 row2          column=cf:name, timestamp=1471199117276, type=DeleteColumn
```

那些被标定为 DeleteColumn 的列就是被打上墓碑标记的记录。

3.1.8 用 deleteall 删除整行记录

如果一个行有很多列，用 delete 来删除记录会把人累死，所以 hbase shell 还提供了 deleteall 命令来删除整行记录。我们来试一下：使用 delete 命令来删除记录的话，不写列的信息是无法删除的；而用 deleteall 可以不写列信息，只写行信息。以下是执行 deleteall 之前的表数据：

```
scan 'test'
ROW          COLUMN+CELL
 row2          column=cf:name, timestamp=2222222222222, value=billy
 row3          column=cf:name, timestamp=1471112677398, value=alex
```

然后来删除 row3：

```
deleteall 'test','row3'
```

成功执行，然后看下表的数据：

```
scan 'test'
ROW          COLUMN+CELL
 row2          column=cf:name, timestamp=2222222222222, value=billy
```

这次一下就删除了整个 row3 的记录。

3.1.9 用 disable 来停用表

有了建表，新建记录，删除记录，再来就是要说说如何删除表了。不过在说删除之前必须先说下停用（disable）命令。在使用 HBase 的时候，表是不可以说删就删的，因为可能有很多客户端现在正好连着，而且也有可能 HBase 正在做合并或者分裂操作。如果你这时删除了表，会造成无法恢复的错误，HBase 也不会让你直接就删除表，而是需要先做一个 disable 操作，意思是把这个表停用掉，并且下线。现在我们来用 disable 把之前建立的测试表 test 停用掉：

```
disable 'test'
```

在没有什么数据或者没有什么人使用的情况下这条命令执行得很快,但如果在系统已经上线了，并且负载很大的情况下 disable 命令会执行得很慢，因为 disable 要通知所有的 RegionServer 来下线这个表，并且有很多涉及该表的操作需要被停用掉，以保证该表真的已经完全不参与任何工作了。

当你停用掉一个表后，你可以用 scan 测试一下表是不是真的被关闭了：

```
scan 'test'
ROW                     COLUMN+CELL

ERROR: test is disabled.
```

你会发现无法使用 scan 命令，并且会输出一个错误信息 ERROR: xxxx is disabled，意思是表已经被关闭了，不能 scan 了。

3.1.10 用 drop 来删除表

用 disable 停用表后，我们就可以放心地删除表了。删除表的语句很简单，就是 drop。现在我们来试下用 drop 命令把 test 表删除掉。

```
drop 'test'
```

执行后再用 list 看下数据库中有什么表：

```
list
TABLE
0 row(s) in 0.0300 seconds
```

发现数据库中的 test 表已经被删除了。

关于 hbase shell 的基本操作就说这么多了。更具体的命令列表和命令的用法，大家请在下一个小节中去查看。之所以放到下一个小节是因为不希望大家一开始就把命令当字典一样背，那样很无聊，也很没效率。最好在了解了一些更高级的特性（比如过滤器）之后再去看，会比较好。

3.1.11 shell 命令列表

强烈建议大家略读或者跳过该小节，等需要用到这些命令的时候再回来查阅。强行阅读，可能睡着哦。

在介绍命令列表之前，首先要告诉大家的是：使用 help 命令可以查看具体命令的说明，比如：

```
hbase(main):030:0> help 'put'
Put a cell 'value' at specified table/row/column and optionally
timestamp coordinates.  To put a cell value into table 'ns1:t1' or 't1'
at row 'r1' under column 'c1' marked with the time 'ts1', do:

  hbase> put 'ns1:t1', 'r1', 'c1', 'value'
  hbase> put 't1', 'r1', 'c1', 'value'
  hbase> put 't1', 'r1', 'c1', 'value', ts1
  hbase> put 't1', 'r1', 'c1', 'value', {ATTRIBUTES=>{'mykey'=>'myvalue'}}
  hbase> put 't1', 'r1', 'c1', 'value', ts1, {ATTRIBUTES=>{'mykey'=>'myvalue'}}
  hbase> put 't1', 'r1', 'c1', 'value', ts1, {VISIBILITY=>'PRIVATE|SECRET'}

The same commands also can be run on a table reference. Suppose you had a reference
t to table 't1', the corresponding command would be:

  hbase> t.put 'r1', 'c1', 'value', ts1, {ATTRIBUTES=>{'mykey'=>'myvalue'}}
```

熟练使用 help 命令，很多时候你不用上网查询资料，或者查阅书籍，就能快速地得知该命令的用法。

接下来，我们来具体看下 HBase shell 支持哪些命令。

3.1.11.1 通用

status

查看集群状态，有三种可选的参数 simple、summary、detailed。默认为 summary。

格式：

- status
- status 'simple'
- status 'summary'
- status 'detailed'

范例：

```
hbase(main):006:0> status 'summary'
1 active master, 0 backup masters, 5 servers, 0 dead, 7.0000 average load
```

version

查看当前 HBase 版本。

格式：

- version

范例：

```
hbase(main):007:0> version
1.2.2, r3f671c1ead70d249ea4598f1bbcc5151322b3a13, Fri Jul  1 08:28:55 CDT 2016
```

whoami

查看当前用户。

格式：

- whoami

范例：

```
hbase(main):008:0> whoami
hbase (auth:SIMPLE)
    groups: hbase, supergroup
```

table_help

输出关于表操作的帮助信息。

格式：

- table_help

范例：

```
hbase(main):014:0> table_help
Help for table-reference commands.

You can either create a table via 'create' and then manipulate the table via commands like 'put', 'get', etc.
See the standard help information for how to use each of these commands.

However, as of 0.96, you can also get a reference to a table, on which you can invoke commands.
For instance, you can get create a table and keep around a reference to it via:

   hbase> t = create 't', 'cf'

Or, if you have already created the table, you can get a reference to it:
```

```
hbase> t = get_table 't'
```

You can do things like call 'put' on the table:

```
hbase> t.put 'r', 'cf:q', 'v'
```

which puts a row 'r' with column family 'cf', qualifier 'q' and value 'v' into table t.

To read the data out, you can scan the table:

```
hbase> t.scan
```

which will read all the rows in table 't'.

Essentially, any command that takes a table name can also be done via table reference.
Other commands include things like: get, delete, deleteall,
get_all_columns, get_counter, count, incr. These functions, along with
the standard JRuby object methods are also available via tab completion.

For more information on how to use each of these commands, you can also just type:

```
hbase> t.help 'scan'
```

which will output more information on how to use that command.

You can also do general admin actions directly on a table; things like enable, disable,
flush and drop just by typing:
```
hbase> t.enable
hbase> t.flush
hbase> t.disable
hbase> t.drop
```

Note that after dropping a table, your reference to it becomes useless and further usage
is undefined (and not recommended).

3.1.11.2 表操作

list

列出所有表名。

格式：

- list
- list '通配符'

范例：

```
hbase(main):008:0> list 'table.*'
TABLE
table1
1 row(s) in 0.0190 seconds
```

alter

更改表或者列族定义。如果你传入一个新的列族名，则意味着创建一个新的列族。

（1）建立/修改列族

如果传入新的列族名，可以新建列族；如果传入已存在的列族名，可以修改列族属性。列族属性有：

- BLOOMFILTER
- REPLICATION_SCOPE
- MIN_VERSIONS
- COMPRESSION
- TTL
- BLOCKSIZE
- IN_MEMORY
- IN_MEMORY_COMPACTION
- BLOCKCACHE
- KEEP_DELETED_CELLS
- DATA_BLOCK_ENCODING
- CACHE_DATA_ON_WRITE
- CACHE_DATA_IN_L1
- CACHE_INDEX_ON_WRITE
- CACHE_BLOOMS_ON_WRITE
- EVICT_BLOCKS_ON_CLOSE
- PREFETCH_BLOCKS_ON_OPEN
- ENCRYPTION
- ENCRYPTION_KEY
- IS_MOB_BYTES
- MOB_THRESHOLD_BYTES

格式：

alter '表名', NAME => '列族名', 属性名1 => 属性值1, 属性名2 => 属性值2, …

范例：

```
hbase(main):021:0> alter 'table1', NAME=>'cf1', VERSIONS=>6, TTL=>30000
```

（2）建立/修改多个列族

格式：

```
alter '表名', { NAME => '列族名 1', 属性名 1 => 属性值 1, 属性名 2 => 属性值 2, …}, { NAME => '列族名 2', 属性名 1 => 属性值 1, …}
```

范例：

```
hbase(main):010:0> alter 'table1',{NAME=>'cf1',VERSIONS=>3},{NAME=>'cf2',VERSIONS=>4}
Updating all regions with the new schema...
0/1 regions updated.
1/1 regions updated.
Done.
Updating all regions with the new schema...
0/1 regions updated.
1/1 regions updated.
Done.
0 row(s) in 7.0060 seconds
```

（3）删除列族

格式：

```
alter '表名', 'delete' => '列族名'
```

范例：

```
hbase(main):012:0> alter 'table1', 'delete' => 'cf2'
```

（4）修改表级别属性

允许的属性名必须是属于表级别的属性。表级别的属性有：

- MAX_FILESIZE
- READONLY
- MEMSTORE_FLUSHSIZE
- DEFERRED_LOG_FLUSH
- DURABILITY
- REGION_REPLICATION
- NORMALIZATION_ENABLED
- PRIORITY
- IS_ROOT
- IS_META

格式：

```
alter '表名', 属性名1 => 属性值1, 属性名2 => 属性值2, …
```

范例：

```
hbase(main):002:0> alter 'table1', MAX_FILESIZE => '134217728'
```

（5）设置表配置

一般情况下，我们都会把表/列族的配置属性设置在 hbase-site.xml 文件里面。现在，alter 命令给了你一个可以更改专属于这个表/列族的配置属性值的机会。比如我们在 hbase-site.xml 文件里面配置的 hbase.hstore.blockingStoreFiles 是 10，我们可以将该列族的 hbase.hstore.blockingStoreFiles 修改为 15，而不影响到别的表。

格式：

- alter '表名', CONFIGURATION => { '配置名' => '配置值' }
- alter '表名', { NAME => '列族名', CONFIGURATION => { '配置名' => '配置值' } }

范例：

```
hbase(main):003:0> alter 'table1',{NAME => 'cf1', CONFIGURATION =>
{'hbase.hstore.blockingStoreFiles' => '15'}}
```

（6）删除表级别属性：

格式：

- alter '表名', METHOD => 'table_att_unset', NAME => '属性名'

范例：

```
hbase(main):004:0> alter 'table1', METHOD => 'table_att_unset', NAME =>
'MAX_FILESIZE'
```

（7）同时执行多个命令

你还可以把前面我们说的这些命令都放到一条命令里面去执行。

格式：

- alter '表名', 命令1, 命令2, 命令3

范例：

```
hbase(main):007:0> alter 'table1', { NAME => 'cf1', VERSIONS => 4 },
{ MAX_FILESIZE => '134217728' }, { METHOD => 'delete', NAME => 'cf2' }
```

create

建立新表。建立新表的时候可以同时修改表属性。

格式：

- create '表名', { NAME => '列族名1', 属性名 => 属性值}, { NAME => '列族名2', 属

性名 => 属性值},...

如果你只需要创建列族,而不需要定义列族属性,那么可以采用以下快捷写法:

- create '表名','列族名 1','列族名 2',...

范例:

```
hbase(main):001:0> create 'table2', { NAME => 'cf1', VERSIONS => 6}, { NAME => 'cf2' }, { NAME => 'cf3', CONFIGURATION => {'hbase.hstore.blockingStoreFiles' => '15'}}
```

alter_status

查看表的各个 Region 的更新状况,这条命令在异步更新表的时候,用来查看更改命令执行的情况,判断该命令是否执行完毕。

格式:

- alter_status

范例:

```
hbase(main):023:0> alter_status 'table1'
1/1 regions updated.
Done.
```

alter_async

异步更新表。使用这个命令你不需要等待表的全部 Region 更新完后才返回。记得配合 alter_status 来检查异步表更改命令的执行进度。

格式:

- alter_async '表名', 参数列表

范例:

```
hbase(main):025:0> alter_async 'table1', NAME => 'cf1', VERSIONS => 7
0 row(s) in 1.9170 seconds

hbase(main):026:0> alter_status 'table1'
1/1 regions updated.
Done.
```

describe
输出表的描述信息。
格式:

- describe '表名'
- desc '表名'

范例:

```
hbase(main):005:0> desc 'table2'
```

disable

停用指定表。

格式:

- disable '表名'

范例:

```
hbase(main):007:0> disable 'table2'
```

disable_all

通过正则表达式来停用多个表。

格式:

- disable_all '正则表达式'

范例:

```
hbase(main):011:0> disable_all 'table.*'
table1
table2

Disable the above 2 tables (y/n)?
```

is_disabled

检测指定表是否被停用了。

格式:

- is_disabled '表名'

范例:

```
hbase(main):014:0> is_disabled 'table2'
true
0 row(s) in 0.0270 seconds
```

drop

删除指定表。

格式:

- drop '表名'

范例:

```
hbase(main):001:0> drop 'table2'
```

drop_all

通过正则表达式来删除多个表。

格式：

- drop_all '正则表达式'

范例：

```
hbase(main):002:0> drop_all 'my.*'
mytable
mytable2

Drop the above 2 tables (y/n)?
```

enable

启动指定表。

格式：

- enable '表名'

范例：

```
hbase(main):003:0> enable 'table1'
```

enable_all

通过正则表达式来启动指定表。

格式：

- enable_all '正则表达式'

范例：

```
hbase(main):004:0> enable_all 't.*'
table1
test1
test3

Enable the above 3 tables (y/n)?
```

is_enabled

判断指定表是否启用。

格式：

- is_enabled '表名'

范例：

```
hbase(main):005:0> is_enabled 'table1'
```

```
true
0 row(s) in 0.0300 seconds
```

exists

判断指定表是否存在。

格式：

- exists '表名'

范例：

```
hbase(main):006:0> exists 'table1'
Table table1 does exist
0 row(s) in 0.0280 seconds
```

show_filters

列出所有过滤器。

格式：

- show_filters

范例：

```
hbase(main):019:0> show_filters
ColumnPrefixFilter
TimestampsFilter
PageFilter
MultipleColumnPrefixFilter
FamilyFilter
ColumnPaginationFilter
SingleColumnValueFilter
RowFilter
QualifierFilter
ColumnRangeFilter
ValueFilter
PrefixFilter
SingleColumnValueExcludeFilter
ColumnCountGetFilter
InclusiveStopFilter
DependentColumnFilter
FirstKeyOnlyFilter
KeyOnlyFilter
```

get_table

使用这条命令，你可以把表名转化成一个对象，在下面的脚本中使用这个对象来操作表，达到面向对象的语法风格。这个命令对表并没有实质性的操作，只是让你的脚本看来更好看，类似一种语法糖。虽然看起来没有什么用，不过，脚本好看不就是我们这些 geek 追求的东西吗？

格式：

- 变量 = get_table '表名'

范例：

```
hbase(main):030:0> t1 = get_table 'table1'
0 row(s) in 0.0210 seconds

=> Hbase::Table - table1
hbase(main):031:0> t1.scan
ROW                      COLUMN+CELL
0 row(s) in 0.0640 seconds
```

locate_region

通过这条命令可以知道你所传入的行键（rowkey）对应的行（row）在哪个 Region 里面。

格式：

- locate_region '表名','行键'

范例：

```
hbase(main):039:0> locate_region 'table1','row1'
 HOST                REGION
  nn02:16020           {ENCODED => 85b7e814d52c22acc11d337d0e4190ee, NAME =>
'table1,,1503250079525.85b7e814d52c22acc11d337d0e4190ee.', STARTKEY => '', ENDKEY
=> ''}
1 row(s) in 0.0170 seconds
```

3.1.11.3 数据操作

scan

按照行键的字典排序来遍历指定表的数据。

遍历所有数据所有列族。

格式：

- scan '表名'

范例：

```
hbase(main):044:0> scan 'table1'
ROW           COLUMN+CELL
 row1           column=cf1:age, timestamp=1503686371915, value=25
 row1           column=cf1:name, timestamp=1503685326669, value=jack
 row2           column=cf1:age, timestamp=1503686362838, value=23
```

```
 row2            column=cf1:name, timestamp=1503686353788, value=billy
2 row(s) in 0.0330 seconds
```

（1）指定列

只遍历指定的列，就像我们在关系型数据库中用 select 语句做的事情一样。要注意的是，写列名的时候记得把列族名带上，就像这样 cf1:name。

格式：

- scan '表名', { COLUMNS => ['列 1', '列 2', ...] }

范例：

```
hbase(main):047:0> scan 'table1', { COLUMNS => ['cf1:name']}
ROW             COLUMN+CELL
 row1            column=cf1:name, timestamp=1503685326669, value=jack
 row2            column=cf1:name, timestamp=1503686353788, value=billy
2 row(s) in 0.0190 seconds
```

（2）指定行键范围

通过传入起始行键（STARTROW）和结束行键（ENDROW）来遍历指定行键范围的记录。强烈建议每次调用 scan 都至少指定起始行键或者结束行键，这会极大地加速遍历速度。

格式：

- scan '表名', { STARTROW => '起始行键', END_ROW => '结束行键' }

范例：

```
hbase(main):049:0> scan 'table1', { STARTROW => 'row2', COLUMNS => ['cf1:name'] }
ROW             COLUMN+CELL
 row2            column=cf1:name, timestamp=1503686353788, value=billy
1 row(s) in 0.0210 seconds
```

（3）指定最大返回行数量

通过传入最大返回行数量（LIMIT）来控制返回行的数量。类似我们在传统关系型数据库中使用 limit 语句的效果。

格式：

- scan '表名', { LIMIT => 行数量}

范例：

```
hbase(main):054:0> scan 'table1', { STARTROW => 'row1', LIMIT => 1 }
ROW             COLUMN+CELL
 row1            column=cf1:age, timestamp=1503686371915, value=25
 row1            column=cf1:name, timestamp=1503685326669, value=jack
1 row(s) in 0.0220 seconds
```

（4）指定时间戳范围

通过指定时间戳范围（TIMERANGE）来遍历记录，可以使用它来找出单元格的历史版本数据。

格式：

- scan '表名', { TIMERANGE => [最小时间戳, 最大时间戳]}

 返回结果包含最小时间戳的记录，但是不包含最大时间戳记录。这是一个左闭右开区间。

范例：

```
hbase(main):063:0> scan 'table1',{ TIMERANGE => [1503685326669,
1503691048067]}
   ROW           COLUMN+CELL
   row1          column=cf1:age, timestamp=1503686371915, value=25
   row1          column=cf1:name, timestamp=1503685326669, value=jack
   row2          column=cf1:age, timestamp=1503686362838, value=23
   row2          column=cf1:name, timestamp=1503686353788, value=billy
   row3          column=cf1:age, timestamp=1503688683390, value=33
   row3          column=cf1:name, timestamp=1503688675169, value=sara
```

请大家注意 row1 的 cf1:name 单元格显示的值是 jack。现在，我们使用不带 TIMERANGE 参数的 scan 命令来查询 row1 的记录：

```
hbase(main):064:0> scan 'table1', { STARTROW => 'row1', ENDROW => 'row1'}
   ROW           COLUMN+CELL
   row1           column=cf1:age, timestamp=1503686371915, value=25
   row1           column=cf1:name, timestamp=1503691388362, value=apollo
1 row(s) in 0.0540 seconds
```

可以看到row1 的cf1:name 单元格最新值其实是 apollo，所以使用了TIMERANGE 参数后，我们将该单元格的之前的历史记录查询出来了。

（5）显示单元格的多个版本值

通过制定版本数（VERSIONS），可以显示单元格的多个版本值。

格式：

- scan '表名', { VERSIONS => 版本数 }

范例：

```
hbase(main):024:0> scan 'table1', {VERSIONS => 10, COLUMNS => ['cf1:name'],
ENDROW => 'row2'}
   ROW              COLUMN+CELL
   row1              column=cf1:name, timestamp=1504048722165, value=kent
   row1              column=cf1:name, timestamp=1504048716932, value=micheal
```

```
 row1                    column=cf1:name, timestamp=1504048635415, value=jack
 row1                    column=cf1:name, timestamp=1503691388362, value=apollo
 row1                    column=cf1:name, timestamp=1503691048067, value=ted
1 row(s) in 0.0250 seconds
```

（6）显示原始单元格记录

在 HBase 被删除掉的记录并不会立即从磁盘上清除，而是先被打上墓碑标记，然后等待下次 major compaction 的时候再被删除掉。所谓的原始单元格记录就是连已经被标记为删除但是还未被删除的记录都显示出来。通过添加 RAW 参数来显示原始记录，不过这个参数必须配合 VERSIONS 参数一起使用。RAW 参数不能跟 COLUMNS 参数一起使用。

格式：

- scan '表名', { RAW => true, VERSIONS => 版本数 }

范例：

```
hbase(main):027:0> scan 'table1', { RAW => true, VERSIONS => 10, ENDROW => 'row2'}
ROW                     COLUMN+CELL
 row1                    column=cf1:city, timestamp=1504048676862, value=beijing
 row1                    column=cf1:name, timestamp=1504048722165, value=kent
 row1                    column=cf1:name, timestamp=1504048716932, type=DeleteColumn
 row1                    column=cf1:name, timestamp=1504048716932, value=micheal
 row1                    column=cf1:name, timestamp=1504048635415, value=jack
 row1                    column=cf1:name, timestamp=1503691388362, value=apollo
 row1                    column=cf1:name, timestamp=1503691048067, value=ted
1 row(s) in 0.0290 seconds
```

你可以看到一个时间戳为 1504048716932 的墓碑标记在记录值为 michael 的记录里，这意味着 michael 这个记录已经被标记为删除了。

（7）指定过滤器

通过使用 FILTER 参数来指定要使用的过滤器。

格式：

- scan '表名', { FILTER => "过滤器"}

范例：

```
hbase(main):029:0> scan 'table1', { FILTER=> "PrefixFilter('row1')" }
ROW                     COLUMN+CELL
 row1                    column=cf1:city, timestamp=1504048676862, value=beijing
 row1                    column=cf1:name, timestamp=1504048722165, value=kent

1 row(s) in 0.0530 seconds
```

多个过滤器可以用 AND 或者 OR 来连接：

```
hbase(main):030:0> scan 'table1', { FILTER=> "PrefixFilter('row1') OR
PrefixFilter('row2')" }
ROW             COLUMN+CELL
 row1            column=cf1:city, timestamp=1504048676862, value=beijing
 row1            column=cf1:name, timestamp=1504048722165, value=kent
 row2            column=cf1:city, timestamp=1504048685389, value=shanghai
 row2            column=cf1:name, timestamp=1504048649055, value=ted

2 row(s) in 0.0820 seconds
```

get

通过行键获取某行记录。

格式：

- get '表名', '行键'

范例：

```
hbase(main):008:0> get 'table1','row1', { COLUMNS => ['cf1:name', 'cf1:city']}
COLUMN          CELL
 cf1:city         timestamp=1504048676862, value=beijing
 cf1:name         timestamp=1504048722165, value=kent
2 row(s) in 0.0150 seconds
```

get 支持 scan 所支持的大部分属性，具体支持的属性如下：

- COLUMNS
- TIMERANGE
- VERSIONS
- FILTER

count

计算表的行数。

简单计算。

格式：

- count '表名'

范例：

```
hbase(main):028:0> count 'table1'
4 row(s) in 0.0200 seconds

=> 4
```

（1）指定计算步长

通过指定 INTERVAL 参数来指定步长。如果你使用不带参数的 count 命令，要等到所有行数都计算完毕才能显示结果；如果指定了 INTERVAL 参数，则 shell 会立即显示当前计算的行数结果和当前所在的行键。

格式：

- count '表名', INTERVAL => 行数计算步长

范例：

```
hbase(main):029:0> count 'table1', INTERVAL => 2
Current count: 2, row: row2
Current count: 4, row: row4
4 row(s) in 0.0270 seconds

=> 4
```

（2）指定缓存

通过指定缓存加速计算过程。

格式：

- count '表名', CACHE => 缓存条数

范例：

```
hbase(main):002:0> count 'table1', CACHE => 2, INTERVAL => 2
Current count: 2, row: row2
Current count: 4, row: row4
4 row(s) in 0.0350 seconds

=> 4
```

 INTERVAL 和 CACHE 是可以同时使用的。

delete

删除某个列的数据。

格式：

- delete '表名', '行键', '列名'
- delete '表名', '行键', '列名', 时间戳

范例：

```
hbase(main):004:0> delete 'table1', 'row4', 'cf1:name'
```

deleteall

可以使用 deleteall 删除整行数据，也可以删除单列数据，它就像是 delelte 的增强版。

格式：

- deleteall '表名','行键'
- deleteall '表名','行键','列名'
- deleteall '表名','行键','列名', 时间戳

范例：

```
hbase(main):008:0> deleteall 'table1', 'row5'
```

incr

为计数器单元格的值加 1，如果该单元格不存在，则创建一个计数器单元格。所谓计数器单元格就是一个可以做原子加减计算的特殊单元格。

格式：

- incr '表名','行键','列名'
- incr '表名','行键','列名', 加减值

范例：

```
hbase(main):016:0> incr 'table1', 'row6', 'cf1:count', 3
COUNTER VALUE = 3
0 row(s) in 0.0170 seconds

hbase(main):017:0> incr 'table1', 'row6', 'cf1:count', -2
COUNTER VALUE = 1
0 row(s) in 0.0160 seconds
```

 加减值使用负数即为减法。

put

到了我们最熟悉的老朋友 put 啦！put 操作在新增记录的同时还可以为记录设置属性。

格式：

- put '表名','行键','列名','值'
- put '表名','行键','列名','值', 时间戳
- put '表名','行键','列名','值', {'属性名' => '属性值'}
- put '表名','行键','列名','值', 时间戳, {'属性名' => '属性值'}
- put '表名','行键','列名','值', { ATTRIBUTES => {'属性名' => '属性名'}}
- put '表名','行键','列名','值', 时间戳, { ATTRIBUTES => {'属性' => '属性名'}}

- put '表名','行键','列名','值', 时间戳, { VISIBILITY => 'PRIVATE|SECRET' }

范例：

```
hbase(main):018:0> put 'table1', 'row7', 'cf1:name', 'ted', { TTL => 20000}
```

append

给某个单元格的值拼接上新的值。原本我们要给单元格的值拼接新值，需要先 get 出这个单元格的值，拼接上新值后再 put 回去。append 这个操作简化了这两步操作为一步完成。不仅方便，而且保证了原子性。

格式：

- append '表名','行键','列名','值'
- append '表名','行键','列名','值', ATTRIBUTES => {'自定义键' => '自定义值'}
- append '表名','行键','列名','值', {VISIBILITY => 'PRIVATE|SECRET '}

范例：

```
hbase(main):041:0> append 'table1', 'row1', 'cf1:name', 'jr', ATTRIBUTES =>
{'kid' => 'yes'}
0 row(s) in 0.0130 seconds

hbase(main):045:0> scan 'table1', { COLUMNS => ['cf1:name'] }
ROW           COLUMN+CELL
 row1         column=cf1:name, timestamp=1504302529821, value=jackchenjr
```

truncate

这个命令跟关系型数据库中同名的命令做的事情是一样的：清空表内数据，但是保留表的属性。不过 HBase truncate 表的方式其实就是先帮你删掉表，然后帮你重建表。

格式：

- truncate '表名'

范例：

```
hbase(main):020:0> truncate 'table2'
Truncating 'table2' table (it may take a while):
 - Disabling table...
 - Truncating table...
0 row(s) in 5.2950 seconds
```

truncate_preserve

这个命令也是清空表内数据，但是它会保留表所对应的 Region。当你希望保留 Region 的拆分规则时，可以使用它，避免重新定制 Region 拆分规则。

格式：

- truncate_preserve '表名'

范例：

```
hbase(main):029:0> truncate_preserve 'table3'
Truncating 'table3' table (it may take a while):
 - Disabling table...
 - Truncating table...
0 row(s) in 7.1160 seconds
```

get_splits

获取表所对应的 Region 个数。因为一开始只有一个 Region，由于 Region 的逐渐变大，Region 被拆分（split）为多个，所以这个命令叫 get_splits。

格式：

- get_splits '表名'

范例：

```
hbase(main):048:0> get_splits 'table1'
Total number of splits = 1

=> []
```

3.1.11.4 工具方法

close_region

下线指定的 Region。下线 Region 可以通过指定 Region 名，也可以指定 Region 名的 hash 值。那么怎么拿到 Region 名呢？你可以通过前面介绍的 locate_region 命令来获取某个行键所在的 Region。Region 名的 hash 值就是 Region 名的最后一段字符串，该字符串夹在两个句点之间。我们来一个例子。执行了 locate_region 之后的输出是这样的：

```
hbase(main):052:0> locate_region 'table1', 'row1'
HOST                REGION
  nn02:16020        {ENCODED => 85b7e814d52c22acc11d337d0e4190ee, NAME =>
'table1,,1503250079525.85b7e814d52c22acc11d337d0e4190ee.', STARTKEY => '', ENDKEY
=> ''}
```

从输出中可以看出：

- Region 名：table1,,1503250079525.85b7e814d52c22acc11d337d0e4190ee。
- Region 名的 hash 值：85b7e814d52c22acc11d337d0e4190ee。

服务器标识码是类似这样的一串字符串：

```
host1,60020,1289493121758
```

它由服务器名+端口+启动码组成。你可以通过查询 hbase:meta 表知道某个 Region 的信息，就拿刚刚看到的 table1,,1503250079525.85b7e814d52c22acc11d337d0e4190ee. 举例吧。执行以下 shell 命令：

```
hbase(main):057:0> get 'hbase:meta',
'table1,,1503250079525.85b7e814d52c22acc11d337d0e4190ee.'
 COLUMN                  CELL
  info:regioninfo            timestamp=1503250080810, value={ENCODED =>
85b7e814d52c22acc11d337d0e4190ee, NAME =>
'table1,,1503250079525.85b7e814d52c22acc11d337d0e4190ee.', STARTKEY => '', ENDKEY
=> ''}
  info:seqnumDuringOpen   timestamp=1504048591930,
value=\x00\x00\x00\x00\x00\x00\x00O
  info:server              timestamp=1504048591930, value=nn02:16020
  info:serverstartcode        timestamp=1504048591930, value=1499985181271
 4 row(s) in 0.0140 seconds
```

这个 Region 对应的服务器标识码是：nn02,16020,1499985181271。

格式：

- close_region 'region 名字'
- close_region 'region 名字', '服务器标识码'
- close_region 'region 名的 hash 值', '服务器标识码'

范例：

```
hbase(main):054:0> close_region
'table1,,1503250079525.85b7e814d52c22acc11d337d0e4190ee.'
```

unassign

下线指定的 Region 后马上随机找一台服务器上线该 Region。如果跟上第二个参数 true，则会在关闭 Region 之前清空 Master 中关于该 Region 的上线状态，在某些出故障的情况下，Master 中记录的 Region 上线状态可能会跟 Region 实际的上线状态不相符，不过一般情况下你不会用到第二个参数。

格式：

- unassign 'region 名字'
- unassign 'region 名字', true

范例：

```
hbase(main):070:0> unassign
'table1,,1503250079525.85b7e814d52c22acc11d337d0e4190ee.'
```

assign

上线指定的 Region，不过如果你指定了一个已经上线的 Region 的话，这个 Region 会被强制重上线。

格式：

- assign 'region 名字'

范例：

```
hbase(main):074:0> assign
'table1,,1503250079525.85b7e814d52c22acc11d337d0e4190ee.'
```

move

移动一个 Region。你可以传入目标服务器的服务器标识码来将 Region 移动到目标服务器上。如果你不传入目标服务器的服务器标识码，那么就会将 Region 随机移动到某一个服务器上，就跟 unassign 操作的效果一样。该方法还有一个特殊的地方就是，它只接受 Region 名的 hash 值，而不是 Region 名。关于 Region 名的 hash 值和服务器标识码的知识，我们已经在 close_region 命令中介绍过了，在此不再赘述。

格式：

- move 'region 名的 hash 值', '服务器标识码'

范例：

```
hbase(main):085:0> move '85b7e814d52c22acc11d337d0e4190ee',
'dn03,16020,1499985228904'
0 row(s) in 0.1420 seconds

hbase(main):087:0> get 'hbase:meta',
'table1,,1503250079525.85b7e814d52c22acc11d337d0e4190ee.', { COLUMNS =>
['info:server', 'info:serverstartcode']}
COLUMN                    CELL
info:server               timestamp=1504311067912, value=dn03:16020
info:serverstartcode      timestamp=1504311067912, value=1499985228904
2 row(s) in 0.0150 seconds
```

split

拆分（split）指定的 Region。除了可以等到 Region 大小达到阈值后触发自动拆分机制来拆分 Region，我们还可以手动拆分指定的 Region。通过传入切分点行键，我们可以从我们希望的切分点切分 Region。

格式：

- split '表名'
- split 'region 名'

- split '表名','切分点行键'
- split 'region 名','切分点行键'

范例：

```
hbase(main):012:0> split 'table1', 'row0500'
```

执行后等待一段时间，再查看 Region 信息：

```
hbase(main):021:0> scan 'hbase:meta', {STARTROW => 'table1', ENDROW => 'table2',
COLUMNS => ['info:regioninfo']}
  ROW                                                COLUMN+CELL
   table1,,1504548318523.3e4dc2d0a11b655c3b3ad1a1bd97db75.
column=info:regioninfo, timestamp=1504548364826, value={ENCODED =>
3e4dc2d0a11b655c3b3ad1a1bd97db75, NAME =>
'table1,,1504548318523.3e4dc2d0a11b655c3b3ad1a1bd97db75.', STARTKEY => '', ENDKEY
=> 'row0500'}
   table1,row0500,1504548318523.73e9d96c61a182aeca438a461681d7
column=info:regioninfo, timestamp=1504548364826, value={ENCODED =>
73e9d96c61a182aeca438a461681d7db, NAME =>
'table1,row0500,1504548318523.73e9d96c61a182aeca438a461681d7db.',
  db.STARTKEY => 'row0500', ENDKEY => ''}
 2 row(s) in 0.0200 seconds
```

可以看到 Region 被拆分为 2 个 Region 了。

merge_region

合并（merge）两个 Region 为一个 Region。如果传入第二个参数'true'，则会触发一次强制合并（merge）。该命令的接收参数为 Region 名的 hash 值，即 Region 名最后两个句点中的那段字符串（不包含句点）。拿我们上一个命令 split 中的例子来说：

```
table1,,1504548318523.3e4dc2d0a11b655c3b3ad1a1bd97db75.
```

的 Region 名的 hash 值为：

```
3e4dc2d0a11b655c3b3ad1a1bd97db75
```

格式：

- merge_region 'region1 名的 hash 值',' region2 名的 hash 值'
- merge_region 'region1 名的 hash 值',' region2 名的 hash 值', true

范例：

我们在上一个命令 split 中拆分出了 2 个 Region，分别是：

```
table1,,1504548318523.3e4dc2d0a11b655c3b3ad1a1bd97db75.
```

和

```
 table1,row0500,1504548318523.73e9d96c61a182aeca438a461681d7db.
```

现在我们来将其合并为一个 Region，命令如下：

```
hbase(main):026:0> merge_region '3e4dc2d0a11b655c3b3ad1a1bd97db75',
'73e9d96c61a182aeca438a461681d7db'
```

执行该条命令后，等待一段时间，再去查看该表的 Region 情况，可以看到现在该表只有一个 Region：

```
hbase(main):027:0> scan 'hbase:meta',{STARTROW => 'table1', ENDROW => 'table2',
COLUMNS => ['info:regioninfo']}
 ROW                                              COLUMN+CEL
  table1,,1504549681160.3f5b051229d4adfd900992bfe382e617.
column=info:regioninfo, timestamp=1504549686357, value={ENCODED =>
3f5b051229d4adfd900992bfe382e617, NAME =>
'table1,,1504549681160.3f5b051229d4adfd900992bfe382e617.', STARTKEY => '', ENDKEY
=> ''}
 1 row(s) in 0.0240 seconds
```

compact

调用指定表的所有 Region 或者指定列族的所有 Region 的合并（compact）机制。通过 compact 机制可以合并该 Region 或者该 Region 的列族下的所有 HFile（StoreFile），以此来提高读取性能。

格式：

- compact '表名'
- compact 'region 名'
- compact 'region 名','列族名'
- compact '表名','列族名'

范例：

```
hbasermain):022:0> compact 'table1'
```

 compact 跟合并（merge）并不一样。merge 操作是合并 2 个 Region 为 1 个 Region，而 compact 操作着眼点在更小的单元：StoreFile，一个 Region 可以含有一个或者多个 StoreFile，compact 操作的目的在于减少 StoreFile 的数量以增加读取性能。关于 compact 操作的详细知识请阅读"第 8 章 再快一点"。

major_compact

在指定的表名/region/列族上运行 major compaction。

格式：

- major_compact '表名'
- major_compact 'region 名'
- major_compact 'region 名','列族名'
- major_compact '表名','列族名'

范例:

```
hbase(main):002:0> major_compact 'table1', 'cf1'
```

 关于 major compaction 的知识详见"第 8 章 再快一点"。

compact_rs

调用指定 RegionServer 上的所有 Region 的合并机制，加上第二个参数 true，意味着执行 major compaction。

格式：

- compact_rs '服务器标识码'
- compact_rs '服务器标识码', true

范例：

```
hbase(main):007:0> compact_rs 'dn03,16020,1499985228904'
```

balancer

手动触发平衡器（balancer）。平衡器会调整 Region 所属的服务器，让所有服务器尽量负载均衡。如果返回值为 true，说明当前集群的状况允许运行平衡器；如果返回 false，意味着有些 Region 还在执行着某些操作，平衡器还不能开始运行。

格式：

- balancer

范例：

```
hbase(main):078:0> balancer
true
```

balance_switch

打开或者关闭平衡器。传入 true 即为打开，传入 false 即为关闭。

格式：

- balance_switch true
- balance_switch false

范例：

```
hbase(main):083:0> balance_switch true
false
```

返回值为平衡器(balancer)的前一个状态,在范例中平衡器(balancer)在执行 balance_switch 操作前的状态是关闭的。

balancer_enabled

检测当前平衡器是否开启。

格式:

- balancer_enabled

范例:

```
hbase(main):002:0> balancer_enabled
true
```

catalogjanitor_run

开始运行目录管理器（catalog janitor）。所谓的目录指的就是 hbase:meta 表中存储的 Region 信息。当 HBase 在拆分或者合并的时候,为了确保数据不丢失,都会保留原来的 Region,当拆分或者合并过程结束后再等待目录管理器来清理这些旧的 Region 信息。

格式:

- catalogjanitor_run

范例:

```
hbase(main):001:0> catalogjanitor_run
```

关于目录管理器的细节请参考"7.5.3 目录管理器"。

catalogjanitor_enabled

查看当前目录管理器的开启状态。

格式:

- catalogjanitor_enabled

范例:

```
hbase(main):003:0> catalogjanitor_enabled
true
```

catalogjanitor_switch

启用/停用目录管理器。该命令会返回命令执行后状态的前一个状态。

格式：

- catalogjanitor_switch true
- catalogjanitor_switch false

范例：

```
hbase(main):005:0> catalogjanitor_switch true
true
```

normalize

规整器用于规整 Region 的尺寸，通过该命令可以手动启动规整器。只有 NORMALIZATION_ENABLED 为 true 的表才会参与规整过程。如果返回 true，则说明规整器启动成功；如果某个 Region 被设置为禁用规整器，则该命令不会对其产生任何效果。

格式：

- normalize

范例：

```
hbase(main):007:0> normalize
true
```

normalizer_enabled

查看规整器的启用/停用状态。

格式：

- normalizer_enabled

范例：

```
hbase(main):009:0> normalizer_enabled
true
```

normalizer_switch

启用/停用规整器。该命令会返回规整器的前一个状态。

格式：

- normalizer_switch true
- normalizer_switch false

范例：

```
hbase(main):011:0> normalizer_switch true
true
```

flush

手动触发指定表/Region 的刷写。所谓的刷写就是将 memstore 内的数据持久化到磁盘上，称为 HFile 文件。

格式：

- flush '表名'
- flush 'region 名'
- flush 'region 名的 hash 值'

范例：

```
hbase(main):013:0> flush 'table1'
```

trace

启用/关闭 trace 功能。不带任何参数地执行该命令会返回 trace 功能的开启/关闭状态。当第一个参数使用'start'的时候，会创建新的 trace 段（trace span）；如果传入第二个参数还可以指定 trace 段的名称，否则默认使用 'HBaseShell'作为 trace 段的名称；当第一个参数传入'stop'的时候，当前 trace 段会被关闭；当第一个参数使用'status'的时候，会返回当前 trace 功能的开启/关闭状态。

格式：

- trace
- trace 'start'
- trace 'start', 'trace 段名称'
- trace 'stop'
- trace 'status'

范例：

```
hbase(main):017:0> trace 'start'
0 row(s) in 0.3670 seconds

=> true
hbase(main):018:0> create 'table4','cf1'
0 row(s) in 2.8500 seconds

=> Hbase::Table - table4
hbase(main):020:0> trace 'stop'
0 row(s) in 0.0080 seconds
```

wal_roll

手动触发 WAL 的滚动。

格式：

- wal_roll '服务器标识码'

范例：

```
hbase(main):032:0> wal_roll 'dn03,16020,1499985228904'
```

zk_dump

打印出 ZooKeeper 集群中存储的 HBase 集群信息。

格式：

- zk_dump

范例（输出文本较长，只贴出部分文本）：

```
hbase(main):035:0> zk_dump
HBase is rooted at /hbase
Active master address: nn01,16000,1499904821549
Backup master addresses:
Region server holding hbase:meta: dn03,16020,1499985228904
Region servers:
 dn03,16020,1499985228904
 dn01,16020,1499985197229
 dn02,16020,1499985212532
 nn01,16020,1499985163031
 nn02,16020,1499985181271
/hbase/replication:
/hbase/replication/peers:
/hbase/replication/rs:
/hbase/replication/rs/nn02,16020,1499985181271:
/hbase/replication/rs/nn01,16020,1499985163031:
/hbase/replication/rs/dn02,16020,1499985212532:
/hbase/replication/rs/dn01,16020,1499985197229:
/hbase/replication/rs/dn03,16020,1499985228904:
```

3.1.11.5 快照

snapshot

快照（snapshot）就是表在某个时刻的结构和数据。可以使用快照来将某个表恢复到某个时刻的结构和数据。通过 snapshot 命令可以创建指定表的快照。

格式：

- snapshot '表名', '快照名'
- snapshot '表名', '快照名', { SKIP_FLUSH => true }

范例：

```
hbase(main):038:0> snapshot 'table1', 'table1-1', { SKIP_FLUSH => true}
0 row(s) in 2.2600 seconds
```

```
hbase(main):043:0> list_snapshots
SNAPSHOT                  TABLE + CREATION TIME
 table1-1                  table1 (Thu Sep 07 08:24:01 +0800 2017)
1 row(s) in 0.0180 seconds
```

 关于快照的具体介绍见"7.4 快照管理"。

list_snapshots

列出所有快照。可以传入正则表达式来查询快照列表。

格式：

- list_snapshots
- list_snapshots '正则表达式'

范例：

```
hbase(main):004:0> list_snapshots 'table.*'
SNAPSHOT                  TABLE + CREATION TIME
 table1-1                  table1 (Thu Sep 07 08:24:01 +0800 2017)
1 row(s) in 0.4890 seconds
```

restore_snapshot

使用快照恢复表。由于表的数据会被全部重置，所以在根据快照恢复表之前，必须要先停用该表。

格式：

- restore_snapshot '快照名'

范例：

```
hbase(main):009:0> disable 'table1'
0 row(s) in 2.5670 seconds

hbase(main):010:0> restore_snapshot 'table1-1'
0 row(s) in 1.7900 seconds

hbase(main):011:0> enable 'table1'
0 row(s) in 2.3150 seconds
```

clone_snapshot

使用快照的数据创建出一张新表。创建的过程很快，因为使用的方式不是复制数据，并且修改新表的数据也不会影响旧表的数据。

格式：

- clone_snapshot '快照名','新表名'

范例：

```
hbase(main):015:0> clone_snapshot 'table1-1', 'table1B'
0 row(s) in 2.4550 seconds

hbase(main):016:0> count 'table1B'
Current count: 1000, row: row0999
1007 row(s) in 0.7650 seconds

=> 1007
```

delete_snapshot

删除快照。

格式：

- delete_snapshot '快照名'

范例：

```
hbase(main):018:0> delete_snapshot 'table1-1'
```

delete_all_snapshot

同时删除多个跟正则表达式匹配的快照。

格式：

- delete_all_snapshot '正则表达式'

范例：

```
hbase(main):029:0> delete_all_snapshot 'table1.*'
SNAPSHOT                      TABLE + CREATION TIME
 table1-2                      table1 (Fri Sep 08 01:34:58 +0800 2017)
Delete the above 1 snapshots (y/n)?
y
0 row(s) in 0.0950 seconds
1 snapshots successfully deleted.
```

3.1.11.6 命名空间

list_namespace

列出所有命名空间。你还可以通过传入正则表达式来过滤结果。

格式：

- list_namespace
- list_namespace '正则表达式'

范例：

```
hbase(main):017:0> list_namespace
NAMESPACE
default
hbase
myns
3 row(s) in 0.1090 seconds
```

list_namespace_tables

列出该命名空间下的表。

格式：

- list_namespace_tables '命名空间名'

范例：

```
hbase(main):025:0> list_namespace_tables 'hbase'
TABLE
meta
namespace
quota
3 row(s) in 0.0560 seconds
```

create_namespace

创建命名空间。你还可以在创建命名空间的同时指定属性。

格式：

- create_namespace '命名空间名'
- create_namespace '命名空间名', { '属性名' => '属性值' }

范例：

```
hbase(main):019:0> create_namespace 'testns1'
```

describe_namespace

显示命名空间定义。

格式：

- describe_namespace '命名空间名'

范例：

```
hbase(main):027:0> describe_namespace 'hbase'
DESCRIPTION
{NAME => 'hbase'}
1 row(s) in 0.0250 seconds
```

alter_namespace

更改命名空间的属性或者删除该属性。如果 METHOD 使用 set 表示设定属性，使用 unset 表示删除属性。

格式：

- alter_namespace '命名空间名', {METHOD => 'set', '属性名' => '属性值'}
- alter_namespace '命名空间名', {METHOD => 'unset', NAME=>'属性值'}

范例：

```
hbase(main):001:0> alter_namespace 'testns1', {METHOD => 'set', 'att1' => 'value1'}
0 row(s) in 0.5980 seconds

hbase(main):001:0> describe_namespace 'testns1'
DESCRIPTION
{NAME => 'testns1', att1 => 'value1'}
1 row(s) in 0.4620 seconds

hbase(main):002:0> alter_namespace 'testns1', {METHOD => 'unset', NAME=>'att1'}
0 row(s) in 0.1340 seconds

hbase(main):003:0> describe_namespace 'testns1'
DESCRIPTION
{NAME => 'testns1'}
1 row(s) in 0.0120 seconds
```

drop_namespace

删除命名空间。不过在删除之前，请先确保命名空间内没有表，否则你会得到以下报错信息：

```
hbase(main):008:0> drop_namespace 'testns1'

ERROR: org.apache.hadoop.hbase.constraint.ConstraintException: Only empty namespaces can be removed. Namespace testns1 has 1 tables
```

格式：

- drop_namespace '命名空间名'

范例：

```
hbase(main):003:0> drop_namespace 'testns1'
```

3.1.11.7 配置

update_config

要求指定服务器重新加载配置文件。参数为服务器标识码。

格式：

- update_config '服务器标识码'

范例：

```
hbase(main):013:0> update_config 'dn03,16020,1499985228904'
```

update_all_config

要求所有服务器重新加载配置文件。

格式：

- update_all_config

范例：

```
hbase(main):015:0> update_all_config
```

3.1.11.8 可见标签

关于可见标签的具体介绍，详见"7.8 可见性标签管理"。使用可见性标签可以简单地控制数据的可见性权限。在使用可见性标签之前，请记得打开该功能。

打开方式为，编辑 hbase-site.xml，添加 VisibilityController 协处理器配置：

```xml
<property>
    <name>hbase.coprocessor.region.classes</name>
<value>org.apache.hadoop.hbase.security.visibility.VisibilityController</value>
    </property>
    <property>
    <name>hbase.coprocessor.master.classes</name>
<value>org.apache.hadoop.hbase.security.visibility.VisibilityController</value>
    </property>
```

重启 HBaes 集群后配置生效。

list_labels

列出所有系统标签。

格式：

- list_labels
- list_labels '正则表达式'

范例：

```
hbase(main):002:0> list_labels
manager
developer
0 row(s) in 1.1510 seconds
```

add_labels

添加系统标签。

格式：

- add_labels ['标签1','标签2', …]

范例：

```
hbase(main):005:0> add_labels ['developer', 'manager']
```

set_auths

为用户或者组设置标签。

格式：

- set_auths '用户名', ['标签1','标签2', …]
- set_auths '@组名', ['标签1','标签2', …]

范例：

```
hbase(main):006:0> set_auths 'alex', ['manager']
```

get_auths

获取用户或者组的标签。

格式：

- get_auths '用户名'
- get_auths '@组名'

范例：

```
hbase(main):008:0> get_auths 'alex'
manager
developer
0 row(s) in 0.1030 seconds
```

clear_auths

删除用户或者组绑定的标签。

格式：

- clear_auths '用户名', ['标签 1','标签 2', ...]
- clear_auths '@组名', ['标签 1','标签 2', ...]

范例：

```
hbase(main):010:0> clear_auths 'alex', ['manager']
0 row(s) in 0.1680 seconds

hbase(main):011:0> get_auths 'alex'
developer
0 row(s) in 0.1170 seconds
```

set_visibility

批量设置单元格的标签。除了传入表名以外还可以根据以下属性对要设置的单元格进行检索：

- TIMERANGE
- FILTER
- STARTROW
- STOPROW
- ROWPREFIXFILTER
- TIMESTAMP
- COLUMNS

如果不传入 COLUMNS 属性，则可以对该表的所有列设置该标签；如果想针对某个列族中的所有列设置标签，只需要将列名放空即可，就像这样 'cf:'。

格式：

- set_visibility '表名', '标签', {过滤属性...}

范例：

```
hbase> set_visibility 't1', 'A|B', {COLUMNS => ['c1', 'c2']}
hbase> set_visibility 't1', '(A&B)|C', {COLUMNS => 'c1', TIMERANGE => [1303668804, 1303668904]}
hbase> set_visibility 't1', 'A&B&C', {ROWPREFIXFILTER => 'row2', FILTER => "(QualifierFilter (>=, 'binary:xyz')) AND (TimestampsFilter ( 123, 456))"}
```

3.1.11.9 集群备份

本书不涉及集群备份知识。在此仅提供 shell 命令说明，供查阅使用。

add_peer

一个备份节点（peer 节点）可以是一个 HBase 集群，也可以是你自定义的一套存储方案。它的第一个传参是 peer id，这个 id 可以随便取，它只用来给你自己看的；它的第二个参数是一个集群 id。如果是一个 HBase 集群，那么作为传参的集群 id 应该是这样的：

```
hbase.zookeeper.quorum:hbase.zookeeper.property.clientPort:zookeeper.znode.parent
```

通过这段字符串，HBase 集群可以连接到另外一个 HBase 集群。你还可以指定只备份某一个列族。

格式：

- add_peer 'peer id', '集群 id'
- add_peer 'peer id', '集群 id', '要备份的表或者列族'
- add_peer 'peer id', CLUSTER_KEY => '集群 id'
- add_peer 'peer id', CLUSTER_KEY => '集群 id', TABLE_CFS => { 要备份的表或者列族 }

范例：

```
hbase> add_peer '1', "server1.cie.com:2181:/hbase"
hbase> add_peer '2', "zk1,zk2,zk3:2182:/hbase-prod"
hbase> add_peer '3', "zk4,zk5,zk6:11000:/hbase-test", "table1; table2:cf1; table3:cf1,cf2"
hbase> add_peer '4', CLUSTER_KEY => "server1.cie.com:2181:/hbase"
hbase> add_peer '5', CLUSTER_KEY => "server1.cie.com:2181:/hbase", TABLE_CFS => { "table1" => [], "table2" => ["cf1"], "table3" => ["cf1", "cf2"] }
```

如果是你自定义的一套存储方案，那么第二个参数是你自定义的处理类。你还可以通过 DATA 和 CONFIG 参数传入额外的信息。

格式：

- add_peer 'peer id', ENDPOINT_CLASSNAME => '自定义处理类'
- add_peer 'peer id', ENDPOINT_CLASSNAME => '自定义处理类', DATA => { '属性名' => '属性值' }
- add_peer 'peer id', ENDPOINT_CLASSNAME => '自定义处理类', DATA => { '属性名' => '属性值' }, CONFIG => { '属性名' => '属性值' }
- add_peer 'peer id', ENDPOINT_CLASSNAME => '自定义处理类', DATA => { '属性名' => '属性值' }, CONFIG => { '属性名' => '属性值' }, TABLE_CFS => { 要备份的表或者列族 }

范例：

```
hbase> add_peer '6', ENDPOINT_CLASSNAME =>
```

```
'org.apache.hadoop.hbase.MyReplicationEndpoint'
  hbase> add_peer '7', ENDPOINT_CLASSNAME =>
'org.apache.hadoop.hbase.MyReplicationEndpoint', DATA => { "key1" => 1 }
  hbase> add_peer '8', ENDPOINT_CLASSNAME =>
'org.apache.hadoop.hbase.MyReplicationEndpoint', CONFIG => { "config1" => "value1",
"config2" => "value2" }
  hbase> add_peer '9', ENDPOINT_CLASSNAME =>
'org.apache.hadoop.hbase.MyReplicationEndpoint', DATA => { "key1" => 1 }, CONFIG
=> { "config1" => "value1", "config2" => "value2" },
  hbase> add_peer '10', ENDPOINT_CLASSNAME =>
'org.apache.hadoop.hbase.MyReplicationEndpoint', TABLE_CFS => { "table1" => [],
"table2" => ["cf1"], "table3" => ["cf1", "cf2"] }
  hbase> add_peer '11', ENDPOINT_CLASSNAME =>
'org.apache.hadoop.hbase.MyReplicationEndpoint', DATA => { "key1" => 1 }, CONFIG
=> { "config1" => "value1", "config2" => "value2" }, TABLE_CFS => { "table1" => [],
"table2" => ["cf1"], "table3" => ["cf1", "cf2"] }
```

remove_peer_tableCFs

从指定备份节点的配置中删除指定表或者列族信息，这样该表或者列族将不再参与备份操作。

格式：

- remove_peer_tableCFs 'peer id', "表或者列族名"

范例：

```
hbase> remove_peer_tableCFs '2', "table1"
hbase> remove_peer_tableCFs '2', "table1:cf1"
```

set_peer_tableCFs

设定指定备份节点的备份表或者列族信息。

格式：

- set_peer_tableCFs 'peer id', "表或者列族名"

范例：

```
hbase> set_peer_tableCFs '1', ""
hbase> set_peer_tableCFs '2', "table1; table2:cf1,cf2; table3:cfA,cfB"
```

show_peer_tableCFs

列出指定备份节点的备份表或者列族信息。

格式：

- show_peer_tableCFs 'peer id'

范例:

```
hbase> show_peer_tableCFs '1'
```

append_peer_tableCFs

为现有的备份节点(peer 节点）配置增加新的列族。
格式:

- append_peer_tableCFs 'peer id', "要增加的表或者列族"

范例:

```
hbase> append_peer_tableCFs '2', "table4:cfA,cfB"
```

disable_peer

终止向指定集群发送备份数据。
格式:

- disable_peer 'peer id'

范例:

```
hbase> disable_peer '1'
```

enable_peer

diable_peer 操作之后，重新启用指定备份节点的备份操作。
格式:

- enable_peer 'peer id'

范例:

```
hbase> enable_peer '1'
```

disable_table_replication

取消指定表的备份操作。
格式:

- disable_table_replication '表名'

范例:

```
hbase> disable_table_replication 'table_name'
```

enable_table_replication

diable_table_replication 操作之后，重新启用指定表的备份操作。
格式:

- enable_table_replication '表名'

范例：

```
hbase> enable_table_replication 'table_name'
```

list_peers
列出所有备份节点。

格式：

- list_peers

范例：

```
hbase> list_peers
```

list_replicated_tables
列出所有参加备份操作的表或者列族。

格式：

- list_replicated_tables
- list_replicated_tables '正则表达式'

范例：

```
hbase> list_replicated_tables
hbase> list_replicated_tables 'abc.*'
```

remove_peer
停止指定备份节点，并删除所有该节点关联的备份元数据。

格式：

- remove_peer 'peer id'

范例：

```
hbase> remove_peer '1'
```

3.1.11.10 安全

本书不涉及安全（ACL）知识。在此仅提供 shell 命令说明，供查阅使用。

list_security_capabilities
列出所有支持的安全特性。

格式：

- list_security_capabilities

范例：

```
hbase(main):014:0> list_security_capabilities
```

```
CELL_VISIBILITY
SIMPLE_AUTHENTICATION

=> ["CELL_VISIBILITY", "SIMPLE_AUTHENTICATION"]
```

user_permission

列出指定用户的权限，或者指定用户针对指定表的权限。如果要表示整个命名空间，而不特指某张表，请用@命名空间名。

格式：

- user_permission
- user_permission '表名'

范例：

```
hbase> user_permission
hbase> user_permission '@ns1'
hbase> user_permission '@.*'
hbase> user_permission '@^[a-c].*'
hbase> user_permission 'table1'
hbase> user_permission 'namespace1:table1'
hbase> user_permission '.*'
hbase> user_permission '^[A-C].*'
```

grant

赋予用户权限。可选的权限有：

- READ('R')
- WRITE('W')
- EXEC('X')
- CREATE('C')
- ADMIN('A')

同样的，如果要表示整个命名空间，而不特指某张表，请用@命名空间名。

格式：

- grant '用户','权限表达式'
- grant '用户','权限表达式','表名'
- grant '用户','权限表达式','表名','列族名'
- grant '用户','权限表达式','表名','列族名','列名'

范例：

```
hbase> grant 'bobsmith', 'RWXCA'
hbase> grant '@admins', 'RWXCA'
```

```
hbase> grant 'bobsmith', 'RWXCA', '@ns1'
hbase> grant 'bobsmith', 'RW', 't1', 'f1', 'col1'
hbase> grant 'bobsmith', 'RW', 'ns1:t1', 'f1', 'col1'
```

revoke

取消用户的权限。如果要表示整个命名空间，而不特指某张表，请用@命名空间名。

格式：

- revoke '用户','权限表达式'
- revoke '用户','权限表达式','表名'
- revoke '用户','权限表达式','表名','列族名'
- revoke '用户','权限表达式','表名','列族名','列名'

范例：

```
hbase> revoke 'bobsmith'
hbase> revoke '@admins'
hbase> revoke 'bobsmith', '@ns1'
hbase> revoke 'bobsmith', 't1', 'f1', 'col1'
hbase> revoke 'bobsmith', 'ns1:t1', 'f1', 'col1'
```

3.2 使用 Hue 来查看 HBase 数据

如果这是你第一次读本书，强烈建议你跳过本小节，因为这个不是你目前最需要了解的知识，可以直接进入下一章。

总是使用黑布隆冬的命令行除了不友好以外，还有一个问题就是想查个数据总得连上个SSH，很费事，有没有好用的 GUI 呢？经过笔者的各种测试排除了市面上各种工具后，发现只有 Hue 比较友好。Hue 是一个开源的 Apache Hadoop UI 系统，其实 Hue 并不是专门为了 HBase 开发的，只是 Hue 中带有一部分的可以查询 HBase 数据库数据的功能。

接下来就介绍如何在 CentOS（RedHat 体系）下安装 Hue。

3.2.1 准备工作

建立用户

安装一个新的服务之前建立一个该服务专用的用户是一个好习惯，我们来快速建立一下 hue 用户：

```
# useradd hue
# passwd hue
```

增加 JDK 的环境变量，在~/.bashrc 里面增加以下行：

```
export JAVA_HOME=/usr/local/jdk1.7.0_79
export PATH=$PATH:$JAVA_HOME/bin
```

保存后记得用 source ~/.bashrc 让配置生效。

操作系统需要的组件

根据官网介绍,以下是各个操作系统需要的组件。

Ubuntu

- ant
- gcc
- g++
- libffi-dev
- libkrb5-dev
- libmysqlclient-dev
- libsasl2-dev
- libsasl2-modules-gssapi-mit
- libsqlite3-dev
- libssl-dev
- libtidy-0.99-0
- libxml2-dev
- libxslt-dev
- make
- openldap-dev / libldap2-dev
- python-dev
- python-setuptools
- libgmp3-dev
- libz-dev

CentOS/RHEL

- ant
- asciidoc
- cyrus-sasl-devel
- cyrus-sasl-gssapi
- cyrus-sasl-plain
- gcc
- gcc-c++
- krb5-devel
- libffi-devel

- libtidy
- libxml2-devel
- libxslt-devel
- make
- mysql
- mysql-devel
- openldap-devel
- python-devel
- sqlite-devel
- openssl-devel
- gmp-devel

可以使用自己系统的包管理器来安装，比如在 CentOS 下用 yum 来安装这些包。

安装 git
根据官方 GitHub 主页的描述，我们还需要 git 的支持，所以也要保证自己安装有 git：

```
# yum install git
```

建立 hue 的文件夹
用 root 用户建立 hue 用户需要的文件夹，并修改 owner 为 hue。

```
# mkdir /data/hue
# chown -R hue.hue /data/hue
```

安装 Maven
在安装过程中还需要 Maven，所以请按照 Maven 官网的教程安装 Maven，并把 mvn 添加到环境变量中。简要描述一下安装的过程，目的是保证 mvn install 这样的语句可以执行。以下操作都用 hue 这个用户来执行，每个用户都应该有自己的 Maven 目录和文件夹。

（1）从官网下载 Maven 发布包，之后解压开，然后重命名为 maven，并修改权限：

```
$ tar zxvf apache-maven-3.3.9-bin.tar.gz
$ mv apache-maven-3.3.9 maven
```

（2）修改 Maven 的 conf/settings.xml 文件，设定一下 jar 包保存的目录。这个目录就是 Maven 的数据文件夹，记得选大一点的分区。

找到这行：

```
<localRepository>/path/to/local/repo</localRepository>
```

然后把注释去掉，改成你想要的路径：

```
<localRepository>/data/hue/maven</localRepository>
```

并记得去建立这个文件夹。

```
# mkdir /data/hue/maven
```

（3）在 hue 这个用户的环境变量里面加入 MAVEN_HOME 的设定，并把 MAVEN_HOME/bin 加入 PATH 变量以保证 mvn 可以被正常执行。编辑 ~/.bashrc 加入以下行：

```
export MAVEN_HOME=/usr/local/maven
export PATH=$PATH:$MAVEN_HOME/bin
```

保存后退出，然后用 source 让配置生效：

```
$ source ~/.bashrc
```

（4）执行一下 mvn，如果会出现类似的输出文本，说明成功了。

```
$ mvn
[INFO] Scanning for projects...
[INFO]
------------------------------------------------------------------------
[INFO] BUILD FAILURE
[INFO]
------------------------------------------------------------------------
[INFO] Total time: 0.219 s
[INFO] Finished at: 2016-08-17T09:45:38+08:00
[INFO] Final Memory: 5M/118M
```

现在由于我们是在随便一个目录下执行的 mvn 命令，没有 pom.xml 文件，所以会报错，这个没有关系的。

如果没有该输出，可以用 echo $MAVEN_HOME 看下环境变量是否设定正确。

3.2.2 安装 Hue

万事俱备我们可以开始安装 Hue 了。截至笔者安装的时候，最新版是 3.11.0。根据 GitHub 官网介绍的安装教程，我们要下载 Hue 的源码。先切换到 hue 用户，然后执行 git clone 命令来把源码下载下来：

```
$ git clone https://github.com/cloudera/hue.git
```

然后开始编译：

```
$ cd hue
$ make apps
```

如果没有什么错误就开始了漫长的等待（第一次执行这个,过程花费的时间真是让我吃惊）

安装过程执行完后，启动 Hue，在 hue 的目录下执行：

```
$ build/env/bin/hue runserver
```

如果一切顺利，你会看到启动成功的输出语句：

```
Django version 1.6.10, using settings 'desktop.settings'
Starting development server at http://127.0.0.1:8000/
Quit the server with CONTROL-C.
```

不过此时是在前台运行，你不可以退出客户端或者按 Ctrl+C，这样的话，Hue 就会退出了。此时 Hue 的服务端程序已经在 8000 端口监听了。

不过此时如果你用另外机器的浏览器去访问，会发现无法访问，这是因为现在 Hue 是绑定的 127.0.0.1 的端口，只能本机访问。所以，我们要先修改端口配置。

使用参数定义端口

当我打开 desktop/conf.dist/hue.ini 的时候，发现有绑定 ip 和端口的配置：

```
# Webserver listens on this address and port
http_host=0.0.0.0
http_port=8888
```

可是，修改这两个参数，对绑定的 ip 和端口并没有任何改变。查了相关资料后，我才知道这是因为用 runserver 启动的是开发版的服务器，并不读取这个配置，只能用启动参数来传入要绑定的 ip 和端口。

所以，要先停止 Hue，然后换成以下命令来启动 Hue：

```
$ build/env/bin/hue runserver 0.0.0.0:8000
```

打开浏览器，然后访问这个 host 的 8000 端口，就可以看到 Hue 的界面，如图 3-2 所示。

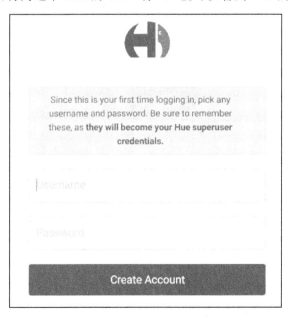

图 3-2

第一次登录会让直接新建一个用户，此时输入的用户名和密码就是超级管理员的用户名和密码。登录之后可以看到如图 3-3 所示的界面。

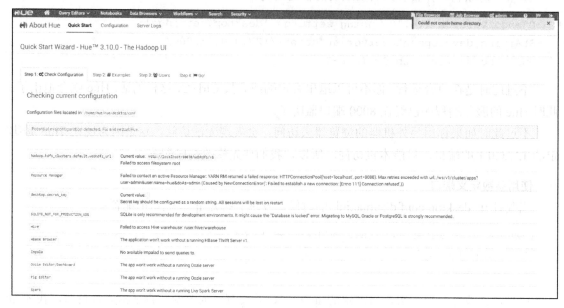

图 3-3

你会注意到右上角有显示 **Could not create home directory.** 字样。这是因为 Hue 不只是一个可以看 HBase 的工具，它是一个可以看很多 Hadoop 体系下（包括 Hadoop 的 HDFS 在内）的工具。Hue 可以连接的服务范围如图 3-4 所示。

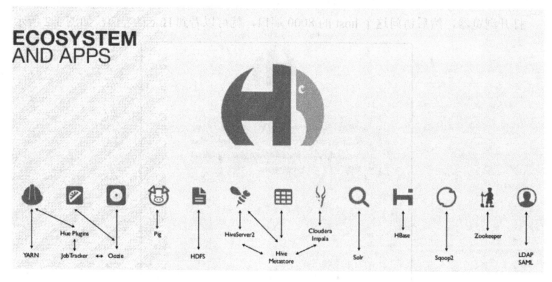

图 3-4

接下来我们要对 Hue 进行一些配置，让 Hue 可以连接 HDFS 和 HBase。我之前说过要让 Hue 读取到配置就要用生产环境启动。

使用配置文件定义端口

官网上说如果让生产环境启动就要用 build/env/bin/supervisor，但是我用 supervisor 启动后 Hue 依然不读取 desktop/conf.dist/hue.ini 里面的配置；依然是监听 8000 端口，而不是配置文件中的 8888。倒是官网说开发版的服务器配置在 desktop/conf/pseudo-distributed.ini 里面，于是我编辑这个文件，把关于 ip 和端口的部分修改了一下：

```
# Webserver listens on this address and port
http_host=0.0.0.0
http_port=8888
```

然后再用 build/env/bin/supervisor 来启动 Hue，这回终于读取到配置了。

3.2.3 配置 Hue

3.2.3.1 配置跟 HDFS 的连接

因为本书是关注 HBase 的，Hue 就算不配置 HDFS，一样可以用来查看 HBase，所以这个配置纯粹是附加的。但是配置了 HDFS 之后可以用 Hue 查看 HDFS 中的文件，还可以自由地下载和上传文件到 HDFS，所以装了 Hue 却不配置 HDFS 文件浏览器实在有点可惜。

如果你不关心用 Hue 来查看 HDFS 的内容（虽然强烈推荐，因为真的比命令行好用），或者你一直配置不成功的话，你可以跳过这个小节。

配置 HDFS

配置 HDFS 要先打开 HDFS 本身的 Web API。方法是编辑 hdfs-site.xml 增加以下配置，用来打开 webhdfs 功能：

```
<property>
  <name>dfs.webhdfs.enabled</name>
  <value>true</value>
</property>
```

编辑 core-site.xml 文件增加以下配置，让 Hue 可以通过 HDFS 的 Web API 来操作所有用户的数据。以下配置的意思是：HDFS 的 Web API 允许所有用户通过 hue 这个用户来代理他们的所有操作。但只是代理，文件夹和文件的所有权还是归用户的，也就是说如果你用一个叫 abc 的用户在 Hue 上创建了一个文件夹，在 HDFS 中，这个文件夹的所有者不会是 hue，而是 abc。这个现在看来可能很难理解，我在后面的操作中会详细讲解。

```
<property>
  <name>hadoop.proxyuser.hue.hosts</name>
  <value>*</value>
</property>
<property>
  <name>hadoop.proxyuser.hue.groups</name>
```

```
    <value>*</value>
</property>
```

重启 HDFS。

配置 Hue

现在我们来配置 Hue。编辑 desktop/conf/pseudo-distributed.ini，找到以下配置项：

```
# Enter the filesystem uri
fs_defaultfs=hdfs://localhost:8020

# NameNode logical name.
## logical_name=

# Use WebHdfs/HttpFs as the communication mechanism.
# Domain should be the NameNode or HttpFs host.
# Default port is 14000 for HttpFs.
## webhdfs_url=http://localhost:50070/webhdfs/v1
```

把 fs_defaults 修改为：

```
fs_defaultfs=hdfs://nn01:8020
```

这个 nn01 是我两台 namenode 中的一台。如果你跟我一样配置了 HA，就像我一样只需要写其中一台 namenode 即可。

把 webhdfs_url 前面的注释去掉，并修改为：

```
webhdfs_url=http://nn01:50070/webhdfs/v1
```

重启 Hue。

登录后单击首页左上角的 File Browser，如图 3-5 所示。

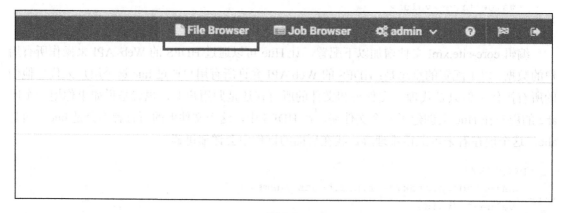

图 3-5

会进入文件浏览器（File Browser），这里指的文件浏览是浏览 HDFS 上的文件系统。如果一切顺利，你会看到如图 3-6 所示的画面，而不是错误提示。

图 3-6

此时如果你想用右上角的 Upload 来上传一个文件，你会发现你没有权限。可是这个权限是怎么定义的呢？为什么 admin 都没有权限呢？

我们通过日志来剖析一下原因。

当你用 Hue 进入 File Browser 的时候，看后台日志会发现 Hue 发出了以下网络请求：

"GET /webhdfs/v1/?op=GETFILESTATUS&user.name=hue&doas=admin HTTP/1.1"

Hue 就是通过这个 API，获取到你当前看到的文件夹列表。这个里面的 user.name=hue，意思是访问 HDFS 的 Web API 的用户是 hue，而 doas=admin 的意思是 do as admin，也就是说虽然访问 Web API 的是 hue 用户，但是现在做出的所有操作都会以 admin 用户的名义去操作。无论你是新建文件夹还是上传文件，都是以 admin 用户的权限做的。这就是之前提到的 hadoop.proxyuser.hue.hosts 这个配置的作用。这个配置就是说当用户为 hue 的时候，它可以代理的用户的列表，我们用*表示可以代理所有用户。而这个被代理的用户就是你当前登录的用户：admin。

明白了其中的原理后，就知道为什么 admin 用户没有权限了。虽然你是 Hue 的超级管理员，但是对于 HDFS 来说，admin 用户只是一个很普通的用户名而已，并没有任何特别的意义。

其实我们完全可以在 Hue 里面建立一个 Hadoop 超级管理员用户。我们要做的就是用 Hue 的用户管理功能来新建一个在 HDFS 看来是超级管理员的账户名，即我们用来启动 Hadoop 的那个用户名：hadoop，很多人用的是 HDFS 来启动的 Hadoop，而我用的是 Hadoop，所以我需要建立一个叫 hadoop 的用户。我们先单击右上角的用户名，然后在下拉选项中单击 Manag Users，如图 3-7 所示。

图 3-7

在随后打开的用户管理页面单击"Add user"按钮 [Add user] [LDAP]。

然后新建一个名字叫 hadoop 的用户,如果你启动 Hadoop 服务的用户名叫 hdfs,请将此处的用户名修改为 hdfs,如图 3-8、图 3-9 所示。

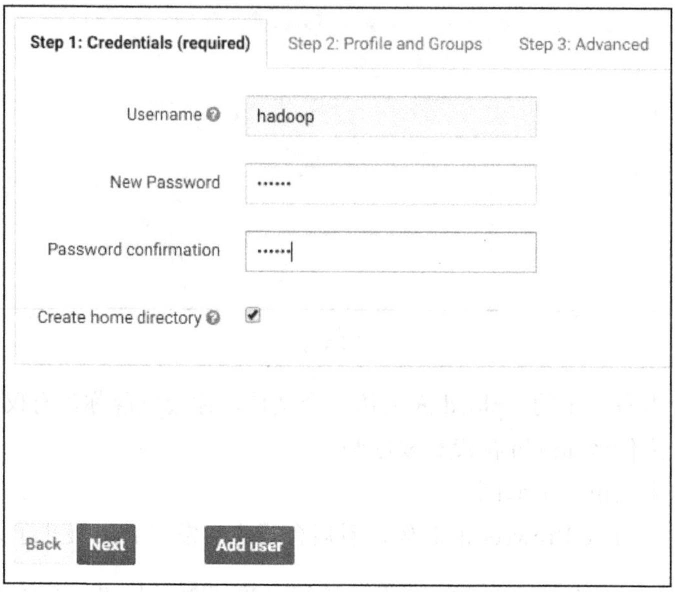

图 3-8

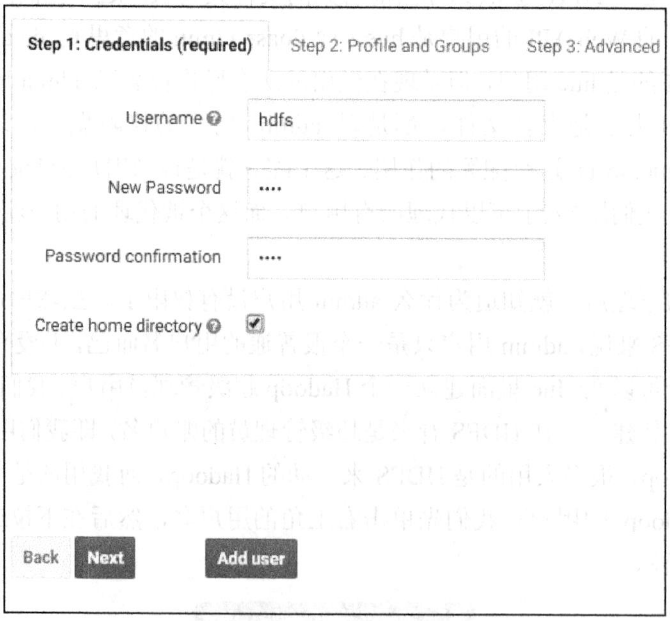

图 3-9

密码随便起,这个密码只是用于登录 Hue,而不需要跟实际操作系统的 hadoop 用户相同。不需要填写 Step2 和 Step3 直接单击 Add user 来新建用户。建立好后退出,然后用 hdfs 用户来登录 Hue。成功登录后，我们再次切换到 File Browser。

这次我们再来上传一次：单击 Upload，然后选择 Files，如图 3-10 所示。

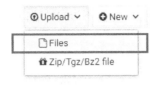

图 3-10

单击 Select frles，选择一个文本文件，如图 3-11 所示。

图 3-11

现在来上传一个文本文件试试看，单击  Upload 按钮，然后上传一个文本文件叫 "测试文本.txt"，再看 File Browser，如图 3-12 所示。

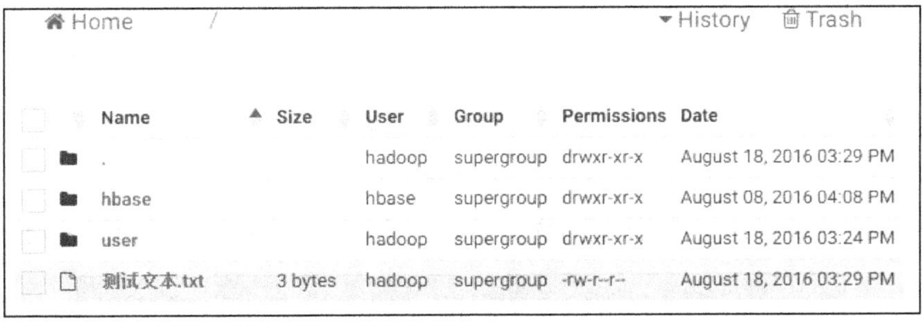

图 3-12

我们成功地上传了一个叫 "测试文本.txt" 的文件，而且这个文件的所属用户是 hadoop。

3.2.3.2 配置跟 HBase 的连接

这个才是重头戏了，现在要配置 Hue，让其可以查看 HBase 的数据。配置之前先要知道 Hue 操作 HBase 也不是直接就用 HBase 的 shell 来操作的，而是通过 HBase 的 Thrift Server。Thrift Server 是对于非 Java 语言编写的客户端开放的一个接口服务器。

我们第一件要做的事情是启动 HBase 的 Thrift server。启动的方式是先切换到 Hbase 安装目录下，然后执行以下命令：

```
$ bin/hbase-daemon.sh start thrift
```

虽然现在最新版本是 thrift2，但是 Hue 还未支持到 thrift2（至少在笔者当前使用的最新版 Hue 3.11 还不支持），所以请不要用 start thrift2 来启动 thrift。

启动后 thrift 会自动在后台运行，并监听 9090 端口。你可以使用 netstat 命令来看 9090 端口是否被监听：

```
# netstat -tpnl | grep 9090
tcp    0    0 :::9090    :::*         LISTEN      1612/java
```

接下来才是跟之前一样：编辑 Hue 的配置文件。找到这段：

```
## hbase_clusters=(Cluster|localhost:9090)
```

删除前面的注释符号，并修改 hbase_clusters 的值为你启动 thrift 的服务器名，比如我的是 nn01，那么我就写成：

```
hbase_clusters=(Cluster|nn01:9090)
```

重启 Hue。

3.2.4 使用 Hue 来查看 HBase

进入 Hue 主界面后单击上方的 Data Browsers，然后选择 HBase，如图 3-13 所示。

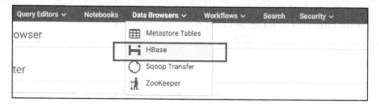

图 3-13

进入 HBase 查看器后可以看到我们在 HBase 上用 shell 建立的表，如图 3-14 所示。

图 3-14

单击表名后可以看到表内的数据，如图 3-15 所示。

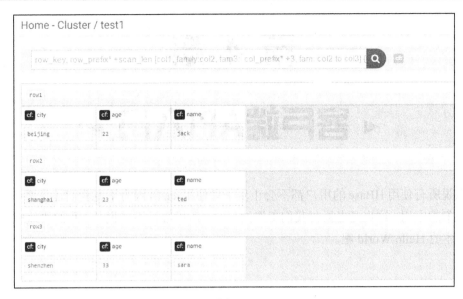

图 3-15

你可以使用 Hue 提供的语法来查询数据，比如可以查询 row1 开始，并包含从 row1 往下数 1 行的数据，你可以在查询框中输入 row1+1，输入后 +1 会自动被识别为等同于在执行 hbase shell 的时候跟上参数 LIMIT=>1，如图 3-16 所示。

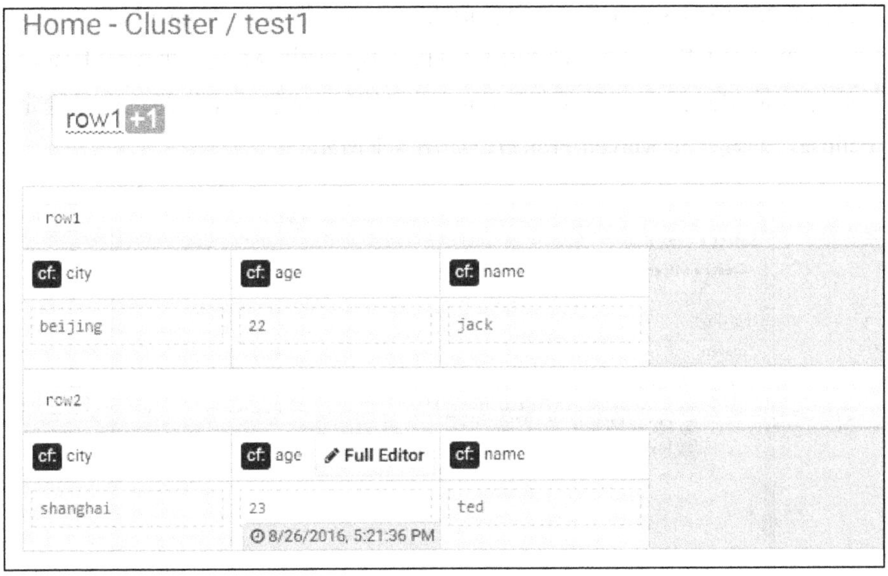

图 3-16

所以这行的意思就是：

```
scan 'test1',{STARTROW=>'row1',LIMIT=>1}
```

关于 Hue 的更高级的用法请查阅 Hue 官网上的介绍。在这里只是介绍一下 Hue 的入门，并不深入介绍。

第 4 章
◀ 客户端API入门 ▶

我敢说所有使用 HBase 的用户都不会止步于只使用 shell，因为毕竟我们还是要基于 HBase 来开发我们的应用，这也是老板付我们工资的目的。所以废话不多说，让我们快速地来写一个 HBase 版本的 Hello World 吧。

4.1　10 分钟教程

连接 HBase 的最通用的语言就是 Java，接下来我会演示如何使用 Java 调用 HBase 的客户端 API 来操作 HBase。

首先，我们需要一个 Java 项目。我用目前市场占有率比较高的 Java IDE: eclipse 来给大家说明如何建立一个包含 HBase 客户端 API 的项目。我会使用 Maven 来添加 HBase 需要的 jar 包，这样做的好处是 Maven 会自动下载 HBase 所依赖的 jar 包，操作简单而且稳定。

打开 Eclipse，新建一个 Maven Project，如图 4-1 所示。

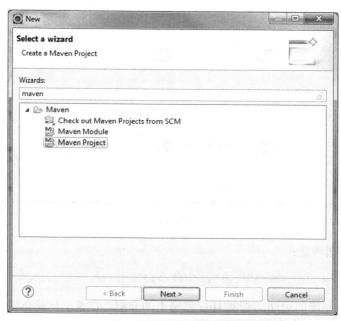

图 4-1

Maven 模板选择 quickstart 就好了，然后输入 Group Id 和 Artifact Id，如图 4-2 所示。

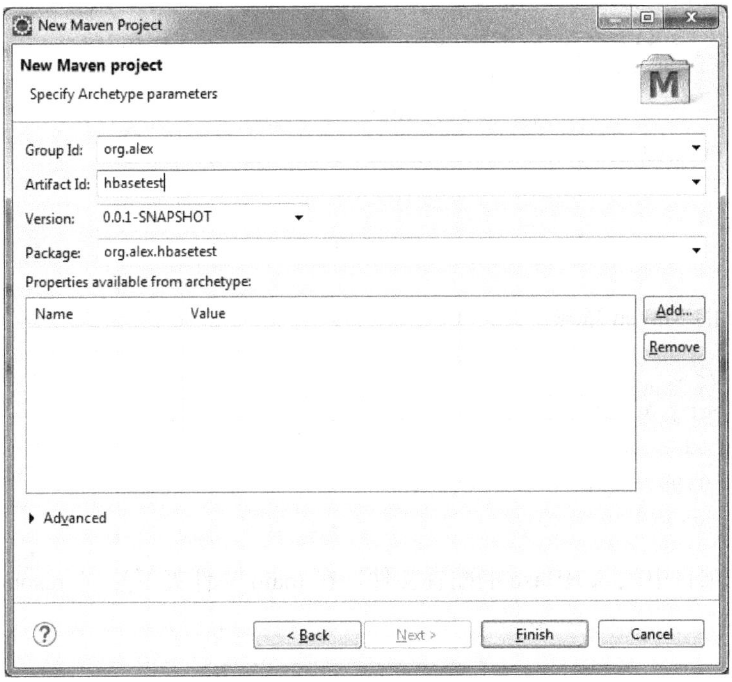

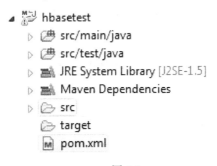

图 4-2

建好后，项目下会自动建立 pom.xml 文件，如图 4-3 所示。

图 4-3

我们来编辑 pom.xml，首先 HBase 要求的 JDK 是至少 1.7 以上，所以我现在需要在 pom.xml 文件中添加关于 JDK 编译版本的配置。具体的步骤是在 <build>节点下的<plugins> 节点下添加 maven-compiler-plugin 的 plugin。不过由于初始化的 pom.xml 文件甚至都没有<build>节点，所以我们要把以下整段配置添加到 <project> 节点内：

```
<build>
<plugins>
    <plugin>
        <groupId>org.apache.maven.plugins</groupId>
        <artifactId>maven-compiler-plugin</artifactId>
```

```
            <version>3.1</version>
            <configuration>
                <source>1.7</source>
                <target>1.7</target>
                <showWarnings>true</showWarnings>
            </configuration>
        </plugin>
    </plugins>
</build>
```

添加 HBase 的 Maven 依赖：

```
<dependency>
    <groupId>org.apache.hbase</groupId>
    <artifactId>hbase-client</artifactId>
    <version>0.98.5-hadoop2</version>
</dependency>
```

我们需要在项目中放入 HBase 的配置文件。在 main 文件夹下建立 resources 文件夹，如图 4-4 所示。

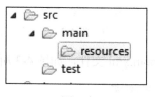

图 4-4

将 resources 文件夹添加到编译目录中，如图 4-5 所示。

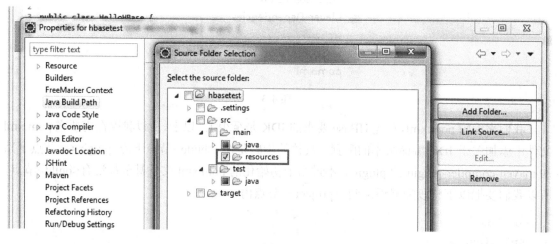

图 4-5

把 HBase 配置文件夹中的 hbase-site.xml 和 Hadoop 配置文件夹中的 core-site.xml 配置文件都从服务器上拖下来放到这个文件夹内，如图 4-6 所示。

这两个文件就会被自动编译到编译目录下了。我们可以检查一下 classes 文件夹下是否出现了这两个文件，如图 4-7 所示。

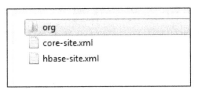

图 4-6　　　　　　　　　　　图 4-7

在项目中建立一个类：HelloHBase，如图 4-8 所示。

图 4-8

我们来看一下如何用 API 新建一个表。我会逐条语句地讲解每句命令的意思，我不喜欢一上来就放大段的代码。我觉得一行一行地讲解代码，看起来虽慢，但其实是最快的学习方式。因为每一行代码看完了，完整的代码也就学完了，执行起来有问题也有头绪，知道怎么改，会少走很多弯路。相对的你也会少花很多走弯路的时间。

新建表的步骤说明如下。

先新建 main 方法，然后开始在 main 方法中编写连接 HBase 的代码。接下来介绍我们第一条要用到的语句：

```
Configuration config = HBaseConfiguration.create();
```

这条语句的意思是用 HBaseConfiguration 类来建立一个 Configuration 类。Configuration 类用于加载需要连接 HBase 的各项配置。

接下来我们把刚刚添加到项目中的两个配置文件添加到 config 内：

```
config.addResource(
new Path(ClassLoader.getSystemResource("hbase-site.xml").toURI()));
config.addResource(
new Path(ClassLoader.getSystemResource("core-site.xml").toURI()));
```

接下来我们要用 ConnectionFactory 类新建一个 Connection 出来：

```
Connection connection = ConnectionFactory.createConnection(config);
```

写到这步你就可以自己先测试着运行以上这几条语句，如果能成功地创建出连接，就可以继续执行下面的步骤；如果不行要先排查一下本机的 hosts 文件中是不是忘记配置了服务器的 IP 和 hostname 映射，导致计算机无法找到这些服务器。

连接上 HBase 后，我们就可以来建表了。先建立叫 mytable 的表。HBase 中对表的定义需要用到两个类，一个是定义表名的 TableName，另一个是定义表属性的 HTableDescriptor。接下来我们使用这两个类来定义表：

```
TableName tableName = TableName.valueOf("mytable");
HTableDescriptor table = new HTableDescriptor(tableName);
```

第一句话是用表名的字符串来生成一个 TableName 的类，然后用这个类生成 HTableDescriptor 类。

之前我们说到 HBase 中列族的重要性甚至大于表。一个表没有列族就没有存在的意义，表的属性都是依附在列族上的，所以我们必须要建立一个列族。用 HColumnDescriptor 类来定义一个叫 mycf 的列族：

```
HColumnDescriptor mycf = new HColumnDescriptor("mycf");
```

把这个列族添加到 HTableDescriptor 里面去：

```
table.addFamily(new HColumnDescriptor(mycf));
```

表和列族的定义类建立完后，我们来具体执行这些定义类。执行具体动作的工具叫 Admin。我们来获取 Admin：

```
Admin admin = connection.getAdmin();
```

Admin 类是 HBase API 中负责管理建表、改表、删表等元数据操作的管理接口。
用这个接口来建立表：

```
admin.createTable(table);
```

执行完建表操作后记得关闭 admin 和 connection。如果你采用 JDK1.7 的 try-with-resources

特性，你可以不用显式地去调用 close 命令；如果你采用的是传统的 try...catch 写法，请记得在 finally {...} 里面写上：

```
admin.close();
connection.close();
```

然后就可以执行这个 main 方法了。上面的所有语句执行完后我们去服务器上用 hbase shell 来检验一下我们的执行结果：

```
hbase(main):001:0> list
TABLE
mytable
test1
2 row(s) in 0.4770 seconds

=> ["mytable", "test1"]
```

可以看到多出来了一个 mytable 表。然后用 describe 命令查看一下我们的表的列族。

```
hbase(main):002:0> describe 'mytable'
Table mytable is ENABLED
mytable
COLUMN FAMILIES DESCRIPTION
{NAME => 'mycf', DATA_BLOCK_ENCODING => 'NONE', BLOOMFILTER => 'ROW',
REPLICATION_SCOPE => '0', COMPRESSION => 'NONE', VERSIONS => '1', MIN
_VERSIONS => '0', TTL => 'FOREVER', KEEP_DELETED_CELLS => 'FALSE', BLOCKSIZE
=> '65536', IN_MEMORY => 'false', BLOCKCACHE => 'true'}
1 row(s) in 0.4080 seconds
```

输出文本中的文字都堆到了一起，看起来晦涩难懂。把结果格式化之后，可以清楚地看到有一个叫 mycf 的列族，这个列族有以下这些属性：

```
{
    NAME = >'mycf',
    DATA_BLOCK_ENCODING = >'NONE',
    BLOOMFILTER = >'ROW',
    REPLICATION_SCOPE = >'0',
    COMPRESSION = >'NONE',
    VERSIONS = >'1',
    MIN _VERSIONS = >'0',
    TTL = >'FOREVER',
    KEEP_DELETED_CELLS = >'FALSE',
    BLOCKSIZE = >'65536',
    IN_MEMORY = >'false',
    BLOCKCACHE = >'true'
}
```

到此为止就成功地完成了第一个初级教程的例子。完整的实例代码如下：

```java
import java.io.IOException;
import java.net.URISyntaxException;

import org.apache.hadoop.conf.Configuration;
import org.apache.hadoop.fs.Path;
import org.apache.hadoop.hbase.HBaseConfiguration;
import org.apache.hadoop.hbase.HColumnDescriptor;
import org.apache.hadoop.hbase.HTableDescriptor;
import org.apache.hadoop.hbase.TableName;
import org.apache.hadoop.hbase.client.Admin;
import org.apache.hadoop.hbase.client.Connection;
import org.apache.hadoop.hbase.client.ConnectionFactory;

public class SimpleExample {

    public static void main(String[] args) throws URISyntaxException,
        IOException {
        // 获取配置文件
        Configuration config = HBaseConfiguration.create();
        config.addResource(new
Path(ClassLoader.getSystemResource("hbase-site.xml").toURI()));
        config.addResource(new
Path(ClassLoader.getSystemResource("core-site.xml").toURI()));

        // 创建连接
        try (Connection connection = ConnectionFactory.createConnection(config);
            Admin admin = connection.getAdmin()) {
            // 定义表名
            TableName tableName = TableName.valueOf("mytable");

            // 定义表
            HTableDescriptor table = new HTableDescriptor(tableName);

            // 定义列族
            HColumnDescriptor mycf = new HColumnDescriptor("mycf");
            table.addFamily(new HColumnDescriptor(mycf));

            // 执行创建表动作
            admin.createTable(table);
        }
    }
}
```

4.2 30 分钟教程

30 分钟教程是 10 分钟教程的升级版。我们来把 10 分钟教程中的例子丰富一下。

一般在建表之前需要先校验该表在数据库中是否存在，如果数据库中已经存在，就不需要执行建表语句，以免把数据清空。所以我们第一个要增强的语句就是在建表之前检验这个表在 HBase 中是否存在。

```
admin.tableExists(table.getTableName())
```

以上语句中 getTableName 拿到的并不是一个字符串，而是从 HTableDescriptor 中获取 TableName 这个类。如果表已经存在则这条语句返回 true，反之返回 false。一般来说，如果表已经存在，我们就不需要新建表。不过我们在教程中的表数据都是无关紧要的，可以随便清除。所以我们还可以多学习两条命令，那就是停用表的 disableTable 方法和删除表的 deleteTable 方法：

```
if (admin.tableExists(table.getTableName())) {
    admin.disableTable(table.getTableName());
    admin.deleteTable(table.getTableName());
}
```

然后把刚刚的建表语句写在这段语句之后，并放到一个独立的方法叫 createOrOverwrite 里面去：

```
public static void createOrOverwrite(Admin admin, HTableDescriptor table) throws IOException {
    if (admin.tableExists(table.getTableName())) {
      admin.disableTable(table.getTableName());
      admin.deleteTable(table.getTableName());
    }
    admin.createTable(table);
}
```

以上语句在新建表之前执行，可以检测表是否存在；如果存在，就停用这个表并删除掉旧表。这样我们的教程语句就可以反复地执行了。

然后要学习一下如何修改列族的属性。定义列族属性的方法都在 HColumnDescriptor 类里面。比如我们要设置 mycf 这个列族的压缩方式为 GZ，可以执行以下语句：

```
mycf.setCompactionCompressionType(Algorithm.GZ);
```

这样就设置好了。其他的属性方式可以查阅这个类的 API。

我们接下来要修改一下我们刚刚建立的列族 mycf。比如把压缩模式修改成 GZ，把最大版本数修改为 ALL_VERSIONS，ALL_VERSIONS 的值其实就是 Integer.MAX_VALUE。

```
HColumnDescriptor mycf = new HColumnDescriptor("mycf");
mycf.setCompactionCompressionType(Algorithm.GZ);
mycf.setMaxVersions(HConstants.ALL_VERSIONS);
```

然后把列族的定义更新到表定义里面去：

```
table.modifyFamily(mycf);
```

不过注意此时对表的修改并没有真正执行下去，只有当调用了 Admin 类来进行操作的时候对 HBase 的修改才真正开始执行。

```
admin.modifyTable(tableName, table);
```

当执行了 modifyTable 后，对列的操作才真正执行下去。执行完后，我们再用 HBase shell 看一下数据库中的表定义。以下结果是已经经过了格式化后的文本：

```
{
    NAME = >'mycf',
    DATA_BLOCK_ENCODING = >'NONE',
    BLOOMFILTER = >'ROW',
    REPLICATION_SCOPE = >'0',
    VERSIONS = >'2147483647',
    COMPRESSION = >'N ONE',
    TTL = >'FOREVER',
    MIN_VERSIONS = >'0',
    KEEP_DELETED_CELLS = >'FALSE',
    BLOCKSIZE = >'65536',
    IN_MEMORY = >'false',
    BLOCKCACHE = >'true',
    METADATA = >{
        'COMPRESSION_COMPACT' = >'GZ'
    }
}
```

可以看到我们的修改生效了。

接下来我们说说如何往已经存在的表里面新增一个列族。新建一个 HColumnDescriptor 对象，然后用 admin 把它添加到表里面。听起来很简单，对不对？实际上的确很简单。我们来看下代码：

```
// 往 mytable 里面添加 newcf 列族
HColumnDescriptor newColumn = new HColumnDescriptor("newcf");
newColumn.setCompactionCompressionType(Algorithm.GZ);
newColumn.setMaxVersions(HConstants.ALL_VERSIONS);
admin.addColumn(tableName, newColumn);
```

这个过程和修改最大的不同就是不需要用到 HTableDescriptor 实例，只需要表名就可以操

作了。执行后再看我们的表,以下为经过格式化之后的输出文本:

```
{
    NAME = >'mycf',
    ..........
} {
    NAME = >'newcf',
    DATA_BLOCK_ENCODING = >'NONE',
    BLOOMFILTER = >'ROW',
    REPLICATION_SCOPE = >'0',
    VERSIONS = >'2147483647',
..........
}
```

可以看到多出来了一个 newcf 列族。

最后我们来删除掉之前建立的列族。在删除列族或者删除表之前都要先停用(disable)表:

```
// 停用(Disable) mytable
TableName tableName = TableName.valueOf("mytable");
admin.disableTable(tableName);
```

我们来删除列族:

```
// 删除掉 mycf 列族
admin.deleteColumn(tableName, "mycf".getBytes("UTF-8"));
```

执行完后看表的描述:

```
COLUMN FAMILIES DESCRIPTION
{NAME => 'newcf', DATA_BLOCK_ENCODING => 'NONE', …….}}
1 row(s) in 0.0440 seconds
```

可以看到 mycf 列族已经没了。最后把 mytable 表删除掉:

```
// 删除 mytable 表 (一定要记得先停用表)
admin.deleteTable(tableName);
```

执行后可以用 list 来看下数据库中的所有表,会发现 mytable 已经没了。把建表语句、修改表语句和删除的语句都封装到独立的 createSchemaTables、modifySchema 和 deleteSchema 方法里面去,整个例子的完整代码就变成了下面这个样子:

```
package org.alex.hbasetest;

import java.io.IOException;
import java.net.URISyntaxException;

import org.apache.hadoop.conf.Configuration;
import org.apache.hadoop.fs.Path;
```

143

```java
import org.apache.hadoop.hbase.HBaseConfiguration;
import org.apache.hadoop.hbase.HColumnDescriptor;
import org.apache.hadoop.hbase.HConstants;
import org.apache.hadoop.hbase.HTableDescriptor;
import org.apache.hadoop.hbase.TableName;
import org.apache.hadoop.hbase.client.Admin;
import org.apache.hadoop.hbase.client.Connection;
import org.apache.hadoop.hbase.client.ConnectionFactory;
import org.apache.hadoop.hbase.io.compress.Compression.Algorithm;

public class HelloHBase {

    /**
     * 检查一下mytable表是否存在，如果存在就删掉旧表再重新建立
     *
     * @param admin
     * @param table
     * @throws IOException
     */
    public static void createOrOverwrite(Admin admin, HTableDescriptor table)
            throws IOException {
        if (admin.tableExists(table.getTableName())) {
            //如果存在就删掉mytable
            admin.disableTable(table.getTableName());
            admin.deleteTable(table.getTableName());
        }
        admin.createTable(table);
    }

    /**
     * 建立mytable表
     *
     * @param admin
     * @throws IOException
     */
    public static void createSchemaTables(Configuration config) throws IOException
{

        try(Connection connection = ConnectionFactory.createConnection(config);
            Admin admin = connection.getAdmin()){
            HTableDescriptor table = new HTableDescriptor(TableName.valueOf("mytable"));
            table.addFamily(new
```

```java
            HColumnDescriptor("mycf").setCompressionType(Algorithm.NONE));

            System.out.print("Creating table. ");
            // 新建表
            createOrOverwrite(admin, table);
            System.out.println(" Done.");
        }
    }

    public static void modifySchema(Configuration config) throws IOException {

        try(Connection connection = ConnectionFactory.createConnection(config);
            Admin admin = connection.getAdmin()){
            TableName tableName = TableName.valueOf("mytable");

            if (!admin.tableExists(tableName)) {
                System.out.println("Table does not exist.");
                System.exit(-1);
            }

            // 往 mytable 里面添加 newcf 列族
            HColumnDescriptor newColumn = new HColumnDescriptor("newcf");
            newColumn.setCompactionCompressionType(Algorithm.GZ);
            newColumn.setMaxVersions(HConstants.ALL_VERSIONS);
            admin.addColumn(tableName, newColumn);

            // 获取表定义
            HTableDescriptor table = admin.getTableDescriptor(tableName);

            // 更新 mycf 这个列族
            HColumnDescriptor mycf = new HColumnDescriptor("mycf");
            mycf.setCompactionCompressionType(Algorithm.GZ);
            mycf.setMaxVersions(HConstants.ALL_VERSIONS);
            table.modifyFamily(mycf);
            admin.modifyTable(tableName, table);
        }
    }

    /**
     * 删除表操作
     * @param admin
     * @throws IOException
     */
```

```java
public static void deleteSchema(Configuration config) throws IOException {
    try(Connection connection = ConnectionFactory.createConnection(config);
        Admin admin = connection.getAdmin()){
        TableName tableName = TableName.valueOf("mytable");

        // 停用(Disable) mytable
        admin.disableTable(tableName);

        // 删除掉 mycf 列族
        admin.deleteColumn(tableName, "mycf".getBytes("UTF-8"));

        // 删除 mytable 表 (一定要记得先停用表)
        admin.deleteTable(tableName);
    }
}


public static void main(String[] args) throws URISyntaxException,
        IOException {
    Configuration config = HBaseConfiguration.create();

    // 添加必要的配置文件 (hbase-site.xml, core-site.xml)
    config.addResource(new
Path(ClassLoader.getSystemResource("hbase-site.xml").toURI()));
    config.addResource(new
Path(ClassLoader.getSystemResource("core-site.xml").toURI()));

    //建表
    createSchemaTables(config);

    //改表
    modifySchema(config);

    //删表
    deleteSchema(config);
}
```

这就是 HBase 官方网站提供的 HBase API 的例子（这是我微调后的版本）。经过一步步地拆解，是不是觉得看起来这个例子更容易理解了呢？

什么是 JDK 的 try-with-resources 特性？你们在例子中看到的 try(....){....} 这样的写法是 1.7 新增的 try-with-resources 特性。这个特性可以在 {...} 中的代码执行完毕后自动释放资源，就不需要手动写 finally 语句块了。

4.3 CRUD 一个也不能少

我们都知道 C(Create)R(Read)U(Update)D(Delete)，通常称为增删查改，是数据库的四大操作。基本所有的数据库操作都属于这四个操作之一。在 HBase 中也有跟传统关系型数据库一样的 CRUD 操作。

4.3.1 HTable 类和 Table 接口

我们前面介绍了用来管理元数据的 Admin 类。不过执行 CRUD 的时候不需要用到这个类，取而代之的是我们会使用 Table 接口。

早期的教程会教大家使用 HTable 类，而且使用这个类的时候不需要去手动地获取 Connection，只需要把 Configuration 类作为构建参数传给 HTable 类，它会自动地去连接并完成操作。

```
HTable table = new HTable(config,"mytable");
```

这个方法看起来操作很简单，实则隐含着很多性能和安全问题，所以这个类被废弃了。

```
/**
 * Creates an object to access a HBase table.
 * @param conf Configuration object to use.
 * @param tableName Name of the table.
 * @throws IOException if a remote or network exception occurs
 * @deprecated Constructing HTable objects manually has been deprecated. Please use
 * {@link Connection} to instantiate a {@link Table} instead.
 */
@Deprecated
public HTable(Configuration conf, final String tableName)
  throws IOException {
    this(conf, TableName.valueOf(tableName));
}
```

官方建议大家先手动获取 Connection，然后再从 Connection 中获取 Table 接口（注意：不是 HTable 类，而是 Table 接口）：

```
try(Connection connection = ConnectionFactory.createConnection(config)){
    connection.getTable(TableName.valueOf("mytable"));
}
```

下面的方法都是 Table 接口提供的，具体的操作还是由 HTable 类实现的。首先是我们的 put 方法。

4.3.2 put 方法

这个方法相当于增和改这两个操作。我们先构建一个 Put 对象出来，然后往这个对象里面添加这行需要的属性。我们很容易地可以联想到首当其冲的构造参数就是 rowkey，所以最简单的 Put 构造函数就是：

```
Put(byte[] row)
```

在 HBase 中有一个理念：所有数据皆为 bytes。在 HBase 中数据最终都会被序列化为 bytes[] 保存，所以一切可以被序列化为 bytes 的对象都可以作为 rowkey。最简单的将字符串转换为 bytes[] 的方法是使用 Bytes 提供的 toBytes 方法：

```
Put put = new Put(Bytes.toBytes("row1"));
```

Bytes 是由 HBase 提供的用于将各种不同类型的数据格式转换为 byte[] 的工具类，然后我们设置这行数据的 mycf 列族的 name 列为 jack：

```
put.addColumn(Bytes.toBytes("mycf"), Bytes.toBytes("name"),
Bytes.toBytes("jack"));
```

此时操作并没有执行下去，我们调用 Table 接口的 put 方法把数据真正保存起来：

```
table.put(put);
```

执行完后，我们用 hbase shell 来看下 mytable 这个表的数据：

```
scan 'mytable'
ROW         COLUMN+CELL
 row1         column=mycf:name, timestamp=1473204450915, value=jack
1 row(s) in 0.0740 seconds
```

可以看到这条数据已经被保存到 HBase 中了，这就是最简单的新增语句。那么修改呢？修改就是往同一个 rowkey 再执行一次 put 操作，将之前的数据覆盖掉。我们来做一下如何修改刚刚保存的这行数据。

依然还是新建一个 Put 对象，用 addColumn 方法设置 rowkey 为 row1，这回设置 mycf:name 为 ted，然后保存：

```
try(Connection connection = ConnectionFactory.createConnection(config)){
    Table table = connection.getTable(TableName.valueOf("mytable"));
    Put put = new Put(Bytes.toBytes("row1"));
    put.addColumn(Bytes.toBytes("mycf"), Bytes.toBytes("name"),
Bytes.toBytes("ted"));
    table.put(put);
}
```

1. Put 的构造函数

Put 最简单的构造方法是：

```
Put(byte[] row)
```

Put 的其他的构造方法：

- Put(ByteBuffer row)
- Put(Put putToCopy)
- Put(byte[] row, long ts)
- Put(ByteBuffer row, long ts)
- Put(byte[] rowArray, int rowOffset, int rowLength)
- Put(byte[] rowArray, int rowOffset, int rowLength, long ts)

2. addColumn 和 addImmutable 的历史

早期教程，提到的 add(byte [] family, byte [] qualifier, byte [] value) 方法已经被废弃，改成使用 addColumn。

addColumn 方法有以下的几种调用方式：

```
addColumn(byte [] family, byte [] qualifier, byte [] value)
addColumn(byte [] family, byte [] qualifier, long ts, byte [] value)
addColumn(byte[] family, ByteBuffer qualifier, long ts, ByteBuffer value)
```

我们用的是第 1 种方式。第 2、3 种方法增加了时间戳（ts）参数，你可以手动地定义时间戳作为版本号。

如果你做的是一个网页抓取的引擎，那手动定义时间戳就很有用了，你可以把网页的抓取时间当作时间戳存起来。这样每一个单元格里面就存储了一个网页的历史记录。

你会发现除了 addColumn，HBase 还多出了一个 addImmutable 方法。该方法我们一般是用不到的，这个方法是用于 HBase 内部使用的。

从源代码可以看出 addColumn 和 addImmutable 唯一的区别就在 CellUtil.cloneFamily 的调用。

这是 addImmutable 的源码：

```
public Put addImmutable(byte [] family, byte [] qualifier, long ts, byte [] value)
{
    if (ts < 0) {
      throw new IllegalArgumentException("Timestamp cannot be negative. ts=" + ts);
    }
    List<Cell> list = getCellList(family);
    KeyValue kv = createPutKeyValue(family, qualifier, ts, value);
    list.add(kv);
    familyMap.put(family, list);
    return this;
}
```

这是 addColumn 的源码：

```java
    public Put addColumn(byte [] family, byte [] qualifier, long ts, byte [] value)   {
    if (ts < 0) {
      throw new IllegalArgumentException("Timestamp cannot be negative. ts=" + ts);
    }
    List<Cell> list = getCellList(family);
    KeyValue kv = createPutKeyValue(family, qualifier, ts, value);
    list.add(kv);
    familyMap.put(CellUtil.cloneFamily(kv), list);
    return this;
  }
```

是不是感觉几乎就是一模一样？创建这个方法的起因是 HBase 中保存数据使用的语言是纯 Java 而不是 SQL，而 Java 的对象是会变的，所以为了保证数据在放进 Put 的时候跟存储的时候是一致的，所以当数据被 addColumn 设置进 Put 的时候，会使用 CellUtil.cloneFamily 方法把数据复制一份。这样做会比较消耗性能（其实并不是什么大问题），为了节约 JDK 资源使用 addImmutable 的时候不会调用 CellUtil.cloneFamily 方法，默认的数据是不变的（Immutable）。

我解释这个方法的原因只是让你们了解这个方法的由来，避免有的读者看到 addImmutable 的时候感到疑惑。但是我们一般不要去调用 addImmutable 方法，因为那样带来的麻烦可能会比带来的性能提高更多。

保存完后，我们来用 hbase shell 看下结果：

```
scan 'mytable'
ROW     COLUMN+CELL
 row1   column=mycf:name, timestamp=1473205004083, value=ted
1 row(s) in 0.0240 seconds
```

之前的记录也没有丢掉，我们用 get 方法来查看这个单元格的历史记录：

```
get 'mytable','row1',{COLUMN=>'mycf:name',VERSIONS=>5}
COLUMN               CELL
 mycf:name           timestamp=1473205204526, value=ted
 mycf:name           timestamp=1473205186486, value=jack
```

之所以用 scan 只能看到 ted，这是因为 ted 的 timestamp 更新，scan 默认只显示最新的历史版本记录。不过能够在 scan 操作的结果集中看到多个版本的前提是我们在建立 mytable 表的时候设定的 VERSIONS 参数要大于 1，这样表才能保存大于 1 个版本的历史记录。如果你设置为 1 的话，一样看不到历史记录。如果发现无论怎么重复保存同一个单元格都只能看到一个版本的数据，就需要用 describe 命令看看这个列族的 VERSIONS 参数是否设置正确了。

以下是这个例子的完整代码：

```java
package org.alex.hbasetest;

import java.io.IOException;
import java.net.URISyntaxException;
import org.apache.hadoop.conf.Configuration;
import org.apache.hadoop.fs.Path;
import org.apache.hadoop.hbase.HBaseConfiguration;
import org.apache.hadoop.hbase.TableName;
import org.apache.hadoop.hbase.client.Connection;
import org.apache.hadoop.hbase.client.ConnectionFactory;
import org.apache.hadoop.hbase.client.Put;
import org.apache.hadoop.hbase.client.Table;
import org.apache.hadoop.hbase.util.Bytes;

public class HelloPut {
 public static void main(String[] args) throws URISyntaxException, IOException
{
    Configuration config = HBaseConfiguration.create();
    // 添加必要的配置文件 (hbase-site.xml, core-site.xml)
    config.addResource(new
Path(ClassLoader.getSystemResource("hbase-site.xml").toURI()));
    config.addResource(new
Path(ClassLoader.getSystemResource("core-site.xml").toURI()));

    try(Connection connection = ConnectionFactory.createConnection(config)){
        Table table = connection.getTable(TableName.valueOf("mytable"));
        Put put = new Put(Bytes.toBytes("row1"));
        put.addColumn(Bytes.toBytes("mycf"), Bytes.toBytes("name"),
Bytes.toBytes("ted"));
        table.put(put);
    }
  }
}
```

在后面的章节中，我不会再贴完整代码，以免让大家有"这人就是来贴代码骗稿费"的感觉。而且我很不喜欢在书中看到大段大段的代码，这不是一本好书的表现。所以在接下来的章节中在举例的时候除非有必要，否则我只会贴出代码片段。

3. Put 语法糖

Put 提供了一个语法糖（sugar），每一个 addColumn 返回的都是 Put 对象自己，所以我们就可以把所有的列添加方法连起来写：

```
put
    .addColumn(Bytes.toBytes("mycf"), Bytes.toBytes("name"), Bytes.toBytes("ted"))
    .addColumn(Bytes.toBytes("mycf"), Bytes.toBytes("age"), Bytes.toBytes("22"))
    .addColumn(Bytes.toBytes("mycf"), Bytes.toBytes("class"), Bytes.toBytes("A"));
```

这样的写法可以让你的代码看起来风格更高。

checkAndPut 方法

在你读出数据之后和修改数据中间这段时间，如果有别人也修改了这个数据，就会发生数据不一致的问题。比如，你想要修改你的个人资料里面的邮箱信息，从你打开这个页面，单击"编辑"按钮，把邮箱输入完成，到最后单击"保存"，总共花了 1 分钟。那么这 1 分钟内如果有人同时修改了邮箱。那么你的改动将会覆盖他的改动。在使用传统关系型数据库的时候，我们针对这种业务场景也是有对策的，就是在每次修改之前先快速查询一次，对照一下查询出来的数据是否跟之前我们阅读到的数据一致，如果一致就接着修改数据，如果不一致就报错提示用户再次加载页面以阅读新的数据。

checkAndPut 方法就是为了解决这个问题而产生的。checkAndPut 方法只是把检查和写入这两个步骤合二为一了。checkAndPut 方法在写入前会先比较目前存在的数据是否与你传入的数据一致，如果一致则进行 put 操作，并返回 true；如果不一致，则返回 false，但不写入数据。

checkAndPut 方法有以下两种调用方式：

- checkAndPut(byte[] row, byte[] family, byte[] qualifier, byte[] value, Put put)
- checkAndPut(byte[] row, byte[] family, byte[] qualifier, CompareFilter.CompareOp compareOp, byte[] value, Put put)

第一个调用方式是在 put 操作之前先把指定的 value 跟即将写入的行中的指定列族和指定列当前的 value 进行比较，如果是一致的则进行 put 操作并返回 true。 第二个调用方式是第一个调用方式的增强版，可以传入 CompareOp 来进行更详细的比较。

还需要注意的是 checkAndPut 最后一个参数 put 中的 rowkey 必须跟第一个参数的 row 一致，否则会报异常：

```
RemoteWithExtrasException(org.apache.hadoop.hbase.DoNotRetryIOException):
org.apache.hadoop.hbase.DoNotRetryIOException: Action's getRow must match the
passed row
```

checkAndPut 的方法除了简化了我们的工作，节省了网络开销，最重要的是两步操作是在一个原子操作里面的。简单地说哪怕是别的客户端再快，也不可能见缝插针地在我们 check 之后插入数据之前修改数据，最大程度地保证了数据的一致性。我们接下来做一个实验。

我现在要针对我的 mytable 中 row3 的 mycf:name 这个列来修改数据。假设我取出来阅读的时候这个值是 jack，现在我经过了一些处理后，想要将其修改成 ted，可是在我处理的这段时间内，它已经被人修改成了 paul 了，也就是说它现在的值是 paul：

```
row3 column=mycf:name, timestamp=4, value=paul
```

现在调用 checkAndPut 方法来修改它为 ted，但是由于我之前阅读的时候看到的是 jack，所以我把 checkAndPut 的传参 value 设置为 jack。

```
Put put = new Put(Bytes.toBytes("row3"));
put.addColumn(Bytes.toBytes("mycf"),
    Bytes.toBytes("name"),
    Bytes.toBytes("ted"));

boolean result = table.checkAndPut(Bytes.toBytes("row3"),
    Bytes.toBytes("mycf"),
    Bytes.toBytes("name"),
    Bytes.toBytes("jack"), put);
```

可以看到执行完的 result 是 false，再去数据库看下会发现 value 依然是 paul。这样就保证了这个单元格的数据 paul 不会被不知情的我更改成别的值。

(1) null 值的处理

如果你传入 null 作为 value，代表着检测这列是否存在，如果不存在，则操作可以执行并返回 true。比如：

```
table.checkAndPut(Bytes.toBytes("row2"),
    Bytes.toBytes("mycf"),
    Bytes.toBytes("grade"),
    null,
  put);
```

代表着 grade 这列不存在的时候则执行 put 操作。

checkAndPut 的第 2 种调用方式为：

```
checkAndPut(byte[] row, byte[] family, byte[] qualifier,
CompareFilter.CompareOp compareOp, byte[] value, Put put)
```

这种方式中提到的 CompareFilter.CompareOp 是一个枚举类，代表的是你传入的 value 跟表中现有的 value 之间的关系，比如 LESS 表示的是你传入的 value 如果小于表中现有的 value 则返回 true，即可以修改。举例来说，如果表中现有的数据是 2，而你调用 checkAndPut 传入的 value 是 1，compareOp 用 LESS，则本次修改可以被执行，并会返回 true，就像这样：

```
table.checkAndPut(Bytes.toBytes("row2"),
    Bytes.toBytes("mycf"),
    Bytes.toBytes("age"),
    CompareFilter.CompareOp.LESS, Bytes.toBytes("1"), put);
```

这条语句的意思是，如果我们传入的参数 1 比当前单元格中的数据小，则我们的修改可以执行。

（2）CompareOp 的可选值

CompareOp 的可选值，如表 4-1 所示。

表 4-1　CompareOp 的可选值

可选值	说明
LESS	小于
LESS_OR_EQUAL	小于等于
EQUAL	等于
NOT_EQUAL	不等于
GREATER_OR_EQUAL	大于等于
GREATER	大于
NO_OP	永远返回 true

Put.has 方法

插入数据之前先检查数据是否存在是一个非常实用的操作，在传统的关系型数据库中有一种 saveOrUpdate 模式大家肯定非常熟悉。实际工作中完全纯粹地创建或者修改其实并不多见，大部分情况下是先看看数据是否存在，如果存在就修改，如果不存在则新建。这样就涉及你需要快速地先知道某个数据是否存在。除了一下就可以想到的 get 方法以外，HBase 还为大家提供了一个更高效的方式 has。Put 提供了以下几种 has 方法：

```
boolean has(byte[] family, byte[] qualifier)
boolean has(byte[] family, byte[] qualifier, byte[] value)
boolean has(byte[] family, byte[] qualifier, long ts)
boolean has(byte[] family, byte[] qualifier, long ts, byte[] value)
```

这 4 个方法越往下查找的细粒度越细。

学习方法：建议大家大概了解一下 Put 类的这个主要方法就好了，不需要深究其他别的方法。等到用到的时候再去查阅 API，这是比较高效的学习方式，也不容易睡着。所以我建议大家跳过下面的 Put 其他方法列表，直接进入下一个小节。等到具体使用的时候再回来看这个列表。

Put 方法概览

set 方法一般都有对应的 get 方法，所以在下面的列表（如表 4-2 所示）中我会省略 get 方法。该表仅供查阅使用，强烈建议大家直接跳过或者粗略浏览一遍即可。

表 4-2　Put 方法概览

方法	说明
add	添加一个单元格
addColumn	为即将存储的数据添加列数据

(续表)

方法	说明
addImmutable	添加不可变（Immutable）数据，使用者为 HBase 内部和高级用户（高级意思是用户知道这个 Immutable 的利弊，并且知道自己在干什么）
has	该行是否存在某个列或者某个列是否有某个值
setACL	ACL 就是 Access Control List 的缩写，意思是权限控制列表。该方法可以设置该 Put 的访问权限
setAttribute	设置本次操作的属性。比如你调用了 setId 后该单元格的属性中就会出现一个 _operation.attributes.id 属性，值是你设置的 id
setCellVisibility	设置单元格的可见度，可见度是一个表达式，例如：(secret | topsecret) & !probationary
setClusterIds	定义要写入的集群 id
setDurability	设置写预写日志（WAL）的级别，因为 HBase 中的数据是先写到内存再写到硬盘中的，如果还未写入日志的时候服务器宕掉了数据丢失问题，需要用到预写日志。关于预写日志的具体介绍见后面的章节
setFamilyCellMap	通过 addColumn 添加的数据是以 FamilyCellMap 的形式存储在 Put 实例中，可以通过这个方法手动改变 FamilyCellMap
setId	你可以给这次插入操作设置一个 id，这个 id 会被写入到日志中。平时没什么用，一般用于定位慢查询的时候通过 id 来查找是哪次插入慢了
setTTL	设置失效时间（TTL），单位是毫秒
heapSize	计算当前 Put 实例所需要的堆大小，包含了数据结构所需要的空间
isEmpty	是否有任何的单元格实例
numFamilies	列族的数量
size	本次操作会插入的单元格数量

4.3.3　append 方法

append 方法不会创建或者修改行或列，它仅仅只做一件简单的事情，那就是往列上的字节数组添加字节。append 方法的传参是 Append 对象。Append 的基本构造函数是：

```
Append(byte[] rowkey)
```

Append 的其他构造函数：

```
Append(Append a)
Append(byte[] rowArray, int rowOffset, int rowLength)
```

其中最后一个方法的意思是从一串其中带 rowkey 的 byte 数组中截取出 rowkey，其实从源代码来看，这两个方法的区别在于：

Append(byte[] rowkey) 在其内部其实也是截取了传入的 byte 数组，只不过是从 0 到最大长度的截取，最终还是调用了后一个构造函数。以下是 Append(byte[] rowkey) 源码中的一行，这里的 this 就是 Append(byte[] rowArray, int rowOffset, int rowLength)：

```
this(row, 0, row.length);
```

所以这个构造函数：Append(byte[] rowArray, int rowOffset, int rowLength) 只是给你提供了一个可以灵活定义截取的起点和终点的机会而已：

```
this.row = Bytes.copy(rowArray, rowOffset, rowLength);
```

所以这个构造函数：

```
Append(byte[] rowkey)
```

只是这个函数：

```
Append(byte[] rowArray, int rowOffset, int rowLength)
```

的快捷写法而已。

使用 append 来添加数据有两种方式，一种是提供列族、列和值，比如我想在 mycf:name 尾部添加字符串 Wang，可以这样写：

```
append.add(Bytes.toBytes("mycf"), Bytes.toBytes("name"), Bytes.toBytes("Wang"));
table.append(append);
```

Append.add 的另一种调用方式是直接提供一个单元格对象，比如：

```
append.add(cell);
table.append(append);
```

由于 Cell 自带那几个基本的定位属性（列族、列），执行的结果就是往目标行的相同列族和相同列添加 cell 里面包含的 value。

如果你往不存在的列添加数据，等同于新建这个列。

Append 方法概览

set 方法一般都有对应的 get 方法，所以在下面的列表（如表 4-3 所示）中我会省略 get 方法。该表仅供查阅使用，强烈建议大家直接跳过或者粗略浏览一遍即可。

表 4-3　Append 方法概览

方法	说明
add	添加一个单元格或者一个数值（value）
setACL	ACL 就是 Access Control List 的缩写，意思是权限控制列表。该方法可以设置本次操作的访问权限
setAttribute	设置本次操作的属性。比如你调用了 setId 后该单元格的属性中就会出现一个 _operation.attributes.id 属性，值是你设置的 id
setCellVisibility	设置单元格的可见度，可见度是一个表达式，例如：(secret | topsecret) & !probationary

(续表)

方法	说明
setClusterIds	定义要写入的集群 id（clusterId）
setDurability	设置写预写日志（WAL）的级别，因为 HBase 中的数据是先写到内存再写到硬盘中的，如果还未写入日志的时候服务器宕掉了数据丢失问题，需要用到预写日志。关于预写日志的具体介绍见后面的章节
setFamilyCellMap	手动改变 FamilyCellMap
setId	你可以给这次插入操作设置一个 id，这个 id 会被写入到日志中。平时没什么用，一般用于定位慢查询的时候通过 id 来查找是哪次插入慢了
setReturnResults	设置是否返回添加后的单元格作为 result，默认是 true。如果你对结果不感兴趣，可以设置为 false，这样可以节省网络开销
setTTL	设置失效时间（TTL），单位是毫秒

4.3.4　increment 方法

当你想把数据库中的某个列的数字+1 时，要怎么做呢？先查出来，然后+1 之后再存进去吗？虽然这么做也是可以的，但是很消耗性能，而且不能保证原子性。实际上 HBase 专门为此设计了一个方法叫 increment，当然了，对应的类就叫 Increment（知道了这个规律后，其实我们很容易猜出每个操作的对应类名字，比如 get 操作的类就叫 Get，put 操作的类就叫 Put）。

Increment 的构造函数

Increment 有 3 个构造函数：

- Increment(byte[] row)
- Increment(byte[] row, int offset, int length)
- Increment(Increment i)

最常用的自然是第一种方法了。该方法实际上是调用第二种方式并带上参数 offset=0, length=row.length 的快捷写法。

不过在 increment 操作之前你必须先保证你在 HBase 中存储的数据是 long 格式的，而不是字符串格式。

接下来我用一个例子解释如何往 HBase 中插入一个 long 格式的数据，并对它进行+10 操作：

```
    // 为 row3 行添加一个列 mycf:age，值是 long 类型的 6
    Put put = new Put(Bytes.toBytes("row3"));
    put.addColumn(Bytes.toBytes("mycf"), Bytes.toBytes("age"), Bytes.toBytes(6L));
    table.put(put);

    // 给 mycf:age 列加 10
    Increment inc = new Increment(Bytes.toBytes("row3"));
```

```
inc.addColumn(Bytes.toBytes("mycf"), Bytes.toBytes("age"), 10L);
table.increment(inc);
```

 在 hbase shell 中你无法直接看到具体的 long 类型数据的数值,你只能看到一串类似 \x00\x00\x00\x00\x00\x00\x00\x10 这样的数据。所以如果你想看到这些字节对应的数字,得用下一节要介绍的 get 方法来获取数据并打印出来。

如果传入负数就可以实现对某个字段的递减操作,比如:

```
inc.addColumn(Bytes.toBytes("mycf"), Bytes.toBytes("age"), -2L);
```

Increment 方法概览

set 方法一般都有对应的 get 方法,所以在下面的列表(如表 4-4 所示)中我会省略 get 方法。该表仅供查阅使用,强烈建议大家直接跳过或者粗略浏览一遍即可。

表 4-4　Increment 方法概览

方法	说明
add	添加一个单元格或者一个数值
addColumn	定义为什么列族的什么列增加多少数量。数量必须是 long 类型的
setACL	ACL 就是 Access Control List 的缩写,意思是权限控制列表。该方法可以设置本次操作的访问权限
setAttribute	设置本次操作的属性
setCellVisibility	设置单元格的可见度,可见度是一个表达式,例如:(secret | topsecret) & !probationary
setClusterIds	定义要写入的集群 id(clusterId)
setDurability	设置写预写日志的级别,因为 HBase 中的数据是先写到内存再写到硬盘中的,如果还未写入日志的时候服务器宕掉了数据丢失问题,需要用到预写日志。关于预写日志的具体介绍见后面的章节
setFamilyCellMap	手动改变 FamilyCellMap
setId	你可以给这次操作设置一个 id,这个 id 会被写入到日志中。平时没什么用,一般用于定位慢查询的时候通过 id 来查找是哪次插入慢了
setReturnResults	设置是否返回递增后的单元格作为 result,默认是 true。如果你对结果不感兴趣,可以设置为 false,这样可以节省网络开销
setTimeRange	为本次操作设置版本范围。只有符合这个版本范围的数据会执行本次操作
setTTL	设置失效时间(TTL),单位是毫秒

4.3.5　get 方法

有写就有读,get 方法就相当于增删查改中的查。跟 Put 类似,get 也是由 org.apache.hadoop.hbase.client.Table 接口提供的方法,也需要传入一个 Get 对象。传入的 Get

对象也需要设置行键。最简单的构造函数是：

```
Get(byte[] row)
```

我们来用行键为 row1 新建一个 Get 对象：

```
Get get = new Get(Bytes.toBytes("row1"));
```

Get 的构造函数

Get 的构造函数很简单，除了刚刚介绍的，还有以下构造函数：

```
Get(Get get)
```

get 不像 scan，并不能用多种条件去查找，只能用行键去查找，所以它的构造函数很简单。不过由于 HBase 的一行有可能很大，我们可以通过设置参数让 get 只获取其中一部分的数据以提高查询的性能，比如：

- addFamily(byte[] family)：添加要取出来的列族。
- addColumn(byte[] family, byte[] qualifier)：添加要取出来的列族和列。
- setTimeRange(long minStamp, long maxStamp)：设置要取出的版本范围。
- setMaxVersions()：设置要取出的版本数量，默认是 1，不传入参数直接调用就是把 MaxVersions 设置为 Integer.MAX_VALUE。

然后调用 Table 接口的 get 方法，获取到 org.apache.hadoop.hbase.client.Result 对象：

```
Result result = table.get(get);
```

我们可以从 Result 对象中用 getValue 方法获取到数据，getValue 需要的参数是列族（column family）和列（column）：

```
byte[] name = result.getValue(Bytes.toBytes("mycf"), Bytes.toBytes("name"));
```

在这个处处都是 byte[] 的 HBase 中，自然拿到的结果对象也是 byte[]。不过我们可以用 HBase API 提供的 Bytes 工具类把 byte[] 转化为 String：

```
System.out.println(Bytes.toString(name));
```

Result 类

用户调用 get 之后，HBase 会把查询到的结果封装到 Result 实例中。Result 方法除了最常用的 getValue(columnFamily, column) 以外，还有很多很实用的方法：

- byte value()：把查询结果的第 1 个列提取出来的快捷写法，用于你只查了一个列的情况。
- boolean isEmpty()：查询结果是否为空，可以用来判断是否查找到了数据。
- int size()：返回查找到的列数量，也可以通过这个 size 是否大于 0 判断是否查到了数据。

Result 还有其他的方法，不过在此之前，我们必须要先了解 Cell 接口。

Cell 接口

在一些早期的教程中经常提到 HBase API 返回的最小数据单位 KeyValue 类，这个类现在已经被废弃了，转而采用 Cell 接口。Cell 接口比 KeyValue 类看起来更直观更容易懂。ByteBufferedCell 实现了 Cell 接口，并有很多的子类。我们基本不会用到直接创建 Cell 的情况，因为如果你要存储数据，你应该用 put 方法。为什么我现在会提到 Cell 类呢？因为我们之前提到 get 可以通过设置 MAX_VERIONS 来获取同一个列里面的多个版本数据，但是 Result.getValue 方法只能获得最新的一个数据，如果要获取多个数据就要使用到 Cell 接口。具体步骤说明如下。

我们先设置 Get 的 MAX_VERSIONS 为 10：

```
Get get = new Get(Bytes.toBytes("row1"));
get.setMaxVersions(10);
```

然后查询到 Result 对象：

```
Result result = table.get(get);
```

用 getColumnCells 方法获取到这个列的多个版本值（早期的 getColumn() 方法已经被废弃）：

```
List<Cell> cells = result.getColumnCells(Bytes.toBytes("mycf"),
Bytes.toBytes("name"));
```

然后我们把拿到的多个版本值打印出来：

```
for(Cell c: cells){
    // 用 CellUtil.cloneValue 来获取数据而不是 getValue
    byte[] cValue = CellUtil.cloneValue(c);
    System.out.println(Bytes.toString(cValue));
}
```

你们可能会发现获取 Cell 里面的数据并不是使用最容易想到的 getValue 方法，而是调用了 CellUtil.cloneValue 方法。原因是根据目前 getValue 的实现代码，每次调用它都会获取整个 Cell 的数组备份，比较消耗性能。所以当你的确需要获取 cell 中的值时，请使用 CellUtil.cloneValue 方法。

Get 方法概览

set 方法一般都有对应的 get 方法，所以在下面的列表（如表 4-5 所示）中我会省略 get 方法。该表仅供查阅使用，强烈建议大家直接跳过或者粗略浏览一遍即可。

表 4-5　Get 方法概览

方法	说明
addFamily	设置本次查询的列族，设置了列族后，查询的结果将会只有该列族
addColumn	设置本次查询的列族和列
numFamilies	查看设置了多少个列族
hasFamilies	检查本次查询有没有设置列族

160

（续表）

方法	说明
setACL	设置权限表达式
setAttribute	设置本次操作的属性
setAuthorizations	设置本次查询的 Authorizations 类，Authorizations 类用于设置你需要查询的标签（label）
setCacheBlocks	本次操作是否使用缓存（Cache）。使用缓存可以达到先读取缓存的内容，如果读不到就读磁盘（HDFS）上的内容；如果读到了就缓存到 Blockcache 里面，默认是 true
setCheckExistenceOnly	本次操作是否只检查存在性
setConsistency	设置本次操作的一致性（Consistency）。传入参数为枚举类 Consistency 的值。Consistency 有两种值 STRONG（默认）和 TIMELINE。在集群备份数大于 1 的情况下，如果使用 TIMELINE，客户端将会发送多个请求去获取数据，哪个服务端节点（RegionServer）先返回就采用哪个值，所以有可能获取到该列的旧值
setFilter	设置服务端过滤器，通过过滤器可以进行很多复杂的查询操作。关于过滤器，后面的章节会重点介绍
setId	你可以给这次的插入操作设置一个 id，这个 id 会被写入到日志中。平时没什么用，一般用于定位慢查询的时候通过 id 来查找是哪次插入慢了
setIsolationLevel	设置隔离等级（Isolation Level），隔离等级有 READ_COMMITTED 和 READ_UNCOMMITTED 两种。当设置为 READ_COMMITTED 的时候，只有已经被提交的数据会被返回；如果是 READ_UNCOMMITTED，会返回在事务中被改变但是还没有提交的数据
setMaxVersions	设置返回的最大版本数
setReplicaId	设置副本 id（replica id）。read replicas 是 HBase 的一个特性。如果开启 read replicas，HBase 会把数据复制到多个副本（replica）上，我们可以指定查询的副本 id
setRowOffsetPerColumnFamily	设置本次查询的行偏移值（row offset）
setMaxResultsPerColumnFamily	设置每个列族可以返回的最大结果数
setTimeRange	为本次查询设置版本范围。本次查询只有符合这个版本范围的数据会返回
setTimeStamp	为本次查询设置版本值。本次查询只有等于这个版本值的数据会返回
setColumnFamilyTimeRange	为某个列族设置版本范围。这个列族中只有符合这个版本范围的数据会返回
getFingerprint	这个方法会把表和列族的信息编码成一个字符串。用于做 HBase 管理工具用的，一般用户用不到

4.3.6 exists 方法

Table 接口还提供了 exists 方法来快速查询某个数据是否存在，而不需要获取该数据的所有值：

```
boolean exists(Get get)
```

该方法的传参同样也是一个 Get 对象，但是 exists 方法不会返回服务端的数据。不过使用这个方法并不会加快查询的速度，但是可以节省网络开销。不过在你查询一个比较大的列的时候，可以有效地缩短网络传输的时间。

4.3.7 delete 方法

按照 HBase 取名的规律来看，大家肯定一下就猜出来了，delete 方法肯定就长这样：

```
void Table.delete(Delete delete)
```

构造 Delete 对象的基本构造函数也必须长这样：

```
Delete(byte[] row)
```

除了把整行删除掉，还可以更细粒度地删除数据，只需要在 Delete 对象上调用相应的方法，比如

- addFamily(byte[] family)：删除指定的列族。
- addFamily(byte[] family, long timestamp)：删除指定的列族中所有版本号等于或者小于给定的版本号的列。
- addColumns(byte[] family, byte[] qualifier)：删除指定列的所有版本。
- addColumns(byte[] family, byte[] qualifier, long timestamp)：删除指定列的等于或者小于给定的版本号的所有版本。
- addColumn(byte[] family, byte[] qualifier, long timestamp)：删除指定列的特定版本。
- addColumn(byte[] family, byte[] qualifier)：删除指定列的最新版本。

注意那些不同传参带来的不同效果。

checkAndDelete 方法

跟 put 类似的，delete 也会的对数据进行较大的改动，所以在谨慎的业务场景下，我们依然要在改动前先检查数据的一致性，最重要的是知道数据是否还是跟我们之前阅读的是一致的，在我们阅读后是否被别人修改过。所以跟 checkAndPut 类似的，Table 类也提供了一个方法可以让我们在一个原子操作内对数据完成修改和删除操作。该方法有以下两种调用方式：

- checkAndDelete(byte[] row, byte[] family, byte[] qualifier, byte[] value, Delete delete)
- checkAndDelete(byte[] row, byte[] family, byte[] qualifier, CompareFilter.CompareOp compareOp, byte[] value, Delete delete)

第一种方式跟前面介绍的 checkAndPut 很接近，该方法会去比较指定的列中的 value 是否

跟你给出的 value 一致，如果是一致则执行删除操作，并返回 true；如果不一致则不做任何处理，并返回 false。 第二种方式只是比第一种方式多增加了一个 CompareOp 比较器，可以自己定义 value 的比较方式，比如 LESS 或者 GREATER（关于 CompareOp 介绍详见"4.3.2 put 方法"）。例子如下。

当我的 row2 中的 mycf:name 存储的是 sara，而我给出的 value 是 tim，则删除不会真正发生，只是返回 false。

```
Delete delete = new Delete(Bytes.toBytes("row2"));
delete.addColumn(Bytes.toBytes("mycf"), Bytes.toBytes("name"));

boolean result = table.checkAndDelete(Bytes.toBytes("row2"),
    Bytes.toBytes("mycf"),
    Bytes.toBytes("name"),
    Bytes.toBytes("tim"), delete);
```

同样的，如果你传入 null 作为 value 的传参，则代表着如果这列（Column）不存在，则删除操作可以执行，并返回 true。

Delete 的其他方法

set 方法一般都有对应的 get 方法，所以在下面的列表（如表 4-6 所示）中我会省略 get 方法。该表仅供查阅使用，强烈建议大家直接跳过或者粗略浏览一遍即可。

表 4-6　Delete 的其他方法

方法	说明
addFamily	设置要删除的列族
addColumn	设置要删除的列。只删除指定的版本
addColumns	设置要删除的列。删除多个版本
addFamilyVersion	当某个列族中的列的某个版本跟指定的版本相同的时候，这些列会被删除
setACL	设置权限表达式
setAttribute	设置本次操作的属性
setAuthorizations	设置本次删除的 Authorizations 类，Authorizations 类用于设置你需要删除的标签
setCellVisibility	设置单元格的可见度，可见度是一个表达式，例如：(secret | topsecret) & !probationary
setClusterId	定义要删除的集群 id
setDurability	设置写预写日志的级别，因为 HBase 中的数据是先写到内存再写到硬盘中的，如果还未写入日志的时候服务器宕掉了数据丢失问题，需要用到预写日志。关于预写日志的具体介绍见后面的章节
setId	你可以给这次的删除操作设置一个 id，这个 id 会被写入到日志中。平时没什么用，一般用于定位慢查询的时候通过 id 来查找是哪次删除慢了
setTimeStamp	为本次删除设置版本值。本次删除只有等于这个版本值的数据会返回

4.3.8 mutation 方法

根据前面提到的方法，如果我们想在一行中添加一列的时候同时删除另一列（Column），只能构建一个 Put 来新增列然后新建一个 Delete 对象来删除另一列，这两个操作要分两步执行，而且这两步肯定不属于一个原子操作，这样既麻烦又危险。Table 接口提供了一个方法 mutateRow 可以把这两个操作放到同一个原子操作内。

实际上这个方法可以放入任意多个操作，这些操作都可以放在一个原子操作内完成。

为什么叫 mutateRow 而不是 mutate

因为该操作强调的是只能针对一行进行操作，如果设置的这些操作的 rowkey 不一样则会抛出异常，什么都不会改变。

这回操作的类不叫 Mutation 而是 RowMutations（但是当查阅 API 的时候会发现 Mutation 这个类是 Put、Delete、Append、Increment 类的父类。它提供了 heapSize、isEmpty、numFamilies 等实用的工具方法）。RowMutation 的构造函数有两种：

- RowMutations()
- RowMutations(byte[] row)

RowMutations 最重要的方法是 add。add 可以传两种对象 Put 和 Delete：

- add(Delete d)
- add(Put p)

接下来用一个例子来给大家演示一下如何使用 mutateRow 方法。要在 row3 中删除 age 这列的时候修改 name 的值为 chris，同时还要新增一列叫 job，它的值为 engineer。

```
// 删除 mycf:age 这个列
Delete delete = new Delete(Bytes.toBytes("row3"));
delete.addColumn(Bytes.toBytes("mycf"), Bytes.toBytes("age"));

// 修改 mycf:name 为 chris
Put edit = new Put(Bytes.toBytes("row3"));
edit.addColumn(Bytes.toBytes("mycf"), Bytes.toBytes("name"),
Bytes.toBytes("chris"));

// 新增 mycf:job 值为 engineer
Put put = new Put(Bytes.toBytes("row3"));
put.addColumn(Bytes.toBytes("mycf"), Bytes.toBytes("job"),
Bytes.toBytes("engineer"));

// 新建 RowMutation 类并把以上操作添加进去
RowMutations rowMutations = new RowMutations(Bytes.toBytes("row3"));
rowMutations.add(delete);
rowMutations.add(edit);
```

```
rowMutations.add(put);

    // 执行操作
table.mutateRow(rowMutations);
```

执行代码前的这行数据是这样的

```
row3 column=mycf:age, timestamp=1474498220793, value=22
row3 column=mycf:name, timestamp=1474498220394, value=paul
```

执行后的数据是这样的：

```
row3 column=mycf:job, timestamp=1474498609954, value=engineer
row3 column=mycf:name, timestamp=1474498609954, value=chris
```

checkAndMutate 方法

put 有 checkAndPut，delete 有 checkAndDelete，自然的 mutate 肯定也有 checkAndMutate 方法。只是 checkAndMutate 不会针对每个操作都去 check 一次，所有的操作只会在一开始 check 一次给出的 value 跟数据库中现有的 value 是否一致（即你给出的 value 跟现有 value 是等于、不等于、大于、小于等的关系，可以传入 CompareOp 枚举类来定义关系）。checkAndMutate 只有一种调用方式：

```
checkAndMutate(byte[] row, byte[] family, byte[] qualifier,
CompareFilter.CompareOp compareOp, byte[] value, RowMutations mutation)
```

你会发现这其实就是 checkAndPut 以及 checkAndDelete 的第二种调用方式，只是这次不再给出默认是 EQUAL 的比较关系的调用方式了，必须传入 CompareOp 枚举类。调用的例子如下：

```
table.checkAndMutate(Bytes.toBytes("row3"),
Bytes.toBytes("mycf"),
Bytes.toBytes("age"),
CompareFilter.CompareOp.LESS,
Bytes.toBytes("5"),
rowMutations);
```

RowMutations 方法概览

如表 4-7 所示，该表仅供查阅使用，强烈建议大家直接跳过或者粗略浏览一遍即可。

表 4-7 RowMutations 方法概览

方法	说明
add	添加一个操作，可以是 Delete，也可以是 Put
getMutations	获取当前已经添加的操作

4.4 批量操作

当需要一次性操作很多条数据的时候,很多人的第一反应应该是循环调用 put、get、delete 方法。我一开始也是这么想的。不过后来发现 HBase 为了让大家操作方便并且提高性能,专门提供了批量操作的方法:

```
void batch(List<Row> actions, Object[] results)
```

Put、Get、Delete 都实现了 Row 接口,也就是说,这里的操作列表 actions 里面的操作可以是 Put、Get、Delete 中的任意一种;第二个参数的 results 是操作的结果,results 中的结果顺序是跟传入的操作列表顺序一一对应的。

最好不要把针对同一个单元格的 Put 和 Delete 放到同一个 actions 列表里面,因为 HBase 不一定是顺序地执行这些操作的,你可能会得到意想不到的结果。

我们来测试向表中同时进行插入、删除、取值的操作:

```
List<Row> actions = new ArrayList<Row>();
Get get = new Get(Bytes.toBytes("row2"));
actions.add(get);

Put put = new Put(Bytes.toBytes("row3"));
put.addColumn(Bytes.toBytes("mycf"), Bytes.toBytes("name"), Bytes.toBytes("lily"));
actions.add(put);

Delete delete = new Delete(Bytes.toBytes("row1"));
actions.add(delete);

Object[] results = new Object[actions.size()];
table.batch(actions, results);

System.out.println(((Result)results[0]).getValue(Bytes.toBytes("mycf"), Bytes.toBytes("name")));
```

results 是一个 Object 的数组。以下是该 Object 可能对应的结果类型,如表 4-8 所示。

表 4-8 results 可能出现的结果类型

类型	说明
null	操作与服务器端的通信失败
EmptyResult	Put 和 Delete 操作成功之后的返回结果
Result	Get 操作成功之后的返回结果。如果没有匹配的结果就是一个空的 Result
Throwable	操作在服务器端出现异常了,服务器端会把异常塞进结果再返回来

另外需要注意两点：

（1）早期的教程中还介绍一种不需要 results 传参的 batch 方法，这种方法可以自动地构建出返回的列表，但是如果在执行的过程中出现了异常的话，操作就中断了，不会返回任何结果。而我们刚刚学习的 batch(actions, results) 的调用方法是先往数组中填充数据再抛出异常，这样就算抛出异常，也会返回数据，所以比较安全。早期的 batch(actions) 方法已经被废弃了，请大家不要使用。

（2）显示调用行锁（Row Lock）的方法已经被废弃，所以请不要纠结于为什么这个教程不提行锁。

4.4.1 批量 put 操作

HBase 提供了专门针对批量 put 的操作方法：

```
void put(List<Put> puts)
```

其实内部也是用 batch 来实现的。使用的方法很简单，就是构建一个 Put 的列表，然后调用这个方法就行了。需要注意的是，当一部分数据插入成功，但是另一部分数据插入失败，比如某个 RegionServer 服务器出现了问题，这时会返回一个 IOException，操作会被放弃。不过插入成功的数据不会被回滚，还是成功插入了。

插入失败的重试

对于插入失败的数据，服务器会尝试着再次去插入或者换一个 RegionServer，当尝试的次数大于定义的最大次数会抛出 RetriesExhaustedWithDetailsException 异常，该异常包含了很多错误信息，包括有多少操作失败了，失败的原因以及服务器名和重试的次数。

如果你定义了错误的列族，则只会尝试一次，因为如果连列族都错了，就没必要再继续尝试下去了，HBase 会直接返回 NoSuchColumnFamilyException。

写缓冲区

插入失败的数据会继续被放到本地的写缓冲区，并在下次插入的时候重试，你甚至可以操作它们，比如清除这些数据。关于写缓冲区的内容我会在后面的章节再详细介绍。

4.4.2 批量 get 操作

同样的 HBase 也为 Table 接口增加了批量 get 的方法：

```
Result[] get(List<Get> gets)
```

同样的传入一堆 Get 对象,这个方法就可以返回一个 Result 数组。唯一需要我们注意的是：失败的情况下 get 方法会怎样处理？

查询如果失败会发生什么

答案是如果查询失败，整个 get 方法都会失败并抛出异常，一点返回结果都没有。所以如果你想即使失败了也返回一部分数据，那么建议你使用 batch 方法。

4.4.3 批量 delete 操作

显而易见，批量 delete 方法一定长这样：

`void delete(List<Delete> deletes)`

比较有意思的是，HBase 服务端在调用删除方法的时候，如果成功地执行了一个删除操作，就会把这个删除操作从你传入的 deletes 列表中删除。所以你的操作列表会越来越短，如果所有的操作都成功了，你的列表会变空。执行完 delete 操作后你可以把 deletes 列表的长度打印出来，你会发现 deletes 列表的长度变为 0 了。

删除失败会发生什么

如果删除失败了，这个操作还是会保留在 delete 的传参 deletes 列表中，并且还同时会抛出一个异常，所以你可以捕捉异常后，再检查删除失败后剩下的这些 Delete 操作：

```
try {
    table.delete(deletes);
} catch (RetriesExhaustedException e) {
    e.printStackTrace();
} catch (IOException e) {
    e.printStackTrace();
}
System.out.println("Deletes 列表还剩下 " + deletes.size() + " 个对象");
```

然后再对这些剩下的 Delete 对象进行下一步的操作。第一个 catch 中的 RetriesExhaustedException 是一个很实用的对象，可以获取异常的原因以及参数。

4.5 BufferedMutator（可选）

如果你是第一次阅读本书，建议跳过这个小节。因为这个小节的知识不是目前你需要掌握的。

说到 BufferedMutator 必须得先提一下客户端写缓冲区（Client write-buffer）。有些朋友看过一些 HBase 相关的资料可能或多或少地见过客户端写缓冲区的概念。如果没有看过的朋友，我可以向大家解释一下：客户端写缓冲区就是一个在客户端 JVM 里面的缓存机制，可以把多个 Put 操作攒到一起通过单个 RPC 请求发送给客户端，目的是节省网络握手带来的 IO 消耗。这个缓冲区可以通过调用 HTable.setAutoFlush(false) 来开启。知道这个背景之后，我们来切入正题。

setAutoFlush 已经被废弃

该方法从 0.99 版本之后该特性已经被弃用了。从官网上关于启用客户端写缓冲区的 issue

上了解到，弃用的具体理由是这样的。

在 1.0 版本之前客户端的设计可以简单归纳成以下几点：

- 客户端会维护一个 HTablePool，这是一个存放 HTable 实例的线程池。
- HTable 实例不会每次都创建新的，而是从 HTablePool 中尝试获取实例，获取不到再打开连接。
- 每一个 HTable 都有一个写缓冲区，用来加速批量操作。

旧的模式倾向于在内存中维持一个生命周期很长的 HTable 实例，但是这个模式有一些问题：

- 由于 HTable 的生存周期很长，所以在它之上的写缓冲区（writeBuffer）生命周期也很长，如果同时创建了多个 HTable，那势必要消耗大量内存，这就带来了一些内存管理问题了。所以不应该一个 HTable 就带一个 writeBuffer。
- 如果有多个 HTable 同时存在，并且活的很久，那就必须考虑一下线程安全问题了，但是 HTable 对象又不是线程安全的。这样需要做的开发工作（对于 HBase 开发人员来说）又增加很多了。

新的模式鼓励大家每次都创建一个 HTable 对象，用完即释放。这样每一个 HTable 都是一个轻量级的对象。

上面提到的只是一部分理由，还有另一部分理由是：HTable 和 HTablePool 对象都被废弃了。同时被废弃的还有 chearBufferOnFail 方法，这下连失败后清空缓存的方法都没有了。

如果你看最新的 API 还是可以看到弃用的解释：

```
in 0.99 since setting clearBufferOnFail is deprecated. Move on to BufferedMutator
```

所以综上所述：setAutoFlush 被废弃了，每个表自带的 writeBuffer 也被废弃了，但是客户端写缓冲区还是存在的，只是结构和调用方式并不是之前那样了，而是转而使用 BufferedMutator 对象。

调用方法

将之前获取 Table 的语句：

```
Table table = connection.getTable(TableName.valueOf("mytable"));
```

改成：

```
BufferedMutator bm =
connection.getBufferedMutator(TableName.valueOf("mytable"));
```

然后用 BufferedMutator 对象来提交 Put 操作：

```
bm.mutate(put);
```

然后调用 flush 或者 close 方法都可以把请求批量地提交给服务端：

```
bm.flush();
```

或者：

```
bm.close();
```

不过这个类更多地是被 HBase 内部调用，大部分情况下我们不需要直接调用到 BufferedMutator。

目前的推荐做法

推荐的做法就是什么都不做。不需要显式地去调用 BufferedMutator。如果你需要批量插入，你可以调用我上面提到的批量 put、get、delete 方法。在这些批量方法的内部调用的也是 BufferedMutator 接口，客户端已经默认帮你调用了写缓存。如果只是插入单条 put 也没必要单独调用缓存，所以现在是否调用写缓存就交给 HBase 客户端去判断就行了。

4.6 Scan 扫描

4.6.1 用法

在传统关系型数据中用的最多的就是 select 命令，这个命令一次能查出来多条数据，前面说到的 API 方法 get 只能获取一条数据，难道要构造一堆 get 才能获取到列表吗？当然不是，之前在 shell 命令中用到的查询多条数据的命令是 scan。显而易见的是 HBase 肯定为这个命令设计了一个类，名字肯定叫 Scan。最简单的 Scan 构造函数是不带参数的构造函数。

```
Scan();
```

但我不太推荐使用这种构造函数，因为默认的 scan 是从表头一直遍历到表尾，非常耗时耗性能，实际工作中也没有什么人真的会这么做，所以我们至少要定义一下遍历的起始 rowkey：

```
Scan(byte[] startRow)
```

如果你还知道要遍历的结束 rowkey 就更好了：

```
Scan(byte[] startRow, byte[] endRow)
```

但是实际工作中一般都不会知道遍历的结束 rowkey。最经常出现的场景是带过滤条件的翻页，这个时候需要的参数就是 startRow 和 filter （翻页也是用一种 filter 来实现的，在过滤器章节会重点介绍），所以以下构造函数恐怕是大家最常用到的：

```
Scan(byte[] startRow, Filter filter)
```

关于过滤器的内容我们后面再介绍，所以现在就先用只带 startRow 参数的构造函数来为大家举例：

```
Scan scan = new Scan(Bytes.toBytes("row1"));
```

这回 Table 接口中调 Scan 对象用的方法不叫 scan()，而是 getScanner，比如：

```
ResultScanner rs = table.getScanner(scan);
```

为什么是 getScanner()而不是 scan()

这是因为 scan 的结果获取本质上跟 get 不一样，Table 通过传入 scan 之后返回的结果扫描器（ResultScanner）并不是实际的查询结果。获取结果扫描器（ResultScanner）的时候并没有实际地去查询数据。真正要获取数据的时候要打开扫描器，然后遍历它，这个时候才真正地去查询了数据。

小实验

有兴趣的读者可以做一个简单的实验。用调试模式运行 Java 程序，分别比较以下两种情况的差异：

- 在 table.get 方法的下一行设置断点，然后当代码运行到断点处，把网络断掉后继续往下执行 Result.getValue 方法。
- 在 table.getScanner 方法下一行设置断点，然后当代码运行到断点处，把网络断掉后继续往下执行遍历 ResultScanner 的方法。

你会发现就算把网络断掉了，只要执行过 get 方法，数据就可以被打印出来，但是 ResultScanner 就会卡在遍历的过程中直到超时出错为止。

遍历 ResultScanner 有两种方式，一种是从 ResultScanner 中获取 Iterator，另一种是使用 for：

（1）Iterator<Result> i = rs.iterator();

（2）for (Result r : rs) { ... }

由于 for 写法比较简略，所以下面我用 for 写法来举例：

```
for (Result r : rs) {
        String name = Bytes.toString(r.getValue(Bytes.toBytes("mycf"),
Bytes.toBytes("name")));
        System.out.println(name);
}
```

这个 ResultScanner 就像关系型数据库中的 ResultSet 一样是也是需要持续占用资源的，所以用完后务必要记得关闭它：

```
rs.close();
```

Scan 方法概览

set 方法一般都有对应的 get 或者 is 方法，所以在下面的列表（如表 4-9 所示）中我会省略 get 或者 is 方法。该列表仅供查阅，强烈建议第一次阅读的时候请直接跳过或者简略阅读即可。

表 4-9　Scan 方法概览

方法	说明
addColumn	设置本次查询的列族和列
addFamily	设置本次查询的列族，设置了列族后，查询的结果将会只有该列族
numFamilies	查看设置了多少个列族
hasFamilies	检查本次查询有没有设置列族
setACL	设置权限表达式
setAllowPartialResults	设置是否返回部分结果。默认值是 false，就是只有当收集到一整行的完整数据后才会返回结果；如果设置成 true，则不需要等到整行数据加载完就可以返回结果
setAttribute	设置本次操作的属性
setAuthorizations	设置本次查询的 Authorizations 类，Authorizations 类用于设置你需要查询的标签
setBatch	设置一次 next() 调用时能返回的最大结果数（一个 value 算一个结果）。当某个行非常大，大到会造成客户端内存溢出的程度的时候，就可以使用 setBatch 来分多个批次获取数据了。用户不用显式地去调用获取批次的方法，只需要遍历结果就可以了，是否获取下一个批次由 HBase 来决定
setCacheBlocks	本次操作是否使用缓存（Cache）。默认是 true
setCaching	设置要缓存的行数
setColumnFamilyTimeRange	为某个列族设置版本范围。这个列族中只有符合这个版本范围的数据会返回
setConsistency	设置本次操作的一致性（Consistency）。传入参数为枚举类 Consistency 的值。Consistency 有两种值 STRONG（默认）和 TIMELINE。在集群备份数大于 1 的情况下，如果使用 TIMELINE，客户端将会发送多个请求去获取数据，哪个服务端节点（RegionServer）先返回就采用哪个值，所以有可能获取到该列旧的值
setFilter	设置服务端过滤器，通过过滤器可以进行很多复杂的查询操作。关于过滤器后面的章节会重点介绍
setId	你可以给这次的插入操作设置一个 id 这个 id 会被写入到日志中。平时没什么用，一般用于定位慢查询的时候通过 id 来查找是哪次插入慢了
setIsolationLevel	设置隔离等级，隔离等级有 READ_COMMITTED 和 READ_UNCOMMITTED 两种。当设置为 READ_COMMITTED 的时候只有已经被提交的数据会被返回，如果是 READ_UNCOMMITTED 会返回在事务中被改变但是还没有提交的数据
setLoadColumnFamiliesOnDemand	设置是否按需加载列族。在 HBase 中当你读到某个行的时候会加载这行所有的列族；当此项为 true 的时候只有被调用到的列所在的列族才会被加载。在应用专门针对某些只在特定列族中的列的过滤器的时候可以节省大量资源，但是也别把这项总是设置为 true，因为它会带来一些问题，比如当你读取的时候别人并发地在改数据，你有可能获取到旧数据，或者获取不全
setMaxResultSize	设置最大结果数

(续表)

方法	说明
setMaxResultsPerColumnFamily	设置每个列族可以返回的最大结果数
setMaxVersions	设置返回的最大版本数
setRaw	设置是否打开原始（Raw）模式，原始模式我们在之前的 hbase shell 使用中介绍到 delete 的时候提到过。HBase 的删除只是先给数据打上墓碑标记，正常扫描的时候是不会返回这些结果的，但是当你想看到那些已经被打上墓碑标记，但是还未真正被清除的数据的时候，可以使用 raw 模式
setReplicaId	设置副本 id（replica id）。read replicas 是 HBase 的一个特性。如果开启 read replicas，HBase 会把数据复制到多个副本（replica）上，我们可以指定查询的副本 id
setReversed	设置是否反向查询。是的，跟你想到的一样，scan 还可以往反方向遍历，此时 startRow 就称为反向查询的起点，接下来的数据都会比 startRow 小
setRowOffsetPerColumnFamily	设置本次查询的行偏移值
setRowPrefixFilter	设置行键的前缀匹配过滤器。只有行键的前缀满足过滤器的定义的时候该行才会返回
setScanMetricsEnabled	是否收集查询时的性能指标参数（ScanMetrics）
setSmall	是否这次的扫描是一次小扫描（Small Scan）。在 HBase 中有两种数据查询方式 pread（positional read）和 seek+read，默认是 seek+read，但是 seek+read 会给数据加锁保证数据的一致性，并且会加载完整的数据到缓存，占用资源多、速度慢（这只是相对 pread 来说的），而用 pread 速度快、资源小，但是不稳定。当你查询的单次数据不超过 64KB，并且对速度和并发性要求很高，对数据的准确性要求低的时候可以使用 small，否则还是使用默认的配置比较好
setStartRow	设置 startRow
setEndRow	设置 endRow
setTimeRange	为本次查询设置版本范围。本次查询只有符合这个版本范围的数据才会返回
setTimeStamp	为本次查询设置版本值。本次查询只有等于这个版本值的数据才会返回

4.6.2 缓存

早期的 HBase 在扫描的时候默认是不开启缓存的，但是经过了广大使用者许多次的实践后，现在的 HBase 在扫描的时候已经默认开启了缓存。具体地说就是：每一次的 next() 操作都会产生一次完整的 RPC 请求，而这次 RPC 请求可以获取多少数据是通过 hbase-site.xml 中的 hbase.client.scanner.caching 参数配置的。比如你如果配置该项为 1，那么当你遍历了 10 个结果就会发送 10 次请求，显而易见这是比较消耗性能的，尤其是当单条的数据量较小的时候。

可以在表层面修改缓存条数，也可以在扫描层面去修改。

在表的层面修改是通过把这段配置写到 hbase-site.xml 内去实现：

```
<property>
<name>hbase.client.scanner.caching</name>
<value>200</value>
</property>
```

意思是每次 next 操作都获取 200 条数据。hbase.client.scanner.caching 的默认配置是 100。

在扫描层面修改缓存可以使用 Scan.setCaching(int caching) 方法设置一次 next 获取的数据条数，这个配置优先级比配置文件内的 hbase.client.scanner.caching 高，可以复写这个配置值。

缓存固然好，但是带来的危害就是会占用大量内存，最糟糕的就是直接出现 OutOfMemoryException，所以也不要盲目的调大缓存。

4.7 HBase 支持什么数据格式

在这里要提一下 HBase 的数据存储格式问题。由于 HBase 中实际上的存储格式其实就只有一种 byte[]，只要是能转化成字节数组的数据都可以被存储起来，所以可以说 HBase 支持所有能被转化为 byte[]的格式。

如果在工作中有一个统一的工具类能帮我们把各种数据类型转化为 byte[]，就会简化我们的工作。为此，HBase 提供了一个工具类叫 Bytes，让我们把各种数据类型转化为 byte[]，所以实际上我们关心的"HBase 支持那些数据类型？"问题应该转化为"Bytes 工具类能转化哪些数据类型为 byte[]？"

Bytes 工具类可以转化的数据类型有这些：

- BigDecimal
- boolean
- ByteBuffer
- double
- float
- int
- long
- short
- String

关于 Bytes 工具类的其他的方法请参阅 API 文档，在此我就不把所有方法都贴上来了。

虽然 Bytes 工具类只能转化这些数据类型为 byte[]，但不代表这些类型以外的数据就不能被存储进 HBase 了。只不过别的数据类型需要你自己去实现转化为 byte[]的方法。

4.8 总结

结合上面提到的方法，已经可以把 HBase 当一个普通的数据库玩转了，换句话说掌握了上面提到的这些方法之后已经可以应付简单的任务了（但还不是全部）。在知道了以上的操作之后你应该已经对 HBase 有了感性上的一些认识，那么现在就来介绍一点更深层次的，但是也更晦涩的知识，那就是 HBase 的内部架构是什么？我不希望一上来就介绍 HBase 的内部架构，不仅让人无法理解还极易睡着，并且看了记不住。我希望大家先懂得如何操作 HBase，有了感性的认识，然后我们才来"知其所以然"。

第 5 章

◀ HBase内部探险 ▶

5.1 数据模型

之前断断续续地提到过几个 HBase 的数据模型的概念，比如表、列族、列等。现在我们来系统地介绍一下数据模型。首先来从大到小介绍几种组织模型以及他们的英文名。

- Namespace（表命名空间）：表命名空间不是强制的，当想把多个表分到一个组去统一管理的时候才会用到表命名空间。这个概念之前没提到，因为初学者一般用不到，当数据库中没有那么多表的时候也用不到这个概念，不过接下来会在一个专门的章节介绍一下这个概念。
- Table（表）：一个表由一个或者多个列族组成。数据属性，比如超时时间（TTL），压缩算法（COMPRESSION）等，都在列族的定义中定义。定义完列族后表是空的，只有添加了行，表才有数据。
- Row（行）：一个行包含了多个列，这些列通过列族来分类。行中的数据所属列族只能从该表所定义的列族中选取，不能定义这个表中不存在的列族，否则你会得到一个 NoSuchColumnFamilyException。由于 HBase 是一个列式数据库，所以一个行中的数据可以分布在不同的服务器上。
- Column Family（列族）：列族是多个列的集合。其实列式数据库只需要列就可以了，为什么还需要有列族呢？因为 HBase 会尽量把同一个列族的列放到同一个服务器上，这样可以提高存取性能，并且可以批量管理有关联的一堆列。所有的数据属性都是定义在列族上。在 HBase 中，建表定义的不是列，而是列族，列族可以说是 HBase 中最重要的概念。
- Column Qualifier（列）：多个列组成一个行。列族和列经常用 Column Family: Column Qualifier 来一起表示。列是可以随意定义的，一个行中的列不限名字、不限数量，只限定列族。
- Cell（单元格）：一个列中可以存储多个版本的数据。而每个版本就称为一个单元格（Cell），所以在 HBase 中的单元格跟传统关系型数据库的单元格概念不一样。HBase 中的数据细粒度比传统数据结构更细一级，同一个位置的数据还细分成多个版本。
- Timestamp（时间戳/版本号）：你既可以把它称为是时间戳，也可以称为是版本号，因为它是用来标定同一个列中多个单元格的版本号的。当你不指定版本号的时候，系统会自动采用当前的时间戳来作为版本号；而当你手动定义了一个数字来当作版本号的时候，这个 Timestamp 就真的是只有版本号的意义了（所以我一直觉得"版本号"这个名字更适合这个概念）。

这些概念归结起来就是下面这幅图，如图 5-1 所示。我们在一开始的"1.4 你必须懂的基本概念"中已经为大家展示过这幅图了，经过了前面的实践，现在再看这幅图是不是更理解它了？

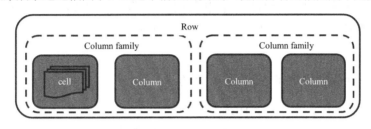

图 5-1

rowkey 的排序规则：每一个行都有一个类似主键的 rowkey，而这个 rowkey 在 HBase 中是严格按照字典排序的，也就是说 11 比 2 小，row11 会排在 row1 和 row2 中间。

HBase 是否支持表关联

官方给出的答案是干脆的，那就是"不支持"。如果你想实现数据之间的关联，你就必须自己去实现了，毕竟这就是你挑选 NoSQL 数据库必须付出的代价。

HBase 是否支持 ACID

相信大家都是从传统关系型数据库转过来的，对 ACID 都不陌生。ACID 就是 Atomicity（原子性）、Consistency（一致性）、Isolation（隔离性）、Durability（持久性）的首字母缩写。ACID 是事务正确执行的保证。HBase 部分支持了 ACID，我会在后面的章节重点介绍。

表命名空间

表命名空间（Namespace）这个概念相对于 Table、Column Family、Column 等概念是比较新的概念。表命名空间的作用是把多个属于相同业务领域的表分成一个组。一个表可以自由选择是否有命名空间，如果创建表的时候加上了命名空间后，这个表名字就成为了：

`<Namespace> : <Table>`

创建的语句变成（在 hbase shell 下执行）：

```
hbase(main):006:0> create 'myns:mytable2','mycf2'
0 row(s) in 4.4640 seconds

=> Hbase::Table - myns:mytable2
```

表命名空间目前开放出来的方法只有 set 和 unset 两种，并且只能在 shell 下调用：

```
alter_namespace 'ns1', {METHOD => 'set', 'PROPERTY_NAME' => 'PROPERTY_VALUE'}
alter_namespace 'ns1', {METHOD => 'unset', NAME=>'PROPERTY_NAME'}
```

比如：

```
alter_namespace 'myns', {METHOD => 'set', 'MY_PROP' => 'hello_world'}
```

通过该方法可以设置该表命名空间的属性。

表命名空间有什么用

表命名空间主要是用于对表分组，那么我们对表分组有啥用呢？命名空间可以填补 HBase 无法在一个实例上分库的缺憾。通过命名空间我们可以像关系型数据库一样将表分组，对于不同的组进行不同的环境设定，比如配额管理、安全管理等。

保留表空间

HBase 中有两个保留表空间是预先定义好的：

- Hbase：系统表空间，用于 HBase 内部表。
- default：那些没有定义表空间的表都被自动分配到这个表空间下。

接下来我们说下 HBase 的整体架构。

5.2 HBase 是怎么存储数据的

HBase 既然是一个数据库，那么数据肯定是以某种实体形式存储在硬盘上的，我们先来看看 HBase 是怎么存储数据的。让我们来用显微镜逐级地放大 HBase 的架构。从最宏观的 Master 和 RegionServer 结构一直到最小的单元格（Cell）。

5.2.1 宏观架构

让我们来看一下 HBase 的宏观架构。宏观架构可以用图 5-2 表示。

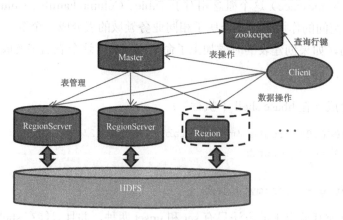

图 5-2

从这张图上可以看出一个 HBase 集群由一个 Master（也可以把两个 Master 做成

HighAvailable）和多个 RegionServer 组成。右下角是其中一个 RegionServer 的内部构造图，我们先看完这幅图的图解后，再解剖它。

这幅图说明了 HBase 的服务器角色构成，以下是各个角色服务器的介绍。

- Master：负责启动的时候分配 Region 到具体的 RegionServer，执行各种管理操作，比如 Region 的分割和合并。在 HBase 中的 Master 的角色功能比其他类型集群弱很多。其他的集群系统中的主节点都是至关重要，比如 Hadoop 的 namenode 就负责了管理所有 data 的映射，而 MongoDB 的 mongos 负责了路由，他们的主节点只要宕机了，整个集群就瘫痪了。但是 HBase 的 Master 很特别，因为数据的读取和写入都跟它没什么关系，它挂了业务系统照样运行。这是为什么呢？具体原因我在后面解释。当然 Master 也不能宕机太久，有很多必要的操作，比如创建表、修改列族配置，以及更重要的分割和合并都需要它的操作。
- RegionServer：RegionServer 上有一个或者多个 Region。我们读写的数据就存储在 Region 上。如果你的 HBase 是基于 HDFS 的，那么 Region 所有数据存取操作都是调用了 HDFS 的客户端接口来实现的。
- Region：表的一部分数据。HBase 是一个会自动分片的数据库。一个 Region 就相当于关系型数据库中分区表的一个分区，或者 MongoDB 的一个分片。
- HDFS：Hadoop 的一部分。HBase 并不直接跟服务器的硬盘交互，而是跟 HDFS 交互，所以 HDFS 是真正承载数据的载体。
- ZooKeeper：ZooKeeper 虽然是自成一家的第三方组件，不属于 HBase 体系。但是 ZooKeeper 在 HBase 中的重要性甚至超过了 Master。为什么这么说呢？你可以做一个实验：把 Master 服务器关掉你的业务系统照样跑，能读能写；但是把 ZooKeeper 关掉，你就不能读取数据了，因为你读取数据所需要的元数据表 hbase:meata 的位置存储在 ZooKeeper 上。

在宏观架构图（如图 5-3 所示）的最后一个 RegionServer 里面，你们会看到一个 RegionServer 的内部就是多个 Region 的集合。

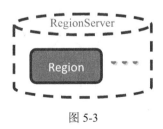

图 5-3

现在我们就来用显微镜放大这个 RegionServer 的内部架构图，如图 5-4 所示。

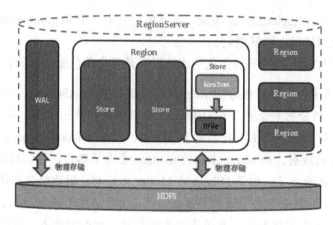

图 5-4

从这幅图上我们可以看出一个 RegionServer 包含有：

- 一个 WAL：预写日志，WAL 是 Write-Ahead Log 的缩写。从名字就可以看出它的用途，就是：预先写入。当操作到达 Region 的时候，HBase 先不管三七二十一把操作写到 WAL 里面去。HBase 会先把数据放到基于内存实现的 Memstore 里，等数据达到一定的数量时才刷写（flush）到最终存储的 HFile 内。而如果在这个过程中服务器宕机或者断电了，那么数据就丢失了。WAL 是一个保险机制，数据在写到 Memstore 之前，先被写到 WAL 了。这样当故障恢复的时候可以从 WAL 中恢复数据。
- 多个 Region：Region 相当于一个数据分片。每一个 Region 都有起始 rowkey 和结束 rowkey，代表了它所存储的 row 范围。

接下来我们来看单个 Region 内部的结构，如图 5-5 所示。

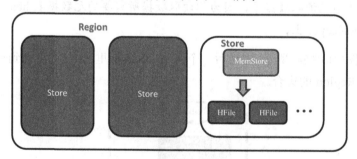

图 5-5

一个 Region 包含有：

- 多个 Store：每一个 Region 内都包含有多个 Store 实例。一个 Store 对应一个列族的数据，如果一个表有两个列族，那么在一个 Region 里面就有两个 Store。在最右边的单个 Store 的解剖图上，我们可以看到 Store 内部有 MemStore 和 HFile 这两个组成部分。

5.2.2 预写日志

预写日志（Write-ahead log，WAL）就是设计来解决宕机之后的操作恢复问题的。数据到达 Region 的时候是先写入 WAL，然后再被加载到 Memstore 的。就算 Region 的机器宕掉了，由于 WAL 的数据是存储在 HDFS 上的，所以数据并不会丢失。

如何关闭/打开 WAL

WAL 是默认开启的。你可以选择通过调用下面语句：

```
Mutation.setDurability(Durability.SKIP_WAL)
```

来关闭 WAL 特性。Put、Append、Increment、Delete 都是 Mutation 的子类，所以他们都有 setDurability 方法。这样可以让该数据操作快一点，但是最好不要这样做，因为当服务器宕机时，数据就会丢失。

延迟（异步）同步写入 WAL

如果你实在想不惜通过关闭 WAL 来提高性能。其实你还有折中选择，就是异步写入 WAL。当你的改动，比如 Put、Delete、Append 来到 Region 的时候会先放在内存中，这些改动立刻就会被写入 WAL。写入的方式是调用 HDFS 客户端来写入 HDFS，也就是说即使只有一个改动，也会调用 HDFS 接口来同步（sync）数据。如果你不想完全关闭 WAL，又不想每次改动都写入 WAL，你可以选择采用异步的同步 WAL。设定方式还是调用 setDurability()方法：

```
Mutation.setDurability(Durability.ASYNC_WAL)
```

这样设定后 Region 会等到条件满足的时候才把操作写入 WAL。这里提到的条件主要指的是时间间隔 hbase.regionserver.optionallogflushinterval，这个时间间隔的意思是 HBase 间隔多久会把操作从内存写入 WAL，默认值是 1s。

如果异步同步的时候出错了怎么办？出错了是没有任何事务保证的，写入 WAL 的数据即使写入成功了，如果失败的话也会丢失。如果你的系统对性能要求极高、对数据一致性要求不高，并且系统的性能瓶颈出现在 WAL 上的时候，你可以考虑使用异步写入 WAL。否则，使用默认的配置即可。

WAL 滚动

熟悉各种架构的朋友一定会想到，WAL 一定是一个环状的滚动日志结构，因为这种结构写入效果最高，而且可以保证空间不会持续变大。

WAL 的检查间隔由 hbase.regionserver.logroll.period 定义，默认值为 1 小时。检查的内容是把当前 WAL 中的操作跟实际持久化到 HDFS 上的操作比较，看哪些操作已经被持久化了，被持久化的操作就会被移动到 .oldlogs 文件夹内（这个文件夹也是在 HDFS 上的）。

一个 WAL 实例包含有多个 WAL 文件。WAL 文件的最大数量通过 hbase.regionserver.maxlogs（默认是 32）参数来定义，这个值的大小要怎么定义涉及性能调优，在性能调优的章节会具体讲解。

其他的触发滚动的条件是：

- 当 WAL 文件所在的块（Block）快要满了。
- 当 WAL 所占的空间大于或者等于某个阀值，该阀值的计算公式是：

```
hbase.regionserver.hlog.blocksize * hbase.regionserver.logroll.multiplier
```

上面提到的阀值公式中的 hbase.regionserver.hlog.blocksize 是标定存储系统的块（Block）大小的，你如果是基于 HDFS 的，那么只需要把这个值设定成 HDFS 的块大小即可。

实际上，如果你不设定 hbase.regionserver.hlog.blocksize，HBase 还是会自己去尝试获取这个参数的值。不过，还是建议你设定该值。

hbase.regionserver.logroll.multiplier 是一个百分比，默认设定成 0.95，意思是 95%，如果 WAL 文件所占的空间大于或者等于 95%的块大小，则这个 WAL 文件就会被归档到.oldlogs 文件夹内。

WAL 文件归档之后去了哪

WAL 文件被创建出来后会放在/hbase/.log 下（这里说的路径都是基于 HDFS），一旦 WAL 文件被判定为要归档，则会被移动到/hbase/.oldlogs 文件夹。

那什么时候日志会被从 .oldlogs 文件夹中彻底删除呢？要说这个得先来说说谁会来清理这个文件夹。Master 会负责定期地去清理.oldlogs 文件夹，条件是"当这个 WAL 不需要作为用来恢复数据的备份"的时候。判断的条件是"没有任何引用指向这个 WAL 文件"。目前有两种服务可能会引用 WAL 文件：

（1）TTL 进程：该进程会保证 WAL 文件一直存活直到达到 hbase.master.logcleaner.ttl 定义的超时时间（默认 10 分钟）为止。

（2）备份（replication）机制：如果你开启了 HBase 的备份机制，那么 HBase 要保证备份集群已经完全不需要这个 WAL 文件了，才会删除这个 WAL 文件。这里提到的 replication 不是文件的备份数，而是 0.90 版本加入的特性，这个特性用于把一个集群的数据实时备份到另外一个集群。如果你的手头就一个集群，可以不用考虑这个因素。

只有当该 WAL 文件没有被以上两种情况引用时，才会被系统彻底地删除掉。

解释完 WAL 后，让我们来看看单个 Store 内部的结构可以表示成如图 5-6 所示。

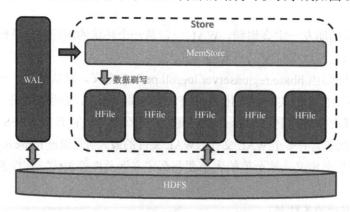

图 5-6

在 Store 中有两个重要组成部分：

- MemStore：每个 Store 中有一个 MemStore 实例。数据写入 WAL 之后就会被放入 MemStore。MemStore 是内存的存储对象，只有当 MemStore 满了的时候才会将数据刷写（flush）到 HFile 中。
- HFile：在 Store 中有多个 HFile。当 MemStore 满了之后 HBase 就会在 HDFS 上生成一个新的 HFile，然后把 MemStore 中的内容写到这个 HFile 中。HFile 直接跟 HDFS 打交道，它是数据的存储实体。接下来我们来解剖一下单个 HFile 中的成分。

至此，有些读者可能会有这样的疑问：

- WAL 是存储在 HDFS 上的，Memstore 是存储在内存中的，HFile 又是存储在 HDFS 上的。
- 数据是先写入 WAL，再被放入 Memstore，最后被持久化到 HFile 中。

数据在进入 HFile 之前已经被存储到 HDFS 一次了，为什么还需要被放入 Memstore

这是因为 HDFS 上的文件只能创建、追加、删除，但是不能修改。对于一个数据库来说，按顺序地存放数据是非常重要的，这是性能的保障，所以我们不能按照数据到来的顺序来写入硬盘。虽然很困难，但是办法还是有的。那就是使用内存先把数据整理成顺序存放，然后再一起写入硬盘。这就是 Memstore 存在的意义。虽然 Memstore 是存储在内存中的，HFile 和 WAL 是存储在 HDFS 上的。但由于数据在写入 Memstore 之前，要先被写入 WAL，所以增加 Memstore 的大小并不能加速写入速度。Memstore 存在的意义是维持数据按照 rowkey 顺序排列，而不是做一个缓存。

5.2.3 MemStore

数据被写入 WAL 之后就会被加载到 MemStore 中去。MemStore 的大小增加到超过一定阀值的时候就会被刷写到 HDFS 上，以 HFile 的形式被持久化起来。

设计 MemStore 的原因有以下几点。

（1）由于 HDFS 上的文件不可修改，为了让数据顺序存储从而提高读取效率，HBase 使用了 LSM 树结构来存储数据。数据会先在 Memstore 中整理成 LSM 树，最后再刷写到 HFile 上。不过不要想当然地认为读取也是先读取 Memstore 再读取磁盘哟！读取的时候是有专门的缓存叫 BlockCache，这个 BlockCache 如果开启了，就是先读 BlockCache，读不到才是读 HFile+Memstore，这个我后面再讲解。

（2）优化数据的存储。比如一个数据添加后就马上删除了，这样在刷写的时候就可以直接不把这个数据写到 HDFS 上。

早期 HDFS 上的所有文件都是只能写入不能修改的。后来加入了追加（append）特性，实现了数据可以增加，但是必须是顺序增加，还是不能修改之前的数据。而 HBase 是一个随机读写的数据库。MemStore 会在数据最终刷写到 HDFS 上之前对文件进行排序处理，这样随机写入的数据就变成了顺序存储的数据，可以提高读取效率。

所以 MemStore 是实现 LSM 树存储的必须设计组件。在 LSM 树的实现方式中，有一个必经的步骤，那就是在数据存储之前先对数据进行排序。而 LSM 树也是保证 HBase 能稳定地提供高性能的读能力的基本算法。LSM 树是 Google BigTable 和 HBase 的基本存储算法，它是传统关系型数据库的 B+ 树的改进。算法的关注重心是"如何在频繁的数据改动下保持系统读取速度的稳定性"，算法的核心在于尽量保证数据是顺序存储到磁盘上的，并且会有频率地对数据进行整理，确保其顺序性。而顺序性就可以最大程度保证数据的读取性能稳定。关于 LSM 树和 B+ 树的知识请大家自行查阅相关文档。

每一次的刷写都会产生一个全新的 HFile 文件，由于 HDFS 的特性，所以这个文件不可修改。

5.2.4　HFile

必须要提到的是 HFile（StoreFile）。HFile 是数据存储的实际载体，我们创建的所有表、列等数据都存储在 HFile 里面。HFile 类似 Hadoop 的 TFile 类，它模仿了 BigTable 的 SSTable 格式。现在我们来看一个 HFile 中有哪些组成部分，如图 5-7 所示。

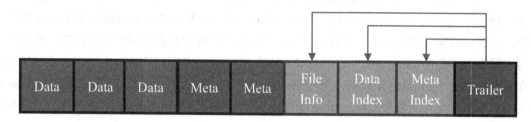

图 5-7

我们可以看到 HFile 是由一个一个的块组成的。在 HBase 中一个块的大小默认为 64KB，由列族上的 BLOCKSIZE 属性定义。这些块区分了不同的角色：

- Data：数据块。每个 HFile 有多个 Data 块。我们存储在 HBase 表中的数据就在这里。Data 块其实是可选的，但是几乎很难看到不包含 Data 块的 HFile。
- Meta：元数据块。Meta 块是可选的，Meta 块只有在文件关闭的时候才会写入。Meta 块存储了该 HFile 文件的元数据信息，在 v2 之前布隆过滤器（Bloom Filter）的信息直接放在 Meta 里面存储，v2 之后分离出来单独存储。不过你现在暂时不需要了解布隆过滤器是什么东西。
- FileInfo：文件信息，其实也是一种数据存储块。FileInfo 是 HFile 的必要组成部分，是必选的。它只有在文件关闭的时候写入，存储的是这个文件的信息，比如最后一个 Key（Last Key），平均的 Key 长度（Avg Key Len）等。
- DataIndex：存储 Data 块索引信息的块文件。索引的信息其实也就是 Data 块的偏移值（offset）。DataIndex 也是可选的，有 Data 块才有 DataIndex。
- MetaIndex：存储 Meta 块索引信息的块文件。MetaIndex 块也是可选的，有 Meta 块才有 MetaIndex。

- Trailer：必选的，它存储了 FileInfo、DataIndex、MetaIndex 块的偏移值。

从本章节开始，我带着大家从 HBase 的宏观架构一直剖析到微观结构。刚刚我们讲完了 HBase 的底层存储 HFile，不过我们现在还没有达到 HBase 架构的最微观结构。接下来，大家可以喘口气休息一下，我们继续解剖 Data 数据块，如图 5-8 所示。

图 5-8

Data 数据块的第一位存储的是块的类型，后面存储的是多个 KeyValue 键值对，也就是单元格（Cell）的实现类。Cell 是一个接口，KeyValue 是它的实现类。

BlockType（块类型）

每一个块的头一位存储的都是块的类型，块的类型一直在增加，到现在为止有以下几种：

- DATA
- ENCODED_DATA
- LEAF_INDEX
- BLOOM_CHUNK
- META
- INTERMEDIATE_INDEX
- ROOT_INDEX
- FILE_INFO
- GENERAL_BLOOM_META
- DELETE_FAMILY_BLOOM_META
- TRAILER
- INDEX_V1

除了 DATA、META、FILE_INFO、ROOT_INDEX 之前提到过，其他类型我都没有提，但是我也不打算在这里做过多的深究，因为这本书的目的主要是让你学会 HBase 的入门知识，而不是开发 HBase 或者钻研 HBase 内部构造。

StoreFile 还是 HFile

我在 HFile 后面的括弧里面写了 StoreFile，意思是你在很多资料中经常会看到管 HFile 叫 StoreFile。其实叫 HFile 或者 StoreFile 都没错，HBase 是基于 Java 编写的，那么所有物理上的东西都有一个对象跟它对应，在物理存储上我们管 MemStore 刷写而成的文件叫 HFile，StoreFile 就是 HFile 的抽象类而已。明白了这点，再看资料就不会头晕了。

5.2.5 KeyValue 类

让我们来看看单元格最重要的实现类 KeyValue 类的结构，如图 5-9 所示。

图 5-9

一个 KeyValue 类里面最后一个部分是存储数据的 Value，而前面的部分都是存储跟该单元格相关的元数据信息。如果你存储的 value 很小，那么这个单元格的绝大部分空间就都是 rowkey、column family、column 等的元数据，所以大家的列族和列的名字如果很长，大部分的空间就都被拿来存储这些数据了。

不过如果采用适当的压缩算法就可以极大地节省存储列族、列等信息的空间了，所以在实际的使用中，可以通过指定压缩算法来压缩这些元数据。不过压缩和解压必然带来性能损耗，所以使用压缩也需要根据实际情况来取舍。如果你的数据主要是归档数据，不太要求读写性能，那么压缩算法就比较适合你。

至此，我们终于将 HBase 剖析到了最小的不可分割的数据结构 KeyValue。辛苦你们了！

5.2.6 增删查改的真正面目

我们都知道 HBase 是一个可以随机读写的数据库，而它所基于的持久化层 HDFS 却是要么新增，要么整个删除，不能修改的系统。那 HBase 怎么实现我们的增删查改的？！真实的情况是这样的：HBase 几乎总是在做新增操作。

- 当你新增一个单元格的时候，HBase 在 HDFS 上新增一条数据。
- 当你修改一个单元格的时候，HBase 在 HDFS 又新增一条数据，只是版本号比之前那个大（或者你自己定义）。
- 当你删除一个单元格的时候，HBase 还是新增一条数据！只是这条数据没有 value，类型为 DELETE，这条数据叫墓碑标记（Tombstone）。

真正的删除发生在什么时候

由于数据库在使用过程中积累了很多增删查改操作，数据的连续性和顺序性必然会被破坏。为了提升性能，HBase 每间隔一段时间都会进行一次合并（Compaction），合并的对象为 HFile 文件。合并分为两种 minor compaction 和 major compaction。关于合并的具体介绍详见 "8.7 HFile 的合并章节"，现在你还不需要深入这个概念。

现在我们回到真正的删除发生在什么时候这个问题上来。在 HBase 进行 major compaction 的时候，它会把多个 HFile 合并成 1 个 HFile，在这个过程中，一旦检测到有被打上墓碑标记的记录，在合并的过程中就忽略这条记录。这样在新产生的 HFile 中，就没有这条记录了，自然也就相当于被真正地删除了。

5.2.7 数据单元层次图

到现在为止你已经把 HBase 存储架构从大到小了解了个透，比如一个 RegionServer 里面有几个 Region，一个 Region 里面有几个 Store，都是怎么划分的。

他们的对应关系可以画成如图 5-10 所示。

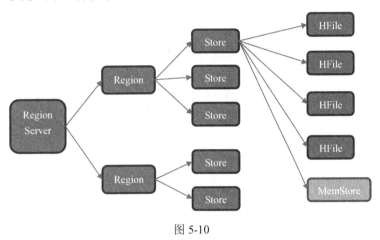

图 5-10

归纳起来就是这样：

- 一个 RegionServer 包含多个 Region，划分规则是：一个表的一段键值在一个 RegionServer 上会产生一个 Region。不过当你 1 行的数据量太大了（要非常大，否则默认都是不切分的），HBase 也会把你的这个 Region 根据列族切分到不同的机器上去。
- 一个 Region 包含多个 Store，划分规则是：一个列族分为一个 Store，如果一个表只有一个列族，那么这个表在这个机器上的每一个 Region 里面都只有一个 Store。
- 一个 Store 里面只有一个 Memstore。
- 一个 Store 里面有多个 HFile（StoreFile 是 HFile 的抽象对象，所以如果说到 StoreFile 就等于 HFile）。每次 Memstore 的刷写（flush）就产生一个新的 HFile 出来。

如果你能认真地读到这里，说明你已经把 HBase 内部的结构理解得透透的了。但是结构是静态的，我们来看看动态的数据写入和读出流程是怎么样的？

5.3 一个 KeyValue 的历险

从前面介绍的结构，我们可以想象一下一个 KeyValue 在从客户端被发送出来到被持久化进 HBase 或者从 HBase 持久化层被读出到客户端中间都经历了什么。

5.3.1 写入

一个 KeyValue 被持久化到 HDFS 的过程的总结见图 5-11。

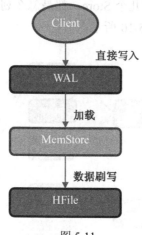

图 5-11

- WAL：数据被发出之后第一时间被写入 WAL。由于 WAL 是基于 HDFS 来实现的，所以也可以说现在单元格就已经被持久化了，但是 WAL 只是一个暂存的日志，它是不区分 Store 的。这些数据是不能被直接读取和使用。
- Memstore：数据随后会立即被放入 Memstore 中进行整理。Memstore 会负责按照 LSM 树的结构来存放数据。这个过程就像我们在打牌的时候，抓牌之后在手上对牌进行整理的过程。
- HFile：最后，当 Memstore 太大了达到尺寸上的阀值，或者达到了刷写时间间隔阀值的时候，HBaes 会被这个 Memstore 的内容刷写到 HDFS 系统上，称为一个存储在硬盘上的 HFile 文件。至此，我们可以称为数据真正地被持久化到硬盘上，就算宕机，断电，数据也不会丢失了。

5.3.2 读出

由于有 MemStore（基于内存）和 HFile（基于 HDFS）这两个机制，聪明的读者一定会立马想到先读取 MemStore，如果找不到，再去 HFile 中查询。这是显而易见的机制，可惜 HBase 在处理读取的时候并不是这样的。实际的读取顺序是先从 BlockCache 中找数据，找不到了再去 Memstore 和 HFile 中查询数据。

由于 HDFS 的文件不可变特性，你不可能在一个 KeyValue 被新建之后删除它，HBase 所能做的也就是帮你加上一个墓碑标记。但是你别忘了 HDFS 是不能修改的，数据被写入的时候都是充分地占用了空间，没有位置可以写入墓碑标记了，这可怎么办。

难道墓碑标记和数据还不在一个地方

没错，墓碑标记和数据还就真不在一个地方了，那读取数据的时候怎么知道这个数据要删除呢？如果这个数据比它的墓碑标记更早被读到，那在这个时间点真是不知道这个数据会被删除，只有当扫描器接着往下读，读到墓碑标记的时候才知道这个数据是被标记为删除的，不需要返回给用户。所以 HBase 的 Scan 操作在取到所需要的所有行键对应的信息之后还会继续扫描下去，直到被扫描的数据大于给出的限定条件为止，这样它才能知道哪些数据应该被返回给用户，而哪些应该被舍弃。所以你增加过滤条件也无法减少 Scan 遍历的行数，只有缩小 STARTROW 和 ENDROW 之间的行键范围才可以明显地加快扫描的速度。

在 Scan 扫描的时候 store 会创建 StoreScanner 实例。StoreScanner 会把 MemStore 和 HFile 结合起来扫描，所以具体从 MemStore 还是 HFile 中读取数据，外部的调用者都不需要知道具体的细节。当 StoreScanner 打开的时候，会先定位到起始行键（STARTROW）上，然后开始往下扫描。所以读取数据的归纳见图 5-12。

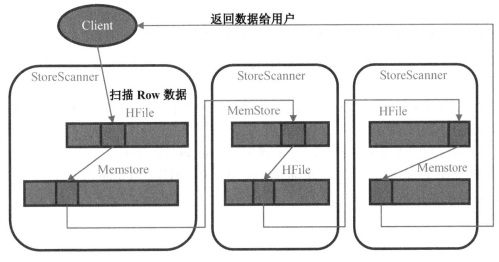

图 5-12

其中红色块部分都是属于指定 row 的数据，Scan 要把所有符合条件的 StoreScanner 都扫描过一遍之后才会返回数据给用户。

5.4 Region 的定位

Region 就是 HBase 架构的灵魂。HBase 的大部分工作基本都围绕着 Region 展开。现在我们来详细说说 Client 在读写的时候是怎么定位到 RegionServer 的。

关于 Region 的查找，早期的设计（0.96.0）之前是被称为三层查询架构，哪三层呢？ 如图 5-13 所示。

图 5-13

我们来一个一个解释。

- Region：就是你要查找的数据所在的 Region，这个不多解释。
- .META.：是一张元数据表，它存储了所有 Region 的简要信息。.META. 表中的一行记录就是一个 Region，该行记录了该 Region 的起始行、结束行和该 Region 的连接信息，这样客户端就可以通过这个来判断需要的数据在哪个 Region 上。
- -ROOT-：是一张存储 .META. 表的表。没错，.META. 可以有很多张，而 -ROOT- 就是存储了 .META. 表在什么 Region 上的信息（.META. 表也是一张普通的表，也在 Region 上）。通过两层的扩展最多可以支持 2^{34} 个 Region。不需要打开科学计算器，我已经帮你们算好了，就是 17179869184 个，约等于 171 亿个 Region。

那么问题来了，用户是怎么读到 -ROOT- 表的？

答案是，查询 ZooKeeper 来获取 -ROOT- 表所在的 RegionServer（对应的 zk 路径是 /hbase/root-region-server），所以 Client 查找数据的流程从宏观角度来看是这样的：

（1）用户通过查找 zk（ZooKeeper）的 /hbase/root-region-server 节点来知道 -ROOT- 表在什么 RegionServer 上。

（2）访问 -ROOT- 表，看你需要的数据在哪个 .META. 表上，这个 .META. 表在什么 RegionServer 上。

（3）访问 .META. 表来看你要查询的行键在什么 Region 范围里面。

（4）连接具体的数据所在的 RegionServer，这回就真的开始用 Scan 来遍历 row 了。

总结起来如图 5-14 所示。

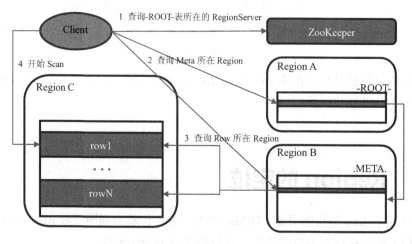

图 5-14

当然，我们不希望在每次查询的时候都查三次才知道 Region 在哪里，那就得用上缓存。怎么缓存呢？客户端在获取到 Region 信息之后会把 .META. 表的部分信息保存到客户端的缓存里面。当下次查询不到数据的时候客户端会再次获取 Region 信息，否则就直接用缓存的信息。

看起来很高大上。OK，现在我们来看看这个方案的弊端：

- 通过三层架构虽然极大地扩展了可以容纳的 Region 数量，一直扩展到了 171 亿个

Region，可是我们真的可以用到这么多吗？实际上不太可能。
- 虽然设计上是允许多个.META.表存在的,但是实际上在HBase的发展历史中,.META.表一直只有一个，所以-ROOT-中的记录一直都只有一行，-ROOT-表形同虚设。
- 三层架构增加了代码的复杂度，容易产生BUG。

代码复杂度可不是小事，复杂度每增加一点产生BUG的概率都在上升，修改BUG的难度也在上升。可以说，增加代码的复杂度的效果等同于维护难度在以2次方的速度成倍增加。其实导致这个架构被改变的导火线也是某次关于三层查询的BUG。

从0.96版本之后这个三层查询架构被改成了二层查询架构。-ROOT-表被去掉了，同时zk中的/hbase/root-region-server也被去掉了。这回直接把.META.表所在的RegionServer信息存储到了zk中的/hbase/meta-region-server去了。再后来引入了namespace，.META.表这样别扭的名字被修改成了 hbase:meta。

从现在的系统中还是可以看出当年的三层查询的痕迹的。你可以打开你的hbase shell让我们来做一个实验。

我们先尝试查询一下-ROOT-表：

```
hbase(main):002:0> scan '-ROOT-'
```

你会得到以下返回结果：

```
ERROR: -ROOT- has been deprecated.
```

让我们来查询一下 .META. 表：

```
hbase(main):006:0> scan '.META.'
```

你会得到以下回应：

```
ERROR: .META. no longer exists. The table has been renamed to hbase:meta
```

二层查询架构如图5-15所示。

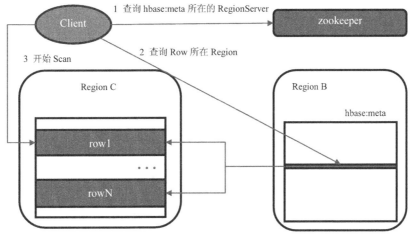

图 5-15

上图可以总结成以下流程：

（1）客户端先通过 ZooKeeper 的/hbase/meta-region-server 节点查询到哪台 RegionServer 上有 hbase:meta 表。

（2）客户端连接含有 hbase:meta 表的 RegionServer。hbase:meta 表存储了所有 Region 的行键范围信息，通过这个表就可以查询出你要存取的 rowkey 属于哪个 Region 的范围里面，以及这个 Region 又是属于哪个 RegionServer。

（3）获取这些信息后，客户端就可以直连其中一台拥有你要存取的 rowkey 的 RegionServer，并直接对其操作。

（4）客户端会把 meta 信息缓存起来，下次操作就不需要进行以上加载 hbase:meta 的步骤了。

可以看到现在的结构清爽多了。

第 6 章
客户端API的高阶用法

读完前面的 API 入门的读者可能会发现，就算是知道了怎么简单地使用 API 还是无法完成工作，因为实际的工作还需要高级功能的支持。不过我不希望大家在了解 HBase 内部结构之前就学习高级用法，因为高级用法需要对内部结构有一定的了解。现在你已经知道了 HBase 的内部结构，就让我们进入客户端 API 的高阶用法吧。

真正开始工作的程序员一定会发现仅仅使用基础的 API 功能根本就满足不了需求。比如，传统的 SQL 可以用丰富的 where 语句来根据列过滤结果；而仅仅使用简单的 scan 会把所有的结果都获取出来，无法过滤结果。所以第一个要讲的高级功能就是过滤器。

我不会按照简单地把所有的过滤器介绍一遍，再介绍一遍所有的比较器，以下关于过滤器的介绍顺序是根据实际使用中的使用频率来排序的，所以看起来并不是很传统的排列顺序，但是我觉得这样对于阅读者来说更友好，也更不容易看睡。

6.1 过滤器

过滤器就是在 Get 或者 Scan 的时候过滤结果用的，你可以把他看成 SQL 中的 Where 语句。HBase 中的过滤器被用户创建出来后会被序列化为可以网络传输的格式，然后被分发到各个 RegionServer。在 RegionServer 中 Filter 被还原出来。这样在 Scan 的遍历过程中，不满足过滤器条件的结果就不会被返回客户端。整个流程如图 6-1 所示。

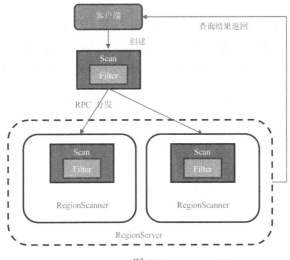

图 6-1

接下来我会先把大家最常用到的过滤器当作入门过滤器介绍给大家，然后按照使用频率的高低来跟大家介绍其他过滤器。我不建议第一次阅读就精读那些比较偏门的过滤器。我会给出提示，大家可以自行跳过那些小节以节省时间，防止疲劳。

6.1.1 过滤器快速入门

所有的过滤器都要实现 Filter 接口。HBase 同时还提供了 FilterBase 抽象类，它提供了 Filter 接口的默认实现，这样大家就不必把 Filter 接口的每一个方法都写上自己的实现了。大部分过滤器都继承自 FilterBase 抽象类。过滤器不仅可以作用于 Scan 还可以作用于 Get。让我们先来看一个简单的过滤器：值过滤器（ValueFilter）。

6.1.1.1 值过滤器

我们使用 SQL 的时候，用得最多的过滤语句应该就是某个列大于、等于或者小于某个值了。而这个事情在 HBase 中需要靠值过滤器来实现。

我们先来创建 mytable 表，该表只有一个列 mycf:name，该表中含有以下数据，如表 6-1 所示。

表 6-1 mytable 表数据

rowkey	mycf:name
row1	billyWangpaul
row2	sara
row3	chris
row4	helen
row5	andyWang
row6	kateWang

现在我们要挑出所有 mycf:name 中含有 Wang 字符串的记录。这是一个很常见的需求，在 SQL 中就等于 mycf:name like '%Wang%'。现在我们在原来使用 Scan 查询记录的代码基础上增加 Filter 的设置。首先是新建一个 ValueFilter 的实例。这是 ValueFilter 的构造函数：

```
Filter filter = new ValueFilter(CompareFilter.CompareOp.EQUAL, new
SubstringComparator("Wang"));
```

- CompareFilter 中包含一个枚举类：CompareOp。CompareOp 有以下值：
  - LESS：小于。
  - LESS_OR_EQUAL：小于等于。
  - EQUAL：相等。
  - NOT_EQUAL：不相等。
  - GREATER_OR_EQUAL：大于等于。
  - GREATER：大于。

- ➢ NO_OP：无操作。
- SubstringComparator 是一个比较器。这个比较器可以判断目标字符串是否包含所指定的字符串。

然后我们把这个 Filter 设置到 Scan 上：

```
scan.setFilter(filter);
```

接下来就跟以前一样调用 table.getScanner(scan) 。完整的代码如下：

```
import java.io.IOException;
import java.net.URISyntaxException;
import org.apache.hadoop.conf.Configuration;
import org.apache.hadoop.fs.Path;
import org.apache.hadoop.hbase.HBaseConfiguration;
import org.apache.hadoop.hbase.TableName;
import org.apache.hadoop.hbase.client.Connection;
import org.apache.hadoop.hbase.client.ConnectionFactory;
import org.apache.hadoop.hbase.client.Result;
import org.apache.hadoop.hbase.client.ResultScanner;
import org.apache.hadoop.hbase.client.Scan;
import org.apache.hadoop.hbase.client.Table;
import org.apache.hadoop.hbase.filter.CompareFilter;
import org.apache.hadoop.hbase.filter.Filter;
import org.apache.hadoop.hbase.filter.SubstringComparator;
import org.apache.hadoop.hbase.filter.ValueFilter;
import org.apache.hadoop.hbase.util.Bytes;

public class HelloValueFilter {
  public static void main(String[] args) throws URISyntaxException, IOException,
      InterruptedException {
    Configuration config = HBaseConfiguration.create();

    // 添加必要的配置文件 (hbase-site.xml, core-site.xml)
    config.addResource(new Path(ClassLoader.getSystemResource("hbase-site.xml").toURI()));
    config.addResource(new Path(ClassLoader.getSystemResource("core-site.xml").toURI()));

    try (Connection connection = ConnectionFactory.createConnection(config)) {
      Table table = connection.getTable(TableName.valueOf("mytable"));
      Scan scan = new Scan();

      Filter filter = new ValueFilter(CompareFilter.CompareOp.EQUAL, new
```

```
SubstringComparator("Wang"));
        scan.setFilter(filter);

        ResultScanner rs = table.getScanner(scan);
        for (Result r : rs) {
          String name = Bytes.toString(r.getValue(Bytes.toBytes("mycf"),
Bytes.toBytes("name")));
          System.out.println(name);
        }
        rs.close();
      }
    }
  }
```

 这次由于是第一次贴带有 Filter 的 Scan 查询代码,所以把完整的代码贴出来。由于不同的 Filter 的查询的过程其实都差不多,后面继续讲解别的 Filter 的时候我不会再贴完整的代码上来。

执行的结果如下:

```
billyWangpaul
andyWang
kateWang
```

这个代码比较了所有单元格的 value,选出 value like '%Wang%' 的全部记录。如果你的一个行里面有 name、teacher 这 2 个列,那么这行代码翻译成 SQL 就相当于:

```
name LIKE '%Wang%' OR teacher LIKE '%Wang%'
```

如果我往 row2 插入一个单元格 mycf:teacher = lilyWang,那么这段代码执行的结果就是:

```
billyWangpaul
null
andyWang
Wang
```

那个 null 值来自于 row2,因为 row2 被匹配中的是 teacher 这个列,而我们在循环中写的是显示 name 这个字段的值,而 row2 没有 teacher 列,所以自然就是 null 了。

我第一次看到值过滤器的时候,心中有这样的疑问:为什么 HBase 这么怪,要设定这样的不需要指定列的过滤器呢?也许你也会有同样的疑问。要解释这个问题要从 HBase 存储结构入手。因为 HBase 是把一个行的各个列以 KeyValue 的形式单独存储的,所以遍历的时候也是一个 KeyValue 一个 KeyValue 地遍历过去的。每个列都有 column、 timestamp、 value 等属性,所以有专门针对 value 而不是列的过滤器就不奇怪了。

但是我们毕竟还是要根据列来过滤结果的,那么要怎么指定查询 name LIKE '%Wang%'

呢？这就需要用到 SingleColumnValueFilter 了。

6.1.1.2　单列值过滤器

单列值过滤器（SingleColumnValueFilter）可能是实际开发过程中最常用的过滤器。单列值过滤器可以看作是值过滤器的升级版。单列值过滤器可以通过前两个参数指定你要比较的列，比如：

```
new SingleColumnValueFilter(Bytes.toBytes("mycf"), Bytes.toBytes("name"),
CompareFilter.CompareOp.EQUAL, new SubstringComparator("Wang"))
```

这里就指定了列族为 mycf，列为 name。这条语句相当于传统 SQL 中的：

```
mycf:name LIKE '%Wang%'
```

现在我们来把它放到 Scan 里面看看效果：

```
Filter filter = new SingleColumnValueFilter(Bytes.toBytes("mycf"),
Bytes.toBytes("name"), CompareFilter.CompareOp.EQUAL, new
SubstringComparator("Wang"));
scan.setFilter(filter);
```

这回执行的结果就是只针对 mycf:name 字段进行过滤了，这才是我们想要的效果。

```
billyWangpaul
andyWang
Wang
```

单列值过滤器的缺点

单列值过滤器在发现该行记录并没有你想要比较的列的时候，会把整行数据放入结果集。我们刚刚的例子中只有 row2 含有记录 mycf:teacher = lilyWang，其他的行并没有 mycf:teacher 这个列。如果你使用以下过滤器：

```
new SingleColumnValueFilter(Bytes.toBytes("mycf"), Bytes.toBytes("teacher"),
CompareFilter.CompareOp.EQUAL, new SubstringComparator("Wang"))
```

你会发现不仅 row2 的记录被放入了结果集，其他的行记录也都被放入了结果集。这是我们不愿意看到的。所以如果要安全地使用单列值过滤器，请务必保证你的每行记录都包含有将要比较的列。

如果无法保证每行记录中都包含有将要比较的列，可以用以下两种方案去处理：

（1）在遍历结果集的时候，再次判断结果中是否包含我们要比较的列，如果没有就不使用这条记录。

（2）使用过滤器列表（FilterList），将列族过滤器（FamilyFilter）、列过滤器（QualifierFilter）和值过滤器放入过滤器列表，同时进行过滤。

第 2 种方案需要用到我们后面要学到的知识：列过滤器、列族过滤器以及值过滤器。暂时不对这三个过滤器进行详细的介绍。我先贴出该方案具体的实现代码，但是你们不需要现在就完全看懂代码。等你们学会了它们之后再回来看这段代码，相信会更容易理解：

```
// 创建过滤器列表
FilterList filterList = new FilterList(Operator.MUST_PASS_ALL);

// 只有列族为 mycf 的记录才放入结果集
Filter familyfilter = new FamilyFilter(CompareFilter.CompareOp.EQUAL, new
BinaryComparator(Bytes.toBytes("mycf")));
filterList.addFilter(familyfilter);

// 只有列为 teacher 的记录才放入结果集
Filter colFilter = new QualifierFilter(CompareFilter.CompareOp.EQUAL, new
BinaryComparator(Bytes.toBytes("teacher")));
filterList.addFilter(colFilter);

// 只有值包含 Wang 的记录才放入结果集
Filter valuefilter = new ValueFilter(CompareFilter.CompareOp.EQUAL, new
SubstringComparator("Wang"));
filterList.addFilter(valuefilter);

scan.setFilter(filterList);
```

这个方案的缺点就是：使用了 3 个过滤器，执行的速度比直接使用单列值过滤器更慢。所以实际工作中可以针对在每行中都存在的列使用单列值过滤器，对于不确定是否存在的列使用过滤器列表。

6.1.2　比较运算快速入门

6.1.2.1　字符串完全匹配

我们继续回到比较的关系中来，刚刚说的是类似 SQL 中 "LIKE" 的功能，那么如果我们要完全匹配的 "=" 呢？我们再往表中插入一条数据 mycf:name=Wang 的数据，现在数据为：

```
billyWangpaul
sara
chris
helen
andyWang
Wang
```

如果你用 SubstringComparator 会搜索出所有带 Wang 的列。此时需要用 BinaryComparator。该类跟 SubstringComparator 一样，也是直接继承自 ByteArrayComparable。使用方法很简单，在我们这个例子中应该这样使用：

```
Filter filter = new SingleColumnValueFilter(Bytes.toBytes("mycf"),
Bytes.toBytes("name"), CompareFilter.CompareOp.EQUAL, new
BinaryComparator(Bytes.toBytes("Wang")));
    scan.setFilter(filter);
```

执行后就可以只查询出 mycf:name=Wang 的记录了：

```
Wang
```

说完了 LIKE、=，我们来看看>要怎么实现。想实现大于的功能只需要把 CompareOp.EQUAL 换成 CompareOp.GREATER：

```
Filter filter = new SingleColumnValueFilter(Bytes.toBytes("mycf"),
Bytes.toBytes("name"), CompareFilter.CompareOp.GREATER, new
BinaryComparator(Bytes.toBytes("d")));
    scan.setFilter(filter);
```

这样我们就可以匹配所有根据字典排序大于 d 的名字了，输出结果为（这回我把输出的语句改了一下，加入了 rowkey 的输出）：

```
row1:ted
row2:sara
row4:helen
row6:kateWang
```

被过滤掉的列是：

```
billyWangpaul
chris
andyWang
Wang
```

对于字符串的排序是按照 ASCII 码的字典排序。这个很容易理解，那么如果比较的是数字呢？

6.1.2.2 数字比较

如果使用 hbase shell 来保存数字的话，其实保存起来的都是字符串，如果用 BinaryComarator 来比较的话，22 比 3 小。这不是我们想要的结果，所以请不要用 hbase shell 来插入数字型记录。为了保证我们存储的真的是数字形式的数据，请使用 Java API 来保存数字型记录。

现在我打算新建一个表 myage，该表只包含一个列 mycf:age，该列采用数字类型存储，预计插入的数据为：

```
row1:9
row2:22
row3:11
row4:16
```

```
row5:5
row6:66
```

会发现通过 Java API 存储了这些数据之后，用 hbase shell 看这些数据，看到的不是数字，而是这样的乱码：

```
column=mycf:age, timestamp=1478830402091, value=\x00\x00\x00\x09
```

刚看到这堆乱码的时候是不是懵了？不用怕，这里看到的只是被保存成字节数组的数字。我们还是使用 BinaryComparator 来包装要查询的数字即可。在这里来查询所有 mycf:age > 10 的记录。

```
Filter filter = new SingleColumnValueFilter(Bytes.toBytes("mycf"),
Bytes.toBytes("age"), CompareFilter.CompareOp.GREATER, new
BinaryComparator(Bytes.toBytes(10)));
    scan.setFilter(filter);
```

结果是：

```
row2:22
row3:11
row4:16
row6:66
```

6.1.2.3 比较关系枚举类

CompareOp 提供了各种比较关系。我们已经认识了等于（EQUAL）和大于（GREATER）。以下是 CompareOp 提供的而所有比较关系：

- LESS：小于。
- LESS_OR_EQUAL：小于等于。
- EQUAL：等于。
- NOT_EQUAL：不等于。
- GREATER_OR_EQUAL：大于等于。
- GREATER：大于。
- NO_OP：无操作。

6.1.2.4 比较器

所有的比较器都继承抽象类 ByteArrayComparable 。之前，我们已经介绍过了 BinaryComparator 和 SubstringComparator 这两种比较器。除了这两种比较器以外，HBase 还有以下比较器：

- 正则表达式比较器（RegexStringComparator）：使用正则表达式来匹配字符串，与之搭配使用的比较关系枚举类为 CompareOp.EQUAL。
- 空值比较器（NullComparator）：一般跟 SingleColumnValueFilter 一起使用，与之搭

配使用的比较关系枚举类为 CompareOp.EQUAL 或 CompareOp.NOT_EQUAL。
- 数字比较器（LongComparator）：如果使用了数字比较器，我们刚刚做数字比较的例子就可以把 new BinaryComparator(Bytes.toBytes(10)) 换成 new LongComparator(10L)。
- 比特位比较器（BitComparator）：比特位比较器的构造函数需要两个传参：要计算的比特数组 和 计算方法。计算方法的可选值由 BitComparator.BitwiseOp 枚举类提供，有 AND、OR 和 XOR 可选。HBase 会将你传入的比特数组通过你要求的计算方法跟数据库中的值进行比特位计算。当比较关系为 EQUAL 的时候，结果集中包含的那些运算结果为非全 0 的结果。当比较关系为 NOT_EQUAL 的时候，只有运算结果为全 0 的记录会被放入结果集。
- 字节数组前缀比较器（BinaryPrefixComparator）：你提供一段字节数组，然后字节数组前缀比较器会帮你挑出所有以这段字节数组打头的记录。

接下类我们来介绍各种过滤器。由于之前已经介绍过值过滤器和单列值过滤器，所以下面不再介绍这两种过滤器。

6.1.3 分页过滤器

如果要做一个程序员最感兴趣的过滤器排行榜，单列值过滤器一定是第一名的过滤器，而分页过滤器（PageFilter）肯定紧随其后。因为跟列表最息息相关的两个功能就是：

- 关于列的过滤
- 分页

我们马上来了解一下分页过滤器是怎么使用的吧。分页过滤器的构造函数是：

```
PageFilter(long pageSize)
```

这个构造函数就一个参数 pageSize，即每页的记录数。我们来看一个例子：我的 mytable 表中从 row1 到 row6 有 6 行记录，现在我给 Scan 增加一个 PageFilter，设置分页数量为 2：

```
Filter filter = new PageFilter(2L);
scan.setFilter(filter);
```

查询并打印出结果：

```
row1: name=billyWangpaul age=9
row2: name=sara age=22
```

可以看到打印的结果包含有第一条记录，总记录数为 2。这就相当于 SQL 中的 limit 2。

如果我们想翻下一页呢

PageFilter 并没有给我们一个方式来简单地实现 SQL 中的 limit 2,2 这样的功能。实际上 PageFilter 只能实现相当于 limit n 的功能。如果要做再翻页就需要我们自己把上一次翻页的最后一个 rowkey 记录下来，并作为下一次 Scan 的 startRowkey。具体我们来看实现的代码。

为了让代码看起来更简洁，我把输出结果的代码抽成了一个单独的方法 printResult，以下是 printResult 的代码。printResult 跟分页过滤器没什么关系，所以这些仅供参考，你们可以实现自己的 printResult 方法。

```java
/**
 * 遍历 rs 打印结果，并返回最后一条记录的 rowkey
 * @param rs
 * @return
 */
private static byte[] printResult(ResultScanner rs){
  byte[] lastRowKey = null;
  for (Result r : rs) {
    byte[] rowkey = r.getRow();
    String name = Bytes.toString(r.getValue(Bytes.toBytes("mycf"), Bytes.toBytes("name")));
    int age = Bytes.toInt(r.getValue(Bytes.toBytes("mycf"), Bytes.toBytes("age")));
    System.out.println(Bytes.toString(rowkey) + ": name=" + name + " age=" + age);

    lastRowKey = rowkey;
  }
  return lastRowKey;
}
```

在主函数中实现连续打印 2 页内容：

```java
Filter filter = new PageFilter(2L);
scan.setFilter(filter);

// 第 1 页
ResultScanner rs = table.getScanner(scan);

// 我自己实现的打印结果方法
byte[] lastRowkey = printResult(rs);
rs.close();

System.out.println("现在打印第 2 页");

// 第 2 页
// 为 lastRowkey 拼接上一个零字节
byte[] startRowkey = Bytes.add(lastRowkey, new byte[1]);
scan.setStartRow(startRowkey);
ResultScanner rs2 = table.getScanner(scan);

// 我自己实现的打印结果方法
printResult(rs2);
```

```
rs2.close();
```

输出结果为：

```
row1: name=billyWangpaul age=9
row2: name=sara age=22
```

现在打印第 2 页：

```
row3: name=chris age=11
row4: name=helen age=16
```

为什么要在打印第二页的时候给 lastRowkey 加上一个 0 字节

这是因为 Scan 返回的结果是包含 startRowkey 对应的记录的，而我们不希望第二次的 Scan 结果集把第一次的最后一条记录包含进去。所以我用了一个小技巧：为 lastRowkey 加上了一个 0 字节（byte 数组初始化后默认填入的就是 0 字节）。

如何实现列表组件

聪明的你一定已经想到解决方案了吧，那就是把 lastRowkey 记录到 Session 中或者是写到页面上，然后请求下一页的时候把这个 rowkey 传给服务端用于构建下一次 Scan 的 startRowkey。

由于我们的 Filter 是被分发到不同的 Region 中去执行的(参考过滤器这节开始的架构图)，所以各个 RegionScanner 并不知道别的 RegionScanner 获取到了几条数据，所以如果你的数据是分布在不同的 RegionServer 上的话，返回的结果会比你定义的分页数更大。如果你想要精确地只返回 n 条结果的话，在 Scan 返回结果后，还需要对数据进行后续处理。比如对结果进行排序，并丢弃超过 n 条的记录。

6.1.4　过滤器列表

细心的读者可能会发现 Scan 只有 setFilter 而没有 addFilter 方法，可是在实际工作中我们肯定是需要同时使用多个过滤器的。比如当我们做一个列表页面的时候，就需要支持基于单列值过滤器和分页过滤器同时作用，就像我们在传统关系型数据库中写的 SQL 那样：

```
select * from mytable where age > 22 limit 10
```

为此，HBase 设计了一种专门的过滤器：过滤器列表（FilterList）。这种过滤器虽然也继承了 FilterBase 抽象类，但是严格地说它不是一种过滤器，从名字上就可以看出。我们可以添加我们想要同时执行的若干个过滤器到过滤器列表中，并把这个过滤器列表通过 setFilter 方法设定到 Scan 上。FilterList 有多个构造函数，我们先来看第一个构造函数：

```
FilterList(List<Filter> rowFilters)
```

rowFilters 就是多个过滤器组成的列表。接下来我们来看个例子：

```
    List<Filter> filters = new ArrayList<Filter>();

    // 设置条件 name like '%Wang%'
    Filter nameFilter = new SingleColumnValueFilter(Bytes.toBytes("mycf"),
Bytes.toBytes("name"), CompareOp.EQUAL, new SubstringComparator("Wang"));
    filters.add(nameFilter);

    // 设置分页为每页 2 条数据
    Filter pageFilter = new PageFilter(2L);
    filters.add(pageFilter);

    // 使用 filters 列表创建 FilterList
    FilterList filterList = new FilterList(filters);
    scan.setFilter(filterList);

    //执行查询
    ResultScanner rs = table.getScanner(scan);
    printResult(rs);
    rs.close();
```

 printResult(rs) 方法不是 HBase 自带的，是我自定义的用于遍历结果集，并把结果集的记录打印出来的自定义方法。printResult 的实现代码见 6.1.3 分页过滤器（PageList）。

执行的结果为：

```
row1: name=billyWangpaul age=9
row5: name=andyWang age=5
```

可以看到单列值过滤器（SingleColumnValueFilter） 和 分页过滤器（PageFilter）同时起作用了，实现了我们用 SQL 想要实现的功能：

```
name like '%Wang%'limit 2
```

添加过滤器的顺序是否对结果有影响

接下来做一个实验：如果把这两个过滤器的设置顺序改一下，先设定分页过滤器再设定单列值过滤器呢？

```
    // 设置分页为每页 2 条数据
    Filter pageFilter = new PageFilter(2L);
    filters.add(pageFilter);

    // 设置条件 name like '%Wang%'
    Filter nameFilter = new SingleColumnValueFilter(Bytes.toBytes("mycf"),
Bytes.toBytes("name"), CompareOp.EQUAL, new SubstringComparator("Wang"));
    filters.add(nameFilter);

    // 创建 FilterList
    FilterList filterList = new FilterList(filters);
    // 执行查询并打印结果……具体代码省略
```

执行后的结果变少了：

```
row1: name=billyWangpaul age=9
```

这是为什么呢？过滤器列表之所以叫 FilterList 而不是 FilterSet，是因为各个过滤器在过滤器列表内的执行是有先后顺序的：

- 如果把分页过滤器放到单列值过滤器之前。无论这列是否会被单列值过滤器处理，每遍历一条记录分页过滤器中的计数器都会加 1。当遍历的记录数量达到分页过滤器（PageFilter）定义的最大数量时扫描器（Scan）就会停止扫描。
- 如果把单列值过滤器放到分页过滤器之前，那么被单列值过滤器过滤掉的列根本就不会进入分页过滤器（PageFilter）的处理范围。只有当记录通过了单列值过滤器后被保留下来的时候，计数器才会加 1。这才是我们想要的效果。

所以在使用过滤器列表的时候请记得务必要把分页过滤器放到最后。

如何实现多个过滤器之间的 AND 或者 OR 关系

实际工作中，我们不可能总是只用一个列来检索记录。比如我们经常在数据库中设定一个字段 active 作为软删除的标记，所有的过滤条件都必须基于 active=1 这个条件。这就变成了，所有查询语句都会带上 active=1 的条件。如果你想基于 name 列进行查询，那么查询条件就是 name='xxxx' AND active='1'。你看，就连只根据 name 来过滤的情况下，实际上我们也动用了两个字段的比较，而且他们之间的关系是 AND：

```
where name like '%Wang%' and active = '1' limit 2
```

此时就需要用到过滤器列表的第二个构造函数：

```
FilterList(Operator operator, List<Filter> rowFilters)
```

增加的第一个参数被称为运算符（operator），它代表过滤器列表中的各个过滤器对于扫描器（Scan）的扫描过程所起的作用。运算符有以下可选值，如表 6-2 所示。

表 6-2　运算符可选值

可选值	说明
MUST_PASS_ALL	必须所有的过滤器都通过后，这个单元格才能被纳入结果集中。相当于所有条件之间用 AND 连接。如果不指定运算符（operator），默认为 MUST_PASS_ALL
MUST_PASS_ONE	只要一个过滤器通过，这个单元格就可以被纳入结果集中，相当于所有条件之间用 OR 连接

MUST_PASS_ALL 很简单，不需要过多解释。关于 MUST_PASS_ONE，我们再来做一个实验：这次我们把分页过滤器放到前面，然后用 MUST_PASS_ONE 作为运算符，看看会发生什么：

```
// 设置分页为每页 2 条数据
```

```
    Filter pageFilter = new PageFilter(2L);
    filters.add(pageFilter);

    // 设置条件 name like '%Wang%'
    Filter nameFilter = new SingleColumnValueFilter(Bytes.toBytes("mycf"),
Bytes.toBytes("name"), CompareOp.EQUAL, new SubstringComparator("Wang"));
    filters.add(nameFilter);

    // 创建 FilterList
    FilterList filterList = new FilterList(Operator.MUST_PASS_ONE, filters);
    scan.setFilter(filterList);
```

输出结果为：

```
row1: name=billyWangpaul age=9 active=0
row2: name=sara age=22 active=1
row5: name=andyWang age=5 active=1
row6: name=Wang age=66 active=1
```

可以看到分页过滤器失效了，原因是当你用 MUST_PASS_ONE 的时候就算分页过滤器中的计数器达到最大条数后，扫描器依然会往下继续遍历所有数据，以找出满足单列值过滤器的记录。

我们在实际的工作中有时会出现多条件嵌套查询，比如我们同时要选择生活在 xiamen 和 shanghai 的人并且这些数据必须是处于激活状态的，即 active=1，如果写成 SQL 就是：

```
where (city='xiamen' OR city='shanghai') AND active='1'
```

那么，如何实现嵌套查询呢？

过滤器列表也是一种过滤器，所以我们可以把一个过滤器列表设置到另外一个过滤器列表中来实现嵌套查询。我们来看下具体的代码要怎么写。

先构建（city='xiamen' OR city= 'x shanghai'） 内部查询：

```
    // 内层查询过滤器列表
    List<Filter> innerfilters = new ArrayList<Filter>();

    // 找出住在 xiamen 的人
    Filter xiamenFilter = new SingleColumnValueFilter(Bytes.toBytes("mycf"),
Bytes.toBytes("city"), CompareOp.EQUAL, new
BinaryComparator(Bytes.toBytes("xiamen")));
    innerfilters.add(xiamenFilter);

    // 找出住在 shanghai 的人
    Filter shanghaiFilter = new SingleColumnValueFilter(Bytes.toBytes("mycf"),
Bytes.toBytes("city"), CompareOp.EQUAL, new
```

```
BinaryComparator(Bytes.toBytes("shanghai")));
    innerfilters.add(shanghaiFilter);
    // 创建内层 FilterList, 设置运算符为 OR
    FilterList innerFilterList = new FilterList(Operator.MUST_PASS_ONE,
innerfilters);
```

然后我们把内部查询放到外部查询中，同时加上 active = '1' 的过滤条件：

```
    // 外层查询过滤器列表
    List<Filter> outerFilters = new ArrayList<Filter>();

    // 将内层过滤器列表作为外层过滤器列表的第一个过滤器
    outerFilters.add(innerFilterList);

    // 设置过滤条件为 active = '1'
    Filter activeFilter = new SingleColumnValueFilter(Bytes.toBytes("mycf"),
Bytes.toBytes("active"), CompareOp.EQUAL, new
BinaryComparator(Bytes.toBytes("1")));
    outerFilters.add(activeFilter);

    // 创建外层 FilterList, 设置运算符为 AND
    FilterList outerfilterList = new FilterList(Operator.MUST_PASS_ALL,
outerFilters);
```

设置过滤器列表到扫描器，以及扫描器执行和打印结果集的代码跟之前雷同，所以我省略了这部分代码，请大家参考前面的章节自行完成。

执行的结果为：

```
row2: name=sara city=xiamen active=1
row3: name=chris city=shanghai active=1
row5: name=andyWang city=shanghai active=1
row6: name=Wang city=xiamen active=1
```

结果正是我们想要的。

其实，过滤器列表还有第三种构造函数：

```
FilterList(Operator operator)
```

这种构造函数在构造的时候只传入运算符，然后使用 addFilter 方法来实现添加过滤器：

```
Filterlist.addFilter(Filter filter)
```

相比起初始化一个 List<Filter>，然后把这个 List 一次性传入过滤器列表的方式，我个人更推崇这种方式，因为这样代码看起来更优雅。我们来把之前这个嵌套查询的例子改成这种写法：

```
    // 创建内层 FilterList,设置运算符为 OR
    FilterList innerFilterList = new FilterList(Operator.MUST_PASS_ONE);
```

```
    // 找出住在 xiamen 的人
    Filter xiamenFilter = new SingleColumnValueFilter(Bytes.toBytes("mycf"),
Bytes.toBytes("city"), CompareOp.EQUAL, new
BinaryComparator(Bytes.toBytes("xiamen")));
    innerFilterList.addFilter(xiamenFilter);

    // 找出住在 shanghai 的人
    Filter shanghaiFilter = new SingleColumnValueFilter(Bytes.toBytes("mycf"),
Bytes.toBytes("city"), CompareOp.EQUAL, new
BinaryComparator(Bytes.toBytes("shanghai")));
    innerFilterList.addFilter(shanghaiFilter);

    // 创建外层 FilterList，设置运算符为 AND
    FilterList outerfilterList = new FilterList(Operator.MUST_PASS_ALL);

    // 将内层过滤器列表作为外层过滤器列表的第一个过滤器
    outerfilterList.addFilter(innerFilterList);

    // 设置过滤条件为 active = '1'
    Filter activeFilter = new SingleColumnValueFilter(Bytes.toBytes("mycf"),
Bytes.toBytes("active"), CompareOp.EQUAL, new
BinaryComparator(Bytes.toBytes("1")));
    outerfilterList.addFilter(activeFilter);
```

减少了创建 List<Filter>的代码不仅仅是让代码的行数变少，而且让代码涉及的变量更少，逻辑看起来更清晰了。

最常用的过滤器介绍完了，接下来介绍其他的过滤器。在介绍其他过滤器的时候，为了便于记忆，我把这些过滤器根据其针对的范畴分为行键过滤器、列过滤器、单元格过滤器和装饰过滤器。

以下介绍的过滤器没有哪种是特别常用的，它们都是基于特定的场景下设计的过滤器。初次阅读本书的读者请尽量快速略读一遍它们即可，遇到不感兴趣的只需要看下介绍就好了，避免睡着。

6.1.5 行键过滤器

行键过滤器主要是针对行键进行过滤的过滤器。

6.1.5.1 行过滤器

行过滤器（RowFilter）的作用是针对 rowkey 进行过滤。比如，我们要挑选出所有 rowkey > row3 的行，可以这样写：

```
    Filter filter = new RowFilter(CompareFilter.CompareOp.GREATER, new
```

```
BinaryComparator(Bytes.toBytes("row3")));
    scan.setFilter(filter);
```

运行结果为所有 rowkey > row3 的行：

```
row4:helen
row5:andyWang
row6:Wang
```

要注意的是 HBase 对于字符串的比较是按照 ASCII 的字典排序，row10 是小于 row3 的。所以设计 rowkey 的时候，如果想使用数字的话最好将数字的位数设置得足够大以保证顺序性，或者干脆使用时间戳来作为 rowkey 的最后一段字符串。

可能有人会问：那这样跟 Get 或者 Scan 的时候，指定 STARTROW 或者 ENDROW 有什么区别呢？

还是有区别的，你用 Get 或者 STARTROW 和 ENDROW 只能使用固定的字符串，而不能使用更灵活的匹配。如果把 BinaryComparator 换成 SubstringComparator，就变成了模糊匹配 rowkey 中的一段字符串。如果用 RegexStringComparator，就变成了正则表达式匹配（这种比较器后面会再详细讲解）。所以，RowFilter 可以做 Get 和 STARTROW+ENDROW 的所有事情，但是反过来它们却做不到 RowFilter 可以做到的灵活匹配。

6.1.5.2 多行范围过滤器

多行范围过滤器（MultiRowRangeFilter）是行过滤器的扩展版本，你可以使用多行范围过滤器来指定多个行键搜索范围。该过滤器的构造函数需要传入多个行键范围实例作为传参：

```
MultiRowRangeFilter(List<RowRange> list)
```

RowRange 实例可以包含起始行（StartRow）和结束行（EndRow）信息，它的构造函数非常容易理解：

- RowRange(byte[] startRow、boolean startRowInclusive、byte[] stopRow、boolean stopRowInclusive)
- RowRange(String startRow、boolean startRowInclusive、String stopRow、boolean stopRowInclusive)

第一种构造函数的参数分别为：

- startRow: 起始行。
- startRowInclusive: 结果中是否包含起始行。
- stopRow: 结束行。
- stopRowInclusive: 结果中是否包含结束行。

第二种构造函数只是第一种的简便写法。如果你的行键采用的是字符串形式，那么你可以直接使用第二种构造函数传入 StartRow 和 StopRow，而不需要使用 Bytes.toByte() 方法来转换字符串为 byte 数组。

我们来看一个例子,在这个例子中,我要查询出以下两个范围的行键对应的记录:

- 从 row1 到 row2,并且包含起始行和结束行。
- 从 row5 到 row7,并且包含起始行和结束行。

代码如下:

```
// 构建从 row1 到 row2 的 RowRange
RowRange rowRange1to2 = new RowRange("row1", true, "row2", true);

// 构建从 row5 到 row7 的 RowRange
RowRange rowRange5to7 = new RowRange("row5", true, "row7", true);

// 构造 RowRange 的 List
List<RowRange> rowRanges = new ArrayList<RowRange>();

// 添加这两个 RowRange 到 List 中
rowRanges.add(rowRange1to2);
rowRanges.add(rowRange5to7);

// 初始化 MultiRowRangeFilter
Filter multiRowRangeFilter = new MultiRowRangeFilter(rowRanges);

// 为 Scan 设置 Filter
scan.setFilter(multiRowRangeFilter);
```

执行结果如下:

```
第 1 行(rowkey=row1)
第 2 行(rowkey=row2)
第 3 行(rowkey=row5)
第 4 行(rowkey=row6)
第 5 行(rowkey=row7)
```

总共查询出 5 行记录,它们的行键分布为 row1~row2 和 row5~row7。

6.1.5.3 前缀过滤器

所谓的前缀过滤器(PrefixFilter),确切地说应该是行键前缀过滤器。这种过滤器可以根据行键的前缀匹配同样是这个前缀的行。比方说,我们现在要检索出所有行键以 row 起头的行,就可以这样写:

```
PrefixFilter prefixFilter = new PrefixFilter(Bytes.toBytes("row"));
scan.setFilter(prefixFilter);

//执行查询
ResultScanner rs = table.getScanner(scan);
```

```
printResult(rs);
rs.close();
```

查询后的结果是：

```
row1: name=billyWangpaul city=shanghai active=0
row2: name=sara city=xiamen active=1
row3: name=chris city=shanghai active=1
row4: name=helen city=beijing active=1
row5: name=andyWang city=shanghai active=1
row6: name=Wang city=xiamen active=1
```

这些行的共同点就是行键是以 row 起头的。可能有人会问这种过滤器这么简单管什么用啊？答案是：提高性能。因为前缀过滤器在遇到扫描的行键的前缀大于你所指定的前缀时，立马就停止扫描了。当然也有的人会说"这有什么嘛，我用 STARTROW 和 ENDROW 也可以实现这点"。其实说得也对，但是你如果想查出行键前缀为 abc 的所有行，你的 shell 要这么写：

```
scan 'mytable', {STARTROW => 'abc', ENDROW => 'abd'}
```

而使用了前缀过滤器（PrefixFilter）就省去自己写 ENDROW 的步骤，而且看起来语义更清晰。

 就算用了前缀过滤器也依然要结合上 STARTROW 使用，否则 scan 还是会从第一条记录开始扫描，浪费了大量的性能。

6.1.5.4 模糊行键过滤器

我们都知道通过 STARTROW 可以查询出所有以 STARTROW 所指定的字符串开头的行，但是如果我们需要匹配中间的一段行键或者是结尾的一段行键呢？

比如我们现在有一张表叫 LoginRecord，里面记录的所有人在本系统的登录时间和各种信息。行键的组成格式是：

```
<year>_<month>_<day>_<userId>
```

举个例子：

```
2016_06_22_4567
```

这个行键的意思就是这条记录是 2016 年 6 月 22 日 用户 id 为 4567 的用户登录的信息。

如果我们希望找出 4567 这个人 2016 年的所有登录记录的话,你就可以使用模糊行键过滤器（FuzzyRowFilter）。它的构造函数是：

```
public FuzzyRowFilter(List<Pair<byte[], byte[]>> fuzzyKeysData)
```

fuzzyKeysData 是用于模糊匹配的表达式。模糊匹配的表达式由两个部分组成：行键和行键掩码（fuzzy info）。

- 行键：输入你需要匹配的行键关键字。对于那些需要模糊匹配的字符所在的位置，你可以使用任意的字符，我的习惯是使用 ? 符号。我们这个例子中我们需要找出用户 id 为 4567 的用户 2016 年的所有记录，那么行键就写 2016_??_??_4567。其实问号可以替换成任意一个字符。
- 行键掩码：行键掩码的长度必须跟你的行键长度一样。在你需要模糊匹配的字符处标记上 1，其他的位置标记上 0。在我们这个例子中行键掩码就是 0, 0, 0, 0, 0, 1, 1, 0, 1, 1, 0, 0, 0, 0, 0。

根据这个规则，我们可以写出如下代码：

```java
FuzzyRowFilter filter = new FuzzyRowFilter(Arrays.asList(
    new Pair<byte[], byte[]>(
        Bytes.toBytesBinary("2016_??_??_4567"),
        new byte[] {0, 0, 0, 0, 0, 1, 1, 0, 1, 1, 0, 0, 0, 0, 0}
    )));
scan.setFilter(filter);
```

执行结果为：

```
row=2016_09_11_4567, column=actionName, column=userId
row=2016_12_12_4567, column=actionName, column=userId
```

所以，当你需要根据前缀来过滤行键的时候用前缀过滤器即可，当你需要根据处在中间或者结尾的关键词来过滤行键的时候，就可以使用模糊行键过滤器了。

6.1.5.5 包含结尾过滤器

当我们用 Scan 来扫描数据的时候，如果使用 STOPROW 来指定终止行，结果集中并不会包含终止行。如果你想在结果中包含终止行可以有两种方式：

（1）在终止行的 rowkey 上增加一个字节的数据，然后把增加了一个字节的 rowkey 作为 STOPROW。

（2）使用包含结尾过滤器（InclusiveStopFilter），比如下面这个例子：

```java
Scan scan = new Scan(Bytes.toBytes("row1"));

Filter filter = new InclusiveStopFilter(Bytes.toBytes("row5"));
scan.setFilter(filter);

//执行查询
ResultScanner rs = table.getScanner(scan);
printResult(rs);
rs.close();
```

输出结果如下：

```
row=row1, column=active, column=age, column=city, column=name, column=teacher
row=row2, column=active, column=age, column=city, column=name, column=teacher
row=row3, column=active, column=age, column=city, column=name, column=phone, column=teacher
row=row4, column=active, column=age, column=city, column=name, column=teacher
row=row5, column=active, column=age, column=city, column=name, column=teacher
```

可以看到使用包含结尾过滤器（InclusiveStopFilter）之后 row5 也被包含进结果集中了。

6.1.5.6 随机行过滤器

当你想随机抽取系统的一部分数据的时候，可以使用随机行过滤器（RandomRowFilter）。这种过滤器适用于数据分析时对系统数据进行采样的场景。通过随机行过滤器（RandomRowFilter）让你可以随机地选择系统中的一部分数据。它的构造函数是：

```
RandomRowFilter(float chance)
```

chance 是一个用来比较的数值。当扫描器遍历数据的时候，每遍历到一行数据，HBase 就会调用 Random.nextFloat() 来得出一个随机数，并用这个随机数跟你提供的 change 来进行比较，如果比较的结果是随机数比 chance 小，则该条记录会被选择出来，反之就会被过滤掉。chance 的取值范围从 0.0 到 1.0，如果你设定 change 为负数，那么所有的结果都会被过滤掉；如果设定的比 1.0 大，那么结果集中会包含所有行。所以，你可以把 chance 看成是你要选取的数据在整个表的数据中的百分比。

我们来看个例子：

```
// 初始化随机行过滤器
Filter filter = new RandomRowFilter(new Float(0.5));
scan.setFilter(filter);

//执行查询
ResultScanner rs = table.getScanner(scan);
printResult(rs);
rs.close();
```

我将 chance 设定为 0.5。执行后输出的结果为：

```
第 1 行(rowkey=row2)
第 2 行(rowkey=row3)
第 3 行(rowkey=row4)
第 4 行(rowkey=row5)
第 5 行(rowkey=row8)
```

我的表有 8 条数据，抽取出了 5 条，差不多取了一半的数据。

6.1.6 列过滤器

介绍完了行过滤器，接下来，我们来介绍列过滤器。列过滤器主要指那些针对列名进行过滤的过滤器。

6.1.6.1 列族过滤器

列族过滤器（FamilyFilter）跟行过滤器非常相似，区别只在于这回是针对列族来进行过滤。以下是例子：

```
Filter filter = new FamilyFilter(CompareFilter.CompareOp.EQUAL, new BinaryComparator(Bytes.toBytes("mycf")));
scan.setFilter(filter);
```

执行这个例子后，只有列族为 mycf 的列会被加入结果集。

6.1.6.2 列过滤器

这个也很容易理解，就是针对列名进行过滤的过滤器，其他方面跟行过滤器和列族过滤器并没有什么不一样。以下是例子：

```
Filter filter = new QualifierFilter(CompareFilter.CompareOp.EQUAL, new BinaryComparator(Bytes.toBytes("name")));
scan.setFilter(filter);
```

看了 2 个平淡无奇的过滤器是不是觉得索然无味，感觉快要睡着？放心，马上就要介绍一种比较复杂的过滤器了，这就是依赖列过滤器（DependentColumnFilter）。

6.1.6.3 依赖列过滤器

这种过滤器实在太特殊了，以至于一开始很难理解它的用法，所以我们要先从数据准备讲起。为了演示这种过滤器的作用，必须要新建一张表，插入一些数据，并且这回我们必须手动指定时间戳。

先新建一张表叫 testDepFilter，新的列族跟之前一样还叫 mycf：

```
hbase(main):004:0> create 'testDepFilter','mycf'
```

然后我们用 Java 的 API 往表中插入 4 条数据：

```
Put put = new Put(Bytes.toBytes("row1"));
put.addColumn(Bytes.toBytes("mycf"), Bytes.toBytes("name"), 1L, Bytes.toBytes("jack"));
put.addColumn(Bytes.toBytes("mycf"), Bytes.toBytes("updatedTime"), 1L, Bytes.toBytes("nothing"));
table.put(put);

Put put2 = new Put(Bytes.toBytes("row2"));
put2.addColumn(Bytes.toBytes("mycf"), Bytes.toBytes("name"), 1L, Bytes.toBytes("ted"));
```

```
    put2.addColumn(Bytes.toBytes("mycf"), Bytes.toBytes("updatedTime"), 1L,
Bytes.toBytes("nothing"));
    table.put(put2);

    Put put3 = new Put(Bytes.toBytes("row3"));
    put3.addColumn(Bytes.toBytes("mycf"), Bytes.toBytes("name"), 1L,
Bytes.toBytes("billy"));
    put3.addColumn(Bytes.toBytes("mycf"), Bytes.toBytes("updatedTime"),1L,
Bytes.toBytes("nothing"));
    table.put(put3);

    Put put4 = new Put(Bytes.toBytes("row4"));
    put4.addColumn(Bytes.toBytes("mycf"), Bytes.toBytes("name"), 1L,
Bytes.toBytes("sara"));
    put4.addColumn(Bytes.toBytes("mycf"), Bytes.toBytes("updatedTime"),1L,
Bytes.toBytes("nothing"));
    table.put(put4);
```

我插入的这 4 条数据有以下特点：

- 时间戳用的不是当前时间，而是自己自定义的 1L，也就是 long 类型的 1。
- 除了可以列 name 以外，还插入了一个列 updatedTime，我会用它作为依赖列来构建依赖列过滤器。
- updatedTime 的值并不重要，我们在依赖列过滤器中将会用到的是 updatedTime 的时间戳（版本号），所以这里我用了 nothing 作为这个字段的值，意思就是这个列的值其实没有用。

插入后用 hbase shell 看一下表中的记录：

```
hbase(main):009:0> scan 'testDepFilter'
ROW                  COLUMN+CELL
 row1                column=mycf:name, timestamp=1, value=jack
 row1                column=mycf:updatedTime, timestamp=1, value=nothing
 row2                column=mycf:name, timestamp=1, value=ted
 row2                column=mycf:updatedTime, timestamp=1, value=nothing
 row3                column=mycf:name, timestamp=1, value=billy
 row3                column=mycf:updatedTime, timestamp=1, value=nothing
 row4                column=mycf:name, timestamp=1, value=sara
 row4                column=mycf:updatedTime, timestamp=1, value=nothing
4 row(s) in 0.0560 seconds
```

可以看到每行有两个列，并且他们的 Timestamp 都是 1。

依赖列过滤器顾名思义得有一个依赖列。接下来我用 mycf:updatedTime 作为依赖列来构建依赖列过滤器并查询记录：

```
    Filter filter = new DependentColumnFilter(Bytes.toBytes("mycf"),
Bytes.toBytes("updatedTime"));
```

```
scan.setFilter(filter);
```

我修改了打印结果的 printResult 方法，改成了把当前行的 name 字段和 updatedTime 字段的时间戳打印出来：

```
for (Result r : rs) {
        String rowkey = Bytes.toString(r.getRow());
        String name = Bytes.toString(r.getValue(Bytes.toBytes("mycf"),
Bytes.toBytes("name")));
        long dependentColumnTimestamp =
r.getColumnLatestCell(Bytes.toBytes("mycf"),
Bytes.toBytes("updatedTime")).getTimestamp();
        System.out.println(rowkey + ": name=" + name + " dependentColumn
timestamp=" + dependentColumnTimestamp);
    }
```

这样输出的结果为：

```
row1: name=jack dependentColumn timestamp=1
row2: name=ted dependentColumn timestamp=1
row3: name=billy dependentColumn timestamp=1
row4: name=sara dependentColumn timestamp=1
```

可以看到所有的列都被输出了，似乎过滤器没有起任何作用？别急，接下来我们把 row1 的 name 列的时间戳更新为 2L：

```
Put put = new Put(Bytes.toBytes("row1"));
put.addColumn(Bytes.toBytes("mycf"), Bytes.toBytes("name"), 2L,
Bytes.toBytes("jack"));
table.put(put);
```

我们再来看下表中的数据：

```
hbase(main):011:0> scan 'testDepFilter'
ROW            COLUMN+CELL
 row1           column=mycf:name, timestamp=2, value=jack
 row1           column=mycf:updatedTime, timestamp=1, value=nothing
 row2           column=mycf:name, timestamp=1, value=ted
 row2           column=mycf:updatedTime, timestamp=1, value=nothing
 row3           column=mycf:name, timestamp=1, value=billy
 row3           column=mycf:updatedTime, timestamp=1, value=nothing
 row4           column=mycf:name, timestamp=1, value=sara
 row4           column=mycf:updatedTime, timestamp=1, value=nothing
4 row(s) in 0.0950 seconds
```

这次 row1 的 mycf:name 的时间戳（timestamp）被修改成了 2，然后我们再执行一次之前的过滤代码，这回的结果是：

```
row1: name=null dependentColumn timestamp=1
row2: name=ted dependentColumn timestamp=1
row3: name=billy dependentColumn timestamp=1
row4: name=sara dependentColumn timestamp=1
```

这回 row1 的 mycf:name 列没了，所以打印出 null。是不是似乎懂了点什么？然后我们再把 row1 的 mycf:updatedTime 的时间戳更新为 2L：

```
Put put = new Put(Bytes.toBytes("row1"));
put.addColumn(Bytes.toBytes("mycf"), Bytes.toBytes("updatedTime"), 2L,
Bytes.toBytes("nothing"));
table.put(put);
```

然后我们再查询一次，结果变为：

```
row1: name=jack dependentColumn timestamp=2
row2: name=ted dependentColumn timestamp=1
row3: name=billy dependentColumn timestamp=1
row4: name=sara dependentColumn timestamp=1
```

row1 的 mycf:name 列又回来了。

依赖列过滤器的用法可以总结为以下几点：

- 先指定一个列为依赖列。
- 然后以该依赖列的时间戳去过滤其他的列，凡是时间戳比依赖列的时间戳大的列都会被过滤掉。

最后选出来的列就是所有时间戳小于等于依赖列的时间戳的字段。处理的流程如图 6-2 所示。

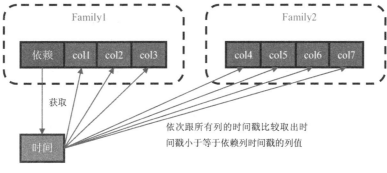

图 6-2

那么为什么要设计这样一种古怪的过滤器

想象一下，我们使用过的系统一般不会一次只更新一个字段吧？一般都是一次性更新 n 个字段，并且这 n 个字段都是在一个事务里面，所以此时我们需要保证数据的原子性。但是由于 HBase 数据结构的特殊性，一行的多个列是存储在不同的位置上的，如果要做强一致性的约束方案，比如使用行锁来锁住所有即将被写入的列，在本次写入完成之前，别的数据不能被写入。这样做对于一个分布式系统来说成本未免太高。

但是如果不做强一致性的约束，在高并发的写入过程中如果去读取数据，就有可能出现读到脏数据的问题。举个例子，如果有两个客户端：Client1 和 Client2 先后以极短的时间间隔往同一行中的三个列写入数据。

刚开始的时候这行数据的值如图 6-3 所示。

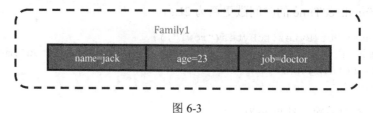

图 6-3

Client1 将这些值改写为新的值，如图 6-4 所示。

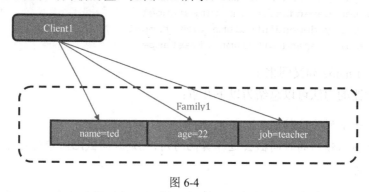

图 6-4

然后 Client2 将这些值又改了一次，如图 6-5 所示。

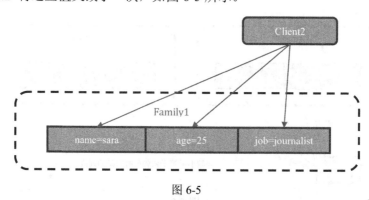

图 6-5

最后 Client3 来读取这行数据，获得的是 Client2 编辑后的版本，如图 6-6 所示。

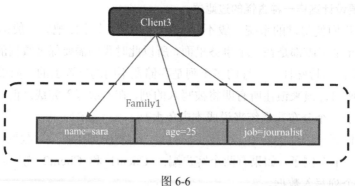

图 6-6

如果实际的系统都是这样工作的话，那么什么问题都不会出。但是如果 Client3 正好在 Client1 写完了数据后，同时 Client2 还未写完数据的时候来读取数据的话，会得到什么结果呢？如图 6-7 所示。

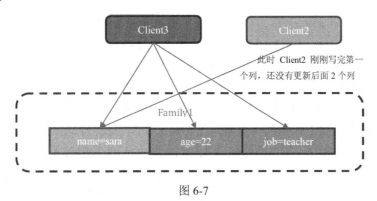

图 6-7

Client3 将会读到不完整的数据，即前半段是新的数据，而后半段是旧的数据。这个问题通过引入依赖列过滤器可以解决。HBase 中的每一个单元格都可以保存多个版本的数据的，所以后面一个写入的值并不会把前一个值改掉，而是直接在这个单元格上再加入一个版本的值。我们可以在每次更新数据的最后去更新依赖列，这样就可以保证该行的所有数据的时间戳都小于等于依赖列的时间戳。这样我们就可以通过制定依赖列来让扫描器读取的时候只读取那些时间戳小于等于依赖列的数据版本，避免读取到还未更新完毕的脏数据，如图 6-8 所示。

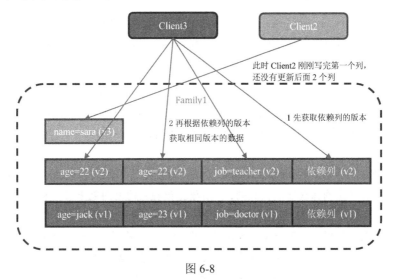

图 6-8

依赖列过滤器的另外一种构造函数增加了 dropDependentColumn 参数：

```
DependentColumnFilter(byte [] family, byte [] qualifier, boolean dropDependentColumn)
```

由于如果使用了依赖列过滤器后，扫描器一定会先去获取依赖列的信息，并放到返回的结果集中，所以就算这行的其他列都被过滤掉了，至少这行记录还有一个单元格被返回，那就是

219

依赖列的单元格。这样的话我们的 ResultScanner 依然会遍历到这行记录，只不过你想输出的列的值都是 null。比如行键为 row1 的记录中除了依赖列以外的记录全部都不符合条件（timestamp 都比依赖列大），此时输出的结果就是：

```
row1: name=null, age=null, class=null dependentColumn timestamp=1
row2: name=ted, age=22, class=A, dependentColumn timestamp=1
row3: name=billy, age=23, class=A, dependentColumn timestamp=1
row4: name=sara, age=21, class=B, dependentColumn timestamp=1
```

很显然，row1 的记录对我们完全没用，但是 ResultSet 依然会遍历这行，因为这行中有依赖列的数据在。这种情况下依赖列本身的值没有意义，因为我们只是用依赖列来做版本管理。

所以我们想要的效果是，如果除了依赖列以外这行的其他数据都不满足条件，那么干脆把这行从结果集中去除。去除的方法就是不把依赖列的数据放入结果集中。此时你就可以将 dropDependentColumn 设置为 true。那么在返回的结果集中就会把依赖列剔除掉。如果这行数据并没有任何一个单元格符合时间戳小于等于依赖列的时间戳这个条件的话，这行就完全不会存在于结果集中。输出就变为：

```
row2: name=ted, age=22, class=A, dependentColumn timestamp=1
row3: name=billy, age=23, class=A, dependentColumn timestamp=1
row4: name=sara, age=21, class=B, dependentColumn timestamp=1
```

依赖列最后一种构造函数是：

```
DependentColumnFilter(byte [] family, byte[] qualifier, boolean
dropDependentColumn, CompareOp valueCompareOp, ByteArrayComparable
valueComparator)
```

这个构造函数在之前构造函数的基础上增加了 CompareOp 和 ByteArrayComparable 两个参数，这样就可以在依赖列的过滤条件上，再加上对值的比较过滤。此时，你可以把依赖列过滤器当作一个 ValueFilter 和一个时间戳过滤器的组合。

> 依赖列过滤器不能跟 Scan.setBatch 方法同时使用，因为依赖列过滤器在遍历一行数据的时候要务必先确保获取到依赖列，然后根据依赖列的时间戳来过滤别的单元格。而使用了 setBatch(int n) 后 scan 每遍历 n 个单元格都会停下来把结果返回给客户端。这样就有可能出现，某行数据读取到一半，但是还没有读取到依赖列，就满足了 batch 的条件，并将结果集返回给了客户端。这种情况下，依赖列过滤器就无法工作了。所以如果你使用了依赖列过滤器又设定了 setBatch 的话，Scan 执行会报错。

6.1.6.4 列前缀过滤器

既然针对行键的过滤器有前缀过滤器，那么针对列名的过滤器也应该有列前缀过滤器（ColumnPrefixFilter）。由于我们之前说的前缀过滤器其实应该叫行键前缀过滤器，因为它是专门针对行键的前缀进行过滤的，所以 HBase 又推出了一个针对列名过滤的前缀过滤器，叫列前缀过滤器。我们来看个例子：

```
ColumnPrefixFilter prefixFilter = new
ColumnPrefixFilter(Bytes.toBytes("ci"));
scan.setFilter(prefixFilter);

//执行查询
ResultScanner rs = table.getScanner(scan);
printResult(rs);
rs.close();
```

这段代码的意思是选择出所有以 ci 这段前缀起头的列，执行结果是：

```
row1: name=null city=shanghai active=null
row2: name=null city=xiamen active=null
row3: name=null city=shanghai active=null
row4: name=null city=beijing active=null
row5: name=null city=shanghai active=null
row6: name=null city=xiamen active=null
```

由于 city 是以 ci 起头的，所以 city 这个列被选择出来了，而 active 和 name 由于不满足前缀条件，所以被过滤掉了。

6.1.6.5 多列前缀过滤器

有时候只针对一个列的列前缀过滤不够用啊,比如我们要同时选择出多个列要怎么办？解决方案就是使用多列前缀过滤器（MultipleColumnPrefixFilter）。这种过滤器的构造函数传入的不是 byte[] 数组，而是 byte[][] 二维数组。这是因为列名本身就是一个 byte[] 数组，所以多个列名就要用 byte[][] 二维数组。你可以传入多个列前缀来同时选择出满足指定的任意一种列前缀的列，比如：

```
byte [][] filter_prefix = new byte [2][];
filter_prefix[0] = Bytes.toBytes("ci");
filter_prefix[1] = Bytes.toBytes("ac");

MultipleColumnPrefixFilter prefixFilter = new
MultipleColumnPrefixFilter(filter_prefix);
scan.setFilter(prefixFilter);
```

这样我们就可以查询出所有前缀为 ci 或者 ac 的列，执行结果是：

```
row1: name=null city=shanghai active=0
row2: name=null city=xiamen active=1
row3: name=null city=shanghai active=1
row4: name=null city=beijing active=1
row5: name=null city=shanghai active=1
row6: name=null city=xiamen active=1
```

可以看到由于 city 和 active 满足我们的前缀条件，所以被检索出来；而 name 不符合这两种前缀中的任何一种，所以没有被检索出来。

可能有人会想到可不可以把多列前缀过滤器作为类似关系型数据库中的 SELECT 关键字来使用呢？

其实不需要这么麻烦，直接用 scan.addColumn(ColumnFamily, Column)就可以了。但是 HBase 中如果你用 addColumn 后，那么没有被添加进 Scan 的列就不会被扫描到，也不会被过滤器扫描到，针对这些列的过滤器就会失效，比如单列值过滤器。这就好比你如果想执行类似以下 SQL 这样的查询：

```
SELECT name from mytable where age > 35
```

如果不把 name 和 age 都用 addColumn 添加进 Scan，那么 age > 35 就失效了。所以在 HBase 看来这句 SQL 应该改成这样，才能达到我们想要的效果：

```
SELECT name, age from mytable where age > 35
```

6.1.6.6 列键过滤器（KeyOnlyFilter）

每一个单元格在 HBase 中都是由多个 KeyValue 实例组成的，我称 KeyValue 中的 Key 为列键。列键存储的其实就是列名，所以你也可以把 KeyOnlyFilter 称为列名过滤器。列键过滤器（KeyOnlyFilter）的作用就是在遍历过程中不获取值，只获取列名。在某些场景下，你的结果集只需要列名，这个时候你就可以使用列键过滤器。

这里就涉及另外一个问题：如何打印出结果集中的列名？

我们前面的教程中介绍了 Result.getValue 方法可以打印出值，但是我们没有介绍如何打印出结果集中的列名。我们虽然可以从 Result 对象中用 list()方法获取该行的所有单元格，但是你会发现 Cell 对象并没有 getKey()或者 getColumnName()之类的方法，唯一一个比较接近的 getQualifier()方法又被废弃了，看起来似乎一点办法都没有。其实正确的方式是使用 CellUtil 的 cloneQualifier(cell)将 cell 中的 key 复制出来：

```
CellUtil.cloneQualifier(cell)
```

是不是看起来有点怪？这是因为早期的 getQualifier 方法每次都会生成一个备份，浪费了大量的内存，所以该方法被废弃了。官方建议大家改用 cloneQualifier(cell)方法来获取单元格的列名。

完整地遍历 ResultSet 并打印出每一行的所有列名的代码如下：

```
for (Result r : rs) {
    List<Cell> cells = r.listCells();
    List<String> sb = new ArrayList<String>();

    byte[] rowkey = r.getRow();
    sb.add("row=" + Bytes.toString(rowkey));
    for(Cell cell: cells){
        sb.add("column=" + new String(CellUtil.cloneQualifier(cell)));
```

```
        }
        System.out.println(StringUtils.join(sb, ", "));
}
```

使用列键过滤器的例子如下：

```
KeyOnlyFilter filter = new KeyOnlyFilter();
scan.setFilter(filter);

//执行查询
ResultScanner rs = table.getScanner(scan);
printResult(rs);
rs.close();
```

打印结果如下：

```
row=row1, column=active, column=age, column=city, column=name, column=teacher
row=row2, column=active, column=age, column=city, column=name, column=teacher
 row=row3, column=active, column=age, column=city, column=name, column=phone,
column=teacher
 row=row4, column=active, column=age, column=city, column=name, column=teacher
 row=row5, column=active, column=age, column=city, column=name, column=teacher
 row=row6, column=active, column=age, column=city, column=name, column=teacher
```

可以看到，我们把所有的列名都取出来。由于这个过程中并没有获取值的信息，所以这个操作比较快。

6.1.6.7 首次列键过滤器

首次列键过滤器（FirstKeyOnlyFIlter）是在列键过滤器的基础上更进一步。它在遍历到行的第一个列的时候立即就放弃了往下遍历该行其他列的行为，转而遍历下一个列。由于总是只获取第一个列键，所以叫首次列键过滤器。

这种过滤器看起来似乎没有什么用

我们在传统的关系型数据库中经常会用到 count 操作来做行数统计，这个操作往往很快就能完成。可是在 HBase 中，你必须遍历所有的数据才能知道总共有多少行，聪明的你肯定一下就想道：这得有多慢啊。如果可以只检索到一个列就立马跳到下一行就好了，所以就产生了首次列键过滤器（FirstKeyOnlyFilter）。使用这种过滤器，当扫描器扫描到某行的第一个列就会跳过该行的余下列，因为只要有列存在则该行必然存在，所以这种过滤器在做行数统计的时候速度非常快。

比如我们要统计 mytable 表总共有多少行记录，则代码可以这样写：

```
Table table = connection.getTable(TableName.valueOf("mytable"));

Scan scan = new Scan();
Filter filter = new FirstKeyOnlyFilter();
```

```
scan.setFilter(filter);

ResultScanner rs = table.getScanner(scan);
int count = 0;
for (Result r : rs) {
    count++;
}
rs.close();
System.out.println("mytable 总共有: " + count + " 行");
```

输出结果为:

```
mytable 总共有: 1110 行
```

你会发现这段代码执行的速度非常快。

6.1.6.8 列名范围过滤器（ColumnRangeFilter）

这个过滤器的作用是选择满足一定范围列名的列,具体地说你在定义这种过滤器的时候需要给出最小列名和最大列名,然后该过滤器会选择根据 ASCII 码列名在你所指定的列名范围内的列。比如,你指定了最小列名为 ab、最大列名为 ad,那么叫 abc、ac1、acc 这样名字的列都会被选择出来,而 age 就不会被选择出来。这样想来 ColumnRangeFilter 的构造函数肯定是两个传参,一个是最小列名,一个是最大列名,但实际上 ColumnRangeFilter 的构造函数有 4 个参数:

```
ColumnRangeFilter(byte[] minColumn, boolean minColumnInclusive,
    byte[] maxColumn, boolean maxColumnInclusive)
```

除了最小列名（minColumn）和最大列名（maxColumn）以外,还有两个参数 minColumnInclusive 和 maxColumnInclusive。其实从名称上就可以猜出,minColumnInclusive 的意思是结果中是否包含最小列名,而相对的 maxColumnInclusive 就是结果中是否包含最大列名。

我们来看一个例子:

```
ColumnRangeFilter filter = new ColumnRangeFilter(Bytes.toBytes("active"), true,
Bytes.toBytes("city"), false);
scan.setFilter(filter);

//执行查询
ResultScanner rs = table.getScanner(scan);
printResult(rs);
rs.close();
```

执行结果为:

```
row1: active=1 age=9 city=null name=null
```

```
row2: active=1 age=22 city=null name=null
row3: active=0 age=11 city=null name=null
row4: active=0 age=16 city=null name=null
row5: active=1 age=5 city=null name=null
row6: active=0 age=66 city=null name=null
```

由于我们设定的最小列名是 active，并且结果要包含 active 本身。我们设定的最大列名是 city，但是结果中不要包含 city 列名。所以可以看到 active、age 都被选择出来了，而 city、name 被过滤掉了。

6.1.6.9 列数量过滤器

该过滤器比较偏门，并且是专门针对 Get 的。建议大家直接跳过或者粗略浏览一遍即可。

列数量过滤器（ColumnCountGetFilter）的作用是，你可以只选择前 n 个列返回。如果你的行中有 10 个列，而你使用了列数量过滤器并且指定列数为 5，那么 scan 扫描了 5 个列后会停止该行的扫描，转而扫描下一列。

大家要注意的有两点：

- 这种过滤器是设计来专门给 Get 操作使用的，并不适用于 Scan。
- 请不要把这种过滤器应用到 Scan 上。

如果你一定要把列数量过滤器用于 Scan，其实也是可以的，但是你会发现这种过滤器在配合 Scan 使用的时候比较古怪。当你扫描到某行的列数比你指定的 n 更大的时候整个 Scan 会立即终止。举个例子，如果你现在拥有 10 行数据，并且所有行都只有 5 列，那么当你使用列数量过滤器的时候，指定 n 为 5，你可以查询到所有 10 行记录。但是，当你往第 3 行加入新的一列之后，第 3 行的列数变为 6 了，这样第 3 行的列数就比你指定的 n=5 大。再次使用该过滤器之后，你会发现，扫描器扫描完第 3 行就停止了扫描，你只能查询出前 3 行记录。

现在我们就来重现一下这个场景：

```
ColumnCountGetFilter filter = new ColumnCountGetFilter(5);
scan.setFilter(filter);

//执行查询
ResultScanner rs = table.getScanner(scan);
printResult(rs);
rs.close();
```

输出结果为：

```
row1: active=1 age=9 city=shanghai name=billyWangpaul phone=null teacher=MrZhang
row2: active=1 age=22 city=xiamen name=sara phone=null teacher=MrZhang
row3: active=0 age=11 city=shanghai name=chris phone=16899999999 teacher=null
```

实际上我是有 10 行数据的，除了第 3 行以外，其他行都是 5 列数据。只有第 3 行多出来一列 phone。所以你可以看到，前 2 行的 phone 打印出来都是 null，因为前 2 行都没有 phone 这个字段，而第 3 行打印到 phone 就停止了，不再打印 teacher。因为 teacher 是第 6 列，超过了我们定义的 5。并且，整个扫描过程停止了，不再打印后面的记录。

接下来，我们来看看把这种过滤器使用在 Get 上的例子：

```
Table table = connection.getTable(TableName.valueOf("mytable"));
Get get = new Get(Bytes.toBytes("row1"));

ColumnCountGetFilter filter = new ColumnCountGetFilter(4);
get.setFilter(filter);

//执行查询
Result r = table.get(get);
printResult(r);
```

执行结果为：

```
row1: active=1 age=9 city=shanghai name=billyWangpaul phone=null teacher=null
```

可以看到前 4 个列都被取出来了。

6.1.6.10　列翻页过滤器

该过滤器比较偏门，并且是专门针对 Get 的。建议大家直接跳过或者粗略浏览一遍即可。

列翻页过滤器（ColumnPaginationFilter）也是一款专门针对 Get 的过滤器。这种过滤器是在列数量过滤器（ColumnCountGetFilter）的基础上做出来的。构造这种过滤器的时候需要传入两个参数 limit、offset：

```
public ColumnPaginationFilter(int limit, int offset)
```

- limit: 每页最大列数。
- offset: 偏移量，即从第几个列开始遍历。offset 的取值范围从 0 开始。

现在我们来举个例子，把 row1 这行的第 2、3 列取出来：

```
ColumnPaginationFilter filter = new ColumnPaginationFilter(2, 1);
get.setFilter(filter);

//执行查询
Result r = table.get(get);
printResult(r);
```

输出结果为：

```
row1: active=null age=9 city=shanghai name=null phone=null teacher=null
```

可以看到第 1 列 active 被跳过了，Result 直接输出了第 2、3 列的 age 和 city。

6.1.7 单元格过滤器

单元格过滤器就是针对单元格进行过滤的过滤器。之前介绍的值过滤器（ValueFilter）也是单元格过滤器的一种。

时间戳过滤器

当你需要针对时间戳做精确选择的时候，可以使用时间戳过滤器（TimestampsFilter）。不过这个过滤器对于时间戳的选择是精确到毫秒的，只有精确地等于你所指定的时间戳的记录才会被挑选出来，所以这种过滤器更适合自定义时间戳的场景。比如有时我们会使用时间戳（Timestamp）属性来存储自定义的版本号。正如以下例子：

```
// 先初始化时间戳列表
List<Long> timestampList = new ArrayList<Long>();
// 添加 5L 作为第一个要检索的时间戳
timestampList.add(5L);
// 添加 7L 作为第二个要检索的时间戳
timestampList.add(7L);
// 初始化时间戳过滤器
Filter filter = new TimestampsFilter(timestampList);
scan.setFilter(filter);
```

输出结果为：

```
第 1 行(rowkey=row7):
第 1 个单元格[column=city, value=guangzhou, version=5]
第 2 个单元格[column=name, value=tom, version=5]

第 2 行(rowkey=row8):
第 1 个单元格[column=city, value=shenzhen, version=7]
 第 2 个单元格[column=name, value=harry, version=7]
```

可以看到这种过滤器会过滤所有的单元格的所有版本的时间戳，并从中挑选出符合我们制定的版本号的单元格版本。其实我的 row7 中 mycf:name 单元格中存储了 2 个版本，分别是 5L 和 6L。我们用以下的代码把这个单元格的所有版本都打印出来：

```
Get g = new Get(Bytes.toBytes("row7"));
//我们只查询 mycf:name 列的数据
g.addColumn(Bytes.toBytes("mycf"), Bytes.toBytes("name"));

//设定查询出的最大版本数为 999，由于单元格所能存储的版本数一般不会大于 999，所以这样写代表了我们要查询出所有版本。
g.setMaxVersions(999);
Result r = table.get(g);

//获取结果集中的所有单元格
List<Cell> cells = r.listCells();

//把所有版本打印出来
StringBuilder sb = new StringBuilder();
```

```
    int i =1;
    for(Cell cell: cells){
        sb.append("第" + i + "个单元格");
        sb.append("[");
        sb.append("column=" + new String(CellUtil.cloneQualifier(cell)));
        sb.append(",value=" + new String(CellUtil.cloneValue(cell)));
        sb.append(",version=" + cell.getTimestamp());
        sb.append("]\n");
        i++;
    }
    System.out.println(sb.toString());
```

打印输出的结果为：

```
第 1 个单元格[column=name,value=eric,version=6]
第 2 个单元格[column=name,value=tom,version=5]
```

由于我们在时间戳过滤器中指定要获取的版本号分别为 5 和 7，所以只有版本号为 5 和 7 的单元格会被查询出来，而版本号为 6 的单元格就被跳过了。

6.1.8 装饰过滤器

装饰过滤器（decorating filter）是一类过滤器的统称。这类过滤器不能单独地使用，它必须依赖别的过滤器才能起作用。我们用装饰过滤器来包装其他过滤器，实现了对过滤器结果的扩展和修改。由于它的设计思想类似设计模式中的装饰模式，所以命名为装饰过滤器。

6.1.8.1 跳转过滤器

用这种过滤器来包装别的过滤器的时候，当被包装的过滤器判断当前的 KeyValue 需要被跳过的时候，整行都会被跳过。换句话说只需要某一行中的某一列被跳过，这行数据就会被跳过。不过被包装的过滤器必须实现 filterKeyValue() 方法，否则跳转过滤器（SkipFilter）无法正常工作。

我们来看一个例子：使用跳转过滤器来实现 "只要行中有一个列的值等于 north，就把整行的数据都跳过" 的功能。

先构建出表 schools，并添加以下数据，如表 6-3 所示。

表 6-3 表 schools 的数据

rowkey	info:geo	info:name
row1	north	qinghua university
row2	north	beijing university
row3	south	xiamen university
row4	south	shenzhen university
row5	south	zhejiang university

我们来编写不带 SkipFilter 情况下的查询代码：

```
// 初始化 ValueFilter
Filter valueFilter = new ValueFilter(CompareOp.NOT_EQUAL, new
BinaryComparator(Bytes.toBytes("north")));
scan.setFilter(valueFilter);
```

执行的结果如下：

```
第 1 行(rowkey=row1):
第 1 个单元格[column=name, value=qinghua university]

第 2 行(rowkey=row2):
第 1 个单元格[column=name, value=beijing university]

第 3 行(rowkey=row3):
第 1 个单元格[column=geo, value=south]
第 2 个单元格[column=name, value=xiamen university]

第 4 行(rowkey=row4):
第 1 个单元格[column=geo, value=south]
第 2 个单元格[column=name, value=shenzhen university]

第 5 行(rowkey=row5):
第 1 个单元格[column=geo, value=south]
第 2 个单元格[column=name, value=zhejiang university]
```

可以看到 row1 和 row2 中的 info:geo 这个字段由于值等于 north，所以被过滤掉了。不过由于 info:name 的值不等于 north，所以还是会被放入结果集中。

我们再看看使用上 SkipFilter 情况下的查询代码：

```
// 初始化 ValueFilter
Filter valueFilter = new ValueFilter(CompareOp.NOT_EQUAL, new
BinaryComparator(Bytes.toBytes("north")));

// 用 valueFilter 初始化 SkipFilter
Filter skipFilter = new SkipFilter(valueFilter);
scan.setFilter(skipFilter);
```

查询的结果如下：

```
第 1 行(rowkey=row3):
第 1 个单元格[column=geo, value=south]
第 2 个单元格[column=name, value=xiamen university]

第 2 行(rowkey=row4):
```

```
第 1 个单元格[column=geo, value=south]
第 2 个单元格[column=name, value=shenzhen university]

第 3 行(rowkey=row5):
第 1 个单元格[column=geo, value=south]
第 2 个单元格[column=name, value=zhejiang university]
```

可以看到这回 row1 和 row2 完全被过滤掉了。

6.1.8.2 全匹配过滤器

这种过滤器其实跟跳转过滤器很类似，也是依附在别的过滤器上才能起作用的。跳转过滤器是只要有一个过滤器的 filterKeyValue() 方法返回 false，整行的数据就会被跳过。而全匹配过滤器（WhileMatchFilter）是在跳转过滤器的基础上更进了一步，使用了全匹配过滤器，如果有一个过滤器的 filterKeyValue() 方法返回 false，整体的 Scan 都会终止。

还是拿上面那个例子来做实验，这回我们要筛选出行键不等于 row3 的记录。先用不带全匹配过滤器的代码做一次查询：

```
// 初始化 RowFilter
Filter rowFilter = new RowFilter(CompareOp.NOT_EQUAL, new
BinaryComparator(Bytes.toBytes("row3")));
scan.setFilter(rowFilter);
```

执行结果为：

```
第 1 行(rowkey=row1):
第 1 个单元格[column=geo, value=north]
第 2 个单元格[column=name, value=qinghua university]

第 2 行(rowkey=row2):
第 1 个单元格[column=geo, value=north]
第 2 个单元格[column=name, value=beijing university]

第 3 行(rowkey=row4):
第 1 个单元格[column=geo, value=south]
第 2 个单元格[column=name, value=shenzhen university]

第 4 行(rowkey=row5):
第 1 个单元格[column=geo, value=south]
第 2 个单元格[column=name, value=zhejiang university]
```

只有 row3 这行被跳过了。

我们再来看看带上全匹配过滤器的情况是如何的：

```
// 初始化 RowFilter
Filter rowFilter = new RowFilter(CompareOp.NOT_EQUAL, new
```

```
BinaryComparator(Bytes.toBytes("row3")));

// 初始化 WhileMatchFilter
Filter whileMatchFilter = new WhileMatchFilter(rowFilter);
scan.setFilter(whileMatchFilter);
```

执行的结果如下：

```
第 1 行(rowkey=row1):
第 1 个单元格[column=geo, value=north]
第 2 个单元格[column=name, value=qinghua university]


第 2 行(rowkey=row2):
第 1 个单元格[column=geo, value=north]
第 2 个单元格[column=name, value=beijing university]
```

这回 scan 只要扫描到 row3 发现不符合结果，就把整个 Scan 过程停止了，只返回停止之前的结果集。

至此，所有的预定义过滤器就都介绍完了，我还是那句话：希望大家可以快速地略读一遍，但不要精读，等需要的时候再回来查阅，避免睡着。

6.1.9 自定义过滤器

自定义过滤器的内容比较长，而且平时比较少用到。所以如果你是第一次阅读本书，建议大家跳过自定义过滤器，直接阅读下一个章节，避免睡着。

当现有的过滤器不能满足我们的要求的时候，我们就需要自己来写过滤器了。你可以实现 Filter 抽象类或者直接继承 FilterBase 类。继承 FilterBase 类的好处就是它已经为你提供了 Filter 接口所有方法的默认实现。在详细介绍 Filter 的各种方法之前，按照惯例，我们先来看一个例子。

6.1.9.1 快速入门

现在有一张每个月的收入/支出表，名叫 mymoney。该表总共有 12 行记录，分别对应 12 个月。我要找出所有收入>支出的记录，但是似乎现有的过滤器不能满足我的要求。我现在需要做一个新的过滤器，该过滤器可以传入两个列名，我称呼它们为列 A 和列 B，然后过滤器会筛选出所有"列 A - 列 B > 0"的行。这样我就可以把"收入"作为列 A、"支出"作为列 B，然后筛选出所有收入大于支持的记录了。

首先大家必须知道我们写的过滤器是运行在服务器端的，所以不能使用之前例子所在的项目来写自定义过滤器，要新建一个项目来存放自定义过滤器，并把这个项目打包后部署到服务器上。

我们来新建项目，名叫 ColumnCompareFilter，如图 6-9 所示。

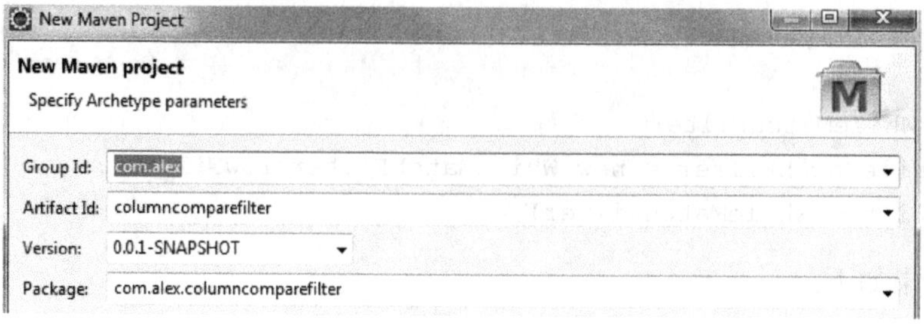

图 6-9

创建完项目后编辑 pom.xml ，增加 hbase-client 的依赖：

```
<dependency>
    <groupId>org.apache.hbase</groupId>
    <artifactId>hbase-client</artifactId>
    <version>1.2.2</version>
</dependency>
```

请修改此处的 hbase-server 的版本号为你使用的 HBase 版本，然后增加 build 节点来保证我们编译使用的 JDK 跟服务器端的 JDK 版本是一致的，由于我在服务器上使用的是 JDK1.7，所以我的 build 节点是这样的：

```
<build>
    <plugins>
        <plugin>
            <groupId>org.apache.maven.plugins</groupId>
            <artifactId>maven-compiler-plugin</artifactId>
            <version>3.1</version>
            <configuration>
                <source>1.7</source>
                <target>1.7</target>
                <showWarnings>true</showWarnings>
            </configuration>
        </plugin>
    </plugins>
</build>
```

然后建立 ColumnCompareFilter，该 Filter 继承自 FilterBase，如图 6-10 所示。

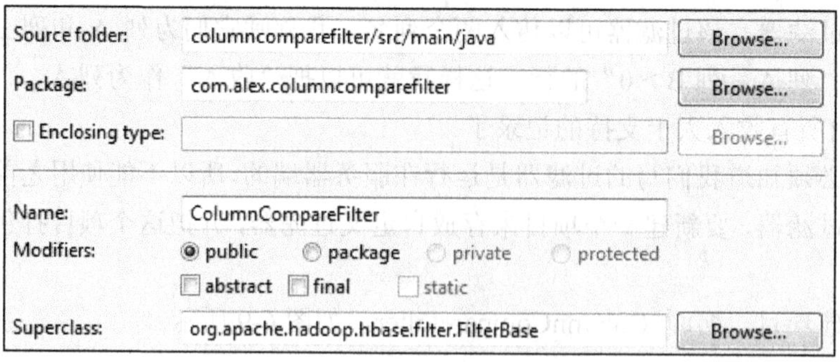

图 6-10

类建立好后，我们先来创建两个变量用来存储列 A 和列 B 的列名，并编写该类的构造函数用于传入列 A 和列 B 的名称。为了构造函数尽量简单，我们来定义列名格式为 columnFamily:columnName，比如 info:income 或者 info: expense。这样就只需要传入 2 个参数（列 A 和列 B 的名称），而不是 4 个参数（列 A 的列族名，列 A 的列名，列 B 的列族名，列 B 的列名）。

```
// 格式为 columnFamily:columnName，比如 info:income
private String columnAName;
private String columnBName;

public ColumnCompareFilter(String columnAName, String columnBName) {
    this.columnAName = columnAName;
    this.columnBName = columnBName;
}
```

刚刚建立好的 ColumnCompareFilter 里面有一个自动实现的方法：

```
@Override
public ReturnCode filterKeyValue(Cell v) throws IOException {
    // TODO Auto-generated method stub
    return null;
}
```

这个方法是继承了 FilterBase 后唯一一个必须实现的方法。这个方法会在扫描器遍历 KeyValue 对象的时候被调用。该方法用来判断当前遍历到的 KeyValue 实例是否应该被放入结果集中。由于现在是需要判断某两个列之间的关系，需要存储列 A 和列 B 的值用于后续的判断，所以我们要再建立两个变量来存储列 A 和列 B 的值：

```
private byte[] columnAValue;
private byte[] columnBValue;
```

由于 filterKeyValue 方法会遍历所有的 KeyValue，所以我们要做的是当遍历到列 A 和列 B 的时候，把它们的值存储下来。由于 filterKeyValue 方法的传参是一个 Cell 对象，这就带来一个新的问题：如何获取 Cell 的列族和列名？

如何获取 Cell 的列族和列名

之前我们说过获取列名可以使用 CellUtil.cloneQualifier(cell) 方法，聪明的你一定一下就想到了获取列族可以用 CellUtil.cloneFamily(cell) 方法。这样我们就可以拿我们的列 A 和列 B 的列名跟 Cell 的列名进行比较了。

不过在这里我要介绍 CellUtil 提供的另一个很贴心的方法：

```
boolean matchingColumn(final Cell left, final byte[] fam, final byte[] qual)
```

使用这个方法可以快速地判断某个 Cell 的列族和列是否跟我们指定的列族和列相同。你甚至都不需要自己去写判断代码了。

我们获取列 A 的值的方法最终演变为：

233

```
    String[] columnInfo = StringUtils.split(columnAName, ":");
    if (CellUtil.matchingColumn(cell, Bytes.toBytes(columnInfo[0]),
Bytes.toBytes(columnInfo[1]))) {
        columnAValue = CellUtil.cloneValue(cell);
    }
```

我们很容易地就可以知道获取列 B 的值的代码要怎么写了，在此我就不贴具体的代码了。

返回码的可选值

在 filterKeyValue 方法的返回值是一个返回码（ReturnCode）枚举类的值，这个枚举类有 5 种值类型：

- INCLUDE：结果中要包含这个 KeyValue。
- INCLUDE_AND_NEXT_COL：结果中包含这个 KeyValue，但是跳过余下的版本，直接处理下一列。
- SKIP：跳过这个 KeyValue。
- NEXT_COL：跳过当前列，并继续处理后面的列。
- NEXT_ROW：跳过当前行，并继续处理后面的行。
- SEEK_NEXT_USING_HINT：有些过滤器需要通过 Filter.getNextCellHint 方法来获取下一个要过滤的单元格。这样过滤器就可以跳过多个不需要处理的单元格。

在这个例子中为了尽量简单地处理 KeyValue，所以这里直接返回 Filter.ReturnCode.INCLUE。
完整的 filterKeyValue 代码为：

```
@Override
public ReturnCode filterKeyValue(Cell cell) throws IOException {
    String[] columnAInfo = StringUtils.split(columnAName, ":");
    if (CellUtil.matchingColumn(cell, Bytes.toBytes(columnAInfo[0]),
Bytes.toBytes(columnAInfo[1]))) {
        columnAValue = CellUtil.cloneValue(cell);
    }

    String[] columnBInfo = StringUtils.split(columnBName, ":");
    if (CellUtil.matchingColumn(cell, Bytes.toBytes(columnBInfo[0]),
Bytes.toBytes(columnBInfo[1]))) {
        columnBValue = CellUtil.cloneValue(cell);
    }

    return Filter.ReturnCode.INCLUDE;
}
```

拿到列 A 和列 B 的值之后，下一步就是通过比较它们的大小来决定该行是否被过滤掉。这时我们需要实现 filterRow 方法：

```
public boolean filterRow()
```

这个方法会在该行的所有 KeyValue 都被遍历完后，最后决定该行记录是否会包含在结果集中，还是被过滤掉。如果返回值为 true，则该行记录会被过滤掉。现在我们来编写判断的方法，这个方法非常简单，只要列 A 的值小于等于列 B 的值就返回 true：

```
@Override
public boolean filterRow() throws IOException {
    int columnAValueInt = Bytes.toInt(columnAValue);
    int columnBValueInt = Bytes.toInt(columnBValue);
    return columnAValueInt <= columnBValueInt;
}
```

另外，还需要实现 hasFilterRow 方法：

```
@Override
public boolean hasFilterRow() {
    return true;
}
```

为什么要实现 hasFilterRow

因为 HBase 规定了：一旦你使用了是针对行级别的过滤方法 filterRow，就需要实现 hasFilterRow 方法，并返回 true。这是因为当扫描器使用批处理模式的时候，扫描器只在每次批量操作结束时调用过滤器，这样你的行过滤方法 filterRow 就无法达到我们想要的效果。解决方案就是实现 hasFilterRow 方法，让其返回 true。这样就等于告诉扫描器："我是针对行过滤的过滤器"，那么 Scan 就会在当前行数据结束时调用这些过滤方法。

接下来我们来实现 reset 方法，这个方法会在每次扫描新行的时候被调用。在这个例子中需要重置列 A 和列 B 的值

```
@Override
public void reset() throws IOException {
    this.columnAValue = null;
    this.columnBValue = null;
}
```

序列化过滤器

如果你现在把自定义过滤器打成 jar 包，并部署到 HBase 的 lib 目录下，而且我们也重启了 HBase 集群，然后你心满意足地坐下来，编写客户端代码来调用这个过滤器，此时你会得到以下错误信息：

```
Caused by: org.apache.hadoop.hbase.exceptions.DeserializationException:
parseFrom called on base Filter, but should be called on derived type
  at org.apache.hadoop.hbase.filter.Filter.parseFrom(Filter.java:270)
  ... 13 more
```

这是因为 HBase 会将过滤器序列化后分发到各个 RegionServer 之上，然后再反序列化并构建实例，所以 HBase 要求你必须自己手动实现 Filter 接口中的 toByteArray 和 parseFrom 方法。toByteArray 的用途就是序列化过滤器构建函数的传参，parseFrom 的用途就是反序列化构建函数的传参，然后实例化过滤器。

说到序列化就不得不介绍一个第三方的开源项目 Google 的 protoBuf。在 protoBuf 产生之前大家基本都是通过 xml 来做序列化和反序列化的，但是 xml 的开销太高了，于是 Google 发

235

明了 protoBuf，所以 protoBuf 其实就是专门用来做序列化和反序列化的一个组件。你只需要知道这么多就可以啦。如果你想知道更多，请自行查看该项目的页面，在此我们不深入讲解。

6.1.9.2 安装 protobuf

首先要安装 protobuf，但是不幸的是 protobuf 对于普通的 Windows 用户支持不好，如果你想在 Windows 下安装 protobuf，你要先安装 C++编译环境，这是大多数 Java 开发者所不具有的。万幸的是我们有 Linux 环境，毕竟我们的 HBase 就是装在 Linux 上的。

很多教程直接开始说如何安装 protobuf。但是在安装 protobuf 之前，我要说一个大多数教程都不会提到的步骤：那就是先查看当前 HBase 使用的是什么版本的 protobuf，然后再下载该版本的 protobuf。以下是具体的安装 protobuf 的步骤。

STEP 1 检查 HBase 版本

使用 hbase shell 的 version 命令查看 HBase 版本。比如我使用的 HBase 版本为 1.2.2：

```
hbase(main):001:0> version
1.2.2, r3f671c1ead70d249ea4598f1bbcc5151322b3a13, Fri Jul  1 08:28:55 CDT 2016
```

STEP 2 下载 HBase 源码

根据你的版本号，进到 HBase 官方归档库：

```
http://archive.apache.org/dist/hbase/
```

如图 6-11 所示。

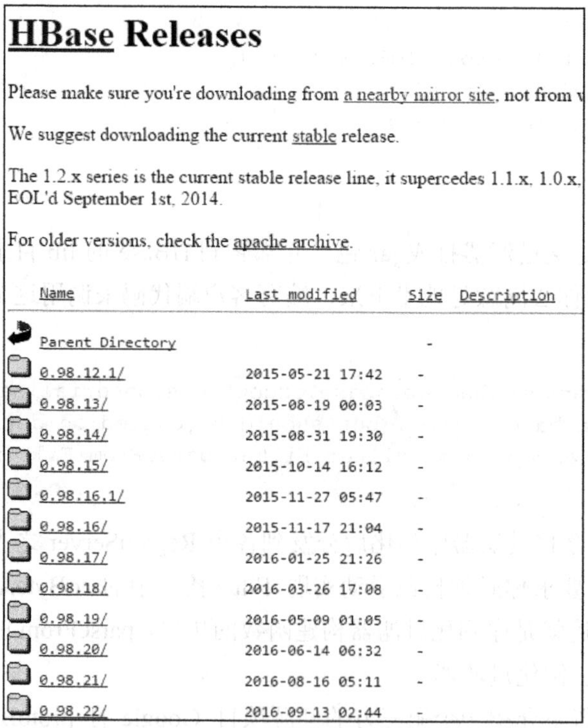

HBase Releases

Please make sure you're downloading from a nearby mirror site, not from v

We suggest downloading the current stable release.

The 1.2.x series is the current stable release line, it supercedes 1.1.x, 1.0.x, EOL'd September 1st, 2014.

For older versions, check the apache archive.

Name	Last modified	Size	Description
Parent Directory		-	
0.98.12.1/	2015-05-21 17:42	-	
0.98.13/	2015-08-19 00:03	-	
0.98.14/	2015-08-31 19:30	-	
0.98.15/	2015-10-14 16:12	-	
0.98.16.1/	2015-11-27 05:47	-	
0.98.16/	2015-11-17 21:04	-	
0.98.17/	2016-01-25 21:26	-	
0.98.18/	2016-03-26 17:08	-	
0.98.19/	2016-05-09 01:05	-	
0.98.20/	2016-06-14 06:32	-	
0.98.21/	2016-08-16 05:11	-	
0.98.22/	2016-09-13 02:44	-	

图 6-11

然后下载你的版本的源码包，比如我使用的是 1.2.2 版本的 HBase，所以我应该下载 1.2.2 的源码包，如图 6-12 所示。

```
Index of /dist/hbase/1.2.2

Name                         Last modified      Size  Description

Parent Directory                                  -
hbase-1.2.2-bin.tar.gz       2016-07-12 18:46   103M
hbase-1.2.2-bin.tar.gz.asc   2016-07-12 18:46   819
hbase-1.2.2-bin.tar.gz.md5   2016-07-12 18:46    73
hbase-1.2.2-bin.tar.gz.mds   2016-07-12 18:46   1.1K
hbase-1.2.2-bin.tar.gz.sha   2016-07-12 18:46   216
hbase-1.2.2-src.tar.gz       2016-07-12 18:46    15M
hbase-1.2.2-src.tar.gz.asc   2016-07-12 18:46   819
hbase-1.2.2-src.tar.gz.md5   2016-07-12 18:46    73
hbase-1.2.2-src.tar.gz.mds   2016-07-12 18:46   1.1K
hbase-1.2.2-src.tar.gz.sha   2016-07-12 18:46   216
```

图 6-12

下载后解压，打开根目录下的 pom.xml，并搜索 protobuf.version 关键词，在 1.2.2 的 pom.xml 文件中可以看到 protobuf.version 的值为 2.5.0：

```
<protobuf.version>2.5.0</protobuf.version>
```

STEP 3 下载 protobuf 源码

之前说过 protobuf 对于 Windows 的支持不是很好，为了避免浪费时间，请大家尽量直接在 Linux 环境下安装 protobuf。我直接使用了安装 HBase 的 Linux 服务器来安装 protobuf。在安装 protobuf 之前要先安装 protobuf 依赖的组件，由于我使用的是 CentOS 系统，所以我使用 yum 来安装以下组件；如果你使用的是别的版本的 Linux，请使用相对应的包管理器来安装依赖组件：

```
# sudo yum install autoconf automake libtool curl make gcc-c++ unzip
```

 如果你使用的是 apt-get，请更换 gcc-c++ 为 g++。

安装依赖组件后，我们打开 protobuf 的发布版本列表页：

```
https://github.com/google/protobuf/releases
```

找到 2.5.0 版本的页面：

```
https://github.com/google/protobuf/releases/tag/v2.5.0
```

可以找到源码的下载地址，如图 6-13 所示。

图 6-13

```
https://github.com/google/protobuf/archive/v2.5.0.tar.gz
```

切换到 Linux 服务器上执行以下命令：

```
# wget https://github.com/google/protobuf/archive/v2.5.0.tar.gz
# tar -zxvf v2.5.0.tar.gz
```

解压后，产生 protobuf-2.5.0 文件夹，然后进入该文件夹执行安装命令：

```
# cd protobuf-2.5.0
# ./autogen.sh
# ./configure
# make
# make check
# make install
# ldconfig
```

安装完成后执行 protoc --version 查看安装结果：

```
# protoc --version
libprotoc 2.5.0
```

如果可以正确显示版本号，说明安装成功。

常见问题

如果执行了 ./autogen.sh 后报以下错误：

```
bzip2: (stdin) is not a bzip2 file.
tar: Child returned status 2
tar: Error is not recoverable: exiting now
```

原因是 autogen.sh 中这段下载 gtest-1.5.0 的脚本中使用的地址失效了：

```
echo "Google Test not present. Fetching gtest-1.5.0 from the web..."
curl http://googletest.googlecode.com/files/gtest-1.5.0.tar.bz2 | tar jx
mv gtest-1.5.0 gtest
```

解决方案：到 googletest 项目的 GitHub 页面（如图 6-14 所示）找到 gtest-1.5.0.tar.gz（注意不是 gtest-1.5.0.tar.bz2）的下载地址：

```
https://github.com/google/googletest/releases
```

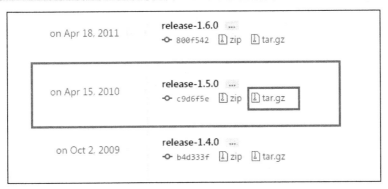

图 6-14

复制下载地址：https://github.com/google/googletest/archive/release-1.5.0.tar.gz。

然后将 autogen.sh 中的这两行：

```
curl http://googletest.googlecode.com/files/gtest-1.5.0.tar.bz2 | tar jx
mv gtest-1.5.0 gtest
```

修改为：

```
wget https://github.com/google/googletest/archive/release-1.5.0.tar.gz
tar zxf release-1.5.0.tar.gz
mv googletest-release-1.5.0 gtest
```

再执行 ./autogen.sh 就行了。

安装完后使用以下命令检验安装是否成功：

```
# protoc --version
libprotoc 2.5.0
```

6.1.9.3 继续我们的例子

安装 protobuf 只是我们快速入门中的一个小插曲，接下来继续回到我们的例子中。

编写 .proto 文件

protobuf 的实现思路类似于 SOAP，但是 xml 实在太烦琐了，protobuf 并不使用 xml，而是自己定义了 .proto 文件。该文件类似 xml，可以用来定义序列化和反序列化的接口，.proto 文件定义非常简洁明，使用起来的步骤也很简单，完全可以取代基于 SOAP 的 Webservice。所以有兴趣的读者可以自行学习 protobuf 的相关知识。

第一步就是写 protobuf 使用的接口定义文件 ColumnCompareFilter.proto，建立 src/main/resources 文件夹，并将其加入编译路径，如图 6-15 所示。

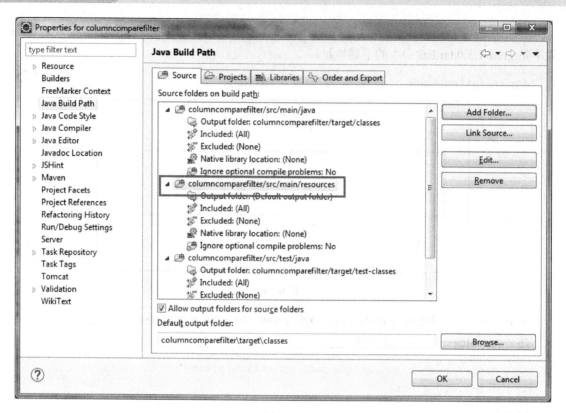

图 6-15

在 src/main/resources 文件夹下建立 ColumnCompareFilter.proto。

文件内容为:

```
option java_package = "com.alex.columncomparefilter.generated";
option java_outer_classname = "ColumnCompareFilterProtos";
option java_generic_services = true;
option java_generate_equals_and_hash = true;
option optimize_for = SPEED;

message ColumnCompareFilter {
 required bytes columnAName = 1;
 required bytes columnBName = 2;
}
```

说明：

- java_package 定义的是自动生成接口定义类所要存放的包位置。
- java_outer_classname 是接口定义类的类名。
- message 定义需要被序列化的对象的构造函数。此处我们使用 ColumnCompareFilter，即这个自定义过滤器的构造函数。

生成接口定义类

接下来我们要使用编写好的 ColumnCompareFilter.proto 文件来生成接口定义类，这就需要用到我们之前安装的 protobuf，我之前提到过 protobuf 对 Windows 的支持不好，最好是装在 Linux 服务器上。前面的安装例子就是教大家怎样将 protobuf 安装在我们部署 HBase 的 CentOS 服务器上的。所以现在需要在 CentOS 服务器上生成接口定义类。

首先，要把我们编写的.proto 文件上传到服务器上。大家只需要把项目下的 src 文件夹上传到服务器上便可，因为实际使用到的只是这个文件夹结构和其中的.proto 文件。上传好后，在服务器上执行以下命令（此时的命令行位置存放在 src 文件夹的同级目录下）：

```
# protoc -Isrc/main/resources --java_out=src/main/java src/main/resources/ColumnCompareFilter.proto
```

参数说明：

- -I 表示.proto 文件所在的文件夹位置。
- --java_out 表示生成的 Java 类文件存放的位置。
- 最后的参数表示要传入的.proto 文件的文件位置。

执行完后，你就可以在 src/main/java/com/alex/columncomparefilter/generated 下看到 ColumnCompareFilterProtos.java 文件。接下来，我们把新生成的文件夹和文件下载回我们本地的项目中，如图 6-16 所示。

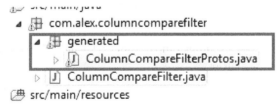

图 6-16

这个文件很长，大概有 600 行，但是我们不需要关注该类的代码本身，因为我们不会去编辑这个文件。如果你打开这个文件的内容，你可以看到这两行注释，提醒你不要去修改这个文件：

```
// Generated by the protocol buffer compiler.  DO NOT EDIT!
// source: ColumnCompareFilter.proto
```

实现 toByteArray 和 parseFrom

有了接口定义类我们就可以来实现 toByteArray 和 parseFrom 方法了。现在回到 ColumnCompareFilter.java 类，然后添加这两个方法：

```
    @Override
    public byte[] toByteArray() throws IOException {
        ColumnCompareFilterProtos.ColumnCompareFilter.Builder builder =
ColumnCompareFilterProtos.ColumnCompareFilter.newBuilder();
        if (columnAName != null) {
```

```java
        builder.setColumnAName(ByteStringer.wrap(Bytes.toBytes(columnAName)));
    }
    if (columnBName != null) {

        builder.setColumnBName(ByteStringer.wrap(Bytes.toBytes(columnBName)));
    }
    return builder.build().toByteArray();
}

public static Filter parseFrom(final byte [] pbBytes) throws DeserializationException {
    ColumnCompareFilterProtos.ColumnCompareFilter proto;
    try {
        proto = ColumnCompareFilterProtos.ColumnCompareFilter.parseFrom(pbBytes);
    } catch (InvalidProtocolBufferException e) {
        throw new DeserializationException(e);
    }
    return new ColumnCompareFilter(Bytes.toString(proto.getColumnAName().toByteArray()), Bytes.toString(proto.getColumnBName().toByteArray()));
}
```

至此，我们的自定义过滤器 ColumnCompareFilter 的全部代码就编写完了。为了给大家一个参考，还是把完整的代码贴出来吧：

```java
package com.alex.columncomparefilter;

import java.io.IOException;
import org.apache.commons.lang.StringUtils;
import org.apache.hadoop.hbase.Cell;
import org.apache.hadoop.hbase.CellUtil;
import org.apache.hadoop.hbase.exceptions.DeserializationException;
import org.apache.hadoop.hbase.filter.Filter;
import org.apache.hadoop.hbase.filter.FilterBase;
import org.apache.hadoop.hbase.util.ByteStringer;
import org.apache.hadoop.hbase.util.Bytes;

import com.alex.columncomparefilter.generated.ColumnCompareFilterProtos;
import com.google.protobuf.InvalidProtocolBufferException;

public class ColumnCompareFilter extends FilterBase {
```

```java
    // 格式为 columnFamily:columnName, 比如 info:income
    private String columnAName;
    private String columnBName;

    public ColumnCompareFilter(String columnAName, String columnBName) {
      this.columnAName = columnAName;
      this.columnBName = columnBName;
    }

    private byte[] columnAValue;
    private byte[] columnBValue;

    @Override
    public ReturnCode filterKeyValue(Cell cell) throws IOException {
      String[] columnAInfo = StringUtils.split(columnAName, ":");
      if (CellUtil.matchingColumn(cell, Bytes.toBytes(columnAInfo[0]),
Bytes.toBytes(columnAInfo[1]))) {
        columnAValue = CellUtil.cloneValue(cell);
      }

      String[] columnBInfo = StringUtils.split(columnBName, ":");
      if (CellUtil.matchingColumn(cell, Bytes.toBytes(columnBInfo[0]),
Bytes.toBytes(columnBInfo[1]))) {
        columnBValue = CellUtil.cloneValue(cell);
      }

      return Filter.ReturnCode.INCLUDE;
    }

    @Override
    public boolean hasFilterRow() {
      return true;
    }

    @Override
    public boolean filterRow() throws IOException {
      int columnAValueInt = Bytes.toInt(columnAValue);
      int columnBValueInt = Bytes.toInt(columnBValue);
      return columnAValueInt <= columnBValueInt;
    }

    @Override
    public void reset() throws IOException {
```

```java
    this.columnAValue = null;
    this.columnBValue = null;
  }


  @Override
  public byte[] toByteArray() throws IOException {
    ColumnCompareFilterProtos.ColumnCompareFilter.Builder builder = ColumnCompareFilterProtos.ColumnCompareFilter.newBuilder();
    if (columnAName != null) {
      builder.setColumnAName(ByteStringer.wrap(Bytes.toBytes(columnAName)));
    }
    if (columnBName != null) {
      builder.setColumnBName(ByteStringer.wrap(Bytes.toBytes(columnBName)));
    }
    return builder.build().toByteArray();
  }


  public static Filter parseFrom(final byte [] pbBytes) throws DeserializationException {
    ColumnCompareFilterProtos.ColumnCompareFilter proto;
    try {
      proto = ColumnCompareFilterProtos.ColumnCompareFilter.parseFrom(pbBytes);
    } catch (InvalidProtocolBufferException e) {
      throw new DeserializationException(e);
    }
    return new ColumnCompareFilter(Bytes.toString(proto.getColumnAName().toByteArray()), Bytes.toString(proto.getColumnBName().toByteArray()));
  }
}
```

部署自定义过滤器

全部代码编写完后，接下来就是要部署我们的自定义过滤器到服务器上。首先使用 Maven 打包自定义过滤器为 jar 文件：columncomparefilter-0.0.1-SNAPSHOT.jar。

部署自定义过滤器有两种方法：

- 把 jar 包的路径写到 hbase-env.sh 中的 HBASE_CLASSPATH 变量中，比如：export HBASE_CLASSPATH="/data/columncomparefilter-0.0.1-SNAPSHOT.jar"。
- 把 jar 包放到 hbase-site.xml 中 hbase.dynamic.jars.dir 参数所定义的路径中，如果你没有定义该参数，默认值为${hbase.rootdir}/lib。放到这个目录下的 jar 包会被自动加载，不需要重启 HBase。

在这个例子中我采用第二种方法，即放到 hbase.dynamic.jars.dir 目录下，让 HBase 自动加载它。我们先要将该 jar 包上传到每一个 server 上。你们可以使用自己的方式，我使用的方法是先把 jar 包上传到某一台服务器，然后使用 pssh（批量执行命令）和 pscp（批量分发）工具将 jar 部署到别的服务器上。

将 jar 包上传到某个服务器的过程就不赘述了，现在已经把 columncomparefilter-0.0.1-SNAPSHOT.jar 上传到某台服务器的 /root 目录下了。

接下来，我使用 pscp 将其分发到其他服务器（你可以使用自己的方式来分发 jar 包）：

```
# pscp -h ~/pssh-hosts -l root -Av /root/columncomparefilter-0.0.1-SNAPSHOT.jar /usr/local/hbase/lib
Warning: do not enter your password if anyone else has superuser
privileges or access to your account.
Password:
[1] 06:27:08 [SUCCESS] nn01
[2] 06:27:08 [SUCCESS] nn02
[3] 06:27:08 [SUCCESS] dn01
[4] 06:27:08 [SUCCESS] dn03
[5] 06:27:08 [SUCCESS] dn02
```

然后我使用 pssh 把所有服务器上的 jar 包的所有者（owner）更新为 hbase.hbase：

```
# pssh -h ~/pssh-hosts -l root -A -i "chown hbase.hbase /usr/local/hbase/lib/columncomparefilter-0.0.1-SNAPSHOT.jar"
```

制作测试数据

部署完 jar 包后，我们开始制作我们的测试数据。建立 mymoney 表：

```
hbase(main):001:0> create 'mymoney','info'
0 row(s) in 5.1460 seconds
=> Hbase::Table - mymoney
```

该表含有以下列，这两个列存储的都是数字类型数据：

- info:income
- info:expense

这是我的测试数据，如表 6-4 所示。

表 6-4 测试数据

行键	info:income	info:expense
01	6000	5000
02	6600	5300
03	4000	5200

(续表)

行键	info:income	info:expense
04	5310	5320
05	4500	4800
06	5500	4500
07	5600	5200
08	4900	5100
09	5600	5200
10	6900	5900
11	5800	6100
12	5700	6000

从这些数据中可以看出如果我们的过滤器正常运行，那么被筛选出来的月份将是我用阴影标识出来的 1、2、6、7、9、10 月份，因为收入（info:income）比支出（info:expense）高。

使用自定义过滤器

现在我们终于要开始使用自定义的过滤器了。首先要把自定义的过滤器通过 mvn install 命令安装到 Maven 本地私库上，只有这样客户端项目才能获取到自定义过滤器的类。所以如果想将该过滤器给别的同事使用，就要把这个组件上传到公司的 Maven 私库上。

安装好后，切换到之前学习客户端 API 的项目中，并在 pom.xml 中加入对自定义过滤器项目的依赖：

```xml
<dependency>
    <groupId>com.alex</groupId>
    <artifactId>columncomparefilter</artifactId>
    <version>0.0.1-SNAPSHOT</version>
</dependency>
```

在扫描器中加入自定义过滤器，并设置列 A 为 info:income，列 B 为 info:expense：

```java
Table table = connection.getTable(TableName.valueOf("mymoney"));
Scan scan = new Scan();

Filter filter = new ColumnCompareFilter("info:income","info:expense");
scan.setFilter(filter);

ResultScanner rs = table.getScanner(scan);
for (Result r : rs) {
    System.out.println("第 " + Bytes.toString(r.getRow()) + " 月，收入超过支出，收入："
        + Bytes.toInt(r.getValue(Bytes.toBytes("info"),
```

```
Bytes.toBytes("income")))
        + " 支出： " + Bytes.toInt(r.getValue(Bytes.toBytes("info"),
Bytes.toBytes("expense")))));
    }
    rs.close();
```

我只写出核心代码，其他的连接 HBase 数据库等代码我不会详细地贴出来，请大家自行完成。

如果一切顺利的话，按照我的数据，应该输出以下结果：

```
第 01 月，收入超过支出，收入： 6000 支出： 5000
第 02 月，收入超过支出，收入： 6600 支出： 5300
第 06 月，收入超过支出，收入： 5500 支出： 4500
第 07 月，收入超过支出，收入： 5600 支出： 5200
第 09 月，收入超过支出，收入： 5600 支出： 5200
第 10 月，收入超过支出，收入： 6900 支出： 5900
```

如果你也看到正确的输出结果，那么恭喜你！你顺利地做出了属于自己的自定义过滤器！

6.1.9.4 过滤方法的执行顺序

通过前面的快速入门例子相信大家已经对过滤器怎么编写、如何工作有了一个直观的了解了。如果我在本章节一开始的地方直接讲概念大家一定会睡着的，所以我选择在大家做完快速入门的例子之后介绍过滤器的各个方法。

Filter 抽象类的所有方法执行顺序如下：

（1）filterRowKey：首当其冲的是检查行键的方法啦。通过该方法检查行键后可以决定是否跳过后面的所有处理过程。

（2）filterKeyValue：检查这一行中每一个 KeyValue 实例，并根据前面提到的返回码决定该值是否被包含入结果集，以及下一步该怎么做。我们在快速入门例子中，使用了这个方法来获取列 A 和列 B 的值。

（3）transformCell：在单元格被检索完后，你可以调用这个方法对即将放入结果集中的数据进行修改。这个方法只会修改被放入结果集中的数据，不会修改表的数据。

（4）filterRowCells：单元格都检索完后，你可以通过这个方法来访问这些单元格，并修改它们。

（5）filterRow：在所有的 KeyValue 实例遍历完后，就会调用该方法。使用这个方法可以遍历之前选择出来的所有 KeyValue 实例。我们在快速入门例子中，使用了这个方法来判断列 A 和列 B 之间的关系，通过他们关系的大小来决定该列是否要被包含在结果集中。在这些方法中 filter 的意思是"过滤掉"，所以如果这个方法返回 true，意思是该行记录要被过滤掉，即不加入结果集。

（6）reset：在该行扫描结束后，刚刚加载下一行数据之后（还未开始扫描），HBase 会调用这个方法。我们在快速入门例子中使用该方法重置列 A 和列 B 的值。

（7）filterAllRemaining：这个方法可以决定整个扫描的过程是否要直接结束。直接结束在这里的意思等同于跳过余下所有的记录。如果这个方法返回 true，意思是余下的所有记录都会被过滤掉，即不加入结果集。

6.1.10　如何在 hbase shell 中使用过滤器

最后我们介绍一下，如何在 hbase shell 中使用过滤器。在使用 scan 的同时使用 filter 的格式是：

```
scan '表名',{ FILTER => "过滤器"}
```

举一个最简单的例子，我们希望从 mytable 表中找到 row1 开头的所有 row，那么我们就需要用到 PrefixFilter。使用 hbase shell 输入以下命令：

```
scan 'mytable', {FILTER => "(PrefixFilter ('row1'))"}
```

返回结果：

```
ROW              COLUMN+CELL
 row1             column=mycf:active, timestamp=1480189103175, value=1
 row1             column=mycf:age, timestamp=1478830402091, value=\x00\x00\x00\x09
 row1             column=mycf:name, timestamp=1474421504909, value=billyWangpaul
 row10            column=mycf:city, timestamp=5, value=xiamen
 row10            column=mycf:name, timestamp=6, value=JACK
 row11            column=mycf:name, timestamp=6, value=JACK
 row12            column=mycf:city, timestamp=5, value=xiamen
 row12            column=mycf:name, timestamp=6, value=JOEY
4 row(s) in 0.0410 seconds
```

如果想使用 KeyOnlyFilter，可以使用如下命令：

```
scan 'mytable', {FILTER => "KeyOnlyFilter()"}
```

这样返回的结果类似以下几行，只有 key 的部分，没有 value 部分：

```
ROW              COLUMN+CELL
 row1             column=mycf:active, timestamp=1480189103175, value=
 row1             column=mycf:age, timestamp=1478830402091, value=
 row1             column=mycf:city, timestamp=1479672733862, value=
```

其他的过滤器也可以以此类推，比如：

```
scan 'mytable',{ FILTER => "FirstKeyOnlyFilter()"}
scan 'mytable',{FILTER => "MultipleColumnPrefixFilter('city','anme','age')"}
scan 'mytable',{FILTER => "ColumnCountGetFilter(2)"}
```

接下来，我们来看下 HBase 中的存储过程和触发器：协处理器。

6.2 协处理器

协处理器的知识并不是入门 HBase 所必须的，所以如果你是第一次阅读本书，建议跳过本节。

当我们使用传统的关系型数据库的时候，如果有一些作业对性能要求比较高，并且需求不会经常变动，我们往往会采用存储过程来实现；还有一些作业我们需要当数据达到某种条件的时候自动触发，我们往往会采用触发器来实现。在 HBase 中也有类似存储过程和触发器的功能，它叫协处理器（coprocessor）。

6.2.1 协处理器家族

在 0.92 之前，HBase 还没有协处理器，那个时候就算简单的统计表有多少行的任务都需要将服务端的数据全部取出来挨个地在客户端进行统计，可以想象这样做的性能之低下。所以在 0.92 之后 HBase 加入了协处理器，以便于用户可以扩展服务端的类库，并直接在服务端完成特定任务而不需要跟客户端之间有 IO 操作。

正如 HBase 本身是根据 Google BigTable 的概念来建立的一样，协处理器也是根据 Google BigTable 的协处理器概念创造而出。来自 Google 的 Jeff Dean 在 2009 年的 LADIS 大会上作了一个关于如何构建分布式系统的演讲，LADIS 大会全称是大规模分布式系统和中间件大会（Large Scale Distributed Systems and Middleware），如图 6-17 所示。

图 6-17

Jeff 在演讲的 PPT 中的 66 页~67 页提到了 Google 实现的协处理器机制（演讲 PPT 位于 https://www.scribd.com/doc/21631448/Dean-Keynote-Ladis2009，有兴趣的读者可以自行查阅），概括起来是以下几点：

- 代码可以运行在每个表服务器的每个表上。
- 提供高层调用接口给客户端使用。
- 提供一个非常灵活的模型来构建分布式服务。
- 为每一个应用提供自动化的扩展、负载均衡、请求路由等功能。

HBase的协处理器涵盖了两种类似关系型数据库中的应用场景：存储过程和触发器。协处理器也分为两种：用来实现存储过程功能的终端程序（EndPoint）和用来实现触发器功能的观察者（Observers）。

他们作为接口都继承了最基本的协处理器接口。HBase还提供了一些基本的抽象类来简单地实现接口中的方法，以便于用户编写协处理器的时候不需要手动实现每一个方法。协处理器家族的关系可以用图6-18来表示。

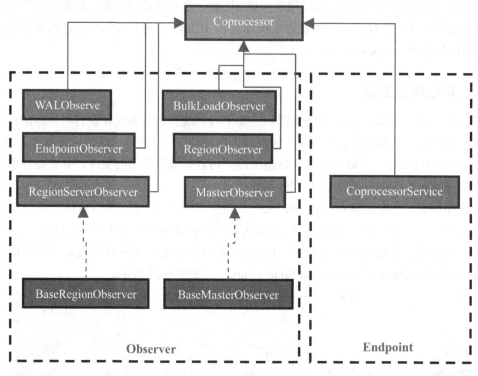

图 6-18

观察者（Observers）

- RegionObserver：针对Region的观察者，可以监听关于Region的操作。
- RegionServerObserver：针对RegionServer的观察者，可以监听整个RegionServer的操作。
- MasterObserver：针对Master的观察者，可以监听Master进行的DDL操作。
- WALObserver：针对WAL的观察者，可以监听WAL的所有读写操作。
- BulkLoadObserver：BulkLoad是采用MapReduce将大量数据快速地导入HBase的一种方式。BulkLoadObserver可以监听BulkLoad行为。
- EndpointObserver：可以监听EndPoint的执行过程。

在此我并没有列出这些接口的所有基本实现类，只列出最常用的两种基本实现类：

- BaseRegionObserver：实现了RegionObserver接口的所有需要实现的方法，并给出了最简单的实现。
- BaseMasterObserver：实现了 MasterObserver 接口的所有需要实现的方法，并给出了最简单的实现。

终端程序（EndPoint）

只有一个接口 CoprocessorService，并且没有提供基本的实现类。该接口只有一个方法需要实现：getService，该方法需要返回 Protocol Buffers（Google 开发的第三方库，用来实现一种数据传输格式，类似 XML，但是比 XML 更节省传输资源）的 Service 实例，所以实现 Endpoint 之前，还需要了解一下 Protocol Buffers 的相关知识作为基础。

6.2.2 快速入门

咱先不说那么多概念，先来看一个例子，看看协处理器究竟是长啥样的。

我现在的需求是，当插入数据的时候，如果遇到单元格为 mycf:name=JACK，则在 mycf:message 这个列插入一句话：Hello World! Welcome back!。这个需求在关系型数据库中使用触发器来实现。在 HBase 中我们使用协处理器来实现这个需求。

STEP 1

新建一个 Maven 项目，打包方式选择 jar。接下来，我们要添加项目的依赖，之前的例子中需要添加 hbase-client 的依赖。但是由于协处理器是运行在服务端的，协处理器的相关接口都在 hbase-server 包里面，所以我们需要添加的是 hbase-server 的依赖：

```
<dependency>
  <groupId>org.apache.hbase</groupId>
  <artifactId>hbase-server</artifactId>
  <version>1.2.2</version>
</dependency>
```

 不要同时添加 hbase-server 和 hbase-client 的依赖。

STEP 2

新建类：HelloWorldObserver 。虽然所有的协处理器都要实现接口 Coprocessor，但是实现接口需要实现很多不必要的方法。所以我选择直接继承 BaseRegionObserver 类，这样很多方法都有了基本的实现，我只需要重写我需要的方法即可，如图 6-19 所示。

图 6-19

STEP 3

我们在 HelloWorldObserver 里面写上具体的逻辑代码。

```java
import java.util.List;
import org.apache.hadoop.hbase.Cell;
import org.apache.hadoop.hbase.CellUtil;
import org.apache.hadoop.hbase.client.Durability;
import org.apache.hadoop.hbase.client.Put;
import org.apache.hadoop.hbase.coprocessor.BaseRegionObserver;
import org.apache.hadoop.hbase.coprocessor.ObserverContext;
import org.apache.hadoop.hbase.coprocessor.RegionCoprocessorEnvironment;
import org.apache.hadoop.hbase.regionserver.wal.WALEdit;
import org.apache.hadoop.hbase.util.Bytes;

public class HelloWorldObserver extends BaseRegionObserver {

  public static final String JACK = "JACK";

  /**
   * 重写 prePut 方法。这个方法会在 Put 动作之前进行操作
   */
  public void prePut(final ObserverContext<RegionCoprocessorEnvironment> c,
      final Put put, final WALEdit edit, final Durability durability){
    // 获取 mycf:name 的单元格
    List<Cell> name = put.get(Bytes.toBytes("mycf"), Bytes.toBytes("name"));
    // 如果该 PUT 中不存在 mycf:name 这个单元格则直接返回
    if(name == null || name.size() == 0) {
      return;
    }
    // 比较 mycf:name 是否为 JACK
    if(JACK.equals(Bytes.toString(CellUtil.cloneValue(name.get(0))))) {
      // 在 mycf:message 中添加一句话
      put.addColumn(Bytes.toBytes("mycf"), Bytes.toBytes("message"),
Bytes.toBytes("Hello World! Welcome back!"));
    }
  }
}
```

STEP 4

我们现在需要把这个项目打成一个 jar 包，然后放到 HDFS 上。我用 Maven 打包后产生了一个 jar 文件，名字为 hbaseexample-0.0.1-SNAPSHOT.jar，然后我把包上传到我的 CentOS 服务器上。在服务器上切换到 hadoop 用户，执行以下命令：

```
$ hdfs dfs -mkdir /usr/alex
```

```
$ hdfs dfs -put hbaseexample-0.0.1-SNAPSHOT.jar /usr/alex
```

从命令行中可以看出 jar 文件在 HDFS 上的访问路径为/usr/alex/hbaseexample-0.0.1-SNAPSHOT.jar。

STEP 5

在 HBase 中启用这个观察者，登录到服务器上，使用 hbase shell 执行以下命令：

```
hbase(main):001:0> alter 'mytable', METHOD => 'table_att', 'coprocessor' =>
'/usr/alex/hbaseexample-0.0.1-SNAPSHOT.jar|com.alex.hbaseexample.HelloWorldObserver||'
```

说明：
- table_att 是固定词组，意思就是调用 setValue() 方法给表设置属性。
- 属性名为 coprocessor，就是协处理器的意思。
- 属性值为 <包所在路径>|<协处理器类>||，并且中间不能有空格。

如果想删除该协处理器可以执行以下命令：

```
alter 'mytable', METHOD => 'table_att_unset', NAME => 'coprocessor$1'
```

输出结果：

```
Updating all regions with the new schema...
1/1 regions updated.
Done.
0 row(s) in 3.8780 seconds
```

测试协处理器

我们添加的这个协处理器是一个观察者类型的协处理器（总共有两种类型，一种是观察者类型触发器，另一种是终端程序类型存储过程），观察者在满足某些条件的时候会触发业务逻辑。在我们这个例子中需求是当遇到拥有 mycf:name=JACK 的 Put 请求时，为这个 Put 请求添加一个列叫 mycf:message，并且内容为 Hello World! Welcome back!。

现在尝试用 Java API 来添加包含有 mycf:name=JACK 的数据：

```
Table table = connection.getTable(TableName.valueOf("mytable"));
Put put = new Put(Bytes.toBytes("row9"));
put.addColumn(Bytes.toBytes("mycf"), Bytes.toBytes("name"), 6L,
Bytes.toBytes("JACK"));
put.addColumn(Bytes.toBytes("mycf"), Bytes.toBytes("message"), 5L,
Bytes.toBytes("Hello World!Welcome back!"));
table.put(put);
```

执行完后，用 hbase shell 的 scan 命令看表数据：

```
row9   column=mycf:message, timestamp=1484542268433, value=Hello World!Welcome back!
```

```
row9     column=mycf:name, timestamp=6, value=JACK
```

发现 row9 多了一个列 mycf:message，并且值为 Hello World! Welcome back!，说明我们做的协处理器生效了！

通过这个例子我们看到了协处理器中的观察者所能做到的事情就是类似关系型数据库中触发器的功能。

接下来我们开始系统性地介绍协处理器的知识。

6.2.3 如何加载

在我们的快速入门例子里，我们通过使用 hbase shell 来动态定义协处理器的方式来加载协处理器。除此之外，还可以通过配置文件加载以及通过 API 加载协处理器。

6.2.3.1 配置文件加载

用户可以将协处理器配置在 hbase-site.xml 中，这样在 HBase 启动时，协处理器会被自动加载。你可以通过以下几个配置项来配置不同运行级别的协处理器：

- hbase.coprocessor.region.classes：定义在 Region 上运行的协处理器。
- hbase.coprocessor.master.classes：定义 Master 上运行的协处理器。

用一个例子来解释，如果你增加 hbase.coprocessor.region.classes 配置项：

```
<property>
  <name>hbase.coprocessor.region.classes</name>
  <value>com.alex.hbaseexample.HelloWorldObserver</value>
</property>
```

该配置意思是将 HelloWorldObserver 作为 Region 协处理器加载，如果想同时配置多个协处理器，可以用逗号分隔多个协处理器的类名。

跟协处理器相关配置项为：

- hbase.coprocessor.enabled：是否启用协处理器机制，如果设置为 false，则不会加载协处理器，并且忽略其他跟协处理器相关的配置。默认值为 true。
- hbase.coprocessor.user.enabled：是否允许用户通过 hbase shell 或者 API 来动态地将协处理器配置到表的描述中这种方式来加载协处理器，如果设置为 false，用户只能通过将协处理器配置在 hbase-site.xml 配置文件中来加载协处理器。默认值为 true。
- hbase.coprocessor.region.classes：所有需要监控 Region 的协处理器，多个协处理器通过逗号分隔。
- hbase.coprocessor.master.classes：所有需要监控 Master 的协处理器，多个协处理器通过逗号分隔。
- hbase.coprocessor.wal.classes：所有需要监控 WAL 的协处理器，多个协处理器通过逗号分隔。

- hbase.coprocessor.abortonerror：该项如果设置为 true，所有 Master 或者 RegionServer 在启动过程中如果加载协处理器失败，则终止启动；如果设置为 false，则就算加载协处理器失败，Master 或者 RegionServer 还是会正常启动。该项的默认值为 true，因为如果协处理器启动失败,而服务依然启动了,那么可能会出现有个别协处理器启动，个别协处理器没启动，这样对系统的数据完整性会有很大的危害。

用 HelloWorldObserver 来做实验

我们现在来实验一下从配置文件加载之前写的 HelloWorldObserver 观察者。在开始之前记得使用 hbase shell 将之前我们在 mytable 表中配置的 HelloWOrldObserver 协处理器删除。

我们先用 describe 命令看下当前表中的观察者（为了显示的简洁，我将 COLUMN FAMILIES DESCRIPTION 的信息去除了）：

```
hbase(main):001:0> describe 'mytable'
Table mytable is ENABLED
mytable, {TABLE_ATTRIBUTES => {coprocessor$1 =>
'/usr/alex/hbaseexample-0.0.1-SNAPSHOT.jar|com.alex.hbaseexample.HelloWorldOb
server||'}
```

从 TABLE_ATTRIBUTES 中可以看到我们之前设定的 HelloWorldObserver。现在我们用以下命令将该观察者（Observer）去除：

```
alter 'mytable', METHOD => 'table_att_unset', NAME => 'coprocessor$1'
```

删除后一定要再用 describe 命令确认一下协处理器配置是否真的被删除了。

确认完后，按照以下步骤将 HelloWorldObserver 加载到 HBase 中。

STEP 1. 部署 jar

将带有 HelloWorldObserver 的 jar 包上传到所有 RegionServer 服务器上（建议使用 pscp 批量复制 jar 包和 pssh 批量执行 shell 命令），并移动到$HBASE_HOME/lib 目录下。

```
$ mv hbaseexample-0.0.1-SNAPSHOT.jar $HBASE_HOME/lib
```

STEP 2. 修改 hbase-site.xml 配置

在所有 RegionServer 的 hbase-site.xml 中增加以下配置：

```
<property>
    <name>hbase.coprocessor.region.classes</name>
    <value>com.alex.hbaseexample.HelloWorldObserver</value>
</property>
```

STEP 3. 重启集群

重启所有的 RegionServer。

现在，让我们再做一次之前的实验，这回把 rowid 改为 row11：

```
Put put = new Put(Bytes.toBytes("row11"));
put.addColumn(Bytes.toBytes("mycf"), Bytes.toBytes("name"), 6L,
```

```
Bytes.toBytes("JACK"));
    put.addColumn(Bytes.toBytes("mycf"), Bytes.toBytes("message"), 5L,
Bytes.toBytes("Hello World!Welcome back!"));
    table.put(put);
```

插入后结果为：

```
 row11    column=mycf:message, timestamp=5,value= Hello World!Welcome back!
 row11    column=mycf:message, timestamp=1487445526009, value=Hello World!
Welcome back!
 row11    column=mycf:name, timestamp=6, value=JACK
```

可以看到，HelloWorldObserver 起作用了。

6.2.3.2 通过 API 加载

除了可以通过 hbase shell 和 hbase-site.xml 配置文件来加载协处理器，还可以通过 Client API 来加载协处理器。具体的方法是调用 HTableDescriptor 的 addCoprocessor 方法。该方法有两种调用形式：

- addCoprocessor(String className)：传入类名。该方法类似通过配置来加载协处理器，用户需要先把 jar 包分发到各个 RegionServer 的 $HBASE_HOME/lib 目录下。
- addCoprocessor(String className, org.apache.hadoop.fs.Path jarFilePath, int priority, Map<String,String> kvs)：该方法类似通过 shell 来加载协处理器。通过调用该方法可以同时传入协处理器的 className 以及 jar 所在的路径。priority 是协处理器的执行优先级。kvs 是给协处理器预定义的参数。

6.2.4 协处理器核心类

接下来介绍几个协处理器相关的核心类，它们是编写协处理器之前必须要掌握的基础知识。

6.2.4.1 协处理器接口

首当其冲的就是协处理器（Coprocessor）接口。所有协处理器都必须实现 Coprocessor 接口。协处理器接口需要实现两个方法：

- void start(CoprocessorEnvironment env)：启动协处理器。
- void stop(CoprocessorEnvironment env)：停止协处理器。

由于这两个方法太浅显易懂了，所以不过多地解释了。它们的传参是协处理器环境（CoprocessorEnviroment）接口，这也是我们要介绍的核心接口中的一个。不过大家不要着急，先看完协处理器接口的相关知识再说。

1. 优先级

所有协处理器都必须实现的 Coprocessor 接口中，定义了 4 种协处理器的执行顺序，如表 6-5 所示。

表 6-5　4 种协处理器的执行顺序

优先级	优先级数	说明
PRIORITY_HIGHEST	0	最高优先级
PRIORITY_SYSTEM	Integer.MAX_VALUE / 4	系统级别的协处理器
PRIORITY_USER	Integer.MAX_VALUE / 2	用户级别的协处理器
PRIORITY_LOWEST	Integer.MAX_VALUE	最低优先级

优先级通过一个整形数值来表示，0 代表了最高优先级，Integer.MAX_VALUE 代表了最低优先级，PRIORITY_SYSTEM 的数比 PRIORITY_USER 更小，所以更先执行。

2. 生存周期

在协处理器接口中还定义了 6 种协处理器生存周期中的状态枚举类，如表 6-6 所示。

表 6-6　6 种协处理器生存周期中的状态枚举类

状态	说明
UNINSTALLED	协处理器最初的状态，没有被初始化
INSTALLED	协处理器被加载了
STARTING	协处理器的 start 方法即将被调用或者正在被调用
ACTIVE	start 方法调用完毕，协处理器加载完毕
STOPPING	stop 方法即将被调用
STOPPED	stop 方法调用结束

集群刚刚启动的时候协处理器为 UNINSTALLED 的状态，协处理器被加载完毕后会进入 ACTIVE 状态，在集群的运行过程中协处理器的状态会一直维持在 ACTIVE，直到集群即将关闭的时候会先关闭协处理器，此时协处理器就从 ACTIVE 状态变为 STOPPED 状态。

6.2.4.2　协处理器环境接口

在协处理器被加载的时候需要传入协处理器环境（CoprocessorEnviroment）实例。这个实例负责保存当前协处理器的以下环境信息：

- version：协处理器的版本。
- HBaseVersion：HBase 的版本。
- Instance：当前加载的协处理器的实例。
- priority：优先级。
- loadSequence：加载顺序。
- configuration：协处理器配置。

6.2.4.3 CoprocessorHost 类

CoprocessorHost 是一个抽象类，该类负载加载各种协处理器，CoprocessorHost 目前有以下实现类：

- MasterCoprocessorHost
- RegionCoprocessorHost
- RegionServerCoprocessorHost
- WALCoprocessorHost

如果你打开 CoprocessorHost 的源码会发现很多以 load 打头的方法，实际加载协处理器的工作其实就是由这些方法来实现的。但是这个类并不需要用户去调用或者实现，所以大家大概了解一下它的作用就行了。

其实说了这么多服务器内部执行协处理器的类，就是为了给大家画一张协处理器在服务器端如何执行的图。以 RegionObserver 来举例，图 6-20 描述了在 Region 内部，协处理器是如何工作的。

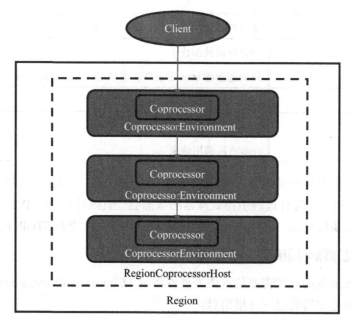

图 6-20

- 多个协处理器按照顺序排列放在 CoprocessorHost 的列表中，当 Client 端的请求过来的时候，依次执行各个协处理器。
- 把协处理器放在 CoprocessorEnvironment 中是因为协处理器实例是 CoprocessorEnvironment 中的一个属性。

6.2.5 观察者

观察者（Observers）接口具体包含以下几种接口。从它们的名字上就可以看出它们监控的对象：

- RegionObserver
- RegionServerObserver
- MasterObserver
- WALObserver
- BulkLoadObserver
- EndpointObserver

首先要介绍的是 MasterObserver。

6.2.5.1 Master 观察者

Master 观察者（MasterObserver）可以监听 Master 的所有操作，比如创建表、启用表、删除表等。下面我用一个例子来让大家感受一下 Master 观察者是如何起作用的。

假设当前有这样一个需求：我们要记录每一个对列族的修改请求，那么现在就遇到了一个新的问题，在协处理器执行过程中我们能把数据保存在哪里？

1. 协处理器可访问的外部资源

由于 Observer 是运行在服务端的，而 HBase 接收的所有连接都来自 RPC 请求，所以在服务端的 Observer 再发送 RPC 请求去连接别的 RegionServer，性能会比较差。虽然 ConnectionUtils.createShortCircuitConnection 提供了可以跳过 RPC 请求、在服务端的 RegionServer 之间直接访问数据的方法，但毕竟 HBase 是一个分布式系统，数据可能在任何一个 RegionServer 之上，还是会有很多 IO 开销，而且容易造成死锁，所以不推荐使用该方法。

有哪些高效的外部资源可以供 Observer 访问呢？目前有以下几种方案：

- 使用 org.apache.hadoop.hbase.zookeeper.ZKUtil 来访问 ZooKeeper（推荐）。
- 使用 HBase 所在的 fileSystem（比如 HDFS）来存储数据（推荐）。
- 使用 org.apache.commons.logging.LogFactory 的 getLog 方法获取 Log 对象，并将信息写入到日志中。由于 HBase 已经依赖了 Apache Commons Logging，所以你不需要添加额外的 jar。
- 读写某个文本文件。
- 使用 MySQL 等关系型数据库。
- 使用 ConnectionUtils.createShortCircuitConnection 获取连接。不推荐，因为有可能在连接 rs 的过程中阻塞或者造成了死锁。但如有特殊需要，还是可以使用的。

那么如何获取到 ZooKeeper 和 HDFS 的连接呢？协处理器的所有方法的第一个参数基本都是 ObserverContext 实例。我们来看看 ObserverContext 能干什么。

ObserverContext 的所有方法（如表 6-7 所示）

表 6-7　ObserverContext 的所有方法

方法	返回值	说明
getEnvironment()	CoprocessorEnvironment 的具体实现类	获取上下文中的 CoprocessorEnvironment 实现类。在 MasterObserver 中的实现类是 MasterCoprocessorEnvironment
bypass()	void	设定该协处理器的状态为已经通过
complete()	void	直接完成协处理器调用链，即不进行后续别的协处理器调用

ObserverContext 的方法虽然少，但是都很重要，除了控制流程的 bypass()、complete() 以外，最重要的就是 getEnviroment()方法。该方法可以获取 ObserverContext 中的 Enviroment 实例。通过 Enviroment 实例可以访问到很多有用的资源。拿当前要用的 MasterCoprocessorEnvironment 来说，它可以获取到当前的 MasterServices 实例（在此拿到的是 HMaster 实现类）。

MasterCoprocessorEnvironment 的所有方法（如表 6-8 所示）

表 6-8　MasterCoprocessorEnvironment 的所有方法

方法	返回值	说明
getMasterServices	MasterServices	获取 MasterServices 接口实例（HMaster）

MasterServices 是一个接口，继承它的只有 HMaster 对象，所以你拿到的就是当前的 Master 实例。由于 HMaster 的方法过多，并且在协处理器里面不建议调用建表、删表等操作，因为你现在就在建表过程中，再调用对表的操作容易造成死锁，所以就不把 HMaster 的所有方法列出来了。着重要提的是两个方法。

- getMasterFileSystem: 获取 Master 所在的 FileSystem，大多数情况下即 HDFS，除非你把 HBase 直接部署在了 Linux 文件系统上。
- getZooKeeper: 获取 ZooKeeperWatcher。通过 ZooKeeperWatcher 结合 ZKUtil，即可访问集群使用的 ZooKeeper 集群。

现在问题解决了，通过这两个方法就可以获取到 HDFS 和 ZooKeeper 资源，具体的代码示例如下：

在 HDFS 上建立文件夹：

```
// 获取 HDFS FileSystem
MasterServices services = ctx.getEnvironment().getMasterServices();
MasterFileSystem masterFileSystem = services.getMasterFileSystem();
FileSystem fileSystem = masterFileSystem.getFileSystem();
// 新建文件夹 testDir,路径的根目录是调用者的文件夹,即/user/xxx。如果你是用 hbase shell
来新建表，那么该目录最终的路径为 /user/hbase/testDir
Path testDirPath = new Path("testDir");
```

```
fileSystem.mkdirs(testDirPath);
```

使用 ZooKeeper 存储 Hello World 字符串：

```
// 获取 ZooKeeperWatcher
MasterServices services = ctx.getEnvironment().getMasterServices();
ZooKeeperWatcher zkw = services.getZooKeeper();
// 存储 Hello World
ZKUtil.setData(zkw,"/alex/testNode",Bytes.toBytes("Hello World"));
```

现在我们回到例子中，由于 ZooKeeper 的数据是按 znode 的 path 来存储的，比较适合存储单个数字或者一段字符串，并不适合累加数据，所以在我们这个例子中，我选择了直接将修改记录输出到 HDFS 的方式。

首先新建 MyCFMasterObserver 类，该类继承 BaseMasterObserver 基类，如图 6-21 所示。

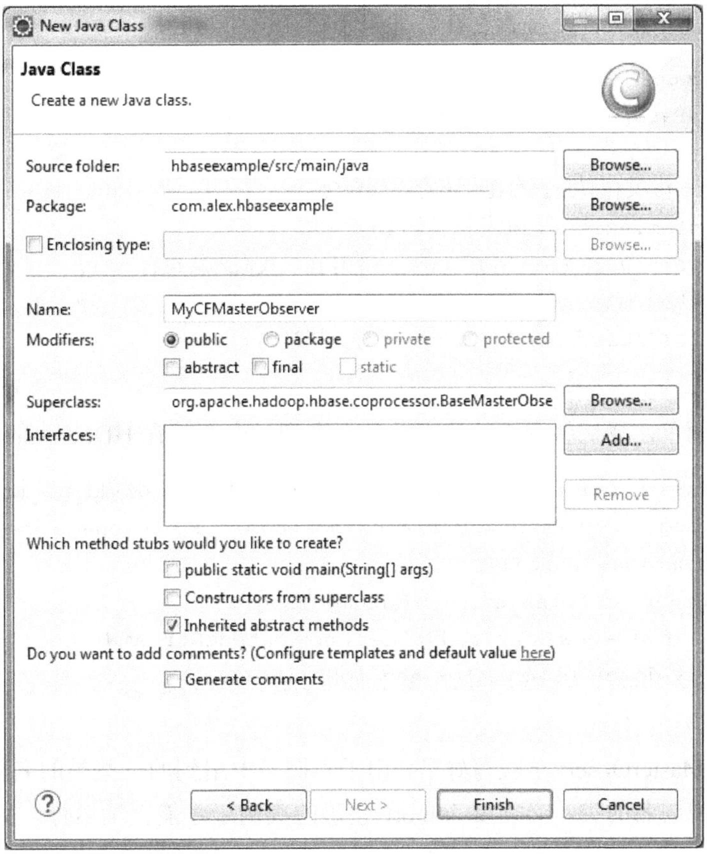

图 6-21

在该例子中我将同时使用日志和 HDFS 两种外部资源来记录数据，所以我们添加一个 LOG 对象到类中：

```
private static Log LOG = LogFactory.getLog(MyCFMasterObserver.class);
```

这里使用的 LOG 和 LogFactory 的引用是：

```java
import com.sun.org.apache.commons.logging.Log;
import com.sun.org.apache.commons.logging.LogFactory;
```

然后重写 postModifyTable 方法：

```java
public void postModifyTable(ObserverContext<MasterCoprocessorEnvironment> ctx,
        TableName tableName, HTableDescriptor htd) throws IOException {
}
```

在该方法内，我们首先通过 ObserverContext 来获取 HDFS FileSystem。

```java
MasterServices services = ctx.getEnvironment().getMasterServices();
MasterFileSystem masterFileSystem = services.getMasterFileSystem();
FileSystem fileSystem = masterFileSystem.getFileSystem();
```

检查我们要输出的文件夹是否存在，如果不存在就新建它：

```java
// 存储ddl logs 的路径
Path ddlLogsPath = new Path("/usr/alex/ddlLogs");

// 检查ddl logs 文件夹是否存在，不存在就新建
if (!fileSystem.exists(ddlLogsPath)) {
    LOG.info("/usr/alex/ddlLogs 还不存在，我们来新建它！");
    fileSystem.mkdirs(ddlLogsPath);
    LOG.info("/usr/alex/ddlLogs 新建完毕！");
}
```

为了例子的简单，我们将本次的请求单独保存到一个存放在 HDFS 上的文本文件里面：

```java
SimpleDateFormat sdf = new SimpleDateFormat("yyyy-MM-dd_hh_mm_ss");
    Path ddlLog = new Path("/usr/alex/ddlLogs/" + tableName.getNameAsString() + "." + sdf.format(new Date()));
OutputStream out = fileSystem.create(ddlLog);
BufferedWriter br = new BufferedWriter( new OutputStreamWriter( out, "UTF-8" ) );
br.write("new description: " + htd.toString());
br.close();
```

这样我们的 MasterObserver 就写好了。由于本例子中用到的一些类的名称（比如 Path）在多个包中都会出现同名的类，必须要 import 正确的类例子才能正确运行。所以我把本例子的完整代码贴出来，请大家注意 import 部分。

```java
package com.alex.hbaseexample;

import java.io.BufferedWriter;
import java.io.IOException;
import java.io.OutputStream;
import java.io.OutputStreamWriter;
```

```java
import java.text.SimpleDateFormat;
import java.util.Date;

import org.apache.hadoop.fs.FileSystem;
import org.apache.hadoop.fs.Path;
import org.apache.hadoop.hbase.HTableDescriptor;
import org.apache.hadoop.hbase.TableName;
import org.apache.hadoop.hbase.coprocessor.BaseMasterObserver;
import org.apache.hadoop.hbase.coprocessor.MasterCoprocessorEnvironment;
import org.apache.hadoop.hbase.coprocessor.ObserverContext;
import org.apache.hadoop.hbase.master.MasterFileSystem;
import org.apache.hadoop.hbase.master.MasterServices;

import com.sun.org.apache.commons.logging.Log;
import com.sun.org.apache.commons.logging.LogFactory;

public class MyCFMasterObserver extends BaseMasterObserver {
    private static Log LOG = LogFactory.getLog(MyCFMasterObserver.class);

    public void postModifyTable(ObserverContext<MasterCoprocessorEnvironment> ctx,
            TableName tableName, HTableDescriptor htd) throws IOException {

        LOG.info(tableName.getNameAsString() + " 接收到修改请求，新 Description: " +
htd.toString());

        // 获取 HDFS FileSystem
        MasterServices services = ctx.getEnvironment().getMasterServices();
        MasterFileSystem masterFileSystem = services.getMasterFileSystem();
        FileSystem fileSystem = masterFileSystem.getFileSystem();

        // 存储 ddl logs 的路径
        Path ddlLogsPath = new Path("/usr/alex/ddlLogs");

        // 检查 ddl logs 文件夹是否存在，不存在就新建
        if (!fileSystem.exists(ddlLogsPath)) {
         LOG.info("/usr/alex/ddlLogs 还不存在，我们来新建它！");
         fileSystem.mkdirs(ddlLogsPath);
         LOG.info("/usr/alex/ddlLogs 新建完毕！");
        }

        // 添加一条修改记录
        SimpleDateFormat sdf = new SimpleDateFormat("yyyy-MM-dd_hh_mm_ss");
```

```
        Path ddlLog = new Path("/usr/alex/ddlLogs/" + tableName.getNameAsString()
+ "." + sdf.format(new Date()));
        OutputStream out = fileSystem.create(ddlLog);
    BufferedWriter br = new BufferedWriter(new OutputStreamWriter(out, "UTF-8"));
    // 把当前表定义输出到文本
        br.write("new description: " + htd.toString());
        br.close();
        LOG.info(tableName.getNameAsString() + " 修改请求记录到 " + ddlLog.toString()
+ " 完毕!");

    }
}
```

然后我们把整个项目打包好（我的打包后的 jar 包名叫 hbaseexample-0.0.6-SNAPSHOT.jar），并上传到 Master 所在的服务器上。

接下来遇到第二个问题，如何部署 MasterObserver？

2. MasterObserver 只能通过配置文件部署

由于 MasterObserver 是作用于 Master 的，之前介绍的通过 hbase shell 将协处理器部署在 Table 的 Attribute 里面的方法是不可行的，所以部署 MasterObserver 只能通过编辑 hbase-site.xml 并重启 Master 实现。先在 hbase-site.xml 中添加/编辑以下配置：

```
<property>
    <name>hbase.coprocessor.master.classes</name>
    <value>com.alex.hbaseexample.MyCFMasterObserver</value>
</property>
```

保存后，再将协处理器所在的 jar 包（我的 jar 包名叫 hbaseexample-0.0.6-SNAPSHOT.jar）移动到 $HBASE_HOME/lib 下：

```
# mv hbaseexample-0.0.6-SNAPSHOT.jar /usr/local/hbase/lib/
```

最后重启 Master。

检验结果

我们来尝试触发刚刚编写的 MasterObserver。我采用的方法是通过 Java API 修改表定义，为了例子的简洁，我只写出关键代码：

```
// 获取 newcf 这个列族
HTableDescriptor mytableDesc =
admin.getTableDescriptor(TableName.valueOf("mytable"));
HColumnDescriptor newcf = null;
HColumnDescriptor[] cfList = mytableDesc.getColumnFamilies();
for(HColumnDescriptor cf: cfList){
    if("newcf".equals(cf.getNameAsString())){
```

```
            newcf = cf;
            break;
        }
    }
    // 修改 TTL 为 42 秒
    newcf.setTimeToLive(42);
    // 执行修改
    admin.modifyTable(TableName.valueOf("mytable"), mytableDesc);
```

执行后 Master 的日志中输出了这样一段话：

```
   2017-03-13 02:43:51,714 INFO
[B.defaultRpcServer.handler=28,queue=1,port=16000]
hbaseexample.MyCFMasterObserver: mytable 接收到修改请求，新 Description: 'mytable',
{NAME => 'mycf', DATA_BLOCK_ENCODING => 'NONE', BLOOMFILTER => 'ROW',
REPLICATION_SCOPE => '0', COMPRESSION => 'NONE', VERSIONS => '5', MIN_VERSIONS =>
'2', TTL => 'FOREVER', KEEP_DELETED_CELLS => 'FALSE', BLOCKSIZE => '65536',
IN_MEMORY => 'false', BLOCKCACHE => 'true', METADATA => {'COMPRESSION_COMPACT' =>
'GZ'}}, {NAME => 'newcf', DATA_BLOCK_ENCODING => 'NONE', BLOOMFILTER => 'ROW',
REPLICATION_SCOPE => '0', COMPRESSION => 'NONE', VERSIONS => '2147483647',
MIN_VERSIONS => '0', TTL => '42 SECONDS', KEEP_DELETED_CELLS => 'FALSE', BLOCKSIZE
=> '65536', IN_MEMORY => 'false', BLOCKCACHE => 'true', METADATA =>
{'COMPRESSION_COMPACT' => 'GZ'}}
   2017-03-13 02:43:51,717 INFO
[B.defaultRpcServer.handler=28,queue=1,port=16000]
hbaseexample.MyCFMasterObserver: /usr/alex/ddlLogs 还不存在，我们来新建它！
   2017-03-13 02:43:51,728 INFO  [AM.ZK.Worker-pool2-t3] master.RegionStates:
Transition {52c7a079ab65be7ad29f1144d767b1fd state=PENDING_OPEN,
ts=1489344231671, server=dn02,16020,1489341176066} to
{52c7a079ab65be7ad29f1144d767b1fd state=OPENING, ts=1489344231728,
server=dn02,16020,1489341176066}
   2017-03-13 02:43:51,755 INFO
[B.defaultRpcServer.handler=28,queue=1,port=16000]
hbaseexample.MyCFMasterObserver: /usr/alex/ddlLogs 新建完毕！
   2017-03-13 02:43:51,881 INFO
[B.defaultRpcServer.handler=28,queue=1,port=16000]
hbaseexample.MyCFMasterObserver: mytable 修改请求记录到
/usr/alex/ddlLogs/mytable.2017-03-13_02_43_51 完毕！
```

这就是我们通过 LOG 输出的信息，然后再来看下 HDFS 上的记录，切换到 hadoop 用户，并执行以下命令来获取 HDFS 上的记录：

```
$ hdfs dfs -ls /usr/alex/ddlLogs
```

可以看到新记录已经生成：

```
Found 1 items
-rw-r--r--   1 hbase supergroup        700 2017-03-13 02:43 /usr/alex/ddlLogs/mytable.2017-03-13_02_43_51
```

我们通过 dfs -cat 命令来查看记录内容：

```
$ hdfs dfs -cat /usr/alex/ddlLogs/mytable.2017-03-13_02_43_51
  new description: 'mytable', {NAME => 'mycf', DATA_BLOCK_ENCODING => 'NONE',
BLOOMFILTER => 'ROW', REPLICATION_SCOPE => '0', COMPRESSION => 'NONE', VERSIONS
=> '5', MIN_VERSIONS => '2', TTL => 'FOREVER', KEEP_DELETED_CELLS => 'FALSE',
BLOCKSIZE => '65536', IN_MEMORY => 'false', BLOCKCACHE => 'true', METADATA =>
{'COMPRESSION_COMPACT' => 'GZ'}}, {NAME => 'newcf', DATA_BLOCK_ENCODING => 'NONE',
BLOOMFILTER => 'ROW', REPLICATION_SCOPE => '0', COMPRESSION => 'NONE', VERSIONS
=> '2147483647', MIN_VERSIONS => '0', TTL => '42 SECONDS', KEEP_DELETED_CELLS =>
'FALSE', BLOCKSIZE => '65536', IN_MEMORY => 'false', BLOCKCACHE => 'true', METADATA
=> {'COMPRESSION_COMPACT' => 'GZ'}}[hadoop@nn01 root]
```

我们的 MasterObserver 被成功调用了，恭喜你！

MasterObserver 接口的所有方法

如表 6-9 所示，该表仅供查阅使用，强烈建议大家直接跳过或者粗略浏览一遍即可。

表 6-9　MasterObserver 接口的所有方法

方法	插入点
preCreateTable	建表之前
postCreateTable	建表之后
preCreateTableHandler	建表之前，但是在 preCreateTable 之后。该方法被标记为 @Deprecated，官方建议使用 preCreateTableAction
preCreateTableAction	建表之前，但是在 preCreateTable 之后
postCreateTableHandler	建表之后，但是在 postCreateTable 之前。该方法被标记为 @Deprecated，官方建议使用 postCompletedCreateTableAction
postCompletedCreateTableAction	建表之后，但是在 postCreateTable 之前
preDispatchMerge	合并 Region 之前
postDispatchMerge	合并 Region 之后
preDeleteTable	删表之前
postDeleteTable	删表之后
preDeleteTableHandler	删表之前，但是在 preDeleteTable 之后。该方法被标记为 @Deprecated，官方建议使用 preDeleteTableAction
preDeleteTableAction	删表之前，但是在 preDeleteTable 之后
postDeleteTableHandler	删表之后，但是在 postCompleteDeleteTableAction 之前。该方法被标记为 @Deprecated，官方建议使用 postCompletedDeleteTableAction

（续表）

方法	插入点
postCompletedDeleteTableAction	删表之后，但是在 postCompleteDeleteTableAction 之前
preTruncateTable	清空表之前
postTruncateTable	清空表之后
preTruncateTableHandler	清空表之前，但是在 preTruncateTable 之后。该方法被标记为@Deprecated，官方建议使用 preTruncateTableAction
preTruncateTableAction	清空表之前，但是在 preTruncateTable 之后
postTruncateTableHandler	清空表之后，但是在 postTruncateTable 之前。该方法被标记为@Deprecated，官方建议使用 postCompletedTruncateTableAction
postCompletedTruncateTableAction	清空表之后，但是在 postTruncateTable 之前
preModifyTable	修改表之前
postModifyTable	修改表之后
preModifyTableHandler	修改表之前，但是在 preModifyTable 之后。该方法被标记为@Deprecated，官方建议使用 preModifyTableAction
preModifyTableAction	修改表之前，但是在 preModifyTable 之后
postModifyTableHandler	修改表之后，但是在 postModifyTable 之前。该方法被标记为@Deprecated，官方建议使用 postCompletedModifyTableAction
postCompletedModifyTableAction	修改表之后，但是在 postModifyTable 之前
preCreateNamespace	创建表命名空间之前
postCreateNamespace	创建表命名空间之后
preDeleteNamespace	删除表命名空间之前
postDeleteNamespace	删除表命名空间之后
preModifyNamespace	修改表命名空间之前
postModifyNamespace	修改表命名空间之后
preGetNamespaceDescriptor	获取表空间描述之前
postGetNamespaceDescriptor	获取表空间描述之后
preListNamespaceDescriptors	获取表空间描述列表之前
postListNamespaceDescriptors	获取表空间描述列表之后
preAddColumn	添加列族之后，虽然这个方法名叫 preAddColumn，但是实际上它是针对添加列族的。所以该方法被标记为@Deprecated，官方建议使用 preAddColumnFamily。但是如果你使用的版本较早，preAddColumnFamily 可能无效，当无效时请转而使用 preAddColumn

267

(续表)

方法	插入点
preAddColumnFamily	添加列族之前。如果你发现该方法无效，可能是你当前使用的HBase版本还不支持该方法，请转而使用preAddColumn
postAddColumn	添加列族之后，虽然这个方法名叫postAddColumn，但是实际上它是针对添加列族的。所以该方法被标记为@Deprecated，官方建议使用postAddColumnFamily。但是如果你使用的版本较早，postAddColumnFamily可能无效，当无效时请转而使用postAddColumn
postAddColumnFamily	添加列族之后。如果你发现该方法无效，可能是你当前使用的HBase版本还不支持该方法，请转而使用postAddColumn
preAddColumnHandler	添加列族之前，在preAddColumn之后。该方法被标记为@Deprecated，官方建议使用preAddColumnFamilyAction
preAddColumnFamilyAction	添加列族之前，在preAddColumn之后
postAddColumnHandler	添加列族之后，在postAddColumn之后。该方法被标记为@Deprecated，官方建议使用postCompletedAddColumnFamilyAction
postCompletedAddColumnFamilyAction	添加列族之后，在postAddColumn之后
postModifyColumn	修改列族之后，该方法即将被废弃，官方建议使用postModifyColumnFamily。但是如果你用的HBase版本<2.0.0，请还是使用postModifyColumn，因为postModifyFamily可能无效
postModifyColumnFamily	修改列族之后，新版本建议使用该方法，但是如果你用的是旧版本（<2.0.0）该方法可能无效，如果发现无效，请使用postModifyColumn
preModifyColumnHandler	修改列族之前，preModifyColumn之后。该方法被标记为@Deprecated，官方建议使用preModifyColumnFamilyAction
preModifyColumnFamilyAction	修改列族之前，preModifyColumn之后
postModifyColumnHandler	修改列族之后，postModifyColumn之前。该方法被标记为@Deprecated，官方建议使用postCompletedModifyColumnFamilyAction
postCompletedModifyColumnFamilyAction	修改列族之后，postModifyColumn之前
preDeleteColumn	删除列族之前。该方法被标记为@Deprecated，官方建议使用preDeleteColumnFamily
preDeleteColumnFamily	删除列族之前
postDeleteColumn	删除列族之后。该方法被标记为@Deprecated，官方建议使用postDeleteColumnFamily

（续表）

方法	插入点
postDeleteColumnFamily	删除列族之后
preDeleteColumnHandler	删除列族之前，preDeleteColumn 之后。该方法被标记为 @Deprecated，官方建议使用 preDeleteColumnFamilyAction
preDeleteColumnFamilyAction	删除列族之前，preDeleteColumn 之后
postDeleteColumnHandler	删除列族之后，postDeleteColumn 之前。该方法被标记为 @Deprecated，官方建议使用 postCompletedDeleteColumnFamilyAction
postCompletedDeleteColumnFamilyAction	删除列族之后，postDeleteColumn 之前
preEnableTable	启用表之前
postEnableTable	启用表之后
preEnableTableHandler	启用表之前，preEnableTable 之后。该方法被标记为 @Deprecated，官方建议使用 preEnableTableAction
preEnableTableAction	启用表之前，preEnableTable 之后
postEnableTableHandler	启用表之后，postEnableTable 之前。该方法被标记为 @Deprecated，官方建议使用 postCompletedEnableTableAction
postCompletedEnableTableAction	启用表之后，postEnableTable 之前
preDisableTable	停用表之前
postDisableTable	停用表之后
preDisableTableHandler	停用表之前，preDisableTable 之后。该方法被标记为 @Deprecated，官方建议使用 preDisableTableAction
preDisableTableAction	停用表之前，preDisableTable 之后
postDisableTableHandler	停用表之后，postDisableTable 之前。该方法被标记为 @Deprecated，官方建议使用 postCompletedDisableTableAction
postCompletedDisableTableAction	停用表之后，postDisableTable 之前
preAbortProcedure	客户端可以通过发送 RPC 请求来强制停止 Master 的操作程序，该插入点为强制停止操作程序之前
postAbortProcedure	强制停止操作程序之后
preListProcedures	列出所有操作程序之前
postListProcedures	列出所有操作程序之后
preAssign	启动 HBase 的时候或者负载均衡的时候，Master 都有可能对数据进行分配，将数据分配到各个 Region 上，这个步骤叫分配（assign） region。该插入点为分配 Region 之前
postAssign	分配 Region 之后

（续表）

方法	插入点
preUnassign	unassign 会把 Region 关掉，再重开。该插入点在 unassign 之前
postUnassign	unassign 之后
preRegionOffline	Region 下线之前
postRegionOffline	Region 下线之后
preBalance	Region 进行数据重分配之前
postBalance	Region 进行数据重分配之后
preBalanceSwitch	数据重分配（Balance）分为 同步和异步两种模式。该插入点为修改数据重分配模式之前
postBalanceSwitch	修改数据重分配模式之后
preShutdown	停止集群之前
preStopMaster	停止 Master 之前
postStartMaster	停止 Master 之后
preMasterInitialization	Master 初始化之前
preMove	移动 Region 之前
postMove	移动 Region 之后
preSnapshot	用户可以使用快照特性把表配置保存成一个快照，用于故障恢复，生成报告等需求。该插入点在获取快照之前
postSnapshot	获取快照之后
preListSnapshot	列出快照之前
postListSnapshot	列出快照之后
preCloneSnapshot	克隆（clone）快照之前
postCloneSnapshot	克隆（clone）快照之后
preRestoreSnapshot	恢复（restore）快照之前
postRestoreSnapshot	恢复（restore）快照之后
preDeleteSnapshot	删除快照之前
postDeleteSnapshot	删除快照之后
preGetTableDescriptors	获取表配置之前
postGetTableDescriptors	获取表配置之后
preGetTableNames	获取表名之前
postGetTableNames	获取表名之后
preTableFlush	表刷写之前

(续表)

方法	插入点
postTableFlush	表刷写之后
preSetUserQuota	HBase 提供了限制机制让你可以控制集群的访问限额，有以下几个方面的限额可以设置： • REQUEST_NUMBER：请求数（写+读）。 • REQUEST_SIZE：每单位时间内的请求（写+读）大小。 • WRITE_NUMBER：写入次数。 • WRITE_SIZE：写入数据大小。 • READ_NUMBER：读取次数。 • READ_SIZE：读取数据尺寸。 该插入点为设置限额之前
postSetUserQuota	设置限额之后
preSetTableQuota	设置表限额之前
postSetTableQuota	设置表限额之后
preSetNamespaceQuota	设置表命名空间限额之前
postSetNamespaceQuota	设置表命名空间限额之后
preMoveServers	移动 RegionServer 之前
postMoveServers	移动 RegionServer 之后
preMoveTables	移动表之前
postMoveTables	移动表之后
preAddRSGroup	RSGroup 为 RegionServerGroup 的缩写。HBase 提供了为 RegionServer 分组的特性，通过该特性来对数据实现隔离。该插入点为添加 RSGroup 之前
postAddRSGroup	添加 RSGroup 之后
preRemoveRSGroup	删除 RSGroup 之前
postRemoveRSGroup	删除 RSGroup 之后
preBalanceRSGroup	对 RSGroup 进行数据重平衡之前
postBalanceRSGroup	对 RSGroup 进行数据重平衡之后

6.2.5.2 Region 观察者

从名字上可以明显地看出 Region 观察者（RegionObserver）监控的是 Region 的各个操作。我们在快速入门例子中已经使用过 RegionObserver 来添加额外的欢迎信息。RegionObserver 还可以监控很多别的操作，具体的操作列表如下。

RegionObserver 接口的所有方法

如表 6-10 所示，该表仅供查阅使用，强烈建议大家直接跳过或者粗略浏览一遍即可。

表 6-10 RegionObserver 接口的所有方法

方法	插入点
preOpen	Region 打开之前
postOpen	Region 打开之后
postLogReplay	Region 启动后会进行 WAL 日志重放（log replay）。用来将 Region 崩溃时没有保存到 StoreFile（HFile）上的数据加载到 Memstore 里面。该插入点为 WAL 日志重放完成之后
preFlushScannerOpen	在 Memstore 要被刷写前，会打开 Scanner 去读取 Memstore 中的数据。该插入点为打开 Scanner 时，你可以在该方法的最后返回一个自定义的新的 Scanner，这样 HBase 就会使用这个新的 Scanner 来读取 Memstore 中的数据
preFlush	在 Memstore 的数据即将开始刷写入 StoreFile 之前。该插入点的位置紧跟在 preFlushScannerOpen 之后
postFlush	完成了将 Memstore 数据刷写到 StoreFile 的过程之后
preCompactSelection	在 Region 开始选择即将要被合并的 StoreFile 之前
postCompactSelection	在 Region 完成选择即将要被合并的 StoreFile 之后
preCompactScannerOpen	在将多个 StoreFile 合并成一个 StoreFile 之前，HBase 会创建 Scanner 来从多个 StoreFile 中读取数据。该插入点为创建 Scanner 之前。你可以返回自定义的 Scanner，该 Scanner 会被用于从多个 StoreFile 中读取数据
preCompact	在合并（Compact）之前，用于从多个 StoreFile 中读取数据的 Scanner 创建之后。该插入点的位置紧跟在 preCompactScannerOpen 之后
postCompact	合并（Compact）完成之后。此时新的 StoreFile 已经被建立出来，并移动到了合适的位置
preSplit	Region 拆分（Split）之前
preSplitBeforePONR	PONR 是 Point of no return 的缩写，这是父节点下线后，子节点已经被创建出来后的时间点，当 Region 拆分达到这个时间点之后，事务是无法恢复的，此时如果出错只能把整个 RegionServer 停掉。该插入点在 PONR 之前
preSplitAfterPONR	该插入点在 PONR 之后
preRollBackSplit	Region 拆分过程出错，开始回滚之前
postRollBackSplit	Region 拆分过程出错，开始回滚之后
postCompleteSplit	Region 拆分完全完成之后
preClose	Region 关闭之前

(续表)

方法	插入点
postClose	Region 关闭之后
preGetOp	Get 操作开始执行之前
postGetOp	Get 操作执行之后
preExists	Exist 操作执行之前
postExists	Exist 操作执行之后
prePut	Put 操作执行之前
postPut	Put 操作执行之后
preDelete	Delete 操作执行之前
prePrepareTimeStampForDeleteVersion	删除单元格中最新时间戳,要把单元格的最新的时间戳更新为次新的时间戳。该插入点在更新时间戳之前
postDelete	Delete 操作执行之后
preBatchMutate	批量操作执行之前
postBatchMutate	批量操作执行之后
postStartRegionOperation	开始执行所有针对 Region 的读写操作（比如：GET、SCAN、PUT 等）之前会获取读锁。该插入点在读锁获取之后，操作执行之前
postCloseRegionOperation	执行所有针对 Region 的读写操作（比如：GET、SCAN、PUT 等）之后会释放读锁。该插入点在释放读锁之后
postBatchMutateIndispensably	该插入点类似 postBatchMutate，但是不同点在于无论批量操作执行成功或者失败都会经过该插入点
preCheckAndPut	CheckAndPut 操作执行之前
preCheckAndPutAfterRowLock	执行 CheckAndPut 操作之前会先获取行锁（RowLock）。该插入点在获取行锁之后，执行 CheckAndPut 之前
postCheckAndPut	CheckAndPut 操作执行之后
preCheckAndDelete	CheckAndDelete 操作执行之前
preCheckAndDeleteAfterRowLock	执行 CheckAndDelete 操作之前会先获取行锁（RowLock）。该插入点在获取行锁之后，执行 CheckAndDelete 之前
postCheckAndDelete	CheckAndDelete 操作执行之后
preIncrementColumnValue	IncrementColumnValue 操作执行之前
postIncrementColumnValue	IncrementColumnValue 操作执行之后
preAppend	Append 操作执行之前
preAppendAfterRowLock	执行 Append 操作之前会先获取行锁。该插入点在获取行锁之后，执行 Append 之前

(续表)

方法	插入点
postAppend	Append 操作执行之后
preIncrement	Increment 操作执行之前
preIncrementAfterRowLock	执行 Increment 操作之前会先获取行锁（RowLock）。该插入点在获取行锁之后，执行 Increment 之前
postIncrement	Increment 操作执行之后
preScannerOpen	在客户端打开一个新的 Scanner 之前
preStoreScannerOpen	客户端每次使用 Scanner 遍历数据的时候，都有可能在 Memstore 中打开 Scanner 查找 Memstore 中的数据，或者在 Store 中打开 Scanner 查找在 Store 中的数据。该插入点在 Store 打开新的 Scanner 之前
postScannerOpen	在客户端打开一个新的 Scanner 之后
preScannerNext	客户端请求 Scanner 的下一条记录之前
postScannerNext	客户端请求 Scanner 的下一条记录之后
postScannerFilterRow	行过滤器执行之后
preScannerClose	来自客户端的关闭 Scanner 请求执行之前
postScannerClose	来自客户端的关闭 Scanner 请求执行之后
preReplayWALs	Region 恢复的时候会将 WAL 中的 WAL 记录（WALEdit）重放至 Region 中的 KeyValue。该插入点在这个批量操作之前
postReplayWALs	Region 恢复的时候会将 WAL 中的 WAL 记录重放至 Region 中的 KeyValue。该插入点在这个批量操作之后
preWALRestore	在每一个 WALEdit 重放之前
postWALRestore	在每一个 WALEdit 重放之后
preBulkLoadHFile	用户可以建立一个 StoreFile 实例通过批量加载 HFile 文件来访问 HFile 中的内容。该插入点在批量加载之前
postBulkLoadHFile	用户可以建立一个 StoreFile 实例通过批量加载 HFile 文件来访问 HFile 中的内容。该插入点在批量加载之后
preStoreFileReaderOpen	在一个 StoreFileReader 被创建出来之前
postStoreFileReaderOpen	在一个 StoreFileReader 被创建出来之后
postMutationBeforeWAL	在新的单元格被创建出来之后，在该单元格被写入 WAL 和 Memstore 之前。用户可以使用该插入点来修改该单元格
postInstantiateDeleteTracker	在 ScanQueryMatcher 创建 ScanDeleteTracker 之后

6.2.5.3 RegionServer 观察者

RegionServer 观察者（RegionServerObserver）负责监听所有 RegionServer 发出的操作。

RegionServer 发出的操作大多针对 Region 或者 WAL（一个 RegionServer 只有一个 WAL 实例），比如 Region 的合并、WAL 的滚动等。

RegionServerObserver 接口的所有方法

如表 6-11 所示，该表仅供查阅使用，强烈建议大家直接跳过或者粗略浏览一遍即可。

表 6-11　RegionServerObserver 接口的所有方法

方法	插入点
preStopRegionServer	RegionServer 停止之前
preMerge	Region 合并之前
postMerge	Region 合并之后
preMergeCommit	Region 的合并也有 PONR（Point of no return）时机，当达到 PONR 这个时机之后所有操作不可逆。该插入点在 Region 合并的 PONR 之前，但是在 preMerge 之后
postMergeCommit	该插入点在 Region 合并的 PONR 之后，但是在 preMerge 之 postMerge 之前
preRollBackMerge	当 Region 的合并还没有达到 PONR 之前出错是可以回滚的。该插入点在回滚之前
postRollBackMerge	当 Region 的合并还没有达到 PONR 之前出错是可以回滚的。该插入点在回滚之后
preRollWALWriterRequest	用户可以发送请求来手动要求 RegionServer 滚动 WAL。该插入点在滚动 WAL 之前
postRollWALWriterRequest	用户可以发送请求来手动要求 RegionServer 滚动 WAL。该插入点在滚动 WAL 之后
postCreateReplicationEndPoint	用户可以通过 Replication 操作来将一个 HBase 集群的内容复制到另外一个 HBase 集群，这样当灾难来临的时候有备份数据库集群可以保持可用性。该插入点为 Replication EndPoint 被安装好之后
preReplicateLogEntries	对 Log 进行 Replication 操作之前
postReplicateLogEntries	对 Log 进行 Replication 操作之后

6.2.5.4　WAL 观察者

WAL 观察者（WAL observer）负责监听 WAL 中的数据操作。WAL 监控的事件不多，而且比计较简单，在此就不举例了。

WALObserver 接口的所有方法

如表 6-12 所示，该表仅供查阅使用，强烈建议大家直接跳过或者粗略浏览一遍即可。

表 6-12 WALObserver 接口的所有方法

方法	插入点
preWALWrite	WAL 写入之前
postWALWrite	WAL 写入之后
preWALRoll	WAL 滚动之前

6.2.5.5 BulkLoad 观察者（BulkLoadObserver）

某些时候我们需要大批量地把数据导入到 HBase 中，比如把 csv 或者 tsv 文件导入到 HBase 中的某张表，如果调用 client API 来导入显然太慢了。HBase 提供了 BulkLoad 特性用于批量导入数据。该特性使用 MapReduce 来读取和插入数据，使用这种方式可以节省大量的 CPU 和网络资源。

BulkLoadObserver 接口的所有方法

如表 6-13 所示，该表仅供查阅使用，强烈建议大家直接跳过或者粗略浏览一遍即可。

表 6-13 BulkLoadObserver 接口的所有方法

方法	插入点
prePrepareBulkLoad	准备批量导入之前
preCleanupBulkLoad	批量导入结束之后

6.2.5.6 终端程序观察者

顾名思义，终端观察者（EndpointObserver）就是负责监控终端程序的执行过程。

EndpointObserver 接口的所有方法

如表 6-14 所示，该表仅供查阅使用，强烈建议大家直接跳过或者粗略浏览一遍即可。

表 6-14 EndpointObserver 接口的所有方法

方法	插入点
preEndpointInvocation	终端程序执行之前
postEndpointInvocation	终端程序执行之后

6.2.6 终端程序

终于结束了最容易让人睡着的章节，现在我们可以进入终端程序（EndPoint）了。终端程序是一个运行在服务端的 RPC 服务接口。终端程序就像我们在关系型数据库中使用的存储过程一样，当你调用它的时候，它会在服务端执行预先编写好的逻辑，中间的网络交互完全发生在集群内部。优点是显而易见的，速度快、网络损耗小。

老规矩，理论未动，例子先行。

假设现在有这样的需求：要通过调用终端程序来统计表的行数。如果不使用终端程序统计表的行数，则需要把所有数据从所有的 RegionServer 上取出来在客户端进行统计，这样会消耗很多网络带宽。我们来看看如果使用终端程序要如何实现这个需求。

实现一个终端程序有 4 步：

（1）定义接口文件.proto。终端程序的定义依赖于 Google 的开源项目 Protobuf，在自定义过滤器中我们已经介绍过它了，我们只需要知道 protobuf 就是一个专门做序列化和反序列化的组件。具体的安装过程可以参见"6.1.9 自定义过滤器"章节，在此不再赘述。

（2）使用 protobuf 自动生成接口定义类。

（3）使用接口定义类编写服务端实现类。

（4）使用接口定义类编写客户端调用类。

> 早期的版本是继承 CoprocessorProtocol 接口，但是这个接口在新的版本中被废弃了（JIRA：HBASE-6895），所以如果你们看到的网上的教程是关于 CoprocessorProtocol 的，但是自己的安装包中又没有这个接口，那么采用我提供的方法。

6.2.6.1　STEP 1 接口定义文件 .proto

我们继续使用在之前做观察者例子时使用的 hbaseexample 项目。在该项目下建立 src/main/resources 文件夹，并在 src/main/resources 文件夹下建立 CountRowService.proto，文件内容为：

```
option java_package = "org.alex.endpoint.generated";
option java_outer_classname = "CountRowProtos";
option java_generic_services = true;
option java_generate_equals_and_hash = true;
option optimize_for = SPEED;

message CountRequest {
}

message CountResponse {
 required int64 count = 1 [default=0];
}

service CountRowService {
  rpc getCountRows(CountRequest)
    returns (CountResponse);
}
```

- java_package：定义的是自动生成接口定义类所要存放的包位置。
- java_outer_classname：定义接口类的类名。

- message：定义需要被序列化的对象的构造函数。
- service：定义需要实现的 PRC 服务。我们这里定义该服务名为 CountRowService，getCountRows 就是这个抽象类中的抽象方法，核心的实现逻辑都在这个方法中实现。

6.2.6.2　STEP 2　生成接口定义类

第二步就是使用刚刚编写的 .proto 文件来生成接口定义类，这就需要我们之前安装的 protobuf。而我之前提到过 protobuf 对 Windows 的支持不好，最好是装在 Linux 服务器上。之前在"6.1.9 自定义过滤器"章节，我教过大家怎样将 protobuf 安装在我们部署的 HBase 的 CentOS 服务器上，所以现在我们还是需要在 CentOS 服务器上生成接口定义类。

首先，要把我们编写的.proto 文件上传到服务器上。大家只需要把项目下的 src 文件夹上传到服务器上便可，因为实际使用到的只是这个文件夹结构和其中的.proto 文件。上传好后，在服务器上执行以下命令（此时的命令行位置存放在 src 文件夹的同级目录下）：

```
# protoc -Isrc/main/resources --java_out=src/main/java src/main/resources/CountRowService.proto
```

参数说明：

- -I 表示.proto 文件所在的文件夹位置。
- --java_out 表示生成的 Java 类文件存放的位置。
- 最后的参数表示要传入的.proto 文件的文件位置。

你可以在 src/main/java/org/alex/endpoint/generated 下看到 CountRowProtos.java 文件。我们需要把新生成的文件夹和文件下载回本地的项目中。

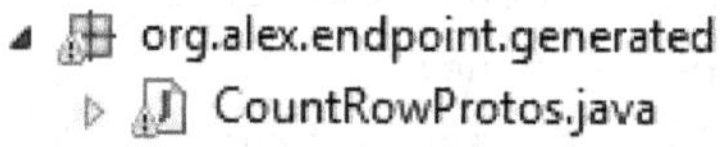

▲ ⊞ org.alex.endpoint.generated
　▷ ⓙ CountRowProtos.java

这个文件很长，大概有 1000 行，但是不需要关注该类的代码本身，因为我们不会去编辑这个文件。如果打开这个文件的内容，可以看到这两行注释，提醒你不要去修改这个文件：

```
// Generated by the protocol buffer compiler.  DO NOT EDIT!
// source: CountRowService.proto
```

6.2.6.3　STEP 3　实现终端程序（Endpoint）

接下来要编写这个接口类的实现类。建立包 org.alex.endpoint.impl，如图 6-22 所示。

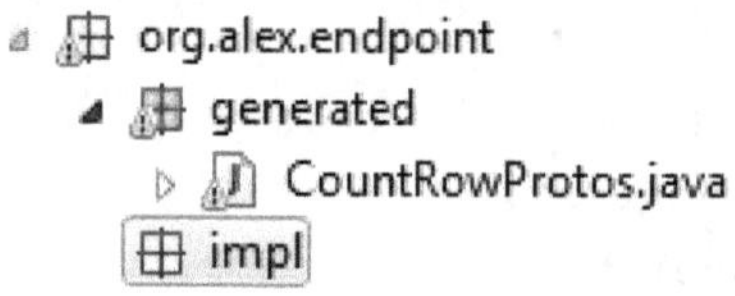

▲ ⊞ org.alex.endpoint
　▲ ⊞ generated
　　▷ ⓙ CountRowProtos.java
　⊞ impl

图 6-22

在其下建立类 CountRowEndpoint.java。该类继承 CountRowProtos.CountRowService，如图 6-23 所示。

> 这里不是直接继承 CountRowProtos 而是继承它内部的抽象类 CountRowService，所以你可以看到在 eclipse 的父类填写的是 org.alex.endpoint.generated.CountRowProtos.CountRowService。同时它还需要实现 Coprocessor、CoprocessorService 这两个接口。

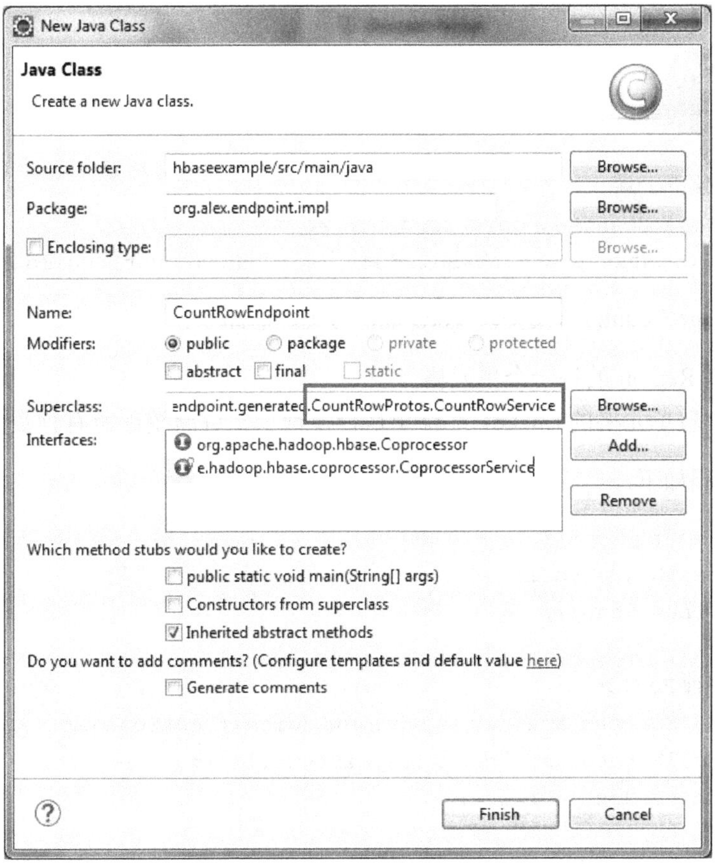

图 6-23

该类建立后会生成几个方法占位符。我们先来看 start(CoprocessorEnvironment env) 方法。该方法会传入 CoprocessorEnviroment 实例，我们需要建立一个私有变量 env 来存储它，后面我们会用它来获取 Region 对象。

```
private RegionCoprocessorEnvironment env;

@Override
public void start(CoprocessorEnvironment env) throws IOException {
    this.env = (RegionCoprocessorEnvironment) env;
}
```

由于现在并没有什么动作需要在终端程序停止后做，所以不需要去动 stop 方法。getService 方法我们只需要简单的 "return this;" 就行了。

接下来实现最关键的 getCountRows 方法。该方法需要实现的动作就两个：

（1）统计当前 Region 的行数。由于终端程序是运行在 Region 上的，所以也只能计算当前 Region 的行数，最后的结果会在客户端进行合并。

（2）将行数返回给客户端。

具体实现代码如下：

```
// 获取总行数
long count = getCount();

// 将结果返回给客户端
CountRowProtos.CountResponse response =
CountRowProtos.CountResponse.newBuilder().setCount(count).build();
```

接下来实现 getCount() 的逻辑。getCount 的实现思路是：

（1）遍历该 Region 的每一个单元格。

（2）通过比较单元格的 rowkey 来获知是否换行了，进而统计所有行数。

具体实现代码如下：

```
long count = 0;
byte[] currentRow = null;
Scan scan = new Scan();

// 开始扫描当前 Region
try (InternalScanner scanner = env.getRegion().getScanner(scan);) {
    List<Cell> results = new ArrayList<Cell>();
    boolean hasNext = false;
    do {
        // 获取下一批结果，并放入 results 中
        hasNext = scanner.next(results);
        for (Cell cell : results) {

            // CellUtil.matchingRow 方法可以比较当前单元格的 rowkey 是否跟传入的 rowkey 相等
            if (currentRow == null || !CellUtil.matchingRow(cell, currentRow)) {

                // 获取单元格的 rowkey
                currentRow = CellUtil.cloneRow(cell);
                count++;
            }
        }
        results.clear();
    } while (hasNext);
```

}

如果照着我前面的步骤来做应该可以完成 CountRowEndpoint，但是为了防止有些读者可能会遇到问题，我还是把完整的 CountRowEndpoint 代码贴出来。如果你的 CountRowEndpoint 没有任何问题，可以直接跳过这一段代码。

```java
package org.alex.endpoint.impl;

import java.io.IOException;
import java.util.ArrayList;
import java.util.List;
import org.alex.endpoint.generated.CountRowProtos;
import org.alex.endpoint.generated.CountRowProtos.CountRowService;
import org.apache.hadoop.hbase.Cell;
import org.apache.hadoop.hbase.CellUtil;
import org.apache.hadoop.hbase.Coprocessor;
import org.apache.hadoop.hbase.CoprocessorEnvironment;
import org.apache.hadoop.hbase.client.Scan;
import org.apache.hadoop.hbase.coprocessor.CoprocessorService;
import org.apache.hadoop.hbase.coprocessor.RegionCoprocessorEnvironment;
import org.apache.hadoop.hbase.protobuf.ResponseConverter;
import org.apache.hadoop.hbase.regionserver.InternalScanner;
import com.google.protobuf.RpcCallback;
import com.google.protobuf.RpcController;
import com.google.protobuf.Service;

public class CountRowEndpoint extends CountRowService implements Coprocessor, CoprocessorService {

    private RegionCoprocessorEnvironment env;
    @Override
    public void start(CoprocessorEnvironment env) throws IOException {
        this.env = (RegionCoprocessorEnvironment) env;
    }

    @Override
    public void stop(CoprocessorEnvironment env) throws IOException {

    }

    @Override
    public Service getService() {
      return this;
    }
```

```java
    @Override
    public void getCountRows(RpcController controller, 
CountRowProtos.CountRequest request,
        RpcCallback<CountRowProtos.CountResponse> done) {
      CountRowProtos.CountResponse response = null;
      try {
        // 获取总行数
        long count = getCount();

        // 将结果返回给客户端
        response = 
CountRowProtos.CountResponse.newBuilder().setCount(count).build();
      } catch (IOException e) {
        ResponseConverter.setControllerException(controller, e);
      }
      done.run(response);
    }


    /**
     * 计算总共有几行
     * @return
     * @throws IOException
     */
    private long getCount() throws IOException {

      long count = 0;
      byte[] currentRow = null;
      Scan scan = new Scan();

      // 开始扫描当前 Region
      try (InternalScanner scanner = env.getRegion().getScanner(scan);) {
        List<Cell> results = new ArrayList<Cell>();
        boolean hasMore = false;
        do {
          // 获取下一批结果，并放入 results 中
          hasMore = scanner.next(results);
          for (Cell cell : results) {

            // CellUtil.matchingRow 方法可以比较当前单元格的 rowkey 是否跟传入的 rowkey 相当
            if (currentRow == null || !CellUtil.matchingRow(cell, currentRow)) {

              // 获取单元格的 rowkey
              currentRow = CellUtil.cloneRow(cell);
```

```
            count++;
          }
        }
        results.clear();
    } while (hasMore);
  }
  return count;
}
```

6.2.6.4　STEP 4　部署终端程序

使用 mvn install 打包项目，然后将 target 文件夹下的 jar 包部署到服务器上的 $HBASE_HOME/lib 下。我在本例子中使用的 jar 包名叫 hbaseexample-0.0.7-SNAPSHOT.jar：

```
# pscp -h ~/pssh-hosts -l root -Av hbaseexample-0.0.7-SNAPSHOT.jar /usr/local/hbase/lib/
Warning: do not enter your password if anyone else has superuser
privileges or access to your account.
Password:
[1] 03:00:34 [SUCCESS] nn01
[2] 03:00:34 [SUCCESS] nn02
[3] 03:00:34 [SUCCESS] dn01
[4] 03:00:34 [SUCCESS] dn02
[5] 03:00:34 [SUCCESS] dn03
```

 我使用的是 pscp 工具批量复制 jar 包到各个服务器上，如果你的服务器没有安装 pscp，这行命令是无法执行的，你需要手动将 jar 包部署到各个服务器上。你也可以使用自己喜欢的批量处理程序来完成这件事情。

修改 hbase-site.xml，加上以下属性：

```xml
<property>
  <name>hbase.coprocessor.user.region.classes</name>
  <value>org.alex.endpoint.impl.CountRowEndpoint</value>
</property>
```

再次使用 pscp 将该文件批量分发到各个服务器上：

```
# pscp -h ~/pssh-hosts -l root -Av /usr/local/hbase/conf/hbase-site.xml /usr/local/hbase/conf/
Warning: do not enter your password if anyone else has superuser
privileges or access to your account.
Password:
[1] 03:04:53 [SUCCESS] nn01
[2] 03:04:53 [SUCCESS] nn02
[3] 03:04:53 [SUCCESS] dn01
```

```
[4] 03:04:53 [SUCCESS] dn02
[5] 03:04:53 [SUCCESS] dn03
```

然后重启所有服务器上的 RegionServer。重启后，请关注你的 HBase 控制台，看看 RegionServer 是否真的被正常启动了，如果 RegionServer 启动后又立即停止了，请查看 RegionServer 的日志排查错误，直到 RegionServer 被正常启动我们才能进行下一步，如图 6-24 所示。

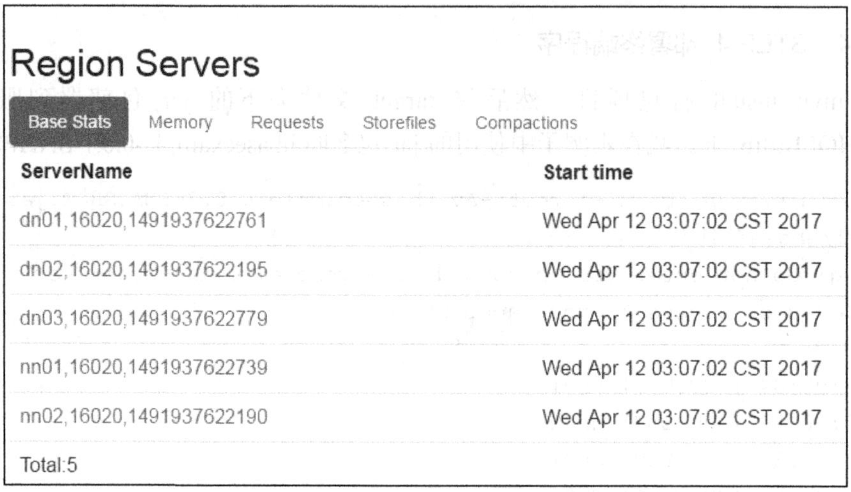

图 6-24

6.2.6.5　STEP 5 调用终端程序

现在我们来编写终端程序的调用代码。读过"第 4 章 客户端 API 入门"的读者可以直接使用该章节使用的例子继续编写调用终端的代码，但是为了降低章节之间的耦合度，也方便某些直接跳过前面章节看这个章节的读者（跳过不感兴趣的章节是一个有针对性的看书好方法）。我会建立一个全新的项目来演示如何调用终端程序。

首先在 eclipse 中新建 Maven 项目，使用 maven-archetype-quickstart 作为 Maven 模板，如图 6-25 所示。

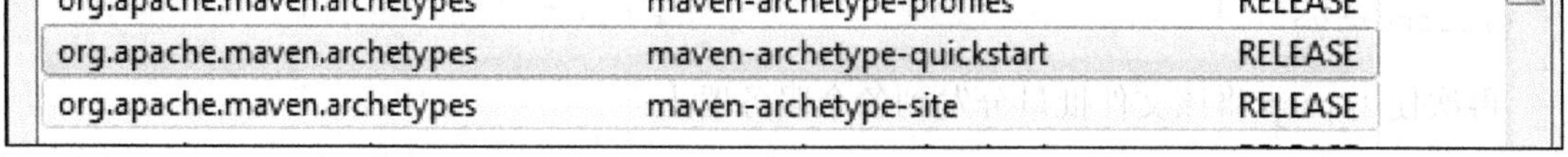

图 6-25

项目名叫 callendpoint，如图 6-26 所示。

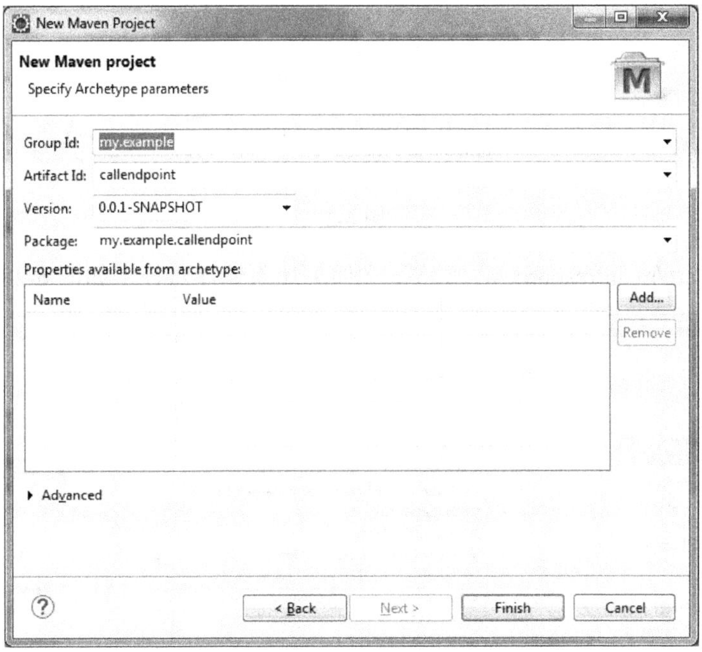

图 6-26

打开 pom.xml，增加对 JDK1.8 的支持：

```
<build>
<plugins>
    <plugin>
        <groupId>org.apache.maven.plugins</groupId>
        <artifactId>maven-compiler-plugin</artifactId>
        <version>3.1</version>
        <configuration>
            <source>1.8</source>
            <target>1.8</target>
            <showWarnings>true</showWarnings>
        </configuration>
    </plugin>
</plugins>
</build>
```

增加对 hbase-client 组件的依赖：

```
<dependency>
   <groupId>org.apache.hbase</groupId>
   <artifactId>hbase-client</artifactId>
   <version>1.2.2</version>
</dependency>
```

将我们之前生成的接口类 CountRowProtos 复制到新生成的项目中，如图 6-27 所示。

285

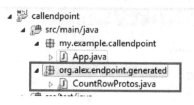

图 6-27

新建文件夹 src/main/resources,并将该文件夹加入编译路径,如图 6-28 所示。

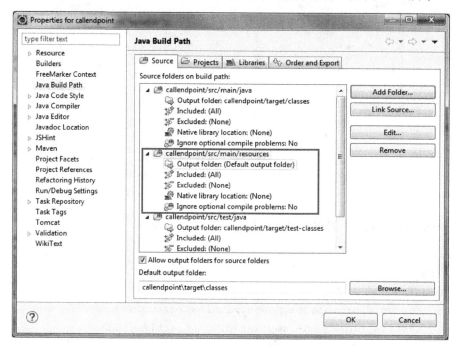

图 6-28

在 src/main/resources 下建立 core-site.xml,内容类似:

```
<?xml version="1.0" encoding="UTF-8"?>
<?xml-stylesheet type="text/xsl" href="configuration.xsl"?>
<configuration>
  <property>
   <name>fs.defaultFS</name>
   <value>hdfs://mycluster</value>
  </property>
  <property>
   <name>ha.zookeeper.quorum</name>
   <value>nn01:2181,nn02:2181,dn01:2181,dn02:2181,dn03:2181</value>
  </property>
</configuration>
```

再在 src/main/resources 下建立 hbase-site.xml,内容类似:

```xml
<?xml version="1.0"?>
<?xml-stylesheet type="text/xsl" href="configuration.xsl"?>
<configuration>
  <property>
    <name>hbase.rootdir</name>
    <value>hdfs://mycluster/hbase</value>
  </property>
  <property>
    <name>hbase.cluster.distributed</name>
    <value>true</value>
  </property>
  <property>
    <name>hbase.zookeeper.quorum</name>
    <value>nn01,nn02,dn01,dn02,dn03</value>
  </property>
</configuration>
```

client 端的最小配置就是这几行，非常简单。

调用终端程序的方法是 Table 接口的 coprocessorService 方法，该方法有 4 个传参：

- Class<T> service：通过我们定义的.proto 自动生成的接口抽象类。
- byte[] startKey：起始 rowkey。
- byte[] endKey：结束 rowkey。
- Batch.Call<T,R> callable：调用结束后的回调函数。

前 3 个参数都很好理解，第 4 个参数需要我们定义回调函数。所以我们建立类 CountRowCallable 作为回调函数所在的类。该类需要实现 org.apache.hadoop.hbase.client.coprocessor. Batch.Call 接口中的 call 方法，具体代码如下：

```java
import java.io.IOException;
import org.alex.endpoint.generated.CountRowProtos;
import org.apache.hadoop.hbase.client.coprocessor.Batch.Call;
import org.apache.hadoop.hbase.ipc.BlockingRpcCallback;


public class CountRowCallable implements Call<CountRowProtos.CountRowService, Long> {
    private CountRowProtos.CountRequest request;

    public CountRowCallable(CountRowProtos.CountRequest request){
        this.request = request;
    }

    public Long call(CountRowProtos.CountRowService counter) throws IOException
    {
```

```java
        BlockingRpcCallback<CountRowProtos.CountResponse> rpcCallback = new
BlockingRpcCallback<CountRowProtos.CountResponse>();
        // 调用终端程序(Endpoint) getCountRows 方法
        counter.getCountRows(null, request, rpcCallback);
        // 取出 Response
        CountRowProtos.CountResponse response = rpcCallback.get();
        // 由于我们定义的变量叫 count，所以 protobuf 会自动生成一个 hasCount 方法来判断是否变
量有值
        return response.hasCount() ? response.getCount() : 0;
    }
}
```

建好了回调类，现在万事俱备只欠东风了。我们来建立类 EndpointClientExample.java 用于调用终端程序。由于我们之前建立了回调类，所以我们现在就可以在 EndpointClientExample 中通过这样的语句调用终端程序：

```java
// 调用终端程序
Map<byte[], Long> results =
table.coprocessorService(CountRowProtos.CountRowService.class, null, null, new CountRowCallable(request));
```

完整的客户端代码如下：

```java
public class EndpointClientExample {
    public static void main(String[] args) throws IOException, URISyntaxException {
        Configuration conf = HBaseConfiguration.create();
        // 添加必要的配置文件 (hbase-site.xml, core-site.xml)
        conf.addResource(new Path(ClassLoader.getSystemResource("hbase-site.xml").toURI()));
        conf.addResource(new Path(ClassLoader.getSystemResource("core-site.xml").toURI()));

        // 获取连接
        TableName tableName = TableName.valueOf("mytable");
        Connection connection = ConnectionFactory.createConnection(conf);
        Table table = connection.getTable(tableName);

        try {
            final CountRowProtos.CountRequest request = CountRowProtos.CountRequest.getDefaultInstance();
            // 调用终端程序(Endpoint)
            Map<byte[], Long> results =
table.coprocessorService(CountRowProtos.CountRowService.class, null, null, new CountRowCallable(request));
```

```
      // 对各个 region 的结果求和
      long totalRow = 0;
      for (Map.Entry<byte[], Long> entry : results.entrySet()) {
        totalRow += entry.getValue().longValue();
        System.out.println("Region: " + Bytes.toString(entry.getKey()) + ", 包
含: " + entry.getValue() + "条记录");
      }
      System.out.println("总条数: " + totalRow);
    } catch (Throwable throwable) {
      throwable.printStackTrace();
    }
  }
}
```

运行结果如下：

```
Region: mytable,,1473200559694.52c7a079ab65be7ad29f1144d767b1fd., 包含: 12 条
记录
总条数: 12
```

到此终端程序的例子就完成了。终端程序没有固定的接口方法需要你来实现，所有方法都是在.proto 文件内定义的，所以非常灵活。

第 7 章
客户端API的管理功能

通过客户端 API 还可以管理 HBase 的集群、表、列族等元数据。通过客户端 API 管理的好处是，可以自动化操作，并且不需要手动连接 ssh。说实在的，HBase 的 shell 并不那么好用，很多时候还是使用 API 来操作更简单。

接下来我们从小到大来介绍这些管理功能。首先是列族。

7.1 列族管理

现在我们来学习如何用 API 来定义列族。其实用 API 来定义列族比用 shell 来定义列族直观得多，也许这是因为 HBase 本身是基于 Java 的，所以对 Java 特别友好吧。列族在 Java 中的映射类是 HColumnDescriptor。在之前的"4.1 10 分钟教程"中我们已经了解了如何使用它来建立列族：

```
Admin admin = connection.getAdmin();
……
HColumnDescriptor mycf = new HColumnDescriptor("mycf");
table.addFamily(new HColumnDescriptor(mycf));
……
admin.createTable(table);
```

这是最简单的例子，我们只定义列族名字，并没有定义其他的属性。

Admin 接口

Admin 接口是管理功能中最重要的部分，管理 HBase 的方法大部分都是由 Admin 接口提供的，它的实现类为 HBaseAdmin。接下来我们会逐个介绍 Admin 接口提供的管理方法。

我们来看一些比较重要的属性设置。

数据生存时间

通过设置数据生存时间（TimeToLive，缩写为 TTL），HBase 可以自动帮你清空过期的数据，避免数据库内数据过于庞大。设置的方法如下（其中 timeToLive 的单位是秒）：

```
setTimeToLive(int timeToLive)
```

你可以把之前的"3.2 30 分钟教程"使用的例子修改一下，新建一个方法 addColumnFamily，在该方法中新建一个列族：newcf2，并设置 TTL 为 10 秒：

```
public static void addColumnFamily (Configuration config) throws IOException
{
    try (Connection connection = ConnectionFactory.createConnection(config);
        Admin admin = connection.getAdmin()) {
      // 添加新列族 newcf2
      HColumnDescriptor newColumn = new HColumnDescriptor("newcf2");
      // 设置TTL为10秒
      newColumn.setTimeToLive(10);
      admin.addColumn(TableName.valueOf("mytable"), newColumn);
    }
}
```

调用 addColumnFamily：

```
public static void main(String... args) throws IOException, URISyntaxException
{
    Configuration config = HBaseConfiguration.create();

    // 添加必要的配置文件(hbase-site.xml, core-site.xml)
    config.addResource(new
Path(ClassLoader.getSystemResource("hbase-site.xml").toURI()));
    config.addResource(new
Path(ClassLoader.getSystemResource("core-site.xml").toURI()));
    addColumnFamily(config);
}
```

我们用 hbase shell 来看下 mytable 现在的表描述（为防止结果太长，我把前两个列族的具体属性省略了）：

```
hbase(main):001:0> describe 'mytable'
Table mytable is ENABLED
mytable
COLUMN FAMILIES DESCRIPTION
{NAME => 'mycf', ......}
{NAME => 'newcf', ......}
{NAME => 'newcf2', DATA_BLOCK_ENCODING => 'NONE', BLOOMFILTER => 'ROW',
REPLICATION_SCOPE => '0', VERSIONS => '1', COMPRESSION => 'NONE', TTL => '10 SECONDS
', MIN_VERSIONS => '0', KEEP_DELETED_CELLS => 'FALSE', BLOCKSIZE => '65536',
IN_MEMORY => 'false', BLOCKCACHE => 'true'}
3 row(s) in 0.6830 seconds
```

接下来，我们在 newcf2 列族下插入一条数据试试：

```
put 'mytable','row98','newcf2:name','tony'
```

然后你会发现，你必须在 10 秒内使用 scan 'mytable' 命令来查看数据，才能看到这条数据，超过 10 秒该数据就会自动消失。

> Put 也有一个方法可以设置生存时间，叫 setTTL ，该方法设置的是 Put 操作所涉及的单元格的 TTL，单位是毫秒。

版本数

通过 API 可以设置该列族存储的最大和最小版本数（Versions），当某个单元格的数据存储达到了最大版本数的数据的时候，再插入新数据会将旧数据删除。设置方法为：

- setMaxVersions(int maxVersions)
- setMinVersions(int minVersions)

布隆过滤器

在解释布隆过滤器（BloomFilter）之前，我们要先解释一下数据在 HBase 中存储的方式。所有数据在 HBase 中都以一个个 HFile 为单元来存储，一个 HFile 大小大概为几百兆字节到几千兆字节。每一个检索请求到来的时候，扫描器都会从头到尾地扫描整个 HFile。可想而知，这个速度是很慢的。

为了提高 HFile 的检索速度，HBase 使用了块索引机制。原理就是在 HFile 中增加一个部分，单独存储该 HFile 中的所有行键，这样扫描器可以先通过检索块索引来查找行键，当找到行键后再去具体的位置获取该行的其他信息，如图 7-1 所示。

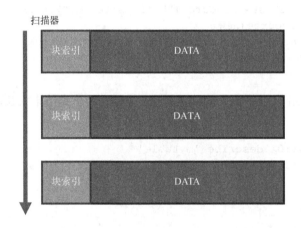

图 7-1

使用了块索引后，查询性能提高了。不过采用了块索引后，查询速度依然很慢。因为要把所有的行键按顺序查找过去，还是需要较长的时间，所以 HBase 引入了布隆过滤器。

由于布隆过滤器是由 Burton Howard Bloom 于 1970 年提出的，所以以 Bloom 来命名该过滤器。布隆过滤器可以知道元素在集合中是否"不存在"或者"可能存在"，也就是说如果布隆过滤器认为该元素不存在，那么就是不存在。这样可以极大地加速检索的速度，因为当布隆过滤器认为要检索的数据不在该块索引中时，扫描器可以跳过那些绝对不需要扫描的块索引，如图 7-2 所示。

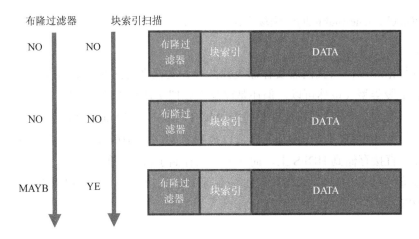

图 7-2

如图 7-2 所示采用了布隆过滤器后，扫描器可以快速地跳过前两个 HFile 文件，从而加速整个检索过程。布隆过滤器有两种工作模式：

- 行（ROW）模式：针对行进行过滤。
- 行列（ROWCOL）模式：针对列进行过滤。

 行列（ROWCOL）模式的英文名中也含有 ROW，意思是就算布隆过滤器工作在行列模式下，它在存储列方面信息的同时也要存储行模式的数据，所以行列模式占用的空间很大。如果你的查询操作细化到遍历一行内的很多列，就不需要使用行列模式，采用行模式可以达到同样的效果，并且不会消耗这么多的存储空间。

布隆过滤器是默认开启的，并且默认为行模式。通过 HColumnDescriptor 来修改布隆过滤器的方法为：

- setBloomFilterType(BloomType bt)：设定布隆过滤器的工作模式，可选项为：
  - BloomType.NONE：关闭布隆过滤器。
  - BloomType.ROW：行模式。默认为行模式。
  - BloomType.ROWCOL：行列模式。
- setCacheBloomsOnWrite(boolean value)：每次写入的时候是否更新布隆过滤器。默认为 false，表示关闭。

块缓存

块缓存（BlockCache）使用内存来记录数据，适用于提升读取性能。当开启了块缓存后，HBase 会优先从块缓存中查询是否有记录，如果没有才去检索存储在硬盘上的 HFile。关于块缓存的内容在"第 8 章 再快一点"章节详细介绍。设置块缓存的方法为：

- setBlockCacheEnabled(boolean blockCacheEnabled)：是否开启块缓存，默认为开启。

- isBlockCacheEnabled(): 块缓存是否开启。

大字段

在传统数据库中，当我们需要存储类似图片、文档之类的文件的时候，我们通常会使用 BLOB 这种字段类型（虽然可以，但还是建议不要把文件直接放在数据库）。在 HBase 中也有类似的字段类型来存储较大的数据，它叫 MOB。MOB 是 Medium Object 的缩写，即中等对象，当文件大于 100KB 小于 10MB，即可以被视为 MOB。HBase 存储 MOB 字段的时候其实也是把该文件直接存储到 HDFS 上，而在表中只存储了该文件的链接。

由于该特性只在 HFile 版本 3 以上才有，所以使用该特性之前先打开 hbase-site.xml 确认一下你的 HFile 版本至少大于等于 3：

```
<property>
  <name>hfile.format.version</name>
  <value>3</value>
</property>
```

使用列族管理来设置 MOB 的方式有：

- setMobEnabled(boolean isMobEnabled)：设置是否打开 MOB，默认为关闭。
- setMobThreshold(long threshold)：默认值为 1024*100（100KB）KB。

HColumnDescriptor 方法概览

set 方法一般都有对应的 get 方法，所以在表 7-1 中我会省略 get 方法。该表仅供查阅使用，强烈建议大家直接跳过或者粗略浏览一遍即可。

表 7-1 HColumnDescriptor 方法概览表

方法	说明
getValues	获取列的所有属性。比如： BLOOMFILTER => ROW COMPRESSION_COMPACT => GZ VERSIONS => 2147483647 IN_MEMORY => false KEEP_DELETED_CELLS => FALSE DATA_BLOCK_ENCODING => NONE COMPRESSION => NONE TTL => 42000 MIN_VERSIONS => 0 BLOCKCACHE => true BLOCKSIZE => 65536 REPLICATION_SCOPE => 0

（续表）

方法	说明
remove	删除某个列属性，比如 TTL、MIN_VERSIONS 等。如果你用 getValues()方法获取所有属性
removeConfiguration	可以通过设定列族的配置属性来覆盖 hbase-site.xml 中的属性设置，比如 hbase.regionserver.thread.compaction.throttle
setBlockCacheEnabled	设置是否打开块缓存，用于加速读取性能，如果打开了 BlockCache，读取的时候是先读取 BlockCache，再读取 Memcache + HFile
setBlocksize	设置块大小，默认为 64KB
setBloomFilterType	布隆过滤器可以通过快速地告知扫描器该行是否存在要检索的数据，从而加速随机读取速度。所以布隆过滤器对顺序读取没有加速作用，只对随机读取有加速作用。该方法设置布隆过滤器的类型（行过滤或者列过滤），可传入的值只允许 BloomType.NONE、BloomType.ROW、BloomType.ROWCOL。默认是 ROW，设置为 NONE，则取消布隆过滤器
setCacheBloomsOnWrite	写入的同时写布隆过滤器使用的存储块，会减低单次写速度，但是增加读速度
setCacheDataInL1	是否将数据缓存在块缓存（BlockCache）的一级缓存（L1）。关于块缓存的内容，我们会在后面的 BlockCache 相关章节介绍。这个方法实际上就是调用了 setValue 来设置"CACHE_DATA_IN_L1"属性的值，该属性默认值为 false
setCacheDataOnWrite	设置是否在写的同时把数据也写一份到块缓存（BlockCache）。其实就是调用了 setValue 设置了"CACHE_DATA_ON_WRITE"的值，默认是 false
setCacheIndexesOnWrite	设置是否在写的时候记录数据块（block）的索引块（index block）。索引块的作用跟布隆过滤器差不多，都是为了加速速度性能而设计的，默认值为 false
setCompactionCompressionType	设置 HFile 合并时候的压缩类型，比如 LZO、GZ、SNAPPY
setCompressionType	设置该列族采用的压缩类型，比如 LZO、GZ、SNAPPY
setCompressTags	在启用数据块编码的前提下，是否对标签也进行编码
setConfiguration	直接设置配置属性列表
setDataBlockEncoding	是否启用数据块编码
setDFSReplication	设置同一份 HBase 数据，在 HDFS 上的存储备份份数。不可以设置成小于 1，虽然默认值为 0，但意思并不是备份份数为 0（那就没有数据了），意思是不进行额外的备份存储
setEncryptionKey	Hbase 可以自动做列数据进行加密。设置加密的 key，其实就是调用 setValue 设置 ENCRYPTION_KEY 属性值
setEncryptionType	设置列族加密方式
setEvictBlocksOnClose	设置是否要在列族关闭的时候同时清空块缓存
setInMemory	如果设置为 true，则数据总是会被放到 BlockCache 里面，这样该列族的数据访问速度会很快，但是会占用较大内存，默认为 false

(续表)

方法	说明
setInMemoryCompaction	设置为 true 时会开启 memstore 内部的合并机制，即当该列族的数据在 memstore 内时也会像 HFile 那样合并，默认为 false
setKeepDeletedCells	设置为 true 时被删除的单元格不会在自动合并的时候被删除（当你手动删除数据的时候 HBase 并不会立即去删除数据，而是给数据打上墓碑标记，然后在随后的自动合并过程中删除）。注意：就算设置为 true，当数据的版本数超过上限或者数据的存留时间超过 TTL 规定的时间，也一样会在自动合并的时候被删除，默认为 false
setMaxVersions	设置最大版本数
setMinVersions	设置最小版本数
setMobCompactPartitionPolicy	设置 MOB 数据的合并周期，可选值为每天/每月/每周
setMobEnabled	设置是否打开 MOB 功能
setMobThreshold	设置判断数据为 MOB 的阈值，默认为 100KB
setPrefetchBlocksOnOpen	设置为 true：则该列族的数据在 RegionServer 启动的时候就加载到 BlockCache 里。默认为 false
setScope	设置当备份（Replication）特性启用时该列族的备份范围，可选值只有本地（HConstants.REPLICATION_SCOPE_LOCAL）和全局（HConstants.REPLICATION_SCOPE_GLOBAL），默认为本地
setTimeToLive	设置该列族的数据超时时间（TTL），存储时间超过该时间范围的数据将会被自动删除。默认值为没有超时时间，即 FOREVER
setValue	设置某个属性，比如 TTL、MIN_VERSIONS 等
setVersions	设置最小和最大版本数

7.2 表管理

表管理使用的类为 HTableDescriptor。其实在 HBase 中一个表的大部分属性都设置在列族里面，所以表本身的属性设置反而不多。

最大文件尺寸（maxFileSize）

设置该表的 Region 的最大尺寸。如果有 Region 的大小超过了定义值，则会触发 Region 拆分。默认为 10 * 1024 * 1024 * 1024L，即 10GB。如果你把该属性清空了，则代表该表的 Region 大小无限制。设置方法为：

```
setMaxFileSize(long maxFileSize)
```

只读模式

只读模式（readOnly）设置方法为：

```
setReadOnly(boolean readOnly)
```

设置为只读模式后，如果你尝试插入记录到该表，会得到以下错误信息：

```
hbase(main):029:0> put 'table1' ,'row2', 'cf1:name', 'denny'

ERROR: Failed 1 action: org.apache.hadoop.hbase.DoNotRetryIOException: region is read only
    at org.apache.hadoop.hbase.regionserver.HRegion.checkReadOnly(HRegion.java:3660)
    at org.apache.hadoop.hbase.regionserver.HRegion.batchMutate(HRegion.java:2868)
    at org.apache.hadoop.hbase.regionserver.HRegion.batchMutate(HRegion.java:2821)
    at org.apache.hadoop.hbase.regionserver.RSRpcServices.doBatchOp(RSRpcServices.java:755)
    at org.apache.hadoop.hbase.regionserver.RSRpcServices.doNonAtomicRegionMutation(RSRpcServices.java:717)
    at org.apache.hadoop.hbase.regionserver.RSRpcServices.multi(RSRpcServices.java:2146)
    at org.apache.hadoop.hbase.protobuf.generated.ClientProtos$ClientService$2.callBlockingMethod(ClientProtos.java:33656)
    at org.apache.hadoop.hbase.ipc.RpcServer.call(RpcServer.java:2178)
    at org.apache.hadoop.hbase.ipc.CallRunner.run(CallRunner.java:112)
    at org.apache.hadoop.hbase.ipc.RpcExecutor.consumerLoop(RpcExecutor.java:133)
    at org.apache.hadoop.hbase.ipc.RpcExecutor$1.run(RpcExecutor.java:108)
    at java.lang.Thread.run(Thread.java:745)
```

Memstore 刷写值

设置 Memstore 刷写值（memStoreFlushSize）的最大值，当 Memstore 存储的数据大于该值就会触发刷写（flush），默认为 64MB，设置方法为：

```
setMemStoreFlushSize(long memstoreFlushSize)
```

操作列族

除了上面提到的方法以外，HTableDescriptor 使用的最多的方法就是操作列族。比如增加列族：

```
try(Connection connection = ConnectionFactory.createConnection(config);
    Admin admin = connection.getAdmin()){
    HTableDescriptor table = new HTableDescriptor(TableName.valueOf("mytable"));
    table.addFamily(new HColumnDescriptor("mycf").setCompressionType(Algorithm.NONE));
}
```

操作列族的方法如下：

- addFamily(HColumnDescriptor family)
- modifyFamily(HColumnDescriptor family)
- removeFamily(byte [] column)

HTableDescriptor 方法概览

set 方法一般都有对应的 get 方法，所以在下面的列表中我会省略 get 方法。该表仅供查阅使用，强烈建议大家直接跳过或者粗略浏览一遍即可，如表 7-2 所示。

表 7-2 HTableDescriptor 方法概览表

方法	说明
addCoprocessor	增加协处理器。被增加的协处理器必须是 RegionServer 观察者或者终端程序
addFamily	增加列族
compareTo	比较两份 HTableDescriptor 之间是否有区别
modifyFamily	修改列族
remove	删除属性。表的默认属性很少，只有 IS_META，值为 false
removeConfiguration	删除配置属性，所谓配置属性就是 hbase-site.xml 中配置的属性
removeCoprocessor	删除协处理器
removeFamily	删除列族
setCompactionEnabled	设置合并机制是否开启，默认是开启
setConfiguration	动态设置配置属性
setDurability	设置持久化模式，可选值为： • ASYNC_WAL：异步地将数据写入 WAL。 • FSYNC_WAL：同步地将数据写入 WAL，并强制刷写到硬盘上。 • SKIP_WAL：跳过 WAL。 • SYNC_WAL：同步地将数据写入 WAL。 • USE_DEFAULT：使用系统默认值，默认为 SYNC_WAL
setFlushPolicyClassName	设置刷写使用的刷写类，一般情况下是不需要去改动刷写的实现类的，除非你希望在刷写的时候做一些特殊操作。该方法的传参只允许 FlushPolicy 的实现类
setMaxFileSize	设置该表的 Region 的最大尺寸。如果有 Region 的大小超过了定义值，则会触发 Region 拆分。默认为 10 * 1024 * 1024 * 1024L，即 10GB。如果你把该属性清空了，则代表该表的 Region 大小无限制
setMemStoreFlushSize	设置 Memstore 的最大值，当 Memstore 存储的数据大于该值就会触发刷写（flush），默认为 64MB

（续表）

方法	说明
setMetaRegion	设置该表为 META 表（ROOT 或者 META），该方法做的操作就是设置表的 IS_META 属性
setReadOnly	设置表是否为只读模式
setRegionMemstoreReplication	在复制（Replication）模式开启的情况下，是否开启或者关闭 Memstore 的复制（memstore replication），默认为 true
setRegionReplication	在复制模式开启的情况下，设置 Region 级别的备份数，默认为 1
setRegionSplitPolicyClassName	设置 Region 拆分的实现类，默认为固定大小的拆分类，你可以实现自定义的拆分类，但是该类必须继承自 RegionSplitPolicy
setRootRegion	设置该表是否为 ROOT 表的属性，其实就是设置 IS_ROOT 属性，该属性默认没有设置
setValue	设置表的属性

7.3 Region 管理

Region 也可以被 Admin 接口管理。首先，我们举一个简单的例子来演示如何通过 Admin 来关闭 Region。

在关闭 Region 之前，我们需要知道我们的数据在哪个 Region 上面。我使用的测试表名叫 mytable，所以我首先进入到 hbase shell 里面，然后执行以下命令查询出 mytable 的 Region 列表：

```
scan 'hbase:meta', {FILTER => "(PrefixFilter ('mytable'))"}
```

输出结果：

```
ROW COLUMN+CELL
 mytable,,1473200559694.52c7a079ab65be7ad29f1144d767b1fd.
column=info:regioninfo, timestamp=1473200560647, value={ENCODED =>
52c7a079ab65be7ad29f1144d767b1fd, NAME =>
'mytable,,1473200559694.52c7a079ab65be7ad29f1144d767b1fd.', STARTKEY => '',
ENDKEY => ''}
 mytable,,1473200559694.52c7a079ab65be7ad29f1144d767b1fd.
column=info:seqnumDuringOpen, timestamp=1492367382143,
value=\x00\x00\x00\x00\x00\x00\x01\xED
 mytable,,1473200559694.52c7a079ab65be7ad29f1144d767b1fd.    column=info:server,
timestamp=1492367382143, value=nn01:16020
 mytable,,1473200559694.52c7a079ab65be7ad29f1144d767b1fd.
column=info:serverstartcode, timestamp=1492367382143, value=1492045686796
```

可以看到该表实际上只占用了一个 Region，并且得知该 Region 的信息是

- Region 的 name（包括最后的英文句号）：mytable,,1473200559694.52c7a079ab65be7ad29f1144d767b1fd.
- 所在服务器：nn01
- 服务器端口：16020
- 服务器启动码（serverstartcode）：1492045686796

接下来我们使用 API 从客户端来关闭该 Region。关闭 Region 的方法有以下三种：

- closeRegion(byte[] regionname, String serverName)
- closeRegion(ServerName sn, HRegionInfo hri)
- closeRegion(String regionname, String serverName)

我们采用的传参都是字符串的第三种。regionname 我们已经知道了，这个 servername 是什么呢？

servername 是服务器标识码，它的格式是：

```
所在服务器 + 服务器端口 + 服务器启动码，中间用逗号分隔
```

比如在我们这个例子中服务器标识码就是：

```
nn01,16020,1492045686796
```

所以，我们最终的代码如下：

```
admin.closeRegion("mytable,,1473200559694.52c7a079ab65be7ad29f1144d767b1fd.", "nn01,16020,1492045686796");
```

执行完毕后，再使用 scan 'mytable' 命令就查询不出数据了，同时会抛出 NotServingRegionException 异常：

```
hbase(main):004:0> scan 'mytable'
ROW                    COLUMN+CELL
ERROR: org.apache.hadoop.hbase.NotServingRegionException: Region mytable,,1473200559694.52c7a079ab65be7ad29f1144d767b1fd. is not online on nn01,16020,1492045686796
    at org.apache.hadoop.hbase.regionserver.HRegionServer.getRegionByEncodedName(HRegionServer.java:2910)
    at org.apache.hadoop.hbase.regionserver.RSRpcServices.getRegion(RSRpcServices.java:1057)
    at org.apache.hadoop.hbase.regionserver.RSRpcServices.scan(RSRpcServices.java:2388)
    at org.apache.hadoop.hbase.protobuf.generated.ClientProtos$ClientService$2.callBlockingMethod(ClientProtos.java:33648)
    at org.apache.hadoop.hbase.ipc.RpcServer.call(RpcServer.java:2178)
```

```
    at org.apache.hadoop.hbase.ipc.CallRunner.run(CallRunner.java:112)
    at org.apache.hadoop.hbase.ipc.RpcExecutor.consumerLoop
(RpcExecutor.java:133)
    at org.apache.hadoop.hbase.ipc.RpcExecutor$1.run(RpcExecutor.java:108)
    at java.lang.Thread.run(Thread.java:745)
```

接下来，我们使用 assign 方法，让其重新上线。assign 方法的写法如下：

```
void assign(byte[] regionName)
```

需要传入的是 regionName 的 byte[]格式。之前 closeRegion 提供了一个 String 格式的 regionName 传参供我们调用。这回 assign 方法只提供了通过传入 byte[]类型的传参的调用方式。好在这也不是什么难事，我们自己使用 Bytes.toBytes 方法来转换字符串为 byte[]就行了。最终代码如下：

```
admin.assign(Bytes.toBytes("mytable,,1473200559694.52c7a079ab65be7ad29f1144
d767b1fd."));
```

执行完后，再去使用 scan 'mytable'，这回就查询出结果了。

如何查询 RegionServer 下的所有 Region 列表

前面我们提到了使用 hbase shell 来查询 Region 列表。那么，如果不想使用 hbase shell 的时候要怎么查询 Region 列表呢？

此时我们可以使用 getOnlineRegions 方法来查询该 RegionServer 下的所有 Region。getOnlineRegion 方法的调用形式如下：

```
List<HRegionInfo> getOnlineRegions(ServerName sn)
```

如何获取 ServerName 对象

但是 getOnlineRegions 方法的传参是 ServerName 对象，而不是字符串，要怎么创建 ServerName 对象呢？

我们可以调用 ServerName.valueOf(hostAndPort, startCode) 方法来获取 ServerName 实例。所以如果我们要获取这个 RegionServer（服务器=dn03，端口=16020，启动码=1498177654987）上的所有 Region 列表，我们应该这样写代码：

```
List<HRegionInfo> regions =
admin.getOnlineRegions(ServerName.valueOf("dn03:16020", 1498177654987L));
for (HRegionInfo region: regions) {
    System.out.println(region.getRegionNameAsString());
}
```

这样就输出了该 RegionServer 上的所有 Region 的 regionName：

```
testOb1,,1489259966287.0bec9a1cb392ebaea475fb61367b38a9.
testOb2,,1489260664850.fd7b3c2989feba009867c6393f5e54de.
……
```

```
my_split_table,99999996,1476324359742.4e5c5fbfd4622126ed3be7932c322f5c.
my_split_table,cccccccc8,1476324359742.6efa08be94f700489bdea8e4cb808abd.
mytable,,1473200559694.52c7a079ab65be7ad29f1144d767b1fd.
```

写到这里很多读者可能要说了：这个教程写得有问题啊！我既然要管理 HBase，首先要知道有哪些 RegionServer，既然不使用 hbase shell，我怎么才能知道这些 RegionServer 的服务器、端口、启动码这些信息呢？别急，我们已经知道了如何获取一个 RegionServer 下的所有 Region 信息。现在我们的问题只剩下一个了。

如何获取 RegionServer 列表

可以先通过 HBaseAdmin 的 getClusterStatus() 方法获取集群状态（我们会在下一个小节深入介绍这个 ClusterStatus，暂时你不需要了解这个类），然后再通过这个类的 getServers() 方法获取所有 RegionServer 对应的 ServerName 集合。具体代码如下：

```
Collection<ServerName> serverNames = admin.getClusterStatus().getServers();
```

获取了所有 ServerName 后就可以对这些 ServerName 进行遍历，获取它们上面的所有 Region 了。具体的代码如下：

```
Collection<ServerName> serverNames = admin.getClusterStatus().getServers();
Iterator<ServerName> it = serverNames.iterator();
while (it.hasNext()) {
    ServerName serverName = it.next();
    System.out.println("\nServer=" + serverName.getServerName() + " 拥有以下region:");

    List<HRegionInfo> regions = admin.getOnlineRegions(serverName);
    for (HRegionInfo region: regions) {
      System.out.println(region.getRegionNameAsString());
    }
}
```

执行结果如下：

```
Server=dn01,16020,1492045659880 拥有以下 region:
testDepFilter,,1479066280829.03748b731cb493e09c01f7dd3e0fcc07.
hbase:meta,,1.1588230740
test1,,1471560615227.81d3d6621a889021119f923e9b0c86a2.
......

Server=dn03,16020,1492045681172 拥有以下 region:
testOb1,,1489259966287.0bec9a1cb392ebaea475fb61367b38a9.
testOb2,,1489260664850.fd7b3c2989feba009867c6393f5e54de.
......

Server=nn01,16020,1495386611767 拥有以下 region:
```

```
myns:mytable2,,1474570624192.e77515664cd6f44852e6e9de69415524.
……
```

Admin 操作 Region 的其他方法

以下操作列表不需要太认真地把每一个方法都看过去。为了避免睡着，建议略读一遍即可，待需要用的时候再回来细读。

- unassign：将 Region 从当前 RegionServer 下线，并随机地找一个 RegionServer 上线该 Region。
- offline：将 Master 内存中的 Region 下线。跟 close 不同的是，这个方法适用于某些已经不在任何一个 RegionServer 上运行，但依然显示在线（online）的 Region。为什么会出现这种问题呢？因为 Region 的上下线状态存储在 Master 的内存中，有时候内存中的状态跟现实的状态并不符合。为了清理掉这部分内存数据，我们就会使用 offline 方法。但是如果你真的想让某个 Region 下线，请不要使用这个方法，因为他只是清理掉了 Master 中的 Region 状态，并不会真正地让你的 Region 下线，反之它会让你失去对这个 Region 的状态追踪。
- splitRegion：将某个 Region 拆分为更小的 Region。可以选择自己手动定义拆分点（splitPoint）或者让 HBase 自动帮你定义拆分点。
- closeRegionWithEncodedRegionName：采用 Region 名的最后 32 位编码（我称之为 Region 名的 hash 值）来关闭 Region。比如前面的例子中的 Region：mytable,,1473200559694.52c7a079ab65be7ad29f1144d767b1fd.，那么它的最后 32 位编码就是 52c7a079ab65be7ad29f1144d767b1fd.，在 HBase 的中其实也有很多方法使用这种简化版本的 RegionName。
- getOnlineRegions：获得某个 server 下所有在线（online）的 Region 列表。servername 的拼接规则依然是"所在服务器,服务器端口,服务器启动码"。比如 "nn02,16020,1492045657715"。
- flushRegion：强制刷新该 Region 的数据到 HDFS。
- compactRegion：触发该 Region 的合并（compact）操作，compact 会将该 Region 中的 HFile（HBase 存储数据的格式）以一定的规则合并，以加速读取速度。不过你最好需要先了解 compact 有哪几种算法规则。关于 compact 操作的介绍将会在"第 8 章 再快一点"中进行介绍。
- majorCompactRegion：触发该 Region 的 majorCompact 操作。关于 majorCompact 操作的介绍将会在"第 8 章 再快一点"中进行介绍。
- move：移动 Region 到另外一个 server 上。其实这个方法跟 unassign 很类似，唯一的不同就是，unassign 是下线后随机找一个 server 上线，而该方法是下线后可以指定某一个 server 来上线 Region。
- mergeRegions：合并（merge）多个 Region。注意此处的合并（merge）跟之前我写的合并（compact）并不一样，我把这两种行为都翻译为合并，这是因为我找不到别的更合适的中文词汇能形容他们了。merge 指的是把多个 Region 合并起来，而 compact 指的是对某个 Region 中的所有 HFile 执行合并操作。
- mergeRegionsSync：由于默认的 mergeRegions 是一个异步操作，当你希望能够立即执行 merge 操作的时候，你可以使用 mergeRegionSync。
- getRegion：获取某个 Region 的 HRegionInfo 信息。

7.4 快照管理

HBase 提供了快照（snapshot）功能。是的，正如这个名字所表达的含义一样，快照就是表在某个时刻的结构和数据。可以使用快照来将某个表恢复到某个时刻的结构和数据，而且不需要担心创建和恢复的过程会很缓慢，实际上这个速度非常快，往往只有数秒。

那么 HBase 是怎么做到这点的呢

其实快照并不实际地复制数据，而是保存一份文件列表，通过修改表所链接的文件来改变表的数据，所以这样做有两个好处：

- 速度极快。
- 不额外占用磁盘空间。

说了这么多，我们就来实验一下快照怎么用吧。首先，我们要确认的是我们的集群是否开启了快照功能。确认方法是查看 hbase-site.xml 中 hbase.snapshot.enabled 是否被设置为 true（如果没有设置，默认为 true）。

```
<property>
    <name>hbase.snapshot.enabled</name>
    <value>true</value>
</property>
```

确认该项设置为 true 或者没有设置后，我们就可以开始使用快照功能了。我们用 listSnapshots() 方法来看当前数据库中的快照列表。

```
List<SnapshotDescription> snapshots = admin.listSnapshots();
    for (SnapshotDescription snapshot: snapshots) {
      System.out.println(snapshot.getName());
}
```

如果这个集群之前没有创造过快照，那么你现在执行这个命令，只会看到一个空的列表。没关系，我们接下来就建立一个快照。我们先创建一个表 test_snapshot，该表拥有一个列族 mycf，然后我们向其插入一条数据：

- rowkey=row1

- column=mycf:name
- value=jack

我就不详细讲解建表和插入数据的过程了,这个过程请自行实践。完成后的数据应该像这样:

```
hbase(main):024:0> scan 'test_snapshot'
ROW             COLUMN+CELL
 row1           column=mycf:name, timestamp=1498322470469, value=jack
```

我们调用 snapshot 方法来创建快照(snapshot),snapshot 方法的调用形式有:

- void snapshot(byte[] snapshotName, TableName tableName)
- void snapshot(SnapshotDescription snapshot)
- void snapshot(String snapshotName, TableName tableName)
- void snapshot(String snapshotName, TableName tableName, SnapshotType type)

现在我使用最简单的调用形式来创建名叫 test_snapshot_1 的快照:

```
void snapshot(String snapshotName, TableName tableName)
```

具体的代码如下:

```
admin.snapshot("test_snapshot_1", TableName.valueOf("test_snapshot"));
```

执行完后,再用之前的 listSnapshots 方法来查看当前的快照列表,可以看到现在有了一个叫 test_snapshot_1 的快照:

```
test_snapshot_1
```

快照最大的作用就是可以将表恢复到某个时间点时的格式和数据,所以现在就要来尝试一下如何用快照来恢复 test_snapshot 表。先要对表进行一些修改:

插入一条新数据:

- rowkey=row2
- column=mycf:name
- value=billy

删除一条数据:

- rowkey=row2
- column=mycf:name

这样表内的数据就变成了这样:

```
hbase(main):025:0> scan 'test_snapshot'
ROW             COLUMN+CELL
 row2           column=mycf:name, timestamp=1498327069348, value=billy
```

我们现在要用 restoreSnapshot 方法来使用快照恢复 test_snapshot 表。restoreSnapshot 有以

下几种调用方式：

- void restoreSnapshot(byte[] snapshotName)
- void restoreSnapshot(byte[] snapshotName, boolean takeFailSafeSnapshot)
- void restoreSnapshot(String snapshotName)
- void restoreSnapshot(String snapshotName, boolean takeFailSafeSnapshot)
- void restoreSnapshot(String snapshotName,boolean takeFailSafeSnapshot,boolean restoreAcl)
- void restoreSnapshotAsync(String snapshotName)

根据我的风格，我肯定是采用最简单的那种调用方式，所以我使用直接传输字符串的 snapshotName 方式来调用 restoreSnapshot。具体代码如下：

```
admin.restoreSnapshot("test_snapshot_1");
```

然后执行这条语句。如果不出意外的话，你应该会跟我一样遇到以下异常：

```
Exception in thread "main" org.apache.hadoop.hbase.TableNotDisabledException: test_snapshot
    at org.apache.hadoop.hbase.client.HBaseAdmin.restoreSnapshot(HBaseAdmin.java:3798)
    at org.apache.hadoop.hbase.client.HBaseAdmin.restoreSnapshot(HBaseAdmin.java:3733)
    at org.alex.hbasetest.admin.SnapshotExample.main(SnapshotExample.java:33)
```

这是怎么回事呢？原来 HBase 要求在恢复快照之前必须要先停用（disable）这张表，才能恢复快照，避免产生不必要的麻烦。所以我们就先把表停用，然后恢复快照，最后启用（enable）这张表。代码变为这样：

```
admin.disableTable(TableName.valueOf("test_snapshot"));
admin.restoreSnapshot("test_snapshot_1");
admin.enableTable(TableName.valueOf("test_snapshot"));
```

执行完后，我们再去看 test_snapshot 的数据，现在的数据就被恢复成了制作快照时的样子：

```
hbase(main):051:0> scan 'test_snapshot'
ROW              COLUMN+CELL
 row1            column=mycf:name, timestamp=1498322470469, value=jack
```

不过有的读者在实践的时候可能会发现数据并没有恢复，这是由于有时 disable 操作没有完成导致的。所以比较严谨的写法应该是提交了 disableTable 方法后再使用 isTableDisabled 方法查询该表是否被完全停用，确定该表被完全停用后再恢复快照：

```
admin.disableTable(TableName.valueOf("test_snapshot"));
    while (true) {
```

```
      Thread.sleep(1000);
      if (admin.isTableDisabled(TableName.valueOf("test_snapshot"))) {
        admin.restoreSnapshot("test_snapshot_1");
        admin.enableTable(TableName.valueOf("test_snapshot"));
        break;
      }
  }
}
```

Admin 操作快照（Snapshot）的其他方法

以下操作列表不需要太认真地把每一个方法都看过去。为了避免睡着，建议略读一遍即可，待需要用的时候再回来细读。

- cloneSnapshot：通过克隆产生一个新快照。
- deleteSnapshot：删除快照。
- deleteTableSnapshots：删除跟该表的所有快照。
- listTableSnapshots：除了可以通过 listSnapshots 来列出所有的快照，还可以使用 listTableSnapshots 方法针对某个表列出该表的所有快照。
- restoreSnapshotAsync：可以异步地执行恢复快照动作，这样 API 就不需要等待快照恢复完成再去执行下一条代码了。
- takeSnapshotAsync：与上一个方法类似，该方法是获取快照方法的异步版本。

7.5 维护工具管理

Admin 还提供了针对 HBase 维护工具的调用方法。这些维护工具包括：

- 均衡器（balancer）
- 规整器（normalizer）
- 目录管理器（catalog janitor）

7.5.1 均衡器

HBase 作为一个分布式系统是一定会遇到负载均衡的问题的，所以 HBase 提供了一个均衡器用于自动均衡各个 RegionServer 之间的压力。均衡的手段就是移动 Region 到不同的 RegionServer 上用以平摊压力。

最早的时候 HBase 内置的均衡器是 SimpleLoadBalancer，该平衡器由于过于简单在后面的版本被 StochasticLoadBalancer 取代了。StochasticLoadBalancer 在做负载均衡的时候同时考虑了以下 5 个因素：

- Region Load：Region 的负载。
- Table Load：表的负载。

- Data Locality：数据本地化。
- Memstore Sizes：Memstore（存储在内存中）的大小。
- Storefile Sizes：Storefile（存储在磁盘上）的大小。

可见均衡器的算法相对来说还是很公平的。在此不需要对其具体的实现过程进行深究，只需要知道如何调整均衡器的相关参数即可。我们来看几个跟均衡器相关的参数：

- hbase.balancer.period：均衡器执行周期，默认值为 300000 毫秒，即 5 分钟。均衡器会启动一个叫 BalancerChore 的线程，该线程会定时去扫描是否有 RegionServer 需要做重均衡（rebalance）。这个定时的间隔就是由 hbase.balancer.period 来定义。
- hbase.regions.slop：均衡容忍值。这个参数从名字上不是很好理解。你们想一下，均衡器首先要面对的一个问题就是：如何判断 RegionServer 需要被均衡？

如何判断 RegionServer 需要被均衡

最简单的方式就是看某个 RegionServer 上的 Region 个数是否大于平均值，则判断是否重均衡的阈值为 average regions。但是如果只使用某个具体的数值来判断肯定是不行的，因为如此严格的判断标准会造成 RegionServer 不断地启动均衡操作，对性能造成较大冲击（可能会产生拆分/合并风暴）。这时就需要一个容忍范围来控制均衡操作的阀值，所以均衡操作的阀值计算公式变为：

```
average + (average * slop) regions
```

hbase.regions.slop 参数让 RegionServer 有一定的灵活配额来存放 Region。该参数默认为 0.001。

- hbase.master.loadbalancer.class：均衡器的实现类，默认为 StochasticLoadBalancer。

由于通过 Admin 可以对均衡器进行的操作很有限，而且很简单，所以在此不提供入门例子，只介绍均衡器相关方法。

Admin 操作均衡器的方法

以下操作列表不需要太认真地把每一个方法都看过去。为了避免睡着，建议略读一遍即可，待需要用的时候再回来细读。

- isBalancerEnabled：检测均衡器（Balancer）是否可用。
- setBalancerRunning：设置均衡器的启用和停用。
- balancer：手动调用均衡器。

7.5.2 规整器

规整器用于规整 Region 的尺寸。与其把它翻译成规整器，我更喜欢叫它"标准化器"或者叫"普通化器"，不过这样叫起来又太拗口了，所以还是叫规整器好了。那为什么说标准化器更符合它的特征呢？因为它其实做的事情就是按一定的标准去改变 Region，如果该 Region

不是个标准的 Region，那么规整器就会去改变它。

怎样的 Region 算不标准的 Region

其实这里说的是否标准指的是 Region 的大小，规整器会先算出某个表的平均 Region 大小，当某个 Region 太大了，或者太小了就称其为不标准的 Region。所以最终的目的是把 Region 的大小控制在一个相对稳定的尺寸范围内，既不会出现过大的 Region，也不会出现过小的 Region。

这个想法听起来很简单，实现起来却有一定的风险。我们之前提到过拆分/合并风暴这个概念。那么什么是拆分/合并风暴呢？

拆分/合并风暴

拆分/合并风暴（split/merge storms）指在某种情况下拆分了某几个 Region 后，系统达到了某个阈值，这个阈值会触发 Region 的合并，于是 Region 开始合并，但是合并后又触发了另一个阈值，该阈值导致 HBase 开始拆分 Region，如此循环往复，造成了一个不断拆分/合并的死循环，大量地消耗 HBase 的性能。

有很多因素/参数可以影响 Region 的拆分/合并，比如：

- 均衡器定义的 hbase.regions.slop 偏移量。
- 拆分 Region 的策略定义 hbase.regionserver.region.split.policy。
- 单个 Region 下的最大文件大小 hbase.hregion.max.filesize。

这些因素都会导致 Region 被拆分或者合并，所以要小心地设置这些参数防止拆分/合并风暴的出现。

现在回到我们说的规整器，究竟规整器做了什么呢？

具体地说，规整器会进行以下步骤（如图 7-3 所示）。

（1）获取该表的所有 Region。
（2）计算出该表的 Region 平均大小。
（3）如果某个 Region 大于平均大小的 2 倍，则需要被拆分。
（4）不断合并最小的两个 Region，只要最小的两个 Region 大小之和小于 Region 平均大小，这两个 Region 就会被合并。
（5）空 Region（大小小于 1MB）并不参与规整过程。

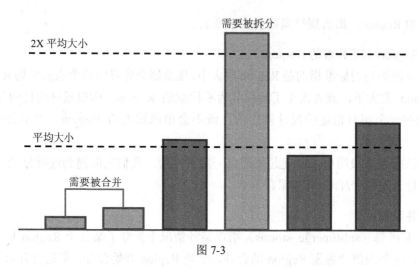

图 7-3

Admin 中操作规整器的方法跟操作均衡器的一样少,所以我还是不给出例子直接给出方法列表。

Admin 操作规整器的方法

以下操作列表不需要太认真地把每一个方法都看过去。为了避免睡着,建议略读一遍即可,待需要用的时候再回来细读。

- normalize:手动执行规整操作。
- isNormalizerEnabled:检测规整器是否可用,用户可以通过配置。
- setNormalizerRunning:设置规整器的开启和停用。

7.5.3 目录管理器

所谓的目录指的就是 hbase:meta 表中存储的 Region 信息。当 HBase 在拆分(Split)或者合并(merge)的时候,为了确保数据不丢失都会保留原来的 Region 信息。等拆分或者合并过程结束后,再使用目录管理器(catalog janitor)来清理这些旧的 Region 信息。

接下来举一个例子说明目录管理器是怎么作用的吧。比如,我们现在有一个 Region 即将被拆分,我们称这个 Region 为父 Region(parent region)。HBase 拆分的过程是:

(1)创建两个子 Region(英文为 Daughter Region,不知道为什么不用 Child Region,但是翻译成女儿 Region 又太令人费解了,所以我还是翻译成子 Region)。
(2)将数据复制到子 Region 中。
(3)删除父 Region。

我们都知道每一个 Region 都会在 hbase:meta 表中注册条目的,所以这种情况下,当子 Region 被创建出来之后 hbase:meta 表的数据就如表 7-3 所示。

表 7-3 hbase:meta 表的数据

RegionName	Location	offline	splitA	splitB
ParentRegion	RegionServer1	true	DaughterA	DaughterB
DaughterA	RegionServer1	false		
DaughterB	RegionServer1	false		

当数据完全复制到两个子 Region 后，目录管理器（catalog janitor）就会把父 Region 的那行记录删除掉。

同理，合并后的旧 Region 记录也会被目录管理器（catalog janitor）清理。

接下来的事情，大家一定猜到了，我们的 Admin 对目录管理器也没有什么特别的操作，无非就是启用、停用等，所以我也只列出相关方法，不会给出例子。

Admin 操作目录管理器的方法

以下操作列表不需要太认真地把每一个方法都看过去。为了避免睡着，建议略读一遍即可，待需要用的时候再回来细读。

- enableCatalogJanitor：启用或者停用目录管理器。
- runCatalogScan：手动执行目录扫描操作。
- isCatalogJanitorEnabled：检测目录管理器是否可用。

7.6 集群状态以及负载（ClusterStatus & ServerLoad）

通过 Admin 的 getClusterStatus 方法可以获取集群状态（ClusterStatus）类，这个类可不简单，它可以做很多事情，所以我单独将它独立出来写成一个小节。通过 ClusterStatus 类可以获取关于集群的所有状态信息（想自己做管理工具的读者听到这个消息应该会很高兴），比如可以获取当前活着的 RegionServer 的数量、当前所有 Region 的数量、当前集群中的请求 TPS 等。

按照惯例，我们先来看一个例子，我们来获取以下信息：

- 当前集群总共有几个 Region。
- 当前集群总共有几个 RegionServer。
- 当前每个 RegionServer 上加载了多少 Region。

代码如下：

```
ClusterStatus clusterStatus = admin.getClusterStatus();

int regionsCount = clusterStatus.getRegionsCount();
```

```
System.out.println("regionsCount           = " + regionsCount);

int regionServerSize = clusterStatus.getServersSize();
System.out.println("regionServerSize       = " + regionServerSize);

double regionsPerRegionServer = clusterStatus.getAverageLoad();
System.out.println("regionsPerRegionServer= " + regionsPerRegionServer);
```

我运行完后输出的结果是：

```
regionsCount           = 31
regionServerSize       = 5
regionsPerRegionServer= 6.2
```

大家可以很容易地发现 getAverageLoad 其实就是把 getRegionsCount 的结果除以 getServerSize 而已。集群状态其他可以获取的信息如下：

集群状态（ClusterStatus）的方法

以下操作列表不需要太认真地把每一个方法都看过去。为了避免睡着，建议略读一遍即可，待需要用的时候再回来细读。

- getServersSize：获取所有活着的 RegionServer 的数量。
- getServers：获取当前活着的 RegionServer 的 ServerName 实例，通过该实例可以获取地址、端口、启动码等信息，我们在前面的 "Region 管理" 小节中已经使用过它了。
- getDeadServers：获取所有不可用的 RegionServer 数量。
- getDeadServerNames：获取所有不可用的 RegionServer 的 ServerName 实例。
- getAverageLoad：获取当前的平均 Region 数，即 Region 总数/RegionServer 总数。
- getRegionsCount：获取当前在线的 Region 总数。
- getRequestsCount：获取集群的请求数。
- getHBaseVersion：获取当前 HBase 版本。
- getMaster：获取 Master 的 ServerName 实例。
- getBackupMastersSize：获取备份 Master 的数量。
- getBackupMasters：获取备份 Master。
- getLoad：获取服务器负载信息。
- getClusterId：获取集群 ID（Cluster Id）。
- getMasterCoprocessors：获取 Master 上的协处理器列表。
- getLastMajorCompactionTsForTable：获取该表的最后一次 Major Compaction 的时间。
- getLastMajorCompactionTsForRegion：获取该 Region 的最后一次 Major Compaction 的时间。
- isBalancerOn：均衡器是否打开了。

如果仅仅讲集群状态类就没有必要单独开一个小节了，真正的重头戏在于通过 getLoad

可以获得的 服务器负载（ServerLoad）对象。

服务器负载对象

通过服务器负载对象（ServerLoad），大家可以获取当前服务器的负载信息，比如内存使用情况、磁盘使用情况、请求数量等信息，这些对于想自己制作监控工具的读者来说非常有用。通过服务器负载我们能获取当前 MemStore 的大小（MemStore 是存在内存中的），StoreFile 的大小（StoreFile 是存在硬盘上的，关于 MemStore 和 StoreFile 的内容详见"第 5 章 HBase 内部探险"），本次统计周期内的 TPS、QPS、WPS，堆内存使用情况等有效信息。想做监控工具的读者是不是想到了什么？没错，你们可以根据这些信息来画曲线图了，如果发现堆内存不正常就说明集群出了问题了。我们来举个例子看下如何查看各个服务器上的堆内存大小和总请求数：

```
for (ServerName serverName: clusterStatus.getServers()) {
    ServerLoad serverLoad = clusterStatus.getLoad(serverName);
    System.out.println(serverName.getServerName() + ":");
    System.out.println("堆(Heap)最大值(MB) : " + serverLoad.getMaxHeapMB());
    System.out.println("堆(Heap)使用量(MB) : " + serverLoad.getUsedHeapMB());
    System.out.println("总请求数                    : " +
serverLoad.getTotalNumberOfRequests());
}
```

输出结果：

```
nn01,16020,1498516784963:
堆(Heap)最大值(MB) : 2014
堆(Heap)使用量(MB) : 166
总请求数             : 142
dn01,16020,1498516855955:
堆(Heap)最大值(MB) : 1936
堆(Heap)使用量(MB) : 30
总请求数             : 1219
nn02,16020,1498516835920:
堆(Heap)最大值(MB) : 1936
堆(Heap)使用量(MB) : 26
总请求数             : 6
dn02,16020,1498516876959:
堆(Heap)最大值(MB) : 1936
堆(Heap)使用量(MB) : 23
总请求数             : 6
dn03,16020,1498516894452:
堆(Heap)最大值(MB) : 1936
堆(Heap)使用量(MB) : 20
总请求数             : 5038
```

不过对于有志制作监控工具和优化工具的读者来说，这些信息是远远不够的，更具体的信息大家需要从 http://<servername>:16030/jmx 页面获取。

服务器负载的方法

以下操作列表不需要太认真地把每一个方法都看过去。为了避免睡着，建议略读一遍即可，待需要用的时候再回来细读。

- getNumberOfRequests：hbase-site.xml 中的参数 hbase.regionserver.msginterval 可以定义 RegionServer 向 Master 发送报告的时间周期，默认值是 3000，单位是毫秒，即 3 秒。如果按照默认配置，每 3 秒为一个周期。每个周期后 API 请求的统计信息会被清零。getNumberOfRequests 即为获取该周期内的请求数量。
- hasNumberOfRequests：是否有监听周期内请求数。
- getTotalNumberOfRequests：获取集群启动后的总请求数。
- hasTotalNumberOfRequests：是否监听总请求数。
- getReadRequestsCount：获取读请求数。
- getFilteredReadRequestsCount：获取过滤后的读请求个数。
- getWriteRequestsCount：获取写请求个数。
- getUsedHeapMB：已使用的堆内存大小。
- hasUsedHeapMB：是否有监听已使用的堆内存大小。
- getMaxHeapMB：最大允许的堆内存大小。
- hasMaxHeapMB：是否有监听最大允许的堆内存大小。
- getStores：获取该 RegionServer 上的 Store 数量。
- getStorefiles：获取该 RegionServer 上的 StoreFile 数量，关于什么是 Store、什么是 StoreFile 详见"第 5 章 HBase 内部探险"。
- getStoreUncompressedSizeMB：获取未压缩的 Store 大小。
- getStorefileSizeInMB：获取 StoreFile 的文件大小。
- getMemstoreSizeInMB：获取 Memstore 的大小。
- getStorefileIndexSizeInMB：获取 StoreFile 索引的大小。
- getRootIndexSizeKB：获取根索引的大小。
- getTotalStaticIndexSizeKB：获取静态索引的总大小。
- getTotalStaticBloomSizeKB：获取静态布隆过滤器索引的总大小。
- getTotalCompactingKVs：获取正在合并的 KeyValue 总个数。
- getCurrentCompactedKVs：获取当前已经合并完毕的 KeyValue 个数。
- getNumberOfRegions：获取 Region 数量。
- getInfoServerPort：获取 RegionServer 端口号。
- getLoad：该方法等同于 getNumberOfRegions。
- getRegionsLoad：获取 Region 的统计信息，这些统计信息可以通过 RegionLoad 对象获取，能够获取信息跟 ServerLoad 很类似。

- getRegionServerCoprocessors：获取 RegionServer 级别的协处理器列表。
- getRsCoprocessors：获取 RegionServer 和 Region 级别的协处理器列表。
- getRequestsPerSecond：获取每秒请求数。

7.7 Admin 的其他方法

Admin 接口的方法大概可以分为以下几类：

- 表管理
- 列族管理
- Region 管理
- 快照管理
- 维护工具管理
- 其他管理

前 5 项在前面的小节中都已经介绍过了。其他管理由于过于琐碎，而且有些高级知识点暂时还没有介绍，所以我不打算详细地去介绍其他方法。我把 Admin 的所有方法列在下表中。大家略读即可。

如表 7-4 所示，该表仅供查阅使用，强烈建议大家直接跳过或者粗略浏览一遍即可。

表 7-4　Admin 的所有方法列表

方法	说明
abort	关闭连接，与 clost 不同的是 abort 表示的是一种非正常的关闭，所以该方法需要传入关闭的理由和异常对象
isAborted	是否连接已经被关闭了
getConnection	获取连接
tableExists	判断表是否存在
listTables	列出所有表
listTableNames	列出所有表名
getTableDescriptor	获取某个表的描述符
createTable	建表
createTableAsync	异步建表，不需要等待表建立完成代码即可继续执行
deleteTable	删表
deleteTableAsync	异步删表
deleteTables	删除多个表

（续表）

方法	说明
truncateTable	清除表内数据，实际上就是执行了停用表、删除表、建立表这三个命令
truncateTableAsync	异步清除表内数据
enableTable	启用表
enableTableAsync	异步启用表
enableTables	启用多个表
disableTableAsync	异步停用表
disableTable	停用表
disableTables	停用多个表
isTableEnabled	检测表是否启用
isTableDisabled	检测表是否停用
isTableAvailable	检测表是否可用，就算表被停用了，只要表是可用的，该方法会返回 true
getAlterStatus	获取表更改状态。由于 HBase 的更改表命令是一个耗时比较长的过程。更改命令（Alter）需要扩散到各个 Region 去执行，所以各个 Region 接收到更改命令的时间并不相同，我们可以利用这个命令去检测有多少 Region 接收到了更改命令
addColumn	添加列
addColumnFamily	添加列族
addColumnFamilyAsync	异步添加列族
deleteColumn	删除列
deleteColumnFamily	删除列族
deleteColumnFamilyAsync	异步删除列族
modifyColumn	修改列
modifyColumnFamily	修改列族
modifyColumnFamilyAsync	异步修改列族
closeRegion	关闭 Region
closeRegionWithEncodedRegionName	用 32 位短 regionName 来关闭 Region
flush	手动刷写表数据到磁盘上
flushRegion	手动刷写 Region 数据到磁盘上
compact	手动触发表合并
compactRegion	手动触发 Region 合并
majorCompact	手动触发表的 major compact。表中被删除的数据只有在 major compact 的时候才会真正地从磁盘上消除

(续表)

方法	说明
majorCompactRegion	手动触发 Region 的 major compact。Region 中被删除的数据只有在 major compact 的时候才会真正地从磁盘上消除
compactRegionServer	手动触发 RegionServer 上的合并
move	移动 Region 到另一个 server 上
assign	上线 Region
unassign	下线 Region，并随机找一个新的 RegionServer 上线该 Region
offline	将 Master 内存中的 Region 状态改成下线
setBalancerRunning	打开或者关闭均衡器
balancer	手动调用均衡器
isBalancerEnabled	均衡器是否打开
normalize	手动调用规整器
isNormalizerEnabled	检测规整器是否被打开
setNormalizerRunning	打开或者关闭规整器
enableCatalogJanitor	打开或者关闭目录管理器
runCatalogScan	手动触发目录扫描
isCatalogJanitorEnabled	检测目录管理器是否启用
mergeRegions	合并（merge）多个 Region
mergeRegionsAsync	异步合并多个 Region
split	拆分表
splitRegion	拆分 Region
modifyTable	修改表
modifyTableAsync	异步修改表
shutdown	关闭整个 HBase 集群
stopMaster	关闭 Master，但是不会关闭整个集群
isMasterInMaintenanceMode	检测 Master 是否在维护模式（maintenance mode）
stopRegionServer	停止 RegionServer
getClusterStatus	获取集群状态对象（在下一个小节将会扩展解读集群状态对象）
getConfiguration	获取当前集群配置
updateConfiguration	更改集群配置
createNamespace	创建命名空间
createNamespaceAsync	异步创建命名空间

（续表）

方法	说明
modifyNamespace	更改命名空间
modifyNamespaceAsync	异步更改命名空间
deleteNamespaceAsync	异步删除命名空间
getNamespaceDescriptor	获取命名空间描述符
listNamespaceDescriptors	列出所有命名空间描述符
getTableRegions	获取该表的所有 Region
getTableDescriptorsByTableName	获取表描述符
getTableDescriptors	获取多个表描述符
rollWALWriter	将 WAL 写入器（WAL Writer）向前滚动
getMasterCoprocessors	获取 Master 协处理器（Master coprocessor）
getCompactionState	获取某个表的合并状态
getCompactionStateForRegion	获取某个 Region 的合并状态
getLastMajorCompactionTimestamp	获取某个表最后一次 Major compaction 的时间
getLastMajorCompactionTimestampForRegion	获取某个 Region 最后一次 Major compaction 的时间
snapshot	制作快照
takeSnapshotAsync	异步制作快照
isSnapshotFinished	快照有 3 种状态，所以调用这个方法的时候也有三种情况： （1）正在运行：返回 fase （2）完成：返回 true （3）异常退出：抛出让快照过程出错的那个异常
restoreSnapshot	恢复快照
restoreSnapshotAsync	异步恢复快照
cloneSnapshot	复制快照
cloneSnapshotAsync	异步复制快照
listSnapshots	列出所有快照
listTableSnapshots	列出某个表的所有快照
deleteSnapshot	删除快照
deleteSnapshots	删除多个快照

（续表）

方法	说明
deleteTableSnapshots	根据表删除快照
execProcedure	执行某个操作（procedure），生成快照、合并、拆分都是操作的一种
execProcedureWithRet	执行某个操作，但是跟 execProcedure 不同的是，execProcedure 方法无返回值，这个方法会返回一个 Response。withRet 中的 Ret 其实是 Return 的缩写
isProcedureFinished	操作是否完成
abortProcedure	退出某个操作
abortProcedureAsync	异步退出某个操作
listProcedures	列出所有操作
setQuota	设定配额（Quota），你可以通过设定配额来限制某个命名空间下的所有数据不能超过某个特定大小，以此来防止 HBase 数据库无限增长
getQuotaRetriever	返回配额设定
coprocessorService	创建一个协处理器服务，可以通过该服务来调用协处理器
getMasterInfoPort	获取当前 Master 的端口，如果没有更改默认的配置的话，会得到的结果是 16010。不过这个方法也可以用来检测 Master 是否可用
compact	触发合并操作
majorCompact	触发 major compact
getCompactionState	获取合并状态
getSecurityCapabilities	获取安全特性，如果你没有针对安全做更多的操作，返回值将是 SIMPLE_AUTHENTICATION
setSplitOrMergeEnabled	打开或者关闭拆分（split）和合并（merge）功能。这两个功能总是一起被打开或者关闭
isSplitOrMergeEnabled	检测拆分和合并功能是否被打开

7.8 可见性标签管理

前面提到的管理功能都由 Admin 接口提供。现在我们来介绍一个不由 Admin 接口提供的管理功能。

什么是可见性标签

可见性标签（Visibility Labels）是一串逻辑表达式字符串，用于标定数据的访问可见性。我们来看三个例子，以及它们的含义：

- developer：只有拥有 developer 标签的用户可见该数据。

- !developer：拥有 developer 标签的用户看不见该数据。
- (manager | developer) & !market：拥有 manager 标签或者 developer 标签，并且同时要没有 market 标签的用户，才看得见该数据。

怎么样？看出来了吧。可见性标签的表达式很简单，就是我们在写代码时的逻辑判断语句而已。通过可见性标签可以实现简单的权限控制。

确认 HFile 版本

如果你要使用可见性标签功能，你必须先确保你的 HBase 使用的 HFile 版本达到 3 以上。你可以打开控制台，切换到 HBase Configuration 标签（如图 7-4 所示），或者直接访问 <master 地址>:16010/master-status。

图 7-4

搜索 hfile.format.version 关键词，确认其配置值大于等于 3：

```
<property>
<name>hfile.format.version</name>
<value>3</value>
<source>hbase-default.xml</source>
</property>
```

如果不是的话，请在 hbase-site.xml 中修改该配置项，并重启集群。

记得打开可见性标签功能

HBase 默认是关闭可见性标签功能的，所以在使用可见性标签功能之前，要先打开该功能。编辑 hbase-site.xml，添加 VisibilityController 协处理器配置：

```
<property>
    <name>hbase.coprocessor.region.classes</name>
<value>org.apache.hadoop.hbase.security.visibility.VisibilityController</value>
    </property>
    <property>
    <name>hbase.coprocessor.master.classes</name>
<value>org.apache.hadoop.hbase.security.visibility.VisibilityController</value>
    </property>
```

重启 HBaes 集群后配置生效。

7.8.1 快速入门

先做一个例子再讲理论。在这个例子中,我要执行以下操作:

(1) 添加 2 个系统标签:developer 和 manager。
(2) 建立三个用户:alex、billy 和 ken。alex 拥有 developer 标签,billy 拥有 manager 标签,ken 没有标签。
(3) 建立表 testlabel,该表拥有 cf 列族。
(4) 存储带 developer 标签的单元格数据到 testlabel 表的 cf:city 列。
(5) 分别用三个用户来查询数据,观察他们的结果。

列出所有系统标签

HBase 并不自带标签,所以在使用标签之前你要先添加几个可用标签,供后续操作。在添加标签之前,我们要先知道怎么列出所有的可用标签,不然怎么知道我们是否添加成功呢?这回不是操作 Admin 接口了,用 VisibilityClient 来操作标签相关操作。获取所有可用标签的方法为:

```
VisibilityClient.listLabels(Connection connection, String regex)
```

- connection: HBase 连接对象。
- regex: 正则表达式。

这个函数很简单,不需要过多地解释。接下来我们看下完整的代码:

```java
public static void main(String[] args) throws Throwable {
    Configuration config = HBaseConfiguration.create();
    // 添加必要的配置文件 (hbase-site.xml, core-site.xml),记得把这两个文件放在根目录下,比如 src/main/resources/hbase-site.xml
    config.addResource(new Path(ClassLoader.getSystemResource("hbase-site.xml").toURI()));
    config.addResource(new Path(ClassLoader.getSystemResource("core-site.xml").toURI()));

    try (Connection connection = ConnectionFactory.createConnection(config)) {
      // 通过正则表达式 .* 获取所有标签
      ListLabelsResponse resp = VisibilityClient.listLabels(connection, ".*");
      List<ByteString> labels = resp.getLabelList();
      for (ByteString label: labels) {
        System.out.println(label.toStringUtf8());
      }
    }
}
```

 在可见性标签的后续例子中,我将省略获取 HBase 连接的代码,只写核心代码。

执行该代码后，不会输出任何结果。因为我们现在还没有任何可用标签。没有关系，记住这段命令，我们会使用它来检测我们添加的结果。

添加标签

接下来，我们用 VisibilityClient.addLabels 方法来添加可用标签。addLabels 接受两个参数，一个是我们熟悉的 connection 对象；另一个是你想加入的标签数组。代码如下：

```java
public static void main(String[] args) throws Throwable {
    Configuration config = HBaseConfiguration.create();

    // 添加必要的配置文件 (hbase-site.xml, core-site.xml)，记得把这两个文件放在根目录下，比如 src/main/resources/hbase-site.xml
    config.addResource(new Path(ClassLoader.getSystemResource("hbase-site.xml").toURI()));
    config.addResource(new Path(ClassLoader.getSystemResource("core-site.xml").toURI()));

    try (Connection connection = ConnectionFactory.createConnection(config){
        String[] labels = new String[] { "manager", "developer" };
        VisibilityClient.addLabels(connection, labels);
    }
}
```

运行这段代码之后，可以用我们之前列出所有标签的方法来检验结果。当我们满怀希望地运行了这段代码后，如果不出意外的话，你会发现你刚刚执行的添加标签代码完全不起作用！这是为啥呢？

如果你可以关联 HBase 源码进行调试的话，可以在这行代码后加一个断点：

```
VisibilityLabelsResponse response = rpcCallback.get();
```

然后你就会发现 response 中包含一段异常信息：

```
result {
  exception {
    name: "org.apache.hadoop.hbase.security.AccessDeniedException"
  value: "org.apache.hadoop.hbase.security.AccessDeniedException: User \'alexy\' is not authorized to perform this action.\n\tat org.apache.hadoop.hbase.security.visibility.VisibilityController.checkCallingUserAuth(VisibilityController.java:1070)\n\tat
  ……
  org.apache.hadoop.hbase.ipc.RpcExecutor$1.run(RpcExecutor.java:108)\n\tat java.lang.Thread.run(Thread.java:745)\n"
  }
}
```

意思是你当前的用户没有权限执行添加标签操作。说到这个，我们就要说一个之前一直没提，但却是一个重要的问题：调用 API 时，我使用的身份是什么？简单地说这个问题就是：

7.8.1.1 调用 API 时，我是谁

当你使用 hbase shell 的时候，可以使用 whoami 命令来得到当前用户的用户名，从而得知自己的身份和用户组：

```
hbase(main):007:0> whoami
hbase (auth:SIMPLE)
    groups: hbase, supergroup
```

但是当我们使用 Java 调用 API 的时候，如何得知自己的用户名呢？

其实很简单，HBase 是通过你的系统属性 user.name 来获取你的用户名的，所以你只需要使用以下语句就可以打印出自己当前的用户名：

```
System.out.println(System.getProperty("user.name"));
```

当涉及安全相关的操作，比如 ACL（本书不涉及 ACL 相关知识）、可见性标签等，就需要超级用户的权限才可以进行安全相关的操作。接下来，解决方案的思路就很明了了，那就是把你的用户名加入到 HBaes 超级用户列表中，让你有权限可以操作系统标签。

7.8.1.2 设置超级用户

HBase 默认是没有设置超级用户（hbase.superuser）的，所以我们需要编辑 hbase-site.xml，增加以下配置：

```
<property>
    <name>hbase.superuser</name>
    <value>你的用户名</value>
</property>
```

多个用户名之间用逗号分隔。

重启集群

设置完超级用户后，我们再执行一遍添加标签语句。执行完毕后，使用列出标签的语句查看现在的可用标签：

```
// 通过正则表达式 .* 获取所有标签
ListLabelsResponse resp = VisibilityClient.listLabels(connection, ".*");
List<ByteString> labels = resp.getLabelList();
for (ByteString label: labels) {
    System.out.println(label.toStringUtf8());
}
```

输出结果为：

```
manager
developer
```

说明添加可用标签成功了！

7.8.1.3 建立测试用户

建立用户的操作需要登录到 Linux 服务器上，使用 adduser 命令来创建账户。

首先，使用 root 账户建立用户 alex：

```
# useradd alex
```

切换到 alex 用户下，编辑 ~/.bashrc 文件：

```
# su alex
$ vi ~/.bashrc
```

在 ~/.bashrc 结尾增加 HBase 环境变量，目的是让该用户可以运行 hbase shell：

```
export HBASE_HOME=/usr/local/hbase
export PATH=$PATH:$HBASE_HOME/bin
```

保存后，记得使用 source 命令重新加载环境变量：

```
$ source ~/.bashrc
```

执行 hbase shell 检查是否设置成功：

```
$ hbase shell
2017-09-13 05:51:47,595 WARN  [main] util.NativeCodeLoader: Unable to load native-hadoop library for your platform... using builtin-java classes where applicable
SLF4J: Class path contains multiple SLF4J bindings.
SLF4J: Found binding in [jar:file:/usr/local/hbase/lib/slf4j-log4j12-1.7.5.jar!/org/slf4j/impl/StaticLoggerBinder.class]
SLF4J: Found binding in [jar:file:/usr/local/hadoop/share/hadoop/common/lib/slf4j-log4j12-1.7.5.jar!/org/slf4j/impl/StaticLoggerBinder.class]
SLF4J: See http://www.slf4j.org/codes.html#multiple_bindings for an explanation.
SLF4J: Actual binding is of type [org.slf4j.impl.Log4jLoggerFactory]
HBase Shell; enter 'help<RETURN>' for list of supported commands.
Type "exit<RETURN>" to leave the HBase Shell
Version 1.2.2, r3f671c1ead70d249ea4598f1bbcc5151322b3a13, Fri Jul  1 08:28:55 CDT 2016

hbase(main):001:0>
```

一切顺利！用这个方法依次建立 billy 和 ken 用户。

7.8.1.4 为用户设置标签

接下来，我们要给 alex 设置 developer 标签，给 billy 设置 manager 标签。设置标签的方法是：

```
VisibilityClient.setAuths(Connection connection, final String[] auths, final String user)
```

- connection：连接对象。
- auths：标签数组。
- user：用户名。

具体代码如下：

```
// 为 alex 设置 developer 标签
String[] developerAuths = new String[] { "developer" };
VisibilityClient.setAuths(connection, developerAuths, "alex");

// 为 billy 设置 manager 标签
String[] managerAuths = new String[] { "manager" };
VisibilityClient.setAuths(connection, managerAuths, "billy");
```

执行完后，就为这两个用户设置了标签。为了检验我们的设置成果，我们使用 getAuths 方法来获取 alex 和 billy 拥有的标签：

```
System.out.println("alex 拥有的标签：");
// 获取 alex 拥有的标签
List<ByteString> alexauths = VisibilityClient.getAuths(connection,
"alex").getAuthList();
for (ByteString auth:alexauths) {
    System.out.println(auth.toStringUtf8());
}

System.out.println("billy 拥有的标签：");
// 获取 billy 拥有的标签
List<ByteString> billyauths = VisibilityClient.getAuths(connection,
"billy").getAuthList();
for (ByteString auth:billyauths) {
    System.out.println(auth.toStringUtf8());
}
```

执行后，输出结果说明如下。

```
alex 拥有的标签：
developer
```

```
billy 拥有的标签:
manager
```

说明设置成功了。

7.8.1.5　建立测试数据

我们来建立测试数据。建立表 testlabel，该表拥有 cf 列族。切换到服务器上，使用 hbase shell 来进行以下操作：

```
hbase(main):004:0> create 'testlabel', 'cf'
0 row(s) in 2.7030 seconds

hbase(main):006:0> put 'testlabel', 'row1', 'cf:name', 'jack'
0 row(s) in 0.0100 seconds

hbase(main):008:0> put 'testlabel', 'row2', 'cf:name', 'peter'
0 row(s) in 0.0100 seconds

hbase(main):009:0> scan 'testlabel'
ROW                   COLUMN+CELL
 row1                   column=cf:name, timestamp=1505254116388, value=jack
 row2                   column=cf:name, timestamp=1505254143176, value=peter
2 row(s) in 0.0310 seconds
```

7.8.1.6　存储带标签的单元格

我们来保存几个带有标签的单元格数据。接下来，我将会保存 2 条带有 developer 标签的数据到 cf:city 列，使用的方法是 Put.setCellVisibility 方法。具体代码如下：

```
Table table = connection.getTable(TableName.valueOf("testlabel"));

Put put1 = new Put(Bytes.toBytes("row1"));
put1.addColumn(Bytes.toBytes("cf"), Bytes.toBytes("city"),
Bytes.toBytes("xiamen"));
put1.setCellVisibility(new CellVisibility("developer"));
table.put(put1);

Put put2 = new Put(Bytes.toBytes("row2"));
put2.addColumn(Bytes.toBytes("cf"), Bytes.toBytes("city"),
Bytes.toBytes("shanghai"));
put2.setCellVisibility(new CellVisibility("developer"));
table.put(put2);
```

执行后，再看看表中的数据：

```
hbase(main):010:0> scan 'testlabel'
```

```
ROW                 COLUMN+CELL
 row1                 column=cf:city, timestamp=1505254906380, value=xiamen
 row1                 column=cf:name, timestamp=1505254116388, value=jack
 row2                 column=cf:city, timestamp=1505254906607, value=shanghai
 row2                 column=cf:name, timestamp=1505254143176, value=peter
2 row(s) in 0.0450 seconds
```

现在我们的 testlabel 表有了两列数据，cf:name 中的数据没有标签，cf:city 中的数据有 developer 标签。

7.8.1.7 检验结果

到了检验我们之前劳动成果的时候了。我们预期的效果是使用 billy 用户只能查询到 cf:name 列的数据，而不能查询到 cf:city 列的数据，因为他没有 developer 标签。ken 用户由于也没有 developer 标签，所以也只能查询到 cf:name 列的数据，而 alex 用户可以查询到 testlabel 表的所有数据。事实能否跟我们想象的一样呢？

为了检验试验结果，我们需要登录到之前建立用户的服务器上，并切换到 billy 用户，查询 testlabel 表的数据：

```
hbase(main):001:0> whoami
billy (auth:SIMPLE)
    groups: billy

hbase(main):002:0> scan 'testlabel'
ROW                 COLUMN+CELL
 row1                 column=cf:name, timestamp=1505254116388, value=jack
 row2                 column=cf:name, timestamp=1505254143176, value=peter
2 row(s) in 0.6260 seconds
```

billy 用户的确只能看到 cf:name 的数据，看不到 cf:city。好的开头就是成功了一半，继续用 ken 用户来查询 testlabel 表的数据：

```
hbase(main):001:0> whoami
ken (auth:SIMPLE)
    groups: ken

hbase(main):002:0> scan 'testlabel'
ROW                 COLUMN+CELL
 row1                 column=cf:name, timestamp=1505254116388, value=jack
 row2                 column=cf:name, timestamp=1505254143176, value=peter
2 row(s) in 0.6170 seconds
```

OK!ken 也不能看到 cf:city 的数据，最后我们来看看 alex 用户能看到什么数据：

```
hbase(main):001:0> whoami
alex (auth:SIMPLE)
```

```
    groups: alex

hbase(main):002:0> scan 'testlabel'
ROW                COLUMN+CELL
 row1              column=cf:city, timestamp=1505254906380, value=xiamen
 row1              column=cf:name, timestamp=1505254116388, value=jack
 row2              column=cf:city, timestamp=1505254906607, value=shanghai
 row2              column=cf:name, timestamp=1505254143176, value=peter
2 row(s) in 0.5990 seconds
```

alex 用户可以看到 cf:city 列，你成功了！可见性标签起作用了。

接下来，我们具体地介绍可见性标签的其他操作。初次阅读本书建议跳过可见性标签余下的章节，直接进入下一章。

7.8.2　可用标签

初次阅读本书，建议跳过本小节。

通过前面的例子，我们已经了解了操作可用标签的以下方法：

- VisibilityClient.addLabels：添加可用标签。
- VisibilityClient. listLabels：列出可用标签。

目前并没有删除可用标签的方法，但是想删除可用标签还是有办法的。我们先要知道，系统的标签都是存储在 hbase:labels 表中的。我们来看下经过了前面的快速入门例子之后的 hbase:labels 表：

```
hbase(main):001:0> scan 'hbase:labels'
ROW                    COLUMN+CELL
 \x00\x00\x00\x01      column=f:\x00, timestamp=1505240776665, value=system
 \x00\x00\x00\x02      column=f:\x00, timestamp=1505244202933, value=manager
 \x00\x00\x00\x02      column=f:billy, timestamp=1505253621444, value=
 \x00\x00\x00\x03      column=f:\x00, timestamp=1505244202933, value=developer
 \x00\x00\x00\x03      column=f:alex, timestamp=1505253621189, value=
3 row(s) in 0.6190 seconds
```

从这些数据我们可以看出 hbase:labels 表的结构有以下特点：

- 行键为整形数字，比如 \x00\x00\x00\x01 代表数字 1。
- 一个标签占用一个行键。行键为 1 的记录为保留位，存储名为 system 的标签。
- 跟该标签关联的用户也存储在标签对应的行中，列名为 f:用户名，表示该用户绑定了该标签。

所以，当我们需要删除某个标签的时候，需要手动地删除该标签对应的行记录。可以执行以下语句来删除 manager 标签：

```
Table table = connection.getTable(TableName.valueOf("hbase:labels"));
// 通过 hbase:labels 表，我们知道了 manager 标签对应的行键是 2
Delete d1 = new Delete(Bytes.toBytes(2));
table.delete(d1);
```

7.8.3 用户标签

初次阅读本书，建议跳过本小节。

通过前面的例子，知道了可以通过以下的方法来操作用户标签：

- VisibilityClient.setAuths：设置用户标签。通过该方法传入未绑定的标签，还可以为用户添加新的标签。
- VisibilityClient.getAuths：查询用户标签。

除了这两个方法以外，还可以使用 VisibilityClient.clearAuths 方法来删除用户绑定的某个标签，比如这样：

```
VisibilityClient.clearAuths(connection, new String[]{"manager"}, "alex");
```

7.8.4 单元格标签

初次阅读本书，建议跳过本小节。

之前我们说过了在 Put 的时候设置可见性标签，可以为该单元格打上标签。但是如果你现在已经有很多数据了，你想给这些数据批量地打上标签，要怎么办呢？

可以使用 hbase shell 提供的 set_visibility 命令批量设置标签。set_visibility 方法的传参很灵活，可以为某几个列设置标签，也可以为时间戳在某个范围内的单元格设置标签，甚至可以传入过滤器来为符合某几个特定条件的单元格设置标签。

为了例子的简单，我在此仅以设置 testlabel 表的 cf:name 为例来批量设置标签。

```
hbase(main):010:0> set_visibility 'testlabel', 'manager', { COLUMNS =>
['cf:name']}
2 row(s) in 0.2130 seconds
```

为 testlabel 表的 cf:name 设置了 manager 标签。然后，切换到 ken 用户下，由于 ken 没有设置任何标签，所以看不到 testlabel 表的任何数据了：

```
hbase(main):001:0> scan 'testlabel'
ROW                  COLUMN+CELL
0 row(s) in 0.5520 seconds

hbase(main):002:0> whoami
ken (auth:SIMPLE)
```

```
        groups: ken
```

但是这个命令只影响现有数据,不会对新插入的数据造成影响。可以为 testlabel 插入新的一条数据:

```
Put put01 = new Put(Bytes.toBytes("row3"));
put01.addColumn(Bytes.toBytes("cf"), Bytes.toBytes("name"), Bytes.toBytes("frank"));
table.put(put01);
```

然后用 ken 来查询数据:

```
hbase(main):003:0> scan 'testlabel'
ROW                   COLUMN+CELL
 row3                 column=cf:name, timestamp=1505265032938, value=frank
1 row(s) in 0.0750 seconds
```

可以查询到新插入的数据。

怎么查询指定单元格的标签

很遗憾,现在还不能查询指定单元格的标签。标签信息只存储于服务端,并不会随着 Get 或者 Scan 操作返回客户端。希望后续的版本可以加入该功能。

如何更改单元格的标签

新插入一个版本的单元格数据。

第 8 章

◀ 再快一点 ▶

说到数据库就不能避免地谈到一个永恒的话题：性能优化！之前我总是希望大家可以不求其解地看这本书，为的是快速掌握一些感性知识，但是这一章节恰恰相反。无论你有多么的急，也请耐心地把 HBase 内部的运行机制以及那些会影响到你的参数先了解清楚，然后才开始进行性能调优。否则很大的可能是你调整的参数压根就没有用，或者起到了反作用。我会先逐层地介绍 HBase 的运行原理和优化机制。

首先是 Master 和 RegionServer 的调优。

8.1 Master 和 RegionServer 的 JVM 调优

8.1.1 先调大堆内存

这往往是出问题的第一环节。由于默认的 RegionServer 的内存才 1GB，而 Memstore 默认是占 40%，所以分配给 Memstore 的才 400MB，在实际场景下，很容易就写阻塞了。你可以通过指定 HBASE_HEAPSIZE 参数来调整所有 HBase 实例（不管是 Master 还是 RegionServer）占用的内存大小。方法是：

（1）修改 $HBASE_HOME/conf/hbase-env.sh，找到以下这行：

```
# The maximum amount of heap to use. Default is left to JVM default.
# export HBASE_HEAPSIZE=1G
```

（2）把注释去掉，并改为：

```
export HBASE_HEAPSIZE=8G
```

这个参数会影响所有 HBase 实例，包括 Master 和 Region。这样的话 Master 和 RegionServer 都会占用 8GB。不过我建议大家用 Master 和 RegionServer 专有的参数来分别设定他们的内存大小。

PermSize 的调整

当你打开 hbase-env.sh 的时候，会看到有以下一段设置：

```
# Configure PermSize. Only needed in JDK7. You can safely remove it for JDK8+
```

```
export HBASE_MASTER_OPTS="$HBASE_MASTER_OPTS -XX:PermSize=128m
-XX:MaxPermSize=128m"
export HBASE_REGIONSERVER_OPTS="$HBASE_REGIONSERVER_OPTS -XX:PermSize=128m
-XX:MaxPermSize=128m"
```

这两句配置的意思是 Master 和 RegionServer 的永久对象区（Permanent Generation，这个区域在非堆内存里面）占用了 128MB 的内存。根据注释的意思是这个配置存在的意义是为了在 JDK 7 下可以安全运行实例，所以如果你用的是 JDK 8 可以删掉这两行，并且由于 JDK 8 已经去除了 PermGen，所以设置了也没用。

如果你用的是 JDK 8 之前的版本，此时 RegionServer 发生内存泄露问题，并且日志提示：

```
java.lang.OutOfMemoryError: PermGen space
```

如果你确定已经把 Xmx 调得比较大了，那就需要把 PermSize 和 MaxPermSize 都调大一些（一般不会出现这种情况，调成 128MB 已经算比较大了）。

现在回归到设置 JVM 使用的最大内存话题上，在这两行的下面加上：

```
export HBASE_MASTER_OPTS="$HBASE_MASTER_OPTS -Xms4g -Xmx4g"
export HBASE_REGIONSERVER_OPTS="$HBASE_MASTER_OPTS -Xms8g -Xmx8g"
```

这样就把 Master 的 JVM 内存设置为 4GB，把 RegionServer 的内存设置为 8GB 了。

我只是举例说明 Master 可以调整内存为 4GB，但是不代表 Master 的最优内存大小就是 4GB，具体的内存大小需要根据你自己的机器情况来调整。
请永远至少留 10%的内存给操作系统来进行必要的操作。

如何根据机器的内存大小设置合适的 Master 或者 RegionServer 的内存大小

这是一个很现实、很复杂的问题，我也没有合适的公式来计算，但是我可以举一个 ambari 官方提供的例子来让大家感受一下，做个参考。

比如你现在有一台 16GB 的机器，上面有 MapReduce 服务、RegionServer 和 DataNode（这三位一般都是装在一起的），那么建议按照如下配置设置内存：

- 2GB: 留给系统进程。
- 8GB: MapReduce 服务。平均每 1GB 分配 6 个 Map slots + 2 个 Reduce slots。
- 4GB: HBase 的 RegionServer 服务。
- 1GB: TaskTracker。
- 1GB: DataNode。

如果同时运行 MapReduce 的话，RegionServer 将是除了 MapReduce 以外使用内存最大的服务。如果没有 MapReduce 的话，RegionServer 可以调整到大概一半的服务器内存。

8.1.2 可怕的 Full GC

随着内存的加大，有一个不容忽视的问题也出现了，那就是 JVM 的堆内存越大，Full GC 的时间越久。Full GC 有时候可以达到好几分钟。在 Full GC 的时候 JVM 会停止响应任何的请求，整个 JVM 的世界就像是停止了一样，所以这种暂停又被叫做 Stop-The-World（STW）。

当 ZooKeeper 像往常一样通过心跳来检测 RegionServer 节点是否存活的时候，发现已经很久没有接收到来自 RegionServer 的回应，会直接把这个 RegionServer 标记为已经宕机。等到这台 RegionServer 终于结束了 Full GC 后，去查看 ZooKeeper 的时候会发现原来自己已经"被宕机"了，为了防止脑裂问题的发生，它会自己停止自己。这种场景称为 RegionServer 自杀，它还有另一个美丽的名字叫朱丽叶暂停，而且这问题还挺常见的，早期一直困扰着 HBase 开发人员。所以我们一定要设定好 GC 回收策略，避免长时间的 Full GC 发生，或者是尽量减小 Full GC 的时间。

GC 回收策略优化

由于数据都是在 RegionServer 里面的，Master 只是做一些管理操作，所以一般内存问题都出在 RegionServer 上。接下来主要用 RegionServer 来讲解参数配置，如果你想调整 Master 的内存参数，只需要把 HBASE_REGIONSERVER_OPTS 换成 HBASE_MASTER_OPTS 就行了。

JVM 提供了 4 种 GC 回收器：

- 串行回收器（SerialGC）。
- 并行回收器（ParallelGC），主要针对年轻带进行优化（JDK 8 默认策略）。
- 并发回收器（ConcMarkSweepGC，简称 CMS），主要针对年老带进行优化。
- G1GC 回收器，主要针对大内存（32GB 以上才叫大内存）进行优化。

接下来我们来说说具体的组合方案。

8.1.2.1 ParallelGC 和 CMS 的组合方案

并行收回器的性能虽然没有串行回收器那么好，但是 Full GC 时间较短。对于 RegionServer 来说，Full GC 是致命的，就算性能下降一些也没有关系，所以我们最好使用并行回收器。

并发回收器主要是减少老年代的暂停时间，可以保证应用不停止的情况下进行收集。但是它也有缺点，那就是每次都会留下一些"浮动垃圾"。这些浮动垃圾只能在下次垃圾回收的时候被回收，不过这些我们也可以忍受。

基于以上描述比较符合 HBase 的配置是：

- 年轻带使用并行回收器 ParallelGC。
- 年老带使用并发回收器 ConcMarkSweepGC。

修改的方式还是修改 $HBASE_HOME/conf/hbase-env.sh，在我们前面修改 xms 和 xmx 的地方加上 -XX:+UseParNewGC -XX:+UseConcMarkSweepGC ，就像这样：

```
export HBASE_REGIONSERVER_OPTS="$HBASE_REGIONSERVER_OPTS -Xmx8g -Xms8g
-XX:+UseParNewGC -XX:+UseConcMarkSweepGC"
```

8.1.2.2 G1GC 方案

如果你的 JDK 版本大于 1.7.0_04（JDK7 update4），并且你的 RegionServer 内存大于 4GB（换句话说如果小于 4GB 就不用考虑 G1GC 了，直接用 ParallelGC + CMS），你可以考虑使用 G1GC 策略，这是 JDK 7 新加入的策略。不过仅仅是考虑，请不要不进行测试比较就直接改为 G1GC。

这种策略专门适用于堆内存很大的情况。引入 G1GC 策略的原因是，就算采用了 CMS 策略，我们还是不能避免 Full GC。因为在以下两种情况下，CMS 还是会触发 Full GC：

- 在 CMS 工作的时候，有一些对象要从年轻代移动到老年代，但是此时老年代空间不足了，此时只能触发 Full GC，然后引发 STW（Stop The World）暂停，JVM 又开始不响应任何请求了。
- 当被回收掉的内存空间太碎太细小，导致新加入老年代的对象放不进去，只好触发 Full GC 来整理空间，JVM 还是会进入不响应任何请求的状态。

G1GC 策略通过把堆内存划分为多个 Region，然后对各个 Region 单独进行 GC，这样整体的 Full GC 可以被最大限度地避免（Full GC 还是不可避免的，我们只是尽力延迟 Full GC 的到来时间），而且这种策略还可以通过手动指定 MaxGCPauseMillis 参数来控制一旦发生 Full GC 的时候的最大暂停时间，避免时间太长造成 RegionServer 自杀。设置的方式是：

```
export HBASE_REGIONSERVER_OPTS="$HBASE_REGIONSERVER_OPTS -Xmx24g -Xms24g -XX:+UseG1GC -XX:MaxGCPauseMillis=100"
```

这里说的堆内存很大的情况，具体指的是多大

大概是 32GB、64GB 或者以上，这样才算大内存。如果你的 RegionServer 占用的内存大概在 4GB~32GB，需要通过亲自试验才知道哪种策略适合你。

没有哪种策略是最好的，如果有的话 JVM 早就把别的策略都删除了，所以究竟是使用并行回收器和并发回收器的组合，还是使用 G1GC，这还得靠大家通过具体试验来判断。不过还是有一些简单的方式可以决定使用哪种策略：

- 如果你的 RegionServer 内存小于 4GB，就不需要考虑 G1GC 策略了，直接用 -XX:+UseParNewGC -XX:+UseConcMarkSweepGC。
- 如果你的 RegionServer 内存大于 32GB，建议使用 G1GC 策略。

试验的时候或者运行的时候都要记得把调试参数加上：

```
-XX:+PrintGCDetails -XX:+PrintGCTimeStamps -XX:+PrintAdaptiveSizePolicy
```

这样才能看到试验的量化结果，为试验提供更详细的信息。在此引用 Justin Kestelyn 在文章 *Tuning Java Garbage Collection for HBase* 中经过测试得出的调优参数结果，供大家参考：

- 32GB heap 的时候，-XX:G1NewSizePercent=3。
- 64GB heap 的时候，-XX:G1NewSizePercent=2。
- 100GB 或者更大的内存的时候，-XX:G1NewSizePercent=1。

其他参数：

- -XX:+UseG1GC。
- -Xms100g -Xmx100g （文中做实验的堆内存大小）。
- -XX:MaxGCPauseMillis=100。
- -XX:+ParallelRefProcEnabled。
- -XX:-ResizePLAB。
- -XX:ParallelGCThreads= 8+(40-8)(5/8)=28。
- -XX:G1NewSizePercent=1。

8.1.3 Memstore 的专属 JVM 策略 MSLAB

现在要提到一个全新的策略 MSLAB，虽然它目的也是减少 Full GC，但是它的意义不止于此，所以我并没有把 MSLAB 放到 "8.1.2 可怕的 Full GC" 小节中。就像我之前说的，堆内存足够大的时候发生 Full GC 的停留时间可以长达好几分钟。解决这个问题不能完全靠 JVM 的 GC 回收策略，最好的解决方案是从应用本身入手，自己来管好自己的内存空间。

随着硬件科技的进步，现在的服务器内存可以达到 32GB、64GB 甚至 100GB，人们发现就算是使用 CMS 策略来进行垃圾回收（GC），依然会触发 Full GC。但是在 2GB、4GB 的时代，一次 Full GC 最多也就几十秒，不会超过一分钟；但是随着内存的加大，Full GC 的时间逐渐变长。增加的速率是 8~10 秒/G。你可以想象一下拥有 100GB 的堆内存的 RegionServer 进行一次 Full GC 究竟要花费多少时间。而采用了 CMS 后还是发生 Full GC 的原因是：

（1）同步模式失败（concurrent mode failure）：在 CMS 还没有把垃圾收集完的时候空间还没有完全释放，而这个时候如果新生代的对象过快地转化为老生代的对象时发现老生代的可用空间不够了。此时收集器会停止并发收集过程，转为单线程的 STW（Stop The World）暂停，这就又回到了 Full GC 的过程了。

不过这个过程可以通过设置 -XX:CMSInitiatingOccupancyFraction=N 来缓解。N 代表了当 JVM 启动垃圾回收时的堆内存占用百分比。你设置的越小，JVM 越早启动垃圾回收进程，一般设置为 70。

（2）由于碎片化造成的失败（Promotion Failure due to Fragmentation）：当前要从新生代提升到老年代的对象比老年代的所有可以使用的连续的内存空间都大。比如你当前的老年代里面有 500MB 的空间是可以用的，但是都是 1KB 大小的碎片空间，现在有一个 2KB 的对象要提升为老年代却发现没有一个空间可以插入。这时也会触发 STW 暂停，进行 Full GC。

这个问题无论你把 -XX:CMSInitiatingOccupancyFraction=N 调多小都是无法解决的，因为 CMS 只做回收不做合并，所以只要你的 RegionServer 启动得够久一定会遇上 Full GC。

很多人可能会疑惑为什么会出现碎片内存空间？

我们知道 Memstore 是会定期刷写成为一个 HFile 的，在刷写的同时这个 Memstore 所占用的内存空间就会被标记为待回收，一旦被回收了，这部分内存就可以再次被使用，但是由于 JVM 分配对象都是按顺序分配下去的，所以你的内存空间使用了一段时间后的情况如图 8-1

所示（参看前言下载地址中给出的图片）。

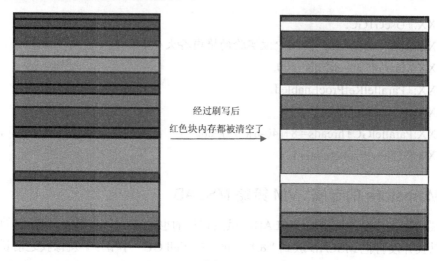

图 8-1

假设红色块占用的内存大小都是 1KB，此时有一个 2KB 大小的对象从新生代升级到老生代，但是此时 JVM 已经找不到连续的 2KB 内存空间去放这个新对象了，如图 8-2 所示（参看前言下载地址中给出的图片）。

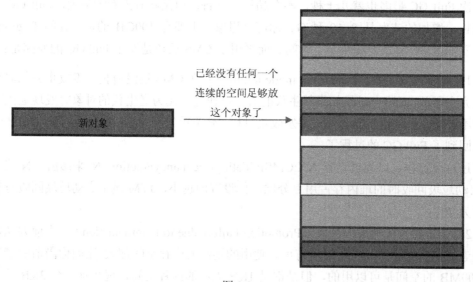

图 8-2

此时的堆内存就像一个瑞士奶酪（Swiss Cheese），如图 8-3 所示。

图 8-3

JVM 也没有办法，为了不让情况继续地恶化下去，只好停止接收一切请求，然后启用一个单独的进程来进行内存空间的重新排列。这个排列的时间随着内存空间的增大而增大，当内存足够大的时候，暂停的时间足以让 ZooKeeper 认为我们的 RegionServer 已死。

其实 JVM 为了避免这个问题有一个基于线程的解决方案，叫 TLAB（Thread-Local allocation buffer）。当你使用 TLAB 的时候，每一个线程都会分配一个固定大小的内存空间，专门给这个线程使用，当线程用完这个空间后再新申请的空间还是这么大，这样下来就不会出现特别小的碎片空间，基本所有的对象都可以有地方放。缺点就是无论你的线程里面有没有对象都需要占用这么大的内存，其中有很大一部分空间是闲置的，内存空间利用率会降低。不过能避免 Full GC，这些都是值得的。

但是 HBase 不能直接使用这个方案，因为在 HBase 中多个 Region 是被一个线程管理的，多个 Memstore 占用的空间还是无法合理地分开。于是 HBase 就自己实现了一套以 Memstore 为最小单元的内存管理机制，称为 MSLAB（Memstore-Local Allocation Buffers）。这套机制完全沿袭了 TLAB 的实现思路，只不过内存空间是由 Memstore 来分配的。

MSLAB 的具体实现如下：

- 引入 chunk 的概念，所谓的 chunk 就是一块内存，大小默认为 2MB。
- RegionServer 中维护着一个全局的 MemStoreChunkPool 实例，从名字很容看出，是一个 chunk 池。
- 每个 MemStore 实例里面有一个 MemStoreLAB 实例。
- 当 MemStore 接收到 KeyValue 数据的时候先从 ChunkPool 中申请一个 chunk，然后放到这个 chunk 里面。
- 如果这个 chunk 放满了，就新申请一个 chunk。
- 如果 MemStore 因为刷写而释放内存，则按 chunk 来清空内存。

由此可以看出堆内存被 chunk 区分为规则的空间，这样就消除了小碎片引起的无法插入数据问题，但是会降低内存利用率，因为就算你的 chunk 里面只放 1KB 的数据，这个 chunk 也要占 2MB 的大小。不过，为了不发生 Full GC，这些都可以忍。

跟 MSLAB 相关的参数是：

- hbase.hregion.memstore.mslab.enabled：设置为 true，即打开 MSLAB，默认为 true。

- hbase.hregion.memstore.mslab.chunksize：每个 chunk 的大小，默认为 2048 * 1024 即 2MB。
- hbase.hregion.memstore.mslab.max.allocation：能放入 chunk 的最大单元格大小，默认为 256KB，已经很大了。
- hbase.hregion.memstore.chunkpool.maxsize：在整个 memstore 可以占用的堆内存中，chunkPool 占用的比例。该值为一个百分比，取值范围为 0.0~1.0。默认值为 0.0。
- hbase.hregion.memstore.chunkpool.initialsize：在 RegionServer 启动的时候可以预分配一些空的 chunk 出来放到 chunkPool 里面待使用。该值就代表了预分配的 chunk 占总的 chunkPool 的比例。该值为一个百分比，取值范围为 0.0~1.0，默认值为 0.0。

具体 MSLAB 的效果如何

在此引用 Cloudera 的工程师 Todd Lipcon 在 *Avoiding Full GCs in HBase with MemStore-Local Allocation Buffers* 文章中做的连续几天的压力测试结果，如图 8-4 所示是不用 MSLAB 的 JVM 性能曲线。

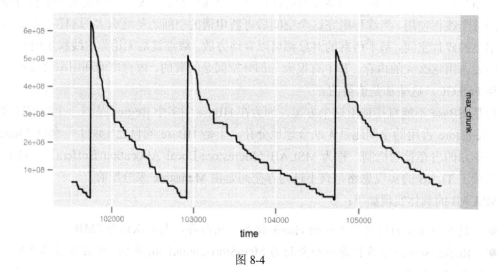

图 8-4

该图中的 max_chunk 可不是 MSLAB 中的 chunk，这里的 chunk 代表了 JVM 中连续可用的堆内存空间的最大值。可以看到该曲线出现了多次波峰，然后缓慢下降，这意味着每次出现波峰的地方都发生了一次 Full GC。JVM 把堆内存空间重排了，这样才能清理出连续的可用空间。如图 8-5 所示是采用了 MSLAB 后的曲线。

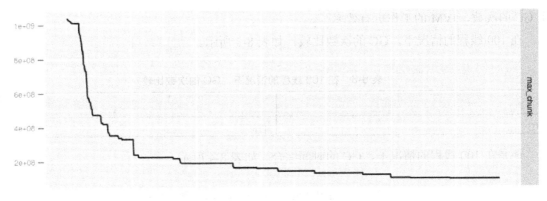

图 8-5

从图 8-5 中可以看出最大连续堆内存空间自从降下来后就没有再起来过,这意味着完全没有发生过 Full GC!虽然最大连续堆内存空间一直很低,但是没有关系,我们并不需要这么大的连续空间。所有的空间已经被 MSLAB 的 chunk 所瓜分,所以可用空间的大小非常均匀。

G1GC 和 MSLAB 可以一起用吗

可以,他们之间并没有冲突。你可能会觉得 G1GC 跟 MSLAB 的实现思路非常接近,那为什么还要发明 MSLAB 策略呢?因为 G1GC 是 MSLAB 发明后才出现的策略。关于 G1GC 和 MSLAB 同时启用的测试,HBase 的 PMC 成员 ramkrishna.s.vasudevan 曾做过一次测试,以下引用自该报告。

测试条件:

- RegionServer 堆内存:64GB。
- JVM 回收策略:G1GC。
- 工具:HBase 的 org.apache.hadoop.hbase.PerformanceEvaluation,简称 PE。
- 批量插入 150GB 的数据,每行数据拥有 10 个列。
- 采用 50、100 线程分别测试插入时间和 GC 次数。

测试组 1:用 50 线程插入数据,完成的时间比较,如表 8-1 所示。

表 8-1 50 线程插入数据所需时间对比

打开 MSLAB	关闭 MSLAB
1132.923 秒	1262 秒

测试组 2:用 100 线程插入数据,完成的时间比较,如表 8-2 所示。

表 8-2 100 线程插入数据所需时间对比

打开 MSLAB	关闭 MSLAB
1947.330 秒	2214.201 秒

由此可以看出打开了 MSLAB 写入速度,提升了 10%~12%,速度的提升主要是因为减少

了 GC 的次数，JVM 的工作更有效率了。

在 100 线程的情况下，GC 的次数比较，如表 8-3 所示。

表 8-3　在 100 线程的情况下，GC 的次数比较

打开 MSLAB	关闭 MSLAB
403	475

还是在 100 线程的情况下，GC 的时间综合。如表 8-4 所示。

表 8-4　在 100 线程的情况下，GC 的时间综合

打开 MSLAB	关闭 MSLAB
181.58 秒	239.9 秒

所以打开 MSLAB 跟使用 G1GC 并没有冲突，性能还略有提升。

说完了 RegionServer 和 Master 的性能优化后，我们要往更小的结构 Region、WAL、BlockCache、Memstore、HFile 进发。我将按以下层次（由大到小）介绍性能优化方案，如图 8-6 所示。

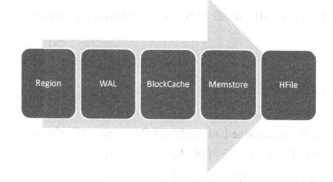

图 8-6

首先我们来说下 Region 的性能优化。

8.2　Region 的拆分

通过查询 hbase:meta 我们可以形象地看到，一个 Region 就是一个表的一段 Rowkey 的数据集合。当 Region 太大的时候 HBase 会拆分它。

为什么要拆分 Region

因为当某个 Region 太大的时候读取效率太低了。大家可以想想我们为什么从 MySQL、Oracle 转移到 NoSQL 来？最根本的原因就是这些关系型数据库把数据放到一个地方，查询的

本质其实也就是遍历 key；而当数据增大到上亿的时候同一个磁盘已经无法应付这些数据的读取了，因为遍历一遍数据的时间实在太长了。我们用 NoSQL 的理由就是其能把大数据分拆到不同的机器上，然后就像查询一个完整的数据一样查询他们。但是当你的 Region 太大的时候，此时这个 Region 一样会遇到跟传统关系型数据库一样的问题，所以 HBase 会拆分 Region。这也是 HBase 的一个优点，有些人会介绍 HBase 为"一个会自动分片的数据库"。

Region 的拆分分为自动拆分和手动拆分。自动拆分可以采用不同的策略。

8.2.1 Region 的自动拆分

8.2.1.1 ConstantSizeRegionSplitPolicy

早在 0.94 版本的时候 HBase 只有一种拆分策略（什么？你用的就是 0.94？！赶快升级）。这个策略非常简单，从名字上就可以看出这个策略就是按照固定大小来拆分 Region。它唯一用到的参数是：

```
hbase.hregion.max.filesize：region 最大大小，默认值是 10GB
```

当单个 Region 大小超过了 10GB，就会被 HBase 拆分成为 2 个 Region。采用这种策略后的集群中的 Region 大小很平均，如图 8-7 所示。

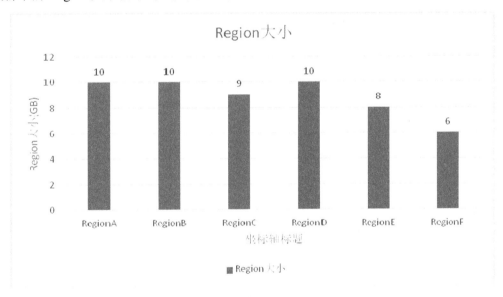

图 8-7

由于这种策略太简单了，所以不再详细解释了。

8.2.1.2 IncreasingToUpperBoundRegionSplitPolicy（默认）

0.94 版本之后，有了 IncreasingToUpperBoundRegionSplitPolicy 策略。这种策略从名字上就可以看出是限制不断增长的文件尺寸的策略。我们以前使用传统关系型数据库的时候或许有这样的经验，有的数据库的文件增长是翻倍增长的，比如第一个文件是 64MB，第二个就是

128MB，第三个就是 256MB。这种策略就是模仿此类情况来实现的。文件尺寸限制是动态的，依赖以下公式来计算：

```
Math.min(tableRegionsCount^3 * initialSize, defaultRegionMaxFileSize)
```

- tableRegionCount：表在所有 RegionServer 上所拥有的 Region 数量总和。
- initialSize：如果你定义了 hbase.increasing.policy.initial.size，则使用这个数值；如果没有定义，就用 memstore 的刷写大小的 2 倍，即 hbase.hregion.memstore.flush.size * 2。
- defaultRegionMaxFileSize：ConstantSizeRegionSplitPolicy 所用到的 hbase.hregion.max.filesize，即 Region 最大大小。
- Math.min：取这两个数值的最小值。

假如 hbase.hregion.memstore.flush.size 定义为 128MB，那么文件尺寸的上限增长将是这样：

（1）刚开始只有一个文件的时候，上限是 256MB，因为 1^3 * 128*2 = 256MB。
（2）当有 2 个文件的时候，上限是 2GB，因为 2^3 * 128*2 = 2048MB。
（3）当有 3 个文件的时候，上限是 6.75GB，因为 3^3 * 128 * 2 = 6912MB。
（4）以此类推，直到计算出来的上限达到 hbase.hregion.max.filesize region 所定义的 10GB。

Region 大小上限的增加将如图 8-8 所示。

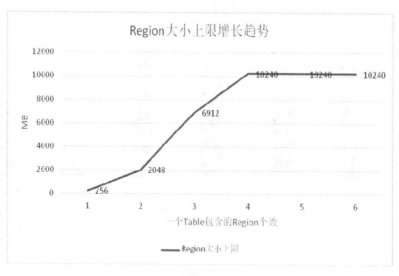

图 8-8

当 Region 个数达到 4 个的时候由于计算出来的上限已经达到了 16GB 大于 10GB 了，所以后面当 Region 数量再增加的时候文件大小上限已经不会增加了。

在最新的版本里 IncreasingToUpperBoundRegionSplitPolicy 是默认的配置。

8.2.1.3 KeyPrefixRegionSplitPolicy

除了简单粗暴地根据大小来拆分，我们还可以自己定义拆分点。KeyPrefixRegionSplitPolicy

是 IncreasingToUpperBoundRegionSplitPolicy 的子类，在前者的基础上增加了对拆分点（splitPoint，拆分点就是 Region 被拆分处的 rowkey）的定义。它保证了有相同前缀的 rowkey 不会被拆分到两个不同的 Region 里面。这个策略用到的参数是：

- KeyPrefixRegionSplitPolicy.prefix_length rowkey：前缀长度

该策略会根据 KeyPrefixRegionSplitPolicy.prefix_length 所定义的长度来截取 rowkey 作为分组的依据，同一个组的数据不会被划分到不同的 Region 上。

用默认策略拆分跟用 KeyPrefixRegionSplitPolicy 拆分的区别如图 8-9 所示。

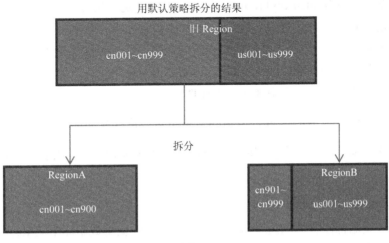

图 8-9

用 KeyPrefixRegionSplitPolicy 拆分的结果，如图 8-10 所示。

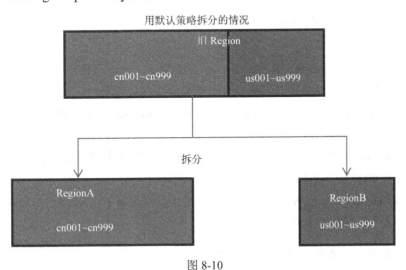

图 8-10

在这种场景下，按照默认的配置肯定会把同一个前缀的数据切分到不同的 Region 上。如果你的所有数据都只有一两个前缀，那么 KeyPrefixRegionSplitPolicy 就无效了，此时采用默认的策略较好。如果你的前缀划分的比较细，你的查询就比较容易发生跨 Region 查询的情况，此时采用 KeyPrefixRegionSplitPolicy 较好。

所以这个策略适用的场景是：

- 数据有多种前缀。
- 查询多是针对前缀，比较少跨越多个前缀来查询数据。

8.2.1.4　DelimitedKeyPrefixRegionSplitPolicy

该策略也是继承自 IncreasingToUpperBoundRegionSplitPolicy，它也是根据你的 rowkey 前缀来进行切分的。唯一的不同就是：KeyPrefixRegionSplitPolicy 是根据 rowkey 的固定前几位字符来进行判断，而 DelimitedKeyPrefixRegionSplitPolicy 是根据分隔符来判断的。在有些系统中 rowkey 的前缀可能不一定都是定长的，比如你拿服务器的名字来当前缀，有的服务器叫 host12 有的叫 host1。这些场景下严格地要求所有前缀都定长可能比较难，而且这个定长如果未来想改也不容易。DelimitedKeyPrefixRegionSplitPolicy 就给了你一个定义长度字符前缀的自由。使用这个策略需要在表定义中加入以下属性：

- DelimitedKeyPrefixRegionSplitPolicy.delimiter：前缀分隔符

比如你定义了前缀分隔符为_，那么 host1_001 和 host12_999 的前缀就分别是 host1 和 host12。

8.2.1.5　BusyRegionSplitPolicy

此前的拆分策略都没有考虑热点问题。所谓热点问题就是数据库中的 Region 被访问的频率并不一样，某些 Region 在短时间内被访问的很频繁，承载了很大的压力，这些 Region 就是热点 Region。BusyRegionSplitPolicy 就是为了解决这种场景而产生的。

它是如何判断哪个 Region 是热点的呢

先要介绍它用到的参数：

- hbase.busy.policy.blockedRequests：请求阻塞率，即请求被阻塞的严重程度。取值范围是 0.0~1.0，默认是 0.2，即 20%的请求被阻塞的意思。
- hbase.busy.policy.minAge：拆分最小年龄，当 Region 的年龄比这个小的时候不拆分，这是为了防止在判断是否要拆分的时候出现了短时间的访问频率波峰，结果没必要拆分的 Region 被拆分了，因为短时间的波峰会很快地降回到正常水平。单位毫秒，默认值是 600000，即 10 分钟。
- hbase.busy.policy.aggWindow：计算是否繁忙的时间窗口，单位毫秒，默认值是 300000，即 5 分钟。用以控制计算的频率。

计算该 Region 是否繁忙的计算方法如下：

- 如果"当前时间 − 上次检测时间 >= hbase.busy.policy.aggWindow"，则进行如下计算：这段时间被阻塞的请求 / 这段时间的总请求 = 请求的被阻塞率（aggBlockedRate）

- 如果 "aggBlockedRate > hbase.busy.policy.blockedRequests"，则判断该 Region 为繁忙。

如果你的系统常常会出现热点 Region，而你对性能有很高的追求，那么这种策略可能会比较适合你。它会通过拆分热点 Region 来缓解热点 Region 的压力，但是根据热点来拆分 Region 也会带来很多不确定性因素，因为你也不知道下一个被拆分的 Region 是哪个。

8.2.1.6 DisabledRegionSplitPolicy

这种策略其实不是一种策略。如果你看这个策略的源码会发现就一个方法 shouldSplit，并且永远返回 false。聪明的你一定一下就猜到了，设置成这种策略就是 Region 永不自动拆分。

如果使用 DisabledRegionSplitPolicy 让 Region 永不自动拆分之后，你依然可以通过手动拆分来拆分 Region。

这个策略有什么用

无论你设置了哪种拆分策略，一开始数据进入 Hbase 的时候都只会往一个 Region 塞数据。必须要等到一个 Region 的大小膨胀到某个阀值的时候才会根据拆分策略来进行拆分。但是当大量的数据涌入的时候，可能会出现一边拆分一边写入大量数据的情况，由于拆分要占用大量 IO，有可能对数据库造成一定的压力。如果你事先就知道这个 Table 应该按怎样的策略来拆分 Region 的话，你也可以事先定义拆分点（SplitPoint）。所谓拆分点就是拆分处的 rowkey，比如你可以按 26 个字母来定义 25 个拆分点，这样数据一到 HBase 就会被分配到各自所属的 Region 里面。这时候我们就可以把自动拆分关掉，只用手动拆分。

手动拆分有两种情况：预拆分（pre-splitting）和强制拆分（forced splits）。

8.2.2 Region 的预拆分

预拆分（pre-splitting）就是在建表的时候就定义好了拆分点的算法，所以叫预拆分。使用 org.apache.hadoop.hbase.util.RegionSplitter 类来创建表，并传入拆分点算法就可以在建表的同时定义拆分点算法。

8.2.2.1 快速入门

我们要新建一张表，并且规定了该表的 Region 数量永远只有 10 个。

在 Linux 下执行：

```
$ hbase org.apache.hadoop.hbase.util.RegionSplitter my_split_table 
HexStringSplit -c 10 -f mycf
```

- test_table：我们指定要新建的表名。
- HexStringSplit：指定的拆分点算法为 HexStringSplit。
- -c：要拆分的 Region 数量。
- -f：要建立的列族名称。

上面这条命令的意思就是新建一个叫 my_split_table 的表，并根据 HexStringSplit 拆分点算法预拆分为 10 个 Region，同时要建立的列族叫 mycf。建完后用 hbase shell 看一下结果。执行以下命令查出所有 10 个 Region 的信息：

```
hbase(main):008:0> scan 'hbase:meta',{STARTROW=>'my_split_table',LIMIT=>10}
```

可以看到已经建立的 10 个 Region，由于输出信息太多，我只截取其中关于每一个 Region 的起始 rowkey 和结束 rowkey 的信息给你们看，这 10 个 Region 的范围分别是：

- STARTKEY => '', ENDKEY => '19999999'
- STARTKEY => '19999999', ENDKEY => '33333332'
- STARTKEY => '33333332', ENDKEY => '4ccccccb'
- STARTKEY => '4ccccccb', ENDKEY => '66666664'
- STARTKEY => '66666664', ENDKEY => '7fffffffd'
- STARTKEY => '7fffffffd', ENDKEY => '99999996'
- STARTKEY => '99999996', ENDKEY => 'b333332f'
- STARTKEY => 'b333332f', ENDKEY => 'ccccccc8'
- STARTKEY => 'ccccccc8', ENDKEY => 'e6666661'
- STARTKEY => 'e6666661', ENDKEY => ''

这就是你预定了拆分点后的 Region，现在我来介绍一下这些具体的拆分点算法。

8.2.2.2 HexStringSplit

我们在快速入门例子中使用的算法就是 HexStringSplit 算法。HexStringSplit 前面带了一个 Hex 很容易地让人联想到这个算法一定跟 ASCII 码有关系。我们来看下这个算法的参数：

```
n：要拆分的 Region 数量。就这么简单。
```

HexStringSplit 把数据从 "00000000" 到 "FFFFFFFF" 之间的数据长度按照 n 等分之后算出每一段的起始 rowkey 和结束 rowkey，以此作为拆分点。完毕，就是这么简单。

8.2.2.3 UniformSplit

UniformSplit 有点像 HexStringSplit 的 byte 版，不管传参还是 n，唯一不一样的是起始和结束不是 String，而是 byte[]。

- 起始 rowkey 是 ArrayUtils.EMPTY_BYTE_ARRAY。
- 结束 rowkey 是 new byte[] {xFF, xFF, xFF, xFF, xFF, xFF, xFF, xFF}。

最后调用 Bytes.split 方法把起始 rowkey 到结束 rowkey 之间的长度 n 等分，然后取每一段的起始和结束作为拆分点。

默认的拆分点算法就这两个。你还可以通过实现 SplitAlgorithm 接口实现自己的拆分算法。或者干脆手动定出拆分点。

8.2.2.4 手动指定拆分点

手动指定拆分点的方法就是在建表的时候跟上 SPLITS 参数，比如：

```
hbase(main):003:0> create 'test_split2','mycf2',SPLITS=> ['aaa','bbb','ccc',
'ddd','eee','fff']
```

8.2.3 Region 的强制拆分

除了预拆分和自动拆分以外,你还可以对运行了一段时间的 Region 进行强制地手动拆分(forced splits)。方法是调用 hbase shell 的 split 方法,比如:

```
hbase(main):003:0> split 'test_table1,c,1476406588669.96dd8c68396fda69',
'999'
```

这个就是把 test_table1,c,1476406588669.96dd8c68396fda69 这个 Region 从新的拆分点 999 处拆成 2 个 Region。

split 方法的调用方式:

- split 'tableName'
- split 'namespace:tableName'
- split 'regionName' # format: 'tableName,startKey,id'
- split 'tableName', 'splitKey'
- split 'regionName', 'splitKey'

8.2.4 推荐方案

一开始可以先定义拆分点,但是当数据开始工作起来后会出现热点不均的情况,所以推荐的方法是:

(1)用预拆分导入初始数据。
(2)然后用自动拆分来让 HBase 来自动管理 Region。

建议:不要关闭自动拆分。

8.2.5 总结

Region 的拆分对性能的影响还是很大的,默认的策略已经适用于大多数情况。如果要调整,尽量不要调整到特别不适合你的策略,比如设置成 KeyPrefixRegionSplitPolicy,然后还用时间戳来做 rowkey。

一种策略的选择要看多方面因素,有可能你的集群同时适合多种策略,这样就要看哪种策略效果最好了。如果无法计算出来,就一个一个地尝试过去,用实践来检验真理。

8.3 Region 的合并

Region 可以被拆分，也可以被合并。不过 Region 的合并（merge）并不是为了性能考虑的，而更多地是出于维护的目的被创造出来的。

啥时候才会用到合并呢

比如你删了大量的数据，每个 Region 都变小了，这个时候分成这么多个 Region 就有点浪费了，可以把 Region 合并起来，然后可以减少一些 RegionServer 服务器来节省成本。

8.3.1 通过 Merge 类合并 Region

合并通过使用 org.apache.hadoop.hbase.util.Merge 类来实现，具体做法在下面说明。

举个例子，比如我想把以下两个 Region 合并：

- test_table1,b,1476406588669.39eecae03539ba0a63264c24130c2cb1.
- test_table1,c,1476406588669.96dd8c68396fda694ab9b0423a60a4d9.

就需要在 Linux 下（不需要进入 hbase shell）执行以下命令：

```
$ hbase org.apache.hadoop.hbase.util.Merge test_table1
test_table1,b,1476406588669.39eecae03539ba0a63264c24130c2cb1.
test_table1,c,1476406588669.96dd8c68396fda694ab9b0423a60a4d9.
```

在一大串的输出之后，用 hbase shell 看下 hbase:meta 的信息，发现没有合并，这是咋回事呢？看输出文本，看到其中有这么一行：

```
2016-10-14 09:21:29,053 FATAL [main] util.Merge: HBase cluster must be off-line, and is not. Aborting.
```

原来得先把集群给下线了才行，所以我们先把 HMaster 和所有的 HRegionServer 全部都停掉，再执行就可以了。

不过每次 merge 都要关闭整个 HBase 这也太麻烦了，好在后来 HBase 又增加了 online_merge。我管通过 Merge 类来合并叫冷合并，oneline_merge 叫热合并。

8.3.2 热合并

hbase shell 提供了一个命令叫 online_merge，通过这个方法可以进行热合并（online_merge）。我举个例子说明这个命令怎么用。比如要合并以下两个 Region：

- test_table1,a,1476406588669.d1f84781ec2b93224528cbb79107ce12.
- test_table1,b,1476408648520.d129fb5306f604b850ee4dc7aa2eed36.

online_merge 的传参是 Region 的 hash 值，Region 的 hash 值就是 Region 名最后那段在两个.号之间的字符串。

比如：

（1）Region 的名字叫 test_table1,a,1476406588669.d1f84781ec2b93224528cbb79107ce12.

（2）那么它的哈希值就是 d1f84781ec2b93224528cbb79107ce12

需要在 hbase shell（这回要进入 hbase shell 了）中执行以下命令：

```
hbase(main):011:0> merge_region
'd1f84781ec2b93224528cbb79107ce12','d129fb5306f604b850ee4dc7aa2eed36'
```

执行完了之后再去看 hbase:meta，就会看到这两个 Region 被合并成一个 Region 了。

如果你在执行的过程中看到类似这样的报错信息：

```
ERROR: org.apache.hadoop.hbase.exceptions.MergeRegionException: Unable to
merge regions not online {d1f84781ec2b93224528cbb79107ce12 state=OPEN,
ts=1476408989537, server=dn03,16020,1476408687719},
{d129fb5306f604b850ee4dc7aa2eed36 state=OFFLINE, ts=1476408683330, server=null}
```

说明要合并的两个 Region 其中有一个是离线的（offline）。可以用 hbase shell 的 assign 命令上线该 Region，然后再执行 merge_region 命令。

接下来看看 Region 内部的优化。

8.4 WAL 的优化

首先我们知道一个 Region 只有一个 WAL 实例。WAL 实例启动后在内存中维护了一个 ConcurrentNavigableMap。这是一个线程安全的并发集合。这个 ConcurrentNavigableMap 包含了很多个 WAL 文件的引用。当一个文件写满了就会开始下一个文件。当 WAL 工作的时候 WAL 文件数量会不断增长直到达到一个阈值后开始滚动。

跟 WAL 有关的优化参数有：

- hbase.regionserver.maxlogs：Region 中的最大 WAL 文件数量，默认值是 32。
- hbase.regionserver.hlog.blocksize：HDFS 块大小，没有默认值，如果你不设定该值，HBase 就会直接调用 HDFS 的 API 去获取。
- hbase.regionserver.logroll.multiplier：WAL 文件大小因子。每一个 WAL 文件所占的大小通过 HDFS 块大小*WAL 文件大小因子得出。默认值是 0.95。

早期关于 WAL 的设置优化主要是针对如何设置合理的 hbase.regionserver.maxlogs 的。maxlogs 就是允许有多少个 WAL 文件同时存在于 Region 之中，当 WAL 的数量超过了这个阈值之后就会引发 WAL 日志滚动，旧的日志会被清理掉。

关于如何设置合理的 maxlogs 数值，Hortonworks 给出了建议公式：

```
(regionserver_heap_size * memstore fraction) / (default_WAL_size)
```

- regionserver_heap_size：RegionServer 的堆内存大小。
- memstore fraction：memstore 在 JVM 的堆内存中占用的比例。
- default_WAL_size：单个 WAL 文件的大小。

举个例子：

- regionserver_heap_size：假设你的集群中的每个 RegionServer 的堆内存大小是 16GB。
- memstore fraction：假设你的 memstore 占 40%的堆内存大小，那么这个数值就是 0.4。
- default_WAL_size：假设你设定了 hbase.regionserver.logroll.multiplier 为 0.95，而 HDFS 的块大小是 64MB，那么现在你的单个 WAL 文件的大小就是 60.8MB，为了计算简单，我们就算 60MB 吧。

套用这个公式的计算过程是：

```
( 16384MB * 0.4 )/ 60MB = 109
```

结果是 WAL 大小上限的最优值是 109 个。

不过，后来 HBase 舍弃了 hbase.regionserver.maxlogs 。理由是我们大多数人并不知道这个公式，所以直接采用了默认值。但是在刚刚的例子中，maxlogs 轻易地就超过了 100。而在例子中的参数其实都是很平常的服务器设置。这就给大多数用户造成了很多不便。所以摆在 HBase 的前面有两条路：

- 调大 hbase.regionserver.maxlogs 的默认值。
- 把 maxlogs 的定义权从用户手中收回，直接由 HBase 内部自己计算出 maxlogs 的最优值。

在新的版本中，HBase 选择了后者。具体的做法是这样的：根据以下公式来计算 maxlogs 的数值：

Math.max(32, (regionserverHeapSize * memstoreSizeRatio * 2 / logRollSize))

- regionserverHeapSize：RegionServer 的堆内存大小。
- memstoreSizeRatio：memstore 在 JVM 的堆内存中占用的比例。
- logRollSize：单个 WAL 文件的大小。

所以这个公式的意思其实就是在通过公式计算出的理想 WAL 文件数量和 32（以前的默认值）之间取最大值。可以看出计算理想的 maxlogs 公式跟我们前面写的建议公式几乎是一样的。只是在前面的建议公式的基础上再乘以 2，所以得出的数值会比建议公式的计算结果大一倍。

在新的版本中，如果你还是设置了 hbase.regionserver.maxlogs，会得到一句警告：

```
'hbase.regionserver.maxlogs' was deprecated.
```

就是告诉你这个值已经被弃用了，设置了也没用。有的人可能会说我说了这么多不等于白说吗？因为结论就是 WAL 没啥可以优化的啊。其实我的目的就是让你们了解一下 WAL 优化的历史，以免有的读者在网上看了资料后来设置 maxlogs，但是发现并没有用，而且还得到了一句警告，会感觉很迷茫。

讲完了 Region 这个级别的性能优化机制后，现在要往更小的存储单元 Store 进发。其实 Region 级别的优化对性能的提高效果并不是很大，而对于 Store 的优化比对 Region 的优化更重要。

8.5 BlockCache 的优化

首先我们要明确的一点就是，一个 RegionServer 只有一个 BlockCache。之前我们画的图上是没有标出 BlockCache 的，这是因为之前的图上出现的都是数据存储必需的组成部分，而 BlockCache 不是数据存储的必须组成部分，他只是用来优化读取性能的。如果加上 BlockCache，之前的架构就变成如图 8-11 所示。

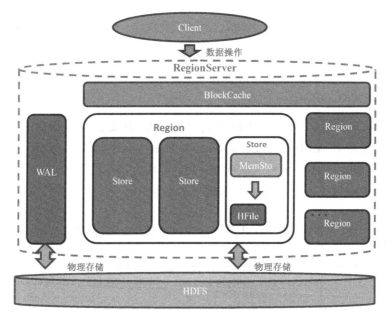

图 8-11

BlockCache 名称中的 Block 指的是 HBase 的 Block。之前介绍过 HBase，目前有很多种 Block：

- DATA
- ENCODED_DATA
- LEAF_INDEX
- BLOOM_CHUNK
- META

- INTERMEDIATE_INDEX
- ROOT_INDEX
- FILE_INFO
- GENERAL_BLOOM_META
- DELETE_FAMILY_BLOOM_META
- TRAILER
- INDEX_V1

BlockCache 的工作原理就跟你们猜想的一样了：读请求到 HBase 之后先尝试查询 BlockCache，如果获取不到就去 HFile（StoreFile）和 Memstore 中去获取。如果获取到了则在返回数据的同时把 Block 块缓存到 BlockCache 中。

BlockCache 默认是开启的

你不需要做额外的事情去开启 BlockCache。如果你想让某个列族不使用 BlockCache，可以通过以下命令关闭它：

```
hbase> alter 'myTable', CONFIGURATION => {NAME => 'myCF', BLOCKCACHE => 'false'}
```

然后来看下有哪几种 BlockCache 的实现方案。

8.5.1 LRUBlockCache

首当其冲的肯定就是完全基于 JVM heap 的 LRU 方案了。在 0.92 版本之前只有这种 BlockCache 的实现方案。LRU 就是 Least Recently Used，即近期最少使用算法的缩写。读出来的 block 会被放到 BlockCache 中待下次查询使用。当缓存满了的时候，会根据 LRU 的算法来淘汰 block。LRUBlockCache 被分为三个区域，如表 8-5 所示。

表 8-5 LRUBlockCache 被分为三个区域

area 名称	占用比例	说明
single-access	25%	单次读取区（single-access）。block 被读出后先放到这个区域，当被读到多次后会升级到下一个区域
multi-access	50%	多次读取区。当一个被缓存到单次读取区（single-access）后又被多次访问，会升级到这个区
in-memory	25%	这个区域跟 block 被访问了几次没有关系，它只存放哪些被设置了 IN-MEMORY=true 的列族中读取出来的 block

看起来是不是很像 JVM 的新生代、年老代、永久代？没错，这个方案就是模拟 JVM 的代设计而做的。

列族的 IN-MEMORY 属性是干什么的

列族被设置为 IN-MEMORY 并不是意味着这个列族是存储在内存中的。这个列族依然是跟别的列族一样存储在硬盘上。一般的 Block 被第一次读出后是放到 single-access 的,只有当被访问多次后才会放到 multi-access,而带有 IN-MEMORY 属性的列族中的 Block 一开始就被放到 in-memory 区域。这个区域的缓存有最高的存活时间,在需要淘汰 Block 的时候,这个区域的 Block 是最后被考虑到的,所以这个属性仅仅是为了 BlockCache 而创造的。

LRUBlockCache 的相关参数

目前 BlockCache 的堆内内存方案就只有 LRUBlockCache,而且你还关不掉它,只能调整它的大小。相关参数为:

```
hfile.block.cache.size LRUBlockCache: 占用的内存比例,默认是0.4。
```

BlockCache 配置和 Memstore 配置的联动影响

设置 hfile.block.cache.size 的时候要注意在 HBase 的内存使用上有一个规则那就是 Memstore + BlockCache 的内存占用比例不能超过 0.8 (即 80%),否则就要报错。因为必须要留 20%作为机动空间。用配置项来说明就是:

```
hbase.regionserver.global.memstore.size + hfile.block.cache.size <= 0.8
```

值得一提的是,这两个配置项的默认值都是 0.4,也就是说默认项的总和就已经达到了他们俩可以占用的内存比例上限了,所以基本没事就不用去加大这两个配置项,你调大哪一个,都必须相应地调小另外一个。

的确 BlockCache 可以带来很多好处,就是一个菜鸟都可以想到用内存来做缓存提高读取性能,但是 LRUBlockCache 有什么坏处呢?

完全基于 JVM Heap 的缓存,势必带来一个后果:随着内存中对象越来越多,每隔一段时间都会引发一次 Full GC。凡是做了几年 Java 的人听到 Full GC 都会浑身一颤。在 Full GC 的过程中,整个 JVM 完全处于停滞状态,有的时候长达几分钟。

8.5.2 SlabCache

既然 LRUBlockCache 会引发 Full GC,那我们就要尝试一下堆外内存的解决方案了。SlabCache 就是对堆外内存尝试的方案。

先来了解一下什么是堆外内存?

讲到堆外内存,就要先把记忆拉回到我们刚刚学习 Java 的时候。老师说到我们在 Java 里面建立的对象都是放在堆(Heap)里面的。JVM 对堆(Heap)的管理很完善,会自动地回收对象,而不是像 C 语言一样要手动去回收,这就是大家从 C 语言转到 Java 的众多理由之一。这部分内存叫堆内内存(on-heap memory)。堆外内存(off-heap memory)是不属于 JVM 管理的内存范围,说白了,就是原始的内存区域了。堆外内存的大小可以通过-XX:MaxDirectMemorySize=60MB 这样来设置。可是用堆外内存肯定没有像用堆内内存那么好用啊,因为这就是一片原始的荒野,没有什么管理机制,那为什么要用它呢?

最大的好处就是:回收堆外内存的时候 JVM 几乎不会停顿,这样再也不用怕回收的时候业务系统卡住了。既然堆外内存回收的时候不会卡,为什么大家不都去用它呀?这是因为堆外内存的缺点几乎比它带来的好处还大：

- 因为在堆外内存存储的数据都是很原始的数据，如果是一个对象，比如先序列化之后才能存储，所以不能存储太复杂的对象。
- 堆外内存并不是在 JVM 的管理范围，所以当内存泄露的时候很不好排查问题。
- 堆外内存由于用的是系统内存，当你用的太大的时候，物理内存有可能爆掉，或者直接开启了虚拟内存，也就是直接影响到了硬盘的使用。

我们再来说下 SlabCache 的具体实现。SlabCache 调用了 nio 的 DirectByteBuffers。SlabCahce 把堆外内存按照 80%和 20%的比例划分为两个区域：

（1）存放大小约等于 1 个 BlockSize 默认值的 Block。
（2）存放大小约等于 2 个 BlockSize 默认值的 Block。

BlockSize 的默认值是 64KB，如果你想改 BlockSize 的大小可以修改列族的 BLOCKSIZE 属性。所以这两个区域可以分别存放大小 64KB 和 128KB 的 Block。但是当你的 Block 大于这两个范围就不放进去。SlabCache 也采用 LRU 算法对缓存对象进行淘汰。

等等，SlabCache 允许存放的 Block 块大小是 BlockSize 默认值的 1 倍和 2 倍，如果我改了列族的 BLOCKSIZE 属性怎么办？答案就是：那就两个区域都用不到了。为了解决这个问题 HBase 干脆又把 LRUBlockCache 搬出来用。搭配的方案是：

- 当一个 Block 被取出的时候同时被放到 SlabCache 和 LRUCache 中。
- 当读请求到来的时候先查看 LRUCache，如果查不到就去查 SlabCache，如果查到了就把 Block 放到 LRUCache 中。

这样的搭配感觉 SlabCache 就是 LRUCache 的二级缓存，所以 HBase 管这个方案中的 LRUCache 叫 L1 Cache，管 SlabCache 叫 L2 Cache。不过使用起来因为 SlabCache 允许的 Block 值定的太死，只有 2 种，造成利用率很低，而大部分的请求还只用到了 LRUCache。所以 SlabCache 实际测试起来对 Full GC 的改善很小，所以这个方案最后被废弃了。不过它被废弃还有一个更大的原因，这就是有另一个更好的 Cache 方案产生了，也用到了堆外内存，它就是 BucketCache。

8.5.3 BucketCache

BucketCache 借鉴了 SlabCache 的创意，也用上了堆外内存。不过它是这么用的：

- 相比起只有 2 个区域的 SlabeCache，BucketCache 一上来就分配了 14 种区域。注意：我这里说的是 14 种区域，并不是 14 块区域。这 14 种区域分别放的是大小为 4KB、8KB、16KB、32KB、40KB、48KB、56KB、64KB、96KB、128KB、192KB、256KB、384KB、512KB 的 Block。而且这个种类列表还是可以手动通过设置 hbase.bucketcache.bucket.sizes 属性来定义（种类之间用逗号分隔，想配几个配几个，不一定是 14 个！），这 14 种类型可以分配出很多个 Bucket（我是可以翻译成桶，但是听起来太怪了，还是用 Bucket 吧）。
- BucketCache 的存储不一定要使用堆外内存，是可以自由在 3 种存储介质直接选择：堆（heap）、堆外（offheap）、文件（file）。通过设置 hbase.bucketcache.ioengine 为 heap、offfheap 或者 file 来配置。
- 每个 Bucket 的大小上限为最大尺寸的 block * 4，比如可以容纳的最大的 Block 类型是 512KB，那么每个 Bucket 的大小就是 512KB * 4 = 2048KB。
- 系统一启动 BucketCache 就会把可用的存储空间按照每个 Bucket 的大小上限均分为多个 Bucket。如果划分完的数量比你的种类还少，比如比 14（默认的种类数量）少，就会直接报错，因为每一种类型的 Bucket 至少要有一个 Bucket。

BucketCache 实现起来的样子就像如图 8-12 所示（每个区域的大小都是 512 * 4）。

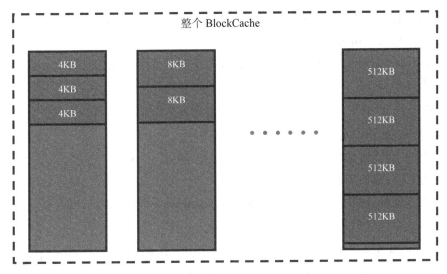

图 8-12

BucketCache 对内存地址的管理

BucketCache 还有一个特别的长处，那就是它自己来划分内存空间、自己来管理内存空间，Block 放进去的时候是考虑到 offset 偏移量的（具体可以看源码的 BucketAllocator），所以内存碎片少，发生 GC 的时间很短。

值得一提的是 BucketCache 是阿里的工程师设计出来的。大家在使用这个策略的时候，记得去给他们点赞。

等等，怎么存储介质还有 file

我们用缓存不就是为了使用内存，然后利用内存比硬盘快得优势来提高读写的性能吗？大家不要忘记了还有 SSD 硬盘，最开始设计这种策略的初衷就是想把 SSD 作为一层比传统机械硬盘更快的缓存层来使用，所以你可以把 file 这种类型等同于 SSD-file。

使用 BucketCache 有以下的好处：

- 这是第一个可以使用 SSD 硬盘的缓存策略，这是最大的亮点。

- 这种策略极大地改进了 SlabCache 使用率低的问题。
- 配置极其灵活，可以适用于多种场景。

在实际测试中也表现出了很高的性能，所以 HBase 就顺理成章地把 SlabCache 废弃了。

BucketCache 用到的配置项

BucketCache 默认也是开启的。如果你想让某个列族不使用 BucketCache，你可以使用以下命令：

```
hbase> alter 'myTable', CONFIGURATION => {CACHE_DATA_IN_L1 => 'true'}}
```

意思是数据只缓存在一级缓存（LRUCache）中，不使用二级缓存（BucketCache）。
BucketCache 相关配置项如下：

- hbase.bucketcache.ioengine：使用的存储介质，可选值为 heap、offheap、file。不设置的话，默认为 offheap。
- hbase.bucketcache.combinedcache.enabled：是否打开组合模式（CombinedBlockCache），默认为 true，关于组合模式下面一个小节再介绍。
- hbase.bucketcache.size：BucketCache 所占的大小。

如果设置为 0.0~1.0，则代表了占堆内存的百分比。
如果是大于 1 的值，则代表实际的 BucketCache 的大小，单位为 MB。
默认值为 0.0，即关闭 BucketCache。
为什么要一个参数两用这么别扭呢？因为 BucketCache 既可以用于堆内存，还可以用于堆外内存和硬盘（不过我还是不赞同一参两用）。

- hbase.bucketcache.bucket.sizes：定义所有 Block 种类，默认为 14 种，种类之间用逗号分隔。单位为 B，每一种类型必须是 1024 的整数倍，否则会报异常：java.io.IOException: Invalid HFile block magic。默认值为：4、8、16、32、40、48、56、64、96、128、192、256、384、512。
- -XX:MaxDirectMemorySize：这个参数不是在 hbase-site.xml 中配置的，而是 JVM 启动的参数。如果你不配置这个参数，JVM 会按需索取堆外内存；如果你配置了这个参数，你可以定义 JVM 可以获得的堆外内存上限。显而易见的，这个参数值必须比 hbase.bucketcache.size 大。

以前还有一个 hbase.bucketcache.combinedcache.percentage 配置项，用于配置 BucketCache 在组合模式中的百分比，后来被改名为 hbase.bucketcache.percentage.in.combinedcache，最后被废弃了。原因是这个参数太难让人理解了，直接用 hbase.bucketcache.size 就行了。

8.5.4 组合模式

前面说了 BucketCache 那么多好处，那么是不是 BucketCache 就完爆 LRUCache 了？答案是没有，在很多情况下倒是 LRUCache 完爆 BucketCache。虽然后面有了 SlabCache 和

BucketCache，但是这些 Cache 从速度和可管理性上始终无法跟完全基于内存的 LRUCache 相媲美。虽然 LRUCache 有严重的 Full GC 问题，HBase 一直都没有放弃 LRUCache。所以，还是那句话，不要不经过测试比较就直接换策略。

在 SlabCache 的时代，SlabCache，是跟 LRUCache 一起使用的，每一个 Block 被加载出来都是缓存两份，一份在 SlabCache 一份在 LRUCache，这种模式称之为 DoubleBlockCache。读取的时候 LRUCache 作为 L1 层缓存（一级缓存），把 SlabCache 作为 L2 层缓存（二级缓存）。

在 BucketCache 的时代，也不是单纯地使用 BucketCache，但是这回不是一二级缓存的结合；而是另一种模式，叫组合模式（CombinedBlockCahce）。具体地说就是把不同类型的 Block 分别放到 LRUCache 和 BucketCache 中。

Index Block 和 Bloom Block 会被放到 LRUCache 中。Data Block 被直接放到 BucketCache 中，所以数据会去 LRUCache 查询一下，然后再去 BucketCache 中查询真正的数据。其实这种实现是一种更合理的二级缓存，数据从一级缓存到二级缓存最后到硬盘，数据是从小到大，存储介质也是由快到慢。考虑到成本和性能的组合，比较合理的介质是：LRUCache 使用内存->BuckectCache 使用 SSD->HFile 使用机械硬盘。

8.5.5 总结

关于 LRUBlockCache 和 BucketCache 单独使用谁比较强，曾经有人做过一个测试，并写了一篇报告出来，标题为 *Comparing BlockCache Deploys*，结论是：

- 因为 BucketCache 自己控制内存空间，碎片比较少，所以 GC 时间大部分都比 LRUCache 短。
- 在缓存全部命中的情况下，LRUCache 的吞吐量是 BucketCache 的两倍；在缓存基本命中的情况下，LRUCache 的吞吐量跟 BucketCache 基本相等。
- 读写延迟，IO 方面两者基本相等。
- 缓存全部命中的情况下，LRUCache 比使用 fiile 模式的 BucketCache CPU 占用率低一倍，但是跟其他情况下差不多。

从整体上说 LRUCache 的性能好于 BucketCache，但由于 Full GC 的存在，在某些时刻 JVM 会停止响应，造成服务不可用。所以适当的搭配 BucketCache 可以缓解这个问题。

如何看缓存命中率

看缓存的命中率，只需要打开 hadoop metrics，查看 hbase.regionserver.blockCacheHitRatio。该值的取值范围为 0.0~1.0。

8.6 Memstore 的优化

我在"第 5 章 HBase 内部探险"章节中提到：

- 一个 Store 中总是有一个 Memstore 和多个 HFile（如果一次刷写都还没有发生的话，就是 0 个）。
- HFile 是由 Memstore 刷写产生的，一次刷写就生成一个 HFile。

所以讲 Store 的优化，首当其冲的要先讲 Memstore 的优化。

8.6.1 读写中的 Memstore

所有的写操作在写入到磁盘上之前都会先放到 Memstore 上，直到 Memstore 被刷写到磁盘上，数据才真正地持久化到硬盘上。

如果你开启了 BlockCache，那么读取数据的时候会先查询 BlockCache。当 BlockCache 查询失败后，则会去查询 Memstore + HFile 的数据。由于有些数据还未被刷写到 HFile 中，所以 Memstore + HFile 才是所有数据的集合。大家必须明白一点：

> Memstore 的实现目的不是加速数据写入，而是维持数据结构。

由于 HDFS 文件不支持修改，为了维持 HBase 中的数据是按 rowkey 顺序来存储的，所以使用 Memstore 先对数据进行整理排序后再持久化到 HDFS 上。

8.6.2 Memstore 的刷写

Memstore 的优化核心就在于理解 Memstore 的刷写（flush），因为大部分人遇到的性能问题都是写操作被 block 了，无法写入 Hbase 了，然后才来慌慌张张地查找各种资料。其实你只要了解了 Memstore 的刷写机制和 HFile（StoreFile）的合并机制后，这些问题都会迎刃而解。

我们都知道 Memstore 既然带一个 Mem 前缀，那肯定是放在内存中了。用户的数据来到了 HBase 后在写入持久层之前都得先放到内存中的 Memstore。但是这个 Memstore 也不能总是在内存中驻留着，总有写到硬盘上的时候。这个动作叫 Memstore 的刷写。

那么 Memstore 什么时候会触发刷写机制呢？

Memstore 在以下 5 种情况下会触发刷写，我们分 5 个小节来说明。

8.6.2.1 大小达到刷写阀值

当 Memstore 占用的内存大小达到 hbase.hregion.memstore.flush.size 的配置值的时候就会触发一次刷写，生成一个 HFile。因为刷写是定期检查的，所以无法及时地在你的数据到达阈值时触发刷写。如果你的数据增长得太快了，在还未到达检查时间之前，数据就达到了 hbase.hregion.memstore.flush.size 的好几倍，那么会发生什么事情呢？

答案是你会触发阻塞机制，此时无法写入数据到 Memstore。

Memstore 阻塞机制
阻塞机制的阀值通过以下公式定义：
- hbase.hregion.memstore.flush.size*hbase.hregion.memstore.block.multiplier
- hbase.hregion.memstore.flush.size 刷写的阀值，默认是 134217728，即 128MB。

- hbase.hregion.memstore.block.multiplier 是一个倍数，默认是 4。

所以默认的阻塞机制阈值时 512MB。如果在下一次刷写检查到来之前达到了这个阀值，会立即触发一次刷写。但是这次刷写不只是这么简单了，HBase 还会在刷写的时候同时阻塞所有写入该 Store 的写请求。这是为了应对如果数据再继续急速增长会带来更可怕的灾难性后果而定制的阻塞机制。很多人也是被卡在了这个地方才觉得出现了性能问题。不过解决这个问题的最好方案并不是一味地调大阻塞阀值，而是要同时考虑 HFile 的相关参数设置，这个我们在后面讲 HFile 的合并策略的时候会进行讲解。

8.6.2.2 整个 RegionServer 的 memstore 总和达到阀值

如果整个 RegionServer 的 memstore 加起来的大小达到刷写阀值的话，也会触发刷写。具体的阀值计算公式是：

```
globalMemStoreLimitLowMarkPercent * globalMemStoreSize
```

- globalMemStoreLimitLowMarkPercent: 全局 memstore 刷写下限。过去是通过配置 hbase.regionserver.global.memstore.lowerLimit 参数来定义的，现在改成了 hbase.regionserver.global.memstore.size.lower.limit。该配置项是一个百分比，所以取值范围在 0.0~1.0，默认为 0.95。
- globalMemStoreSize: 全局的 memstore 容量。对于这个值，我们已经在前面多次提到了。它的计算方式为：hbase_heapsize（RegionServer 占用的堆内存大小）* hbase.regionserver.global.memstore.size，其中 hbase.regionserver.global.memstore.size 默认值为 0.4。一旦达到这个阀值，就会触发一次强制的刷写。

阻塞阈值

类似于单个 memstore 大小达到某个阀值会阻塞写入，全局的 memstore 的大小达 globalMemStoreSize 也会阻塞写入。

举个例子吧，比如你配置的 hbase.regionserver.global.memstore.size.lower.limit 是 0.95，hbase.regionserver.global.memstore.size 是 0.4，堆内存总共是 16G，那么触发刷写的阀值是：

```
16 * 0.4 * 0.95 = 6.08
```

触发阻塞的阀值是：

```
16 * 0.4 = 6.4
```

所以，当 memstore 的大小达到 6.08GB 的时候会强制刷写，当 memstore 的大小达到 6.4GB 的时候就会阻塞整个 HBase 集群的写入。

真实的案例

我自己遇到的第一个 HBase 性能问题是：我什么配置都没有设定，甚至连 RegionServer 占用的堆大小 heapsize 都没有设定，结果因为 RegionServer 的整体内存占用的太小了，造成 Memstore 的上限太小了，结果刚开了没几天就什么都写不进去了。调查了很久，最后把

RegionServer 的启动参数加上 -xmx 并调大一点就好了。这个可能也是很多人会遇到的第一个坑。所以只要你是用 JVM 去跑实例，无论是 TomCat、ZooKeeper、HMaster、HRegionServer 都请一定要设定内存占用参数，否则查资料都没有用，因为很少资料会说到这方面。

早先时候，控制全局阻塞写入的时候曾经有一个参数叫 hbase.regionserver.global.memstore.upperLimit，这个值要设置的比 lower.limit 高一点，当达到这个值的时候阻塞。后来这个参数被废弃了，HBase 直接用 hbase.regionserver.global.memstore.size 来控制阻塞阈值了。

8.6.2.3 WAL 的数量大于 maxLogs

当 WAL 文件的数量大于 maxLogs 的时候，也会触发一次刷写。不过这个时候 WAL 会报警一下，不过不会阻塞写入。maxLogs 的计算公式就是我们之前提到的：

```
Math.max(32, (regionserverHeapSize * memstoreSizeRatio * 2 / logRollSize))
```

当 WAL 文件的数量大于这个值后会触发 memstore 的刷写，以便创造新的 memstore 内存空间用来加载 WAL 中的数据，同时 HBase 会给出一个 info 级别的日志：

```
Too many WALs; count=34, max=32; forcing flush of …..
```

不过不需要恐慌，这条日志只是告诉你 WAL 文件达到滚动条件了，而且只是一条 INFO 级别日志而已。

8.6.2.4 Memstore 达到刷写时间间隔

除了会达到大小的阈值以外，Memstore 还有可能达到时间间隔的阈值。时间间隔的配置项是：

hbase.regionserver.optionalcacheflushinterval：memstore 刷写间隔，默认值为 3600000，即 1 个小时。如果设定为 0，则意味着关闭定时自动刷写。

也就是说如果以上的所有条件都没有被触发到的话，memstore 还是会每隔一个小时刷写一次，并生成一个 HFile。那么 HFile 岂不是会很多？所以 HBase 有了一个必不可缺的功能，那就是 HFile（StoreFile）的合并（Compaction），这个会在下一个章节介绍。

8.6.2.5 手动触发 flush

Admin 接口也提供了方法来手动触发 Memstore 的刷写：

- flush(TableName tableName)：对单个表进行刷写。
- flushRegion(byte[] regionName)：对单个 Region 进行刷写。

如果不使用 Java API，你也可以用 hbase shell 来手动触发 memstore 的刷写：

- flush 'tablename'：对单个表进行刷写。
- flush 'regionname'：对单个 Region 进行刷写。

8.6.3 总结

如果要针对 Memstore 做性能优化，主要关注点要放在防止触发阻塞机制上。一旦触发了阻塞机制对你的业务流程可能会造成灾难性的后果，所以要合理地设置 Memstore 占用的内存大小。当然很多时候发生阻塞有可能并不是简单的 Memstore 内存不够大，而是 HFile 的合并（compaction）出了问题。

接下来我们就来说说 HFile 的合并。

8.7 HFile 的合并

除了 Region 会合并（merge）和拆分（split），在 Region 中的单个 Store 中也会发生合并（compaction），不过这个合并的英文单词跟 Region 的合并不太一样，是 compaction。

首先我们要知道 HFile（StoreFile 是 HFile 的 Java 抽象对象）是会经常被合并和拆分的。为什么要合并？每次 memstore 的刷写都会产生一个新的 HFile，而 HFile 毕竟是存储在硬盘上的东西，凡是读取存储在硬盘上的东西都涉及一个操作：寻址，如果是传统硬盘那就是磁头的移动寻址，这是一个很慢的动作。当 HFile 一多，你每次读取数据的时候寻址的动作就多了，效率就低了。所以为了防止寻址的动作过多，我们要适当地减少碎片文件，所以需要继续合并操作。

本章节有较多晦涩的概念需要理解，所以强烈建议第一次阅读的读者读这个章节的时候略读即可，大概对各种合并策略有一个感性的认识即可，等读到性能优化相关的内容的时候再回来细读这些算法。

HFile 合并操作就是在一个 Store 里面找到需要合并的 HFile，然后把他们合并起来，最后把之前的碎文件移除。那么问题就来了：哪些文件需要被合并？

8.7.1 合并的策略

HFile 的合并有很多种策略，不同策略之间的区别主要就是对于要合并的文件集合的定义方法。如果你去搜索 hbase compaction，首先会看到的就是两个概念：Minor Compaction 和 Major Compaction：

8.7.1.1 Minor Compaction 和 Major Compaction

合并分为两种操作：

- Minor Compaction：将 Store 中多个 HFile 合并为一个 HFile。在这个过程中达到 TTL 的数据会被移除，但是被手动删除的数据不会被移除。这种合并触发频率较高。
- Major Compaction：合并 Store 中的所有 HFile 为一个 HFile。在这个过程中被手动删除的数据会被真正地移除。同时被删除的还有单元格内超过 MaxVersions 的版本数据。这种合并触发频率较低，默认为 7 天一次。不过由于 Major Compaction 消耗的性能较大，你不会想让它发生在业务高峰期，建议手动控制 Major Compaction 的时机。

 Major Compaction 是把一个 Store 中的 HFile 合并为一个 HFile。很多网上的资料说 Major Compaction 是把一个 Region 中的所有 HFile 合并成一个文件，这是错的。

在 0.96 版本之前的 Minore Compaction 策略是 RatioBasedCompactionPolicy 。0.96 版本之后，出现了多种 Minor Compaction 策略。

8.7.1.2　0.96 之前的合并策略

0.96 版本之前的合并策略为 RatioBasedCompactionPolicy：从旧到新地扫描 HFile 文件，当扫描到某个文件，该文件满足以下条件：

    该文件的大小 < 比它更新的所有文件大小总和 * hbase.store.compaction.ratio

满足条件以后把该 HFile 和比它更新的所有 HFile 合并成一个 HFile。

我们来举一个例子：

现在我们有 6 个 HFile，把它们从旧到新排列之后大小分别是 271、120、53、21、11、11（因为合并总是把新的小文件合成大文件，基本上都是老的文件比较大，所以你看到的正好也是从大到小），他们的序列 ID 分别是 1、2、3、4、5、6，数字越大代表越新。同时，现在的比例因子 hbase.store.compaction.ratio = 1.2，如图 8-13 所示。

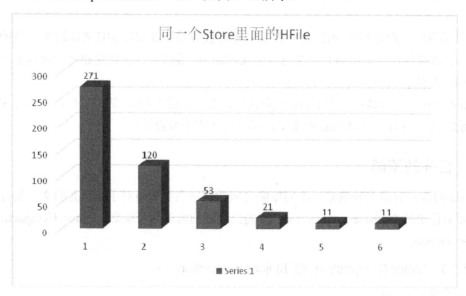

图 8-13

我们来想象一下有一个指针沿着从旧到新的顺序开始扫描所有 HFile，它会扫描过所有 5 个 HFile，在这个过程中它一直在判断是否要合并文件，这是它的心路历程：

（1）序列号为 1 的 HFile，大小为 271：不合并，因为比它新的文件总和 (120+53+21+11+11) * 比例因子 1.2 = 259.2 ，而 271 比 259.2 大，所以不合并。

（2）序列号为 2 的 HFile，大小为 120：不合并，因为比它新的文件总和 (53+21+11+11) * 比例因子 1.2 = 115，而 120 比 115.2 大，所以不合并。

（3）序列号为 3 的 HFile，大小为 53：不合并，因为比它新的文件总和 (21+11+11) * 比例因子 1.2 = 51.6，而 53 比 51.6 大，所以不合并。

（4）序列号为 4 的 HFile，大小为 21：合并，因为比它新的文件总和 (11+11) * 比例因子 1.2 = 26.4，而 21 比 26.4 小，符合条件。

（5）序列号为 5 的 HFile，大小为 11：合并，因为序列号为 4 的文件符合条件了，而且它的序列号比 4 大，所以它要跟序列号为 4 的文件合并。

（6）序列号为 6 的 HFile，大小为 11：合并，因为序列号为 4 的文件符合条件了，而且它的序列号比 4 大，所以它要跟序列号为 4 的文件合并。

 实际上它还会考虑别的参数，比如 hbase.hstore.compaction.min、hbase.hstore.compaction.max，但是我为了讲解方便简化了算法模型，如果想知道更详细的算法可以自行查阅相关资料。

合并的结果就是序列号 4、5、6 文件合并成一个新文件，大小为 43。合并的结果如图 8-14 所示。

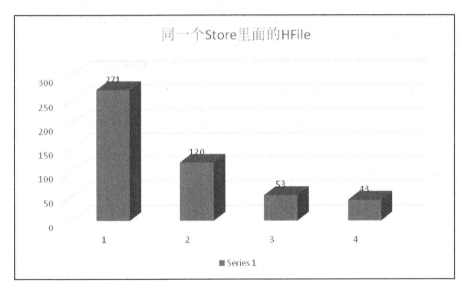

图 8-14

这个算法如果在"文件越新就越小"这个前提条件下的话是没有什么问题的，不过实际情况下的 HFile 分布更像是图 8-15 所示的那样。

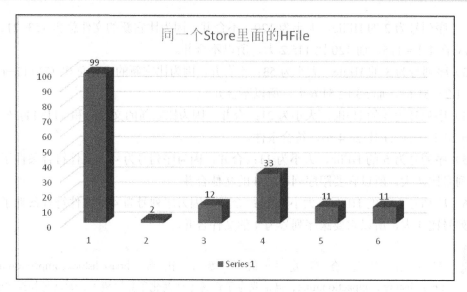

图 8-15

为什么 HFile 的大小会参差不齐呢？虽然我之前说 Memstore 大半都是快满了的时候才刷写，但是实际情况很复杂。HBase 针对不同情况有不同的刷写条件，所以 Memstore 刷写出来的 HFile 不一定就是每次都是一样大。最简单的我们可以想到的场景就是：要关闭这个 Region 了，memstore 不得不刷写。这个时候 memstore 有多大就刷写出多大的 HFile 出来。

实际情况下的 RatioBasedCompactionPolicy 算法效果很差，经常引发大面积的合并，而合并就不能写入数据，经常因为合并而影响 IO。所以 HBase 在 0.96 版本之后修改了合并算法。

8.7.1.3　0.96 版本之后的合并算法

0.96 版本之后提出了 ExploringCompactionPolicy 算法，并且把该算法作为了默认算法。该算法有以下的更新：

修改待合并文件挑选条件

不再武断地认为，某个文件满足条件就把更新的文件全部合并进去。确切地说，现在的遍历不强调顺序性了，是把所有的文件都遍历一遍之后每一个文件都去考虑。符合条件而进入待合并列表的文件不再是：

> 待比较文件 < 比它新的文件大小总和 * 比例因子

而是：

> 该文件 < (所有文件大小总和 − 该文件大小) * 比例因子

如果该文件大小小于最小合并大小（minCompactSize），则连上面那个公式都不需要套用，直接进入待合并列表。最小合并大小的配置项：hbase.hstore.compaction.min.size。如果没设定该配置项，则使用 hbase.hregion.memstore.flush.size。

以组合作为计算单元

新的算法不再按文件为单元进行比较了，而是挑出多个文件组合。挑选组合的条件是：

被挑选的文件必须能通过以上提到的筛选条件,并且组合内含有的文件数必须大于 hbase.hstore.compaction.min,小于 hbase.hstore.compaction.max。

文件太少了没必要合并,还浪费资源;文件太多了太消耗资源,怕机器受不了。

其实这两个参数在以前的算法中就有了,我为了不增加算法模型的讲解的难度避而不谈这两个参数,现在新算法因为是基于组合的,所以必须得提到这两个参数了。

挑选完组合后,比较哪个文件组合包含的文件更多,就合并哪个组合。如果出现平局,就挑选那个文件尺寸总和更小的组合。

我们来实际操作一下,比方某个 Store 里面有这些 HFile,如图 8-16 所示。

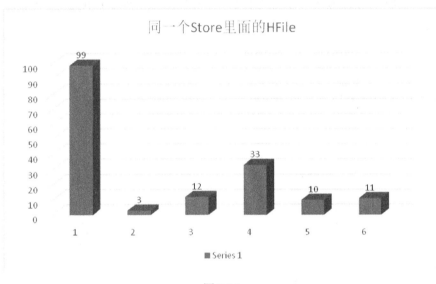

图 8-16

当前的条件参数:

- hbase.store.compaction.ratio = 1.2 （默认值）。
- hbase.hstore.compaction.min = 3 （默认值）。
- hbase.hstore.compaction.max = 4 （默认值是 5,但是为了让例子简单些,我把数量调小了）。
- minCompactSize = 10。

以下是我们手动执行算法的步骤:

（1）序列号为 2 的 HFile 大小只有 3,比 minCompactSize=10 小,所以序列号为 2 的 HFile 怎样都会被安排进组合。

（2）根据 待比较文件 < (所有文件大小总和 - 该文件大小) * 比例因子 的算法又可以把序列号为 1 的 HFile 排除掉,因为 99 > ((3+12+33+10+11) * 1.2)。

（3）得到待选择的 HFile 之后就开始穷举组合,组合的要求是个数必须大于等于 hbase.hstore.compaction.min=3 又小于等于 hbase.hstore.compaction.max=4,所以我们可以穷举出以下 5 个组合，分别用英文字母表示：

```
a.  2,3,4
b.  2,3,4,5
c.  3,4,5
d.  3,4,5,6
e.  4,5,6
```

（4）我们来比较一下各个组合的个数，显然 b 和 d 组都有 4 个元素，别的组元素数量都没有他们多。淘汰了其他的组后，b 组合 d 组打了个平手。

（5）平局的情况下就要比文件尺寸大小了，他们的文件尺寸总和分别是：

```
b 组：3+12+33+10 = 58
d 组：12+33+10+11 = 65
```

d 组的文件总大小更小，所以 d 组最终胜出。

合并后的结果如图 8-17 所示。

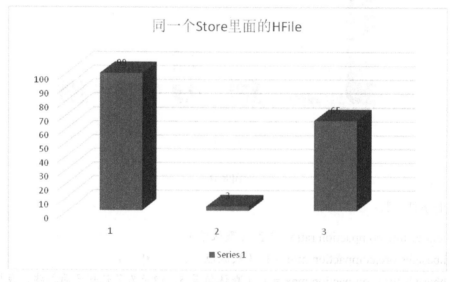

图 8-17

在 ExploringCompactionPolicy 之后，不断地有新的算法被加入。比如接下来要提到的几个合并算法。

8.7.1.4 FIFOCompactionPolicy

这个合并算法其实是最简单的合并算法。严格地说它都不算是一种合并算法，是一种删除策略。在 HBase 中 Minor Compaction 和 Major Compaction 是一定会发生的，只是策略和频率不同而已。但是有些情况下 HFile 是没必要合并的，比如以下两种情况：

（1）TTL 特别短，比如有些表是业务中间表，只在 MapReduce 的过程中暂时存储一些数据，用完这些数据就没用了。在这种场景下，很容易出现整个块的每一个单元格都过期了。一般不会出现跨好几个 HFile 去读取数据。

（2）你的 BlockCache 够大，可以把整个 RegionServer 上存储的数据都放进去，你就没必要合并任何文件。因为基本都可以走缓存。

用 FIFOCompactionPolicy 有什么好处

因为合并的时候不会合并超时的数据，所以如果要合并的两个块的所有数据都过期了，那合并这两个块的操作其实就是把他们都删除了而已。FIFOCompactionPolicy 策略在合并时会跳过含有未过期数据的 HFile，直接删除所有单元格都过期的块。最终的效果是：

- 过期的块被整个删除掉了。
- 没过期的块完全没有操作。

整体上看只有删除没有复制、移动等的操作。优点就是：对 CPU/IO 几乎没有压力。

这个策略不能用于什么情况

（1）表没有设置 TTL，或者 TTL=FOREVER。
（2）表设置了 MIN_VERSIONS，并且 MIN_VERSIONS > 0。

这个 MIN_VERSIOSN 跟我们这个策略有什么关系

MIN_VERSIONS 就是当 TTL 到来的时候单元格需要保存的最小版本数。当版本达到 TTL 需要被删除的时候会先看一下单元格里面的版本数是不是等于 MIN_VERSIONS，如果是的话就放弃删除操作。所以，如果有 MIN_VERSIONS 在，TTL 就会失效，所以不适用 FIFOCompactionPolicy。

对 MIN_VERSIONS 的误解

很多人可能以为设置了 MIN_VERSIONS 就删不掉数据了。其实你设置了 MIN_VERSIONS 后调用 delete 一样可以把版本数删到比 MIN_VERSIONS 还小。这是因为 MIN_VERSIONS 只是用来约束 TTL 的，别的操作不会考虑这个参数。

有人说只有 Major Compaction 会删除数据

有的资料可能说只有 Major Compaction 会删除数据，其实这样说是不精确的。实际上当文件达到 TTL 后，被删除跟手动删除的删除过程其实是不一样的。Major Compaction 删除的是那些带墓碑标记的，而 Minor Compaction 合并的时候直接就不读取过期的文件，所以过期的这些文件会在 Minor Compaction 的时候就被删除。

8.7.1.5 DateTieredCompactionPolicy

这种策略是参考自 Cassandra 的，作者为 Facebook 的开发人员，Facebook 为 HBase 也贡献了很多代码，为他们点赞。DateTieredCompactionPolicy 解决的是一个基本的问题：最新的数据最有可能被读到。

我们来想象一下这个用户场景：

- 用户发表的朋友圈动态在第一个小时之内被阅读的数量是最多的。

- 所有的朋友圈动态被阅读的频率随着时间的推移不断降低，如果用这两个维度作为 x 轴、y 轴，那么画出来的曲线应该是不断向下，刚开始很陡峭，后面很平缓，逐渐趋向 0。
- 超过一年的朋友圈动态基本没有人去阅读。

前面我们提到的策略有没有适合这种场景的

- 由于朋友圈动态只要用户不手动删，我们是不能删的，TTL 几乎是无限大，所以 FIFO 显然不合适。
- 不能单纯地看大小来合并，万一旧的文件跟新的文件合一块了，新的文件又没有合并，会极大地降低新文件的读取性能，所以 Exploring 也不合适。
- RatioBased 更不行了，因为它很容易无差别地把过多的文件合并在一起，而且每次合并都会把最新的文件卷入合并，很影响写性能。

在这种场景下假设我们要定制一种好的策略，它应该具备什么条件

（1）为了读取性能，必须得合并，但是合并的时候必须把新旧文件分开处理，新的跟新的合并，旧的跟旧的合并。

（2）不能把所有的文件一刀切地只分为 2 种：新的和旧的，必须接近文件新旧程度跟读取频率之间的曲线（无法完全吻合，因为曲线是连续的而文件是离散的）。可能的方案是把文件按新旧程度划分为多个组，分的越细、越逼近曲线越好。

（3）太早的文件就不折腾了，因为没什么人读，所以合并不合并差别不大，合并了还消耗磁盘性能。

以上这几条就是 DateTieredCompactionPolicy 的原则。这个策略涉及的配置项为：

- hbase.hstore.compaction.date.tiered.base.window.millis：基本的时间窗口时长（英语里面管时间段叫 window，我觉得还是专业一点，翻译成时间窗口好了）。默认是 6 小时。拿默认的时间窗口举例：从现在到 6 小时之内的 HFile 都在同一个时间窗口里面，即这些文件都在最新的时间窗口里面。
- hbase.hstore.compaction.date.tiered.windows.per.tier：层次的增长倍数。分层的时候，越老的时间窗口越宽，比如：
  - 基本的时间窗长度是 1 小时，增长倍数是 2，那么最新的时间窗的边界线就是当前时间减去 1 小时；次新的时间窗是当前时间减去 2 个小时，范围就是距离现在 1 小时到 3 小时之间；再次新的时间窗口宽度就是 4 小时，范围就是距离现在 3 小时到 7 小时之间，以此类推。
  - 在同一个窗口里面的文件如果达到最小合并数量（hbase.hstore.compaction.min）就会进行合并，但不是简单地合并成一个，而是根据 hbase.hstore.compaction.date.tiered.window.policy.class 所定义的合并规则来合并。说白了就是，具体的合并动作使用的是用前面提到的合并策略中的一种（我刚开始看到这个设计的时候都震撼了，居然可以策略套策略），默认是

ExploringCompactionPolicy。

- hbase.hstore.compaction.date.tiered.max.tier.age.millis：最老的层次时间。当文件太老了，老到超过这里所定义的时间范围（以天为单位）就直接不合并了。不过这个设定会带来一个缺点：如果 Store 里的某个 HFile 太老了，但是又没有超过 TTL，并且大于了最老的层次时间，那么这个 Store 在这个 HFile 超时被删除前，都不会发生 Major Compaction。没有 Major Compaction，用户手动删除的数据就不会被真正删除，而是一直占着磁盘空间。

听起来很复杂，是不？我们来画一个图说明这种合并策略。当前参数：

- 基本窗口宽度（hbase.hstore.compaction.date.tiered.base.window.millis) = 1。
- 最小合并数量（hbase.hstore.compaction.min) = 3。
- 层次增长倍数（hbase.hstore.compaction.date.tiered.windows.per.tier) = 2。

把当前 Store 中的 HFile 从旧到新排列，然后画上时间窗口的分界线，就变成如图 8-18 所示。

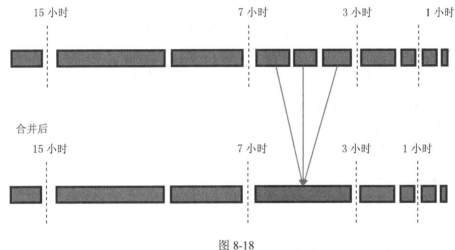

图 8-18

可以看到只有第三个时间窗口中的 HFile 数量达到了最小合并数量（hbase.hstore.compaction.min），即 3 个，所以第三个时间窗口中的文件会被合并。

我为了让模型看起来简单，让文件跟时间线都分得很清楚。真实文件的划分不可能这么有规律地正好避开时间线。真实的文件划分如图 8-19 所示。

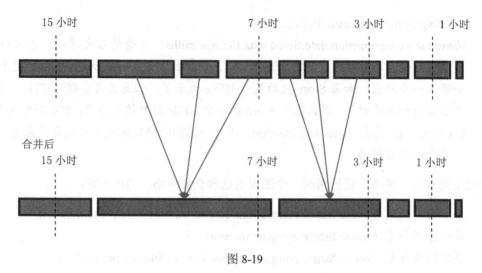

图 8-19

从图中可以看出，DateTieredCompactionPolicy 的策略规定在文件跨时间线的时候，将该文件计入下一个时间窗口（更老更长的时间窗口）。

这个策略非常适用于什么场景
- 经常读写最近数据的系统，或者说这个系统专注于最新的数据。
- 因为该策略有可能引发不了 Major Compaction，没有 Major Compaction 是没有办法删除掉用户手动删除的信息，所以更适用于那些基本不删除数据的系统。

这个策略比较适用于什么场景
- 数据根据时间排序存储。
- 数据的修改频率很有限，或者只修改最近的数据，基本不删除数据。

这个策略不适用于什么场景
- 数据改动很频繁，并且连很老的数据也会被频繁改动。
- 经常边读边写数据。

8.7.1.6 StripeCompactionPolicy

这个策略最早是借鉴自 levelDB 的 compaction 策略。levelDB 的策略简单地说就是把一个 Store 里面的数据分为很多层。数据从 Memstore 刷写到 HFile 上后先落在 level 0，然后随着时间的推移，当 level 0 大小超过一定的阀值的时候就会引发一次合并。这次合并会把 KeyValue 从 level 0 读出来，然后插入到 level 1 的 HFile 中去，而 level 1 的块是根据键位范围（KeyRange）来划分的。如果我们根据 rowkey 的首字母来划分键位范围，那么合并过程就像图 8-20 所示。

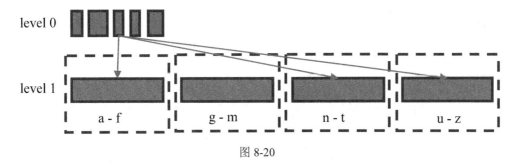

图 8-20

如果 level 1 的 HFile 文件大过一定的阀值，就继续向下，往 level 2 合并。如果又超过阀值就继续往 level 3 合并，以此类推。每一层的文件大概是上一层文件的 10 倍。包含很多层的 Store 内部结构如图 8-21 所示。

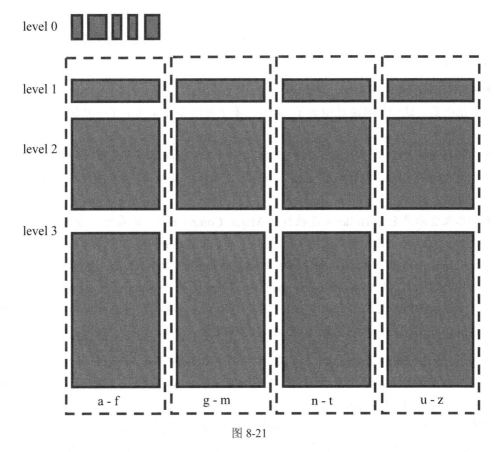

图 8-21

把这个结构在 HBase 实现之后，开发者发现这个结构太复杂了，划分的块太多了，导致 compaction 的次数增多了，反而降低了 IO 利用率。

于是开发者改进了该算法，简化了层级设计，把 level 1~N 合并成一个层叫 Strips 层，level 0 还是保留，名字改叫 L0。简化后的结构如图 8-22 所示。

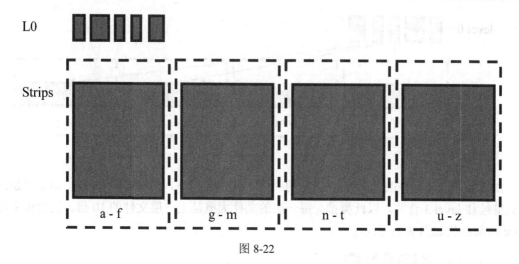

图 8-22

虽然简化了模型，但是根本上还是按照键位来划分了块。不过无论策略怎么变，归根到底都是解决实际问题的。

使用这种策略究竟能解决什么问题

- 很明显，这种策略通过增加了 L0 层，等于是给合并操作加了一层缓冲，让合并操作更缓和。
- 严格按照键位来划分 Strips，对于读取虽然不能说提高多少速度，但是可以提高查询速度的稳定性。当你执行 scan 的时候，跨越的 HFile 数量保持在了一个比较稳定的数值。
- 本来要牵涉全部 HFile 才能执行的 Major Compaction，现在可以分 Strip 执行了，比如 a-f 这个 strip 就可以独立执行 Major Compaction 而不牵涉 g-m。执行了 Major Compaction 就可以真正删除掉被打上墓碑标记的数据了，否则数据一直无法被删除掉，这也是我们需要 major compaction 的最大原因。Major Compaction 一直以来都有牵涉的 HFile 文件过多造成的 IO 不稳定的缺点。在这个策略中因为一次只牵涉一个 Strip 中的文件，所以克服了 IO 不稳定的缺点。

等等，不是说 Major Compaction 一定要牵涉一个 Store 中的全部 HFile 才可以执行的吗？！这里面有 2 方面的原因，等你看了后面的 Major Compaction 章节后，就会理解这个策略为什么可以单独执行 Major Compaction 了。

说来说去，其实归结起来，这个策略的好处就两字"稳定"。有人可能会说了：这些推理都基于理论，实际工作起来还不知道呢。说得好，既然"实践是检验真理的唯一标准"，那我们就来看看这个策略的开发者对这种策略的测试结果，如图 8-23 所示。

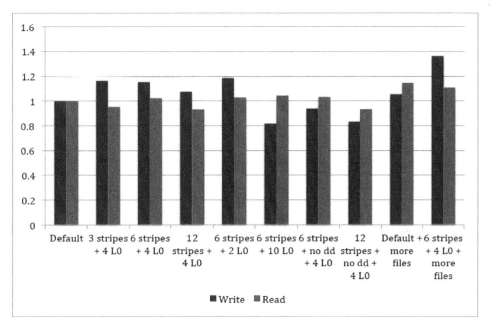

图 8-23

我来解释一下怎么看这幅图。

这幅图是读写操作在不同的场景下占用的时间,所以越低越好。通过这幅图,官方给出了以下结论:

- 大部分场景下写的性能都更糟,可能是因为写的时候发生了很多次的 L0 区合并。
- 读的性能都普遍会快一些。
- L0 层的文件越多,写的性能越高,但是让读操作更慢了。
- 在没有删除操作(no dd 就是 no drop-delete 的缩写)的前提下,12 个 stripes 似乎可以提升写的性能。
- 虽然 12 个 Stripes 可以提升读性能,但是 3 个 Stripes 也得到了相同的读性能,所以需要再验证。

我们可以看出这个策略对读的优化好于对于写的优化,所以很难说这个策略能提升你多少 IO 性能。但是我们之前推理过,这个算法最大的好处就是稳定。开发者又测试了一下稳定性,得出如图 8-24 所示的曲线。

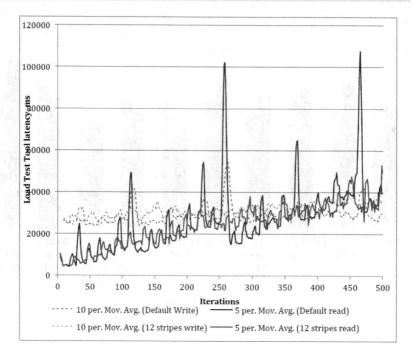

图 8-24

这幅图（参看前言下载地址中给出的图片）是默认策略配置和 12 个 Stripes 的配置下读写稳定性的测试结果：

- 蓝色是默认配置，红色是 StripeCompactionPolicy。
- 虚线是写操作，实线是读操作。

谁抖动得越厉害，换句话说就是，谁的毛刺越多，谁就越不稳定。从图中可以很明显地看出 StripeCompactionPolicy 更稳定，尤其是在读取性能方面。

那么什么场景适合用 StripeCompactionPolicy

- Region 要够大：这种策略实际上就是把 Region 给细分成一个个 Stripe。Stripe 可以看做是小 Region，我们可以管它叫 sub-region。所以如果 Region 不大，没必要用 Stripe 策略。小 Region 用 Stripe 反而增加 IO 负担。多大才算大？作者建议如果 Region 大小小于 2GB，就不适合用 StripeCompactionPolicy。
- Rowkey 要具有统一格式，能够均匀分布。由于要划分 KeyRange，所以 key 的分布必须得均匀，比如用 26 个字母打头来命名 rowkey，就可以保证数据的均匀分布。如果使用 timestamp 来做 rowkey，那么数据就没法均匀分布了，肯定就不适合使用这个策略。

8.7.2 compaction 的吞吐量限制参数

这个章节有很多公式，比较晦涩，你可以先大概了解一下概念，有个感性的认识，然后直接跳过这个章节，等有具体需要的时候再回来研读公式。

由于 compaction 机制经常给 HBase "搞事"。用户在使用的过程中常常抱怨会莫名地出现 IO 突然降低的情况，而调查起来一般都是 compaction 造成的。但是 compaction 本身又是不可或缺的，没有 compaction 性能更差，而且被删除的数据还不能真正清除。面对这个矛盾，HBase 提供了一个简单的处理方案：通过配置来限制 compaction 时占用的 IO 性能。

第一个问题：什么是吞吐量？

由于 HBase 是一个分布式的系统，所以 IO 操作包括磁盘的读写和网络读写两个部分，很难去具体地预判某个操作究竟是会读写磁盘多一点还是网络多一点，所以就用了一个笼统的概念吞吐量来做限制。这个参数既考虑了磁盘又考虑了网络，而且 HBase 只是一个运行在 JVM 上的程序，它想获取机器的磁盘读写和网络读写信息都很困难，那么它是怎么做到的呢？具体的吞吐量的计算其实是通过要合并的文件大小/处理时间得出的，而在还未处理之前怎么知道吞吐量？答案：不知道。只有根据上一次对文件合并的相关信息，比如文件尺寸、处理时间等来对当前的吞吐量进行近似地预测。通过这样得出一个比较粗略的吞吐量，不过已经够用了。

建议第一次阅读的读者读到这里，只需要知道这几个参数是限制 compaction 的吞吐量就行了，不用看下面具体的控制细节，等到具体需要做性能优化的时候再回来看。

接下来我们说说有哪些参数可以设置：

- hbase.regionserver.throughput.controller：你要限制的类型对应的类名。目前有 2 种类型：
  - 控制合并相关指标：PressureAwareCompactionThroughputController。
  - 控制刷写相关指标：PressureAwareFlushThroughputController。

  如果这个值不设定，默认值是 PressureAwareCompactionThroughputController。
- hbase.hstore.blockingStoreFiles：当 StoreFile 数量达到该值，阻塞刷写动作。
- hbase.hstore.compaction.throughput.lower.bound：合并占用吞吐量下限。
- hbase.hstore.compaction.throughput.higher.bound：合并占用吞吐量上限。

接下来具体解释这些参数怎么起作用。

hbase.hstore.blockingStoreFiles

StoreFile 阻塞值。解释起来就是：当 Store 中的 HFile 数量达到这个数量的时候阻塞 Memstore 的刷写（flush）。默认值是 7，也就是说当你的 Store 中的 HFile 的数量达到 7 的时候，这个 Store 的 Memstore 的刷写会被阻止。

这个参数值设定不当，是很多人都会掉进去的一个大坑。因为当你的 HFile 数量达到这个阻塞值后，会发生的事情就是你的 Memstore 的占用内存数量会急剧上升。你可能很快就会达到 Memstore 的写入上限：

```
hbase.hregion.memstore.flush.size * hbase.hregion.memstore.block.multiplier
```

这个时候你的集群就挂了，一点都写不进去。

我在 "8.6.2 Memstore 的刷写" 中曾经提到，Memstore 达到阻塞阈值的时候别急着去调大 Memstore 的阻塞阈值，而要综合考虑 HFile 的阻塞值，就是这个原因。

老实说这个默认值设定得有点小，大家可以适当地调大这个数值，比如调到 20、30、50

都不算多。HFile 多，只是读取性能下降而已，但是达到阻塞值可就不只是慢的问题了，是直接写不进去了。

合并/刷写吞吐量限制机制

HBase 会计算合并/刷写时占用的吞吐量，然后当占用吞吐量过大的时候适当地休眠。之所以写合并/刷写是因为这两个参数既会限制合并时占用的吞吐量，也会限制刷写时占用的吞吐量。限制是区分高峰时段和非高峰时段的。非高峰时段通过 hbase.offpeak.start.hour 和 hbase.offpeak.end.hour 来设定。

- hbase.offpeak.start.hour：每天非高峰的起始时间，取值为 0～23 的整数，包含 0 和 23。
- hbase.offpeak.end.hour：每天非高峰的而结束时间，取值为 0～23 的整数，包含 0 和 23。

在非高峰期是不限速的，只有在高峰期当合并/刷写占用了太大的吞吐量才会休眠。决定是否要休眠是看当时占用的流量是否达到休眠吞吐量阀值。休眠吞吐量阀值的计算公式是：

```
lowerBound + (upperBound - lowerBound ) * pressureRatio
```

- lowerBound：hbase.hstore.compaction.throughput.lower.bound 合并占用吞吐量下限，默认是 10 MB/sec。
- upperBound：hbase.hstore.compaction.throughput.higher.bound 合并占用吞吐量上限，默认是 20 MB/sec。
- pressureRatio：压力比。限制合并时，该参数就是合并压力（compactionPressure），限制刷写时，该参数刷写压力（flushPressure）。这个数值为 0~1.0。

当达到吞吐量阀值的时候合并线程就会 sleep 一段时间，为业务响应留出足够的吞吐量。保证业务响应的流畅度和保证系统的稳定性（不至于因为 HFile 过多导致系统阻塞）就像跷跷板的两头，我们需要保持它们的平衡。保持业务响应的流畅和通过合并 HFile 保证系统的稳定都需要足够的吞吐量，我们所要做的就是看谁在此时需要更多的吞吐量。这就需要牵涉到合并压力。

压力比

压力比（pressureRatio）越大，代表 HFile 堆积得越多，或者即将产生越多的 HFile。一旦 HFile 达到阻塞阈值，则无法写入任何数据，系统就不可用了。所以合并压力越大，代表着系统不可用的可能性越大。此时合并的需求变得迫在眉睫，我们需要分配更多的吞吐量给合并操作。从公式中可以看出，当压力比越大的时候，吞吐量阀值就越高，意味着合并线程可以占用更多的吞吐量来进行合并。

例外：如果 pressureRatio 的计算结果大于 1.0 了，说明压力太大了，再不合并集群就不能工作了，所以此时取消阈值，即不限制合并的吞吐量。

压力比，分为合并压力（compactionPressure）和刷写压力（flushPressure）两种，先说合并的压力计算。

compactionPressure 是怎么计算出来的

计算的公式：

```
(storefileCount - minFilesToCompact) / (blockingFileCount - minFilesToCompact)
```

- storefileCount：当前 StoreFile 数量。
- minFilesToCompact：单次合并文件数量下限，即 hbase.hstore.compaction.min。
- blockingFileCount：就是我们上面提到的 hbase.hstore.blockingStoreFiles。

通过这个公式我们可以看出，当前的 StoreFile 越大，或者阻塞上限越小，那么合并的压力就越大，因为更有可能发生阻塞。

例外：如果当前的 StoreFile 数量（就是 HFile 数量）比单次合并文件数量下限（hbase.hstore.compaction.min）还小，说明绝对不会发生合并，那么此时的 compactionPressure 就等于 0。

flushPressure 是怎么计算出来的

刷写的压力相对简单一些，是根据以下公式计算的：

```
globalMemstoreSize / memstoreLowerLimitSize
```

- globalMemstoreSize：当前的 Memstore 大小。
- memstoreLowerLimitSize：Memstore 刷写的下限，当全局 memstore 达到这个内存占用数量的时候就会开始刷写。

这个公式显示了如果当前 Memstore 占用的内存越大，或者刷写的触发条件越小，越有可能引发刷写。发生刷写后，HFile 的数量就会增多，即越有可能因为 HFile 过多触发阻塞。

8.7.3 合并的时候 HBase 做了什么

合并经历了以下几个具体步骤：

（1）获取需要合并的 HFile 列表。
（2）由列表创建出 StoreFileScanner。
（3）把数据从这些 HFile 中读出，并放到 tmp 目录（临时文件夹）。
（4）用合并后的 HFile 来替换合并前的那些 HFile。

第一步：获取需要合并的 HFile 列表

获取列表的时候需要排除掉带锁的 HFile。锁分两种：写锁（write lock）和读锁（read lock）。当 HFile 正在进行以下操作的时候会上锁：

- 用户正在 scan 查询：上 Region 读锁（region read lock）。
- Region 正在切分（split）：此时 Region 会先关闭，然后上 Region 写锁（region write lock）。

- Region 关闭：上 Region 写锁（region write lock）。
- Region 批量导入：上 Region 写锁（region write lock）。

第二步：由列表创建出 StoreFileScanner

HRegion 会创建出一个 Scanner，用这个 Scanner 来读取本次要合并的所有 StoreFile 上的数据。

第三步：把数据从这些 HFile 中读出，并放到 tmp 目录（临时文件夹）

HBase 会在临时目录中创建新的 HFile，并使用之前建立的 Scanner 从旧 HFile 上读取数据，放入新 HFile。以下两种数据不会被读取出来：

- 如果数据过期了（达到 TTL 所规定的时间），那么这些数据不会被读取出来。
- 如果是 majorCompaction，那么数据带了墓碑标记也不会被读取出来。

第四步：用合并后的 HFile 来替换合并前的那些 HFile

最后用临时文件夹内合并后的新 HFile 来替换掉之前的那些 HFile 文件。过期的数据由于没有被读取出来，所以就永远地消失了。如果本次合并是 Major Compaction，那么带有墓碑标记的文件也因为没有被读取出来，就真正地被删除掉了。

8.7.4　Major Compaction

终于要说到 Major Compaction 了，是不是很激动？其实 HBase 中没有一种策略叫 MajorCompactionPolicy 的，把 Major Compaction 跟前面的几种合并策略分开来说其实也不严谨。那么 Major Compaction 究竟是什么？

Major Compaction 的目的

Minor Compaction 的目的是增加读性能，而 majorCompaction 在 minorCompaction 的目的之上还增加了 1 点：真正地从磁盘上把用户删除的数据（带墓碑标记的数据）删除掉。

为什么只有 majorCompaction 可以真正删除数据

其实 HBase 一直拖到 majorCompaction 的时候才真正把带墓碑标记的数据删掉，并不是因为性能要求，而是之前真的做不到。之前提到过 HBase 是建立在 HDFS 这种只有增加删除而没有修改的文件系统之上的，所以就连用户删除这个动作，在底层都是由新增实现的：

- 用户增加一条数据就在 HFile 上增加一条 KeyValue，类型是 PUT。
- 用户删除一条数据还是在 HFile 上增加一条 KeyValue，类型是 DELETE，这就是墓碑标记。所以墓碑标记没有什么神秘的，它也就只是另外一个 KeyValue，只不过 value 没有值，而类型是 DELETE。

现在会遇到一个问题：当用户删除数据的时候之前的数据已经被刷写到磁盘上的另外一个 HFile 了。这种情况很常见，也就是说，墓碑标记和原始数据这两个 KeyValue 压根就不在同一个 HFile 上，如图 8-25 所示。

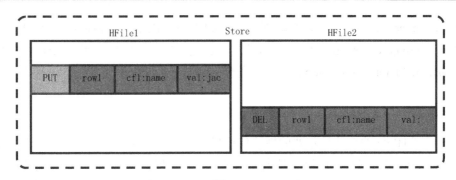

图 8-25

在查询的时候 Scan 指针其实是把所有的 HFile 都看过了一遍，它知道了有这条数据，也知道它有墓碑标记，而在返回数据的时候选择不把数据返回给用户，这样在用户的 Scan 操作看来这条数据就是被删掉了。如果你可以带上 RAW=>true 参数来 Scan，你就可以查询到这条被打上墓碑标记的数据。

为什么达到 TTL 的数据可以被 Minor Compaction 删除

这是因为当数据达到 TTL 的时候，并不需要额外的一个 KeyValue 来记录。合并时创建的 Scan 在查询数据的时候，根据以下公式来判断 cell 是否过期：

当前时间 now - cell 的 timestamp > TTL

如果过期了就不返回这条数据。这样当合并完成后，过期的数据因为没有被写入新文件，自然就消失了。

Major Compaction 是怎么产生的

它其实就是 Minor Compaction 升级而来的。前面的每一种策略都有可能升级成 Major Compaction。如果本次 Minor Compaction 包含所有文件，并且达到了足够的时间间隔，则会被升级为 Major Compaction。判断是否包含所有文件比较简单，判断是否达到了足够的时间间隔则需要根据以下两个配置项综合考虑：

- hbase.hregion.majorcompaction: majorCompaction 发生的周期，单位是毫秒，默认值是 7 天。
- hbase.hregion.majorcompaction.jitter majorCompaction: 周期抖动参数，0~1.0 的一个指数。调整这个参数可以让 Major Compaction 的发生时间更灵活，默认值是 0.5。

 虽然有以上机制控制 Major Compaction 的发生时机，但是由于 Major Compaction 时对系统的压力还是很大的，所以建议关闭自动 Major Compaction，采用手动触发的方式，定期进行 Major Compaction。

不要完全不进行 Major Compaction

由于 Major Compaction 会占用大量的磁盘和网络 IO，会极大地影响集群的性能。如果你发现 Major Compaction 总是发生在高峰期，建议关闭自动 Major Compaction。关闭的方式就是把 base.hregion.majorcompaction 设置为 0，然后自己定义一些定时任务来让 HBase 在非业务高峰期来手动调用 Major Compaction。完全不进行 majorCompaction 对集群非常不利。

8.7.5 总结

我前面说到 HFile 的合并是重要的性能优化机制，主要是因为 HFile 合并中的参数配置经常是集群写阻塞的罪魁祸首，而这又是大家做性能优化的时候遇到的最棘手、最痛苦的情况。

鉴于成本原因，无论缓存有多么大，内存一般都比磁盘小很多。对整体读取性能影响较大的还是磁盘的读取性能，所以选择一种合适的 HFile 合并策略对你的读取性能的提高和稳定性的提高至关重要。

如何选择合适你的 HFile 合并策略
- 请详细地看各种策略的适合场景，并根据场景选择策略。
- 如果你的数据有固定的 TTL，并且越新的数据越容易被读到，那么 DateTieredCompaction 一般是比较适合你的。
- 如果你的数据没有 TTL 或者 TTL 较大，那么选择 StripeCompaction 会比默认的策略更稳定。
- FIFOCompaction 一般不会用到，这只是一种极端情况，比如用于生存时间特别短的数据。如果你想用 FIFOCompaction，可以先考虑使用 DateTieredCompaction。

8.8 诊断手册

看完了前面所有的内容，我们终于有了完整的性能优化知识储备。现在我们可以来看看遇到实际的问题要如何优化了。

8.8.1 阻塞急救

如果你出现了服务器数据无法写入、RegionServer 频频宕机，那么你需要的是调整各个参数值，排查阻塞的问题环节。影响阻塞可能性较大的是以下几个参数，按调整的优先级排序从前往后讲。

RegionServer 内存设置得太小

RegionServer 内存设置得太小了，或者直接没设置。由于默认值是 1GB，那么 Memstore 默认是占 40%，才只有 400MB，那很容易阻塞的。

解决方案：设置 RegionServer 的内存要在 conf/hbase-env.sh 中加上 export HBASE_REGIONSERVER_OPTS="$HBASE_REGIONSERVER_OPTS -Xms8g -Xmx8g"。

HFile 达到允许的最大数量

单个 Store 中的 HFile 达到 hbase.hstore.blockingStoreFiles 最大数量的时候，Memstore 就不能刷写数据到 HDFS 了，这是第一层的阻塞。不过这层阻塞用户往往感觉不到，但是它会引发下一层的阻塞，也就是 Memstore 的阻塞。

解决方案：调大 hbase.hstore.blockingStoreFiles。

Memstore 大小达到阈值

当单个 Memstore 的大小达到 hbase.hregion.memstore.flush.size * hbase.hregion.memstore.block.multiplier 的时候，写请求就无法写入 Memstore 了，这时用户才感觉到写请求被阻塞了。

解决方案：可以略微地调大这两个参数，但是实际作用不大，一般来说问题都出在前两个参数上。

RegionServer 上的 Memstore 总大小达到阈值

当整个 RegionServer 中的 Memstore 大小加起来达到 hbase.regionserver.global.memstore.size 的时候，整个 RegionServer 的写请求会被阻塞。因为这个参数就是 memstore 能占用的最大内存数了。

解决方案：hbase.regionserver.global.memstore.size 是一个 0~1 的数字，代表了 memstore 在 RegionServer 上可以占用的最大百分比，默认为 0.4，即 40%。可以略微地调大这个百分比，但是由于整个 RegionServer 中的 Memstore + BlockCache 不能大于 80%，而默认的 RegionServer 大小是 0.4，默认的 BlockCache 是 0.4，加起来就 0.8 了，你调大这个参数，BlockCache 占的内存（hfile.block.cache.size）就必须调小，否则启动都启动不起来，所以这个参数基本也不会去动。

8.8.2 朱丽叶暂停

有时候你会发现你的集群运行一段时间后，RegionServer 常常莫名其妙地就宕机了，有时候是这台有时候是那台。重启后虽然可以暂时消除问题，但是这种事情感觉永远无法避免，那你多半是遇到了朱丽叶暂停（Juliet Pause）。

这种情况发生的原因：

- 由于 HBase 使用的是 ZooKeeper 来做集群管理工具。ZooKeeper 在一个 RegionServer 太久没有回应的时候会把该节点标记为宕机。
- HBase 是基于 JVM 的，所以有很大的概率会遇上 Full GC，在 Full GC 的时候 JVM 会停止响应任何的请求，整个 JVM 的世界就像是停止了一样，所以这种暂停又被叫做 Stop-The-World（STW）。可以想到，当 STW 长达数分钟的时候很容易造成 ZooKeeper 将 RegionServer 标记为宕机。
- 一旦有一台 RegionServer 被标记为宕机后，平时不怎么干活的 Master 就出场了。它开始执行一系列的恢复步骤，包括将集群中原本属于这台 RegionServer 的数据移动到其他 RegionServer 上。
- 当这台 RegionServer 终于从 STW 从苏醒过来后，再去查看 ZooKeeper 发现自己的状态已经被设置为宕机了。此时 RegionServer 显然不能继续像以前一样提供服务了，否则数据就乱套了，所以这台 RegionServer 只能自杀。

这种情况听起来是不是很像朱丽叶醒来后发现罗密欧已经自杀了，因为不想独活所以随后也自杀了？因此这种故障也被称为朱丽叶暂停。

解决方案 1

当出现性能问题的时候，先考虑一下为 RegionServer 分配的内存是否够用？这虽然听起来是一个很弱智的问题，不过也是很多人第一次遇到的性能问题。

修改 hbase-env.sh 中的 HBASE_REGIONSERVER_OPTS 配置项，增加或者调大 -Xmx 和 -Xms 的值：

```
export HBASE_REGIONSERVER_OPTS="$HBASE_REGIONSERVER_OPTS -Xmx2g -Xms2g
-XX:+UseParNewGC -XX:+UseConcMarkSweepGC"
```

解决方案 2

如果你没有那么大的内存，比如你搭建一个实验环境来学习或者研究 HBase，而试验机的内存不够大。此时你可以去调大 ZooKeeper 的超时时间。ZooKeeper 的超时时间设置过程比较复杂。

先是看身为 ZooKeeper 客户端的 RegionServer 设置的超时时间（sessionTimeout），在 hbase-site.xml 中增加以下配置项 zookeeper.session.timeout：

```
<property>
<name>zookeeper.session.timeout</name>
<value>180000</value>
</property>
```

该项如果不设置，默认值是 90000 也就是 90 秒。

不过不要以为你设置成 180 秒后 ZooKeeper 的超时就真的变成 180 秒了。这是因为 ZooKeeper 服务端在建立连接的时候接收到客户端传来的 session.timeout 的时候不会直接就把这个值当作本次 session 的超时时间。还需要通过以下步骤来确定最终的 session 超时时间：

（1）先看 conf/zoo.cfg 文件中的 tickTime，这个配置项默认设置为：

```
# The number of milliseconds of each tick
tickTime=2000
```

（2）通过 tickTime 计算出 minSessionTimeout：

```
minSessionTimeout = 2 * tickTime = 4 秒
```

（3）通过 tickTime 计算出 maxSessionTimeout：

```
maxSessionTimeout = 20 * tickTime = 40 秒
```

（4）如果 zookeeper.session.timeout < minSessionTimeout，那么最终的 sessionTimeout 就

采用 minSessionTimeout。

（5）如果 zookeeper.session.timeout > maxSessionTimeout，那么最终的 sessionTimeout 就采用 maxSessionTimeout。

由以上步骤推导出实际从 ZooKeeper 客户端，也就是 HBase 的 hbase-site.xml，可以配置的 sessionTimeout 范围只有 4~40 秒，就算是默认值 90 秒依然也比 40 秒多，所以最终还是以 40 秒为准。如果你想把 HBase 跟 ZooKeeper 之间建立的 session 超时时间真的调到 180 秒，你得调大 tickTime。

 这个方案不建议在生产环境上使用。在生产环境上 sessionTimeout 越小越好。因为越小的 sessionTimeout 表示集群对宕机问题的响应时间越短，你的服务的稳定性越高。

解决方案 3

如果内存已经比较大了，但是还是偶尔会发生朱丽叶暂停。此时可以考虑采取优化 GC 回收策略的方式。GC 回收策略的选择根据以下方式判断：

- 如果你的 JVM 堆内存（Xmx 设置的值）小于 4GB，那么使用 -XX:+UseParNewGC -XX:+UseConcMarkSweepGC。
- 如果你的 JVM 堆内存介于 4GB~32GB，可以使用 -XX:+UseParNewGC -XX:+UseConcMarkSweepGC 或者 -XX:+UseG1GC。
- 如果你的 JVM 堆内存大于 32GB，可以使用 -XX:+UseG1GC。

关于各种策略的具体介绍，以及 G1GC 策略的其他参数可以参考"8.1.2 可怕的 Full GC"小节。

解决方案 4

调整 GC 回收策略只能缓解 Full GC，不可能完全消除 Full GC。而由于堆内存太大，一旦发生 Full GC 需要的时间会非常长。一般来说每 GB 大小的堆内存做一次 Full GC 需要 8~10 秒，如果是 32GB，就要 4.2~5.3 分钟。这几乎是无法避免的，所以除了调整 GC 回收策略以外还可以启用 MSLAB。

MSLAB 是 MemStore 自己管理内存空间的策略，它把堆内存空间分为一个又一个的 Chunk，消除了堆内存中由于回收造成的小碎片。通过这种策略几乎完全消除了 Full GC，而且同时开启 G1GC 效果就更好了。其实 HBase 默认是开启 MSLAB 的，只是没给它分配 chunk 而已，效果等同于关闭。只需要设置以下参数就可以完全启用 MSLAB：

- hbase.hregion.memstore.mslab.enabled：设置为 true 即打开 MSLAB，默认为 true。
- hbase.hregion.memstore.chunkpool.maxsize：在整个 Memstore 可以占用的堆内存中，chunkPool 占用的比例。该值为一个百分比，取值范围为 0.0~1.0，默认值为 0.0。把这个值设置成非 0.0 的值，才能真正开启 MSLAB。
- hbase.hregion.memstore.chunkpool.initialsize：在 RegionServer 启动的时候可以预分配

一些空的 chunk 出来，放到 chunkPool 里面待使用。该值就代表了预分配的 chunk 占总的 chunkPool 的比例。该值为一个百分比，取值范围为 0.0~1.0，默认值为 0.0。如果设置了预分配性能曲线在一开始会更平滑。

 关于 MSLAB 的具体介绍参见 "8.1.3 Memstore 的专属 JVM 策略 MSLAB"。

8.8.3 读取性能调优

如果你的应用读大于写，那么可以适当地增加读取的性能。其实性能有两方面可以提高空间：

- 调整你对于 API 的用法
- 调整你的系统配置

遇到性能问题的时候，先别急着去调整系统配置，有时候仅仅是调整了 API 的用法，就能显著提升系统性能。比如，很多人不是很熟悉 Scan 的内部工作原理，所以写出的 Scan 额外遍历了很多不需要遍历的 KeyValue，这种性能损耗有时候远比 HBase 本身的配置错误更大。

使用过滤器

认真学习各种过滤器（Filter）的作用，灵活地运用比如前缀过滤器（PrefiexFilter）、分页过滤器（PageFilter）等可以减少不必要遍历次数的过滤器。不恰当地使用 Scan 是大多数系统性能底下的原因，使用合适的过滤器会达到意想不到的效果。

增加 BlockCache

理论上增加 BlockCache 可以增加读性能，但是增加了是否有效，还需要看你实际的 Cache 命中率。如果命中率很高，说明 BlockCache 经常被用到，那么增加 BlockCache 对你的读性能提高的效果就会比较好，反之增加 BlockCache 可能效果不明显。

如果命中率低的话，可以考虑增加命中率，不过有时候因为系统的特性使然，实在无法增加命中率，也不必强求。

BlockCache 的命中率获取步骤：

（1）访问 RegionServer 的指标页面：<regionserver>:16030/jmx 或 regionserver>:60030/jmx（老版本）。

（2）查找 Hadoop:service=HBase,name=RegionServer,sub=Server 指标块。

（3）在这个指标块中，分表找到 blockCacheCountHitPercent 和 blockCacheExpressHitPercent。

确定了缓存命中率较高之后，我们就可以增加大 hfile.block.cache.size 的值。但同时要注意 BlockCache 和 MemStore 的总和不能超过 0.8，因为至少要留 20%的堆内存空间给 JVM 进行必要的操作。因为 BLockCache 堆内存（hfile.block.cache.size）的默认值是 0.4，MemStore（hbase.regionserver.global.memstore.size）的默认值也是 0.4，所以当你调大 BlockCache 的时

候要记得调小 MemStore 占用的堆内存大小。

调整 HFile 合并策略

调整你的 HFile 合并（Compaction）策略，让 HFile 的数量尽量减小，以减少每次 Scan 的跨 HFile 的次数。但同时又要保证该合并策略适用于你的场景，并且不要太频繁。

8.8.4 案例分析

以下案例摘自 OLIVER MEYN 2012 年发表的博文 *Optimizing Writes in HBase*，他们在使用 HBase 作为 Hive 的数据来源的时候遇到了问题，故事背景如下。

他们做了一个基于 Hive 的程序，这个程序从 HBase 中读出数据处理后塞回 HBase。这个任务在 HBase 只有很少数据的测试环境的时候运行得很好，但是当把任务移到生产环境下后出乱子了。因为 Hive 是基于 Hadoop 的 MapReduce 实现的，在生产环境下，每次执行 mapper 都会失败，并且每次报的错误都类似如下信息：

```
java.io.IOException: org.apache.hadoop.hbase.client.ScannerTimeoutException: 63882ms passed since the last invocation, timeout is currently set to 60000
```

他们进行了一些调查，发现问题出在 Scan 在调用 next()的时候总是超时。看了日志发现以下信息：

```
WARN org.apache.hadoop.hbase.regionserver.MemStoreFlusher: Region occurrence,\x17\xF1o\x9C,1340981109494.ecb85155563c6614e5448c7d700b909e. has too many store files; delaying flush up to 90000ms
INFO org.apache.hadoop.hbase.regionserver.HRegion: Blocking updates for 'IPC Server handler 7 on 60020' on region occurrence,\x17\xF1o\x9C,1340981109494.ecb85155563c6614e
```

通过查询资料，发现出现这行信息是因为 memstore 满了，达到以下阀值了。

```
hbase.hregion.memstore.flush.size * hbase.hregion.memstore.block.multiplier
```

flush.size 当时的默认值还是 64MB（现在是 128MB），multiplier 默认是 2，所以一下就达到上限了，于是他们马上就调大了这个上限（其实看过前面的朋友会知道默认值一般都够用了，真实的问题一般不出在这）。他们调大为 256MB*4，然后发现在达到 Memstore 占用大小的上限之前情况良好，但是当达到全局 memstore 上限的时候，又不好了。出现了以下提示信息：

```
due to global heap pressure
```

此时 Memstore 开始阻塞写入了。

接下来，他们开始注意到 HFile 数量的增加，以及 compaction 队列的暴涨。然后他们想出了进一步的解决方案，通过让更多的文件参与合并，即调大一次合并时参与的文件数 hbase.hstore.compaction.max 到 20 （默认是 10）。

但是效果甚微，然后他们想到了调大整个 Region 能拥有的 HFile 总大小的最大值

hbase.hregion.max.filesize。从默认的 256MB 调大到 1.5GB。当 Region 中的 HFile 文件尺寸总和达到 hbase.hregion.max.filesize 的时候，这个 Region 会被拆分为两个 Region。调大该数值后，重建表。这样表会被重新拆分 Region，新拆分的 Region 更大，搜搜数量更少。通过这种方法，他们减少了大量的 Region，这样 HFile 也更少了。

这样调整完刚开始还是不错的，但是时间一长还是会阻塞，造成任务失败。整个 MemStore 的 Flush 曲线是这样的，如图 8-26 所示。

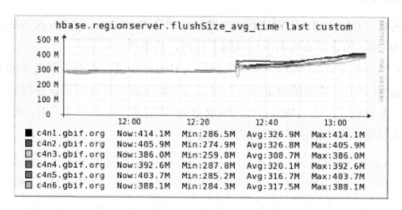

图 8-26

前半段的曲线很平滑，每次到了 256MB 的时候 MemStore 都会刷写，但是出现了以下日志之后，曲线出现了波动：

```
INFO org.apache.hadoop.hbase.regionserver.MemStoreFlusher: Under global heap pressure: Region uat_occurrence,\x06\x0E\xAC\x0F,1341574060728.ab7fed6ea92842941f97cb9384ec3d4b. has too many store files, but is 625.1m vs best flushable region's 278.2m. Choosing the bigger.
```

这意味着已经达到总的 MemStore 占用量的上限了，然后事情变得更糟，日志中出现了很多这样的日志：

```
WARN org.apache.hadoop.hbase.regionserver.MemStoreFlusher: Region uat_occurrence,"\x98=\x1C,1341567129447.a3a6557c609ad7fc38815fdcedca6c26. has too many store files; delaying flush up to 90000ms
```

看起来刷写被延迟了，但是这还不是最糟的。最糟糕的是，刷写可以被延迟，但是 WAL 不能等啊，于是出现了以下日志：

```
INFO org.apache.hadoop.hbase.regionserver.wal.HLog: Too many hlogs: logs=35, maxlogs=32; forcing flush of 1 regions(s): ab7fed6ea92842941f97cb9384ec3d4b
```

我们之前说到 MemStore 的刷写条件中有一项就是 WAL 是需要滚动的，当它达到上限后，就会触发 MemStore 的刷写，以腾出空间来放新的数据，这样 WAL 才能放心地把那些已经被持久化到 HFile 中的旧数据删掉。

同时还出现了很多这样的日志：

```
INFO org.apache.hadoop.hbase.regionserver.MemStoreFlusher: Flush thread woke up with memory above low water.
```

这句话在新的版本中被改成了 Flush thread woke up because memory above low water=xxxx，意思就是全局的 MemStore 的占用量大小达到全局刷写阀值了，一边是各种的刷写条件被触发，另一边是无法刷写入磁盘，引发了延迟刷写（delay flush）。事情简直不能更糟，任务再次失败了。

现在，如果是你，要怎样调优呢

这种情况就是需要提高写性能。读的性能暂时是可以被舍弃。一般无法写入 MemStore 有两个原因：一是 MemStore 太小，二是 StoreFile（HFile）太多，达到阻塞值。

在解决这种问题的时候先要看看自己的 JVM 是否调得太小了。先考虑调整以下参数：

- RegionServer 的 Xmx：默认的肯定是不够用的。但是如果大于 24GB，需要考虑使用 G1GC 防止出现长时间的 Full GC，从而引发朱丽叶暂停。
- hbase.regionserver.global.memstore.size：如果调大这个比例一定要相应地调小 hfile.block.cache.size 的比例，否则他们两的总和会超过 0.8，HBase 就会无法启动。
- hbase.hregion.memstore.flush.size：可以适当地调大，但是如果调得比较大了，比如有 512MB 了还是阻塞，就不要继续调大它了，可能问题不出在此。

如果把 MemStore 可用的内存空间调大了，还是阻塞，那么就要从 HFile 入手。第一个要调整的就是：

```
hbase.hstore.blockingStoreFiles
```

它的默认值为 7，现在你就是调整到 50 都不为过。我们要调大这个参数，让 MemStore 首先可以刷写 HFile 到磁盘上，虽然这样会导致 HFile 数量暴涨，但是至少保证业务高峰期系统可以正常运行。随后可以使用 Major Compaction 在业务低谷期进行合并以提升读取的性能。

然后根据前面学习的各种 HFile 合并策略，选取一个适合自己的策略。

如果 hbase.hstore.blockingStoreFiles 已经调得很大了，比如 200，还是出现阻塞，那么说明写入的负载实在太大了。你需要先确认这是不是什么 BUG 引起的流量暴增，如果不是，也许你的确有这么大的业务量，那么此时就要考虑加大硬盘，然后提升单个 HFile 的大小。提升单个 HFile 的大小最直接的方式还是加大 MemStore 刷写阀值：

```
hbase.hregion.memstore.flush.size
```

比如加大到 1GB，那么你每次写到磁盘上的 HFile 就有 1GB 左右大小。如果还是不行就需要考虑整个集群的扩容，比如多增加几个节点，这样可以把负载压力均衡化。

扩容基本可以解决所有性能压力问题，因为扩容会把压力分散到 Region 可以承受的地步，只要压力降低到足够低，问题一般可以被解决。

回到案例

再回到这个案例中来。万幸的是 OLIVE 的团队并没有到最终需要扩容的地步,他们最后发现把 hbase.hstore.blockingStoreFiles 调整到 200 就解决问题了。这些瞬时爆发的 StoreFile 在随后的 Major Compaction 中又都被合并了,所以读的性能也不会降低太多。

第 9 章

当HBase遇上MapReduce

说到大数据怎么能不提到 MapReduce 呢？不过先别急着学，我们必须要先搞懂一个问题。既然 HBase 有扫描器，为什么放着简单的扫描器不用，要去写 MapReduce 呢？

9.1 为什么要用 MapReduce

用 MapReduce 的原因有两点：

- 统计的需要：我们知道 HBase 的数据都是分布式存储在 RegionServer 上的，所以对于类似传统关系型数据库的 group by 操作，扫描器是无能为力的，只有当所有结果都返回到客户端的时候，才能进行统计。这样做一是慢，二是会产生很大的网络开销，所以使用 MapReduce 在服务器端就进行统计是比较好的方案。
- 性能的需要：说白了就是"快"！如果遇到较复杂的场景，在扫描器上添加多个过滤器后，扫描的性能很低；或者当数据量很大的时候扫描器也会执行得很慢，原因是扫描器和过滤器内部实现的机制很复杂，虽然使用者调用简单，但是服务器端的性能就不敢保证了。

关于什么是 MapReduce 请自行查阅资料，MapReduce 的基础知识不属于本书的介绍范围。

9.2 快速入门

由于 HBase 内部自带 MapReduce 任务，所以这个快速入门恐怕是本书最简单的快速入门了。这个例子是使用 HBase 自带的 RowCounter 来统计某个表有多少行，这个例子就一条命令：

```
$ HADOOP_CLASSPATH=`${HBASE_HOME}/bin/hbase classpath` ${HADOOP_HOME}/bin/hadoop jar ${HBASE_HOME}/lib/hbase-server-1.2.2.jar rowcounter mytable
```

先别急着运行这条命令。在运行这条命令之前，我要先解释一些背景。首先我们这里说的 MapReduce 并不是 HBase 发明的专属于 HBase 的 MapReduce，我们使用的是 Hadoop 提供的原生 MapReduce。其实 MapReduce 命令的发起者是 Hadoop，也就是说你需要让 Hadoop 加载 HBase 的相关 jar 包才能运行 MapReduce。

如何让 Hadoop 加载 HBase 的 jar 包

这个问题其实有很多种解法。最简单的就是把 HBase 的 jar 包复制到 Hadoop 的 lib 里面，或者把 HBase 的包地址写到 Hadoop 的环境变量里面，但是这些都不是很好的办法，你总不能指望每次更新 HBase 都重启 Hadoop 吧？所以最好的方式是在每次运行 MapReduce 的时候动态地设置本次任务的环境变量。不过 HBase 需要的 jar 包这么多，每次都要手动输入岂不是很麻烦？所以 HBase 很贴心地提供了传参：classpath。当你执行以下命令的时候，会返回 HBase 相关的 classpath：

```
${HBASE_HOME}/bin/hbase classpath
```

输出结果非常长，我只贴出前面的一小部分：

```
/usr/local/hbase/conf:/usr/local/jdk1.7.0_79/lib/tools.jar:/usr/local/hbas
e:/usr/local/hbase/lib/activation-1.1.jar:/usr/local/hbase/lib/antisamy-1.5.3.
jar:/usr/local/hbase/lib/aopalliance-1.0.jar:/usr/local/hbase/lib/apacheds-i18
n-2.0.0-M15.jar:/usr/local/hbase/lib/apacheds-kerberos-codec-2.0.0-M15.jar:/us
r/local/hbase/lib/api-asn1-api-1.0.0-M20.jar:/usr/local/hbase/lib/api-util-1.0
.0-M20.jar:/usr/local/hbase/lib/asm-3.1.jar:/usr/local/hbase/lib/avro-1.7.4.ja
r:/usr/local/hbase/lib/batik-css-1.8.jar:/usr/local/hbase/lib/batik-ext-1.8.ja
r:/usr/local/hbase/lib/batik-util-1.8.jar:/usr/local/hbase/lib/bsh-core-2.0b4.
jar:/usr/local/hbase/lib/columncomparefilter-0.0.2-SNAPSHOT.jar:/usr/local/hba
se/lib/commons-beanutils-1.7.0.jar:/usr/local/hbase/lib/commons-beanutils-core
-1.8.3.jar:/usr/local/hbase/lib/commons-cli-1.2.jar:/usr/local/hbase/lib/commo
ns-codec-1.9.jar:/usr/local/hbase/lib/commons-collections-3.2.2.jar:/usr/local
/hbase/lib/commons-compress-1.4.1.jar:......
```

那么让我们来运行这个命令吧

首先登录到服务器上，然后确保当前的用户下有 HADOOP_HOME 和 HBASE_HOME 这两个环境变量。我采用的方式是登录到 hadoop 用户下，并把 HBASE_HOME 这个环境变量添加到 hadoop 这个用户中的 ~/.bashrc 中。我用 vim 编辑器打开~/.bashrc 文件，并添加 HBASE_HOME 环境变量：

```
export HBASE_HOME=/usr/local/hbase
```

保存后使用 source 命令让其加载新的环境变量：

```
$ source ~/.bashrc
```

由于 hbase-server-<版本号>.jar 里面自带了一个 MapReduce Job 叫 RowCounter，所以我们不需要编写新的 MapReduce 例子。RowCounter 做的事情很简单，就是统计当前表有多少行。当你调用 hbase-server<版本号>.jar，并使用 rowcounter 为第一个参数的时候，就会使用这个 MapReduce 的 Job，第二个参数就是你想统计的目标表。所以这条命令的格式为：

```
        HADOOP_CLASSPATH=`${HBASE_HOME}/bin/hbase classpath`
${HADOOP_HOME}/bin/hadoop jar ${HBASE_HOME}/lib/hbase-server-<版本号>.jar
rowcounter <目标表>
```

我使用的 HBase 版本为 1.2.2，我想统计的表名为 mytable，所以我在这个例子中使用的命令为：

```
$ HADOOP_CLASSPATH=`${HBASE_HOME}/bin/hbase classpath`
${HADOOP_HOME}/bin/hadoop jar ${HBASE_HOME}/lib/hbase-server-1.2.2.jar
rowcounter mytable
```

运行后会输出很多日志信息，在信息的末尾我们会看到这样一句话：

```
org.apache.hadoop.hbase.mapreduce.RowCounter$RowCounterMapper$Counters
    ROWS=1110
File Input Format Counters
    Bytes Read=0
File Output Format Counters
    Bytes Written=0
```

这个 ROWS=1110 就是结果，意思是 mytable 统计出来的行数是 1110。

9.3 慢速入门：编写自己的 MapReduce

刚刚的快速入门只是让你们知道一个 HBase 的 MapReduce 是怎么运行的，运行起来长什么样子。但是这对于入门来说还远远不够。我们需要自己手动地开始编写一个 MapReduce 任务，我将它称之为入门的第二步，即慢速入门。

9.3.1 准备数据

现在我们要重用之前自定义过滤器的例子 mymoney 表，没有阅读自定义过滤器的读者不用担心，只需要根据以下信息建表，插入数据便可。

表名：mymoney
该表含有以下列，这两个列存储的都是数字类型数据：

- info:income
- info:expense

这是我的测试数据，如表 9-1 所示。

表 9-1 测试数据

行键	info:income	info:expense
01	6000	5000
02	6600	5300
03	4000	5200
04	5310	5320
05	4500	4800
06	5500	4500
07	5600	5200
08	4900	5100
09	5600	5200
10	6900	5900
11	5800	6100
12	5700	6000

现在我要统计该表中的 info:income 的总和，并将这个总和还是存到 mymoney 表中，存储的格式：

- rowkey : total
- 列 : info:totalIncome

9.3.2 新建项目

由于 MapReduce 是运行在服务器端的，所以我们需要建立一个在服务端运行的 jar。先来建立一个 Maven 项目。我把项目取名为 mymr，如图 9-1 所示。

图 9-1

接下来，我们修改 pom.xml 文件，增加对 hbase-server 的依赖。

```
<dependency>
    <groupId>org.apache.hbase</groupId>
    <artifactId>hbase-server</artifactId>
```

```
        <version>1.2.2</version>
</dependency>
```

增加 maven-compiler-plugin 插件，在该插件中定义这个项目的 JDK 版本，由于服务器端用的是 1.7，所以这里使用 JDK 1.7 作为编译版本。这个版本的设定很重要，必须跟服务器上的 JDK 版本一样才行：

```
<build>
<plugins>
    <plugin>
        <groupId>org.apache.maven.plugins</groupId>
        <artifactId>maven-compiler-plugin</artifactId>
        <version>3.1</version>
        <configuration>
            <source>1.7</source>
            <target>1.7</target>
            <showWarnings>true</showWarnings>
        </configuration>
    </plugin>
</plugins>
</build>
```

如果你用的是 Eclipse，修改完配置后，记得在项目上右击选择 Maven→Update Project。

9.3.3 建立 MapReduce 类

接下来我们就可以正式建立 MapReduce 类了，取名为 SumMoneyJob。你不需要给它设定任何的父类和接口，如图 9-2 所示。

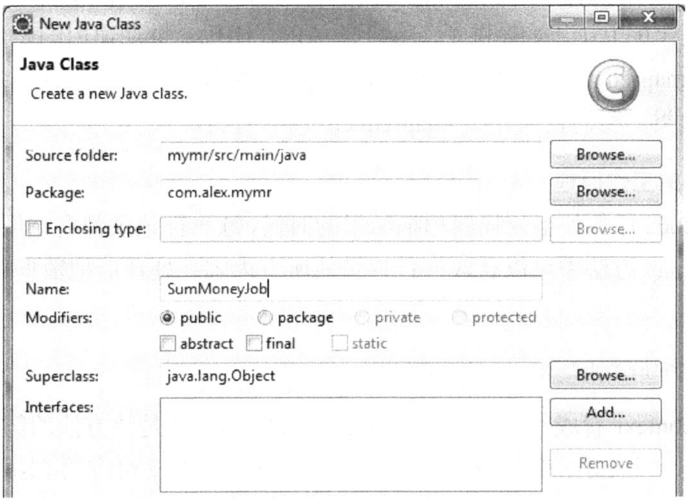

图 9-2

一个 MapReduce 任务有三个组成部分：

- Mapper 类。
- Reducer 类。
- 驱动类，主要提供 main 方法以供调用。

为了例子的尽量简单，我使用 SumMoneyJob 为驱动类，并且把 Mapper 类和 Reducer 类作为 SumMoneyJob 的内部类。这样我们整个 MapReduce 任务只用一个 Java 文件就搞定了。接下来是具体的步骤。

建立 Mapper 类

先来建立 Mapper 类，HBase 提供了 TableMapper 抽象类供大家使用，这个抽象类在 Hadoop 的 Mapper 类基础上增加了对 HBase 表的支持，所以我们先在 SumMoneyJob 中建立一个静态内部类 MyTableMapper，该类需要继承 TableMapper 抽象类，并实现 map 方法。

```
static class MyTableMapper extends TableMapper<Text, IntWritable> {

    /**
     * TableMapper 类需要实现的 map 方法
     */
    public void map(ImmutableBytesWritable row, Result result, Context context)
throws IOException, InterruptedException {

    }
}
```

关于这个 TableMapper<T,T> 声明右边的两个泛型，需要指定 Map 方法返回的 key 和 value 的类型。

当使用 MapReduce 框架的时候会发现，有的类同时出现在 mapred 包和 mapreduce 包中，这是因为 Hadoop 从 0.20.0 开始提供了一套新的 API。HBase 早期使用的是旧的 Hadoop API，而这些旧代码在 mapred 中。现在安装的 Hadoop 的版本一般都不会这么老，所以优先使用 mapreduce 包中的类，我们也只介绍 mapreduce 包中的类。

TableMapper 的工作原理

当把 MapReduce 任务使用扫描器扫描结果的时候，每一行记录都会调用一次 TableMapper 的 map 方法。在 map 方法中可以获取该行记录的所有内容，处理后把数据存入 Context 类中。使用的方法是：

```
context.write(KEYOUT key, VALUEOUT value)
```

可以把这个 context 看成一个 map，而这个 map 的 key 就是该方法的第一个参数 key。这个 map 的 value 是一个 List，每次调用这个方法都会往这个 key 对应的 List 中添加一条记录。这个 map 的过程就有点像我们传统关系型数据库中的 group by 操作。

回到我们的例子中来，现在想统计所有行的 info:income 的总和，所以只需要一个 key 就行了。我把这个 key 取名为 allIncomes。MyMapper 最终的代码是这样的：

```java
/**
 * 用来获取每一条记录的 info:income 的 Mapper 类
 * @author alexy
 *
 */
static class MyTableMapper extends TableMapper<Text, IntWritable> {

    private Text text = new Text("allIncomes");

    /**
     * TableMapper 类需要实现的 map 方法
     */
    public void map(ImmutableBytesWritable row, Result result, Context context)
throws IOException, InterruptedException {
        // 当 Scan 遍历每一条记录的时候，这个方法都会被调用一次
        // 获取该行记录的 info:income
        IntWritable income = new
IntWritable(Bytes.toInt(result.getValue("info".getBytes(),
"income".getBytes())));
        // 我们把拿到的值全部写入 allIncomes 这个键中
        context.write(text, income);
    }
}
```

写好了 Mapper，下一步就是写 Reducer 了。Reducer 的主要功能就是统计，就是把前面 Mapper 的输出对象当做输入来进行统计分析。这个过程有点像我们在传统关系型数据库中使用的 sum 和 count 等统计操作。

在 SumMoneyJob 中建立一个内部类 MyTableReducer，该类继承自 TableReducer，所以需要实现 TableReducer 中提供的抽象方法 reduce。

```java
/**
 * 用来把 Mapper 获取到的记录进行统计的 Reduce 方法
 * @author alexy
 *
 */
static class MyTableReducer extends TableReducer<Text, IntWritable,
ImmutableBytesWritable> {

    /**
     * TableReducer 需要实现的 reduce 方法
     */
    public void reduce(Text key, Iterable<IntWritable> values, Context context)
```

```
throws IOException, InterruptedException {
    }
}
```

类声明的时候需要制定 TableReducer 的泛型的具体类型,这里制定的 Text, IntWritable 必须要跟在 Mapper 里面定义的输出类型一样,这样才能对接的上。还记得之前在 Mapper 里面做的吗?在 Mapper 里面把处理的结果按照 key 和 value 的方式存储到 Context 里面,而 Reducer 会去遍历 Context,每遍历到一个 key,就会调用一次这里的 reduce 方法。看到第二个参数 Iterable<IntWritable> 了吗?这个就是我们在 Mapper 里面存储的 List。

我们在这个例子中要做的事情就是把在 Mapper 里面存储的 info:income 列表,统统加起来得到一个总和,然后把这个总和存起来。存的位置还是 mymoney 表,存的格式为:

- rowkey : total。
- 列: info:totalIncome。

我们完整的 reduce 方法就是这个样子的:

```
/**
 * TableReducer 需要实现的 reduce 方法
 */
public void reduce(Text key, Iterable<IntWritable> values, Context context)
throws IOException, InterruptedException {
    // 每个键都会进行一次 reduce 操作
    // 我们在这个方法中把 allIncomes 这个键之前存储的所有 info:income 进行叠加取得总和
    int i = 0;
    for (IntWritable val : values) {
        i += val.get();
    }
    // 叠加完后,剩下的事情就是把总和存起来
    Put put = new Put(Bytes.toBytes("total"));
    put.addColumn("info".getBytes(), "totalIncome".getBytes(), Bytes.toBytes(i));
    // 把这个 Put 写到 Context 里面,随后这个 Put 会被自动执行
    context.write(null, put);
}
```

9.3.4 建立驱动类

写好了 Mapper 和 Reducer,接下来就是要用驱动类调用它们。我们要编写这个类的 main 方法。Hadoop 的 MapReduce 机制会通过调用 main 方法。我为了例子的简单,直接在 SumMoneyJob 中建立 main 方法,所以 SumMoneyJob 这个类既承载了 Mapper 和 Reducer,还有作为驱动方法的 main 方法。

在 main 方法里面建立 Job 对象：

```
// 由于MapReduce 任务是在服务端执行的，所以大家就不需要像之前那样设置 config 文件的位置了
Configuration config = HBaseConfiguration.create();
Job job = new Job(config,"SumMyMoney");
job.setJarByClass(SumMoneyJob.class);     // 包含我们写的MyTableMapper 和 MyTableReducer 的类
```

 我们不需要像之前那样给 config 对象设置 hbase-site.xml 的路径，因为 MapReduce 是运行在服务器端的。

接下来创建给这个 MapReduce 任务使用的扫描器对象。

```
Scan scan = new Scan();
scan.setCaching(500);          // 不要使用默认值1，这样性能太低了，所以改成500
scan.setCacheBlocks(false);    // 在MapReduce 任务中你也不想拿到缓存吧？所以我们设置成false
```

由于在这里使用的 Job 对象是属于 Hadoop 的而不是 HBase 的，所以 Job 对象并没有专门针对 HBase 的方法。如果要手动地去设置会比较麻烦，所以 HBase 贴心地提供了 TableMapReduceUtil 工具类来帮我们为 Job 对象设置 Mapper 和 Reducer。

```
TableMapReduceUtil.initTableMapperJob(
    "mymoney",              // 输入表
    scan,
    MyTableMapper.class,    // 写上我们的Mapper 类
    Text.class,             // Mapper 输出的Key 类型
    IntWritable.class,      // Mapper 输出的Value 类型
    job);
TableMapReduceUtil.initTableReducerJob(
    "mymoney",              // 输出表
    MyTableReducer.class,   // 写上我们的Reducer 类
    job);
```

最后来设置 Job 的其他属性：

```
// 至少1个Reduce 任务
job.setNumReduceTasks(1);

// 任务执行中会提示进度
boolean b = job.waitForCompletion(true);
if (!b) {
    throw new IOException("任务出错!");
}
```

这样我们的驱动方法就完成了。现在把 SumMoneyJob 的完整代码贴出来，供大家参考，如果你一直是根据我前面的步骤来写代码的，会得到跟我一样的代码。

```java
package com.alex.mymr;

import java.io.IOException;

import org.apache.hadoop.conf.Configuration;
import org.apache.hadoop.hbase.HBaseConfiguration;
import org.apache.hadoop.hbase.client.Put;
import org.apache.hadoop.hbase.client.Result;
import org.apache.hadoop.hbase.client.Scan;
import org.apache.hadoop.hbase.io.ImmutableBytesWritable;
import org.apache.hadoop.hbase.mapreduce.TableMapReduceUtil;
import org.apache.hadoop.hbase.mapreduce.TableMapper;
import org.apache.hadoop.hbase.mapreduce.TableReducer;
import org.apache.hadoop.hbase.util.Bytes;
import org.apache.hadoop.io.IntWritable;
import org.apache.hadoop.io.Text;
import org.apache.hadoop.mapreduce.Job;

public class SumMoneyJob {

    /**
     * 用来获取每一条记录的 info:income 的 Mapper 类
     * @author alexy
     *
     */
    static class MyTableMapper extends TableMapper<Text, IntWritable> {

        private Text text = new Text("allIncomes");

        /**
         * TableMapper 类需要实现的 map 方法
         */
        public void map(ImmutableBytesWritable row, Result result, Context context) throws IOException, InterruptedException {
            // 当 Scan 遍历每一条记录的时候，这个方法都会被调用一次
            // 获取该行记录的 info:income
            IntWritable income = new IntWritable(Bytes.toInt(result.getValue("info".getBytes(), "income".getBytes())));
            // 我们把拿到的值全部写入 allIncomes 这个键中
```

```java
            context.write(text, income);
        }
    }


    /**
     * 用来把 Mapper 获取到的记录进行统计的 Reduce 方法
     * @author alexy
     *
     */
    static class MyTableReducer extends TableReducer<Text, IntWritable, ImmutableBytesWritable> {

        /**
         * TableReducer 需要实现的 reduce 方法
         */
        public void reduce(Text key, Iterable<IntWritable> values, Context context) throws IOException, InterruptedException {
            // 每个键都会进行一次 reduce 操作
            // 我们在这个方法中把 allIncomes 这个键之前存储的所有 info:income 进行叠加取得总和
            int i = 0;
            for (IntWritable val : values) {
              i += val.get();
            }
            // 叠加完后，剩下的事情就是把总和存起来
            Put put = new Put(Bytes.toBytes("total"));
            put.addColumn("info".getBytes(), "totalIncome".getBytes(), Bytes.toBytes(i));
            // 把这个 Put 写到 Context 里面，随后这个 Put 会被自动执行
            context.write(null, put);
        }
    }

    public static void main(String[] args) throws IOException, ClassNotFoundException, InterruptedException {
        // 由于 MapReduce 任务是在服务端执行的，所以大家就不需要像之前那样设置 config 文件的位置了
        Configuration config = HBaseConfiguration.create();
        Job job = new Job(config,"SumMyMoney");
        job.setJarByClass(SumMoneyJob.class);       // 包含我们写的 MyTableMapper 和 MyTableReducer 的类

        Scan scan = new Scan();
```

```
    scan.setCaching(500);        // 不要使用默认值 1，这样性能太低了，所以改成 500
    scan.setCacheBlocks(false);  // 在 MapReduce 任务中你也不想拿到缓存吧？所以我们
设置成 false

    TableMapReduceUtil.initTableMapperJob(
      "mymoney",          // 输入表
      scan,
      MyTableMapper.class,    // 写上我们的 Mapper 类
      Text.class,             // Mapper 输出的 Key 类型
      IntWritable.class,      // Mapper 输出的 Value 类型
      job);
    TableMapReduceUtil.initTableReducerJob(
      "mymoney",          // 输出表
      MyTableReducer.class,   // 写上我们的 Reducer 类
      job);

    // 至少 1 个 Reduce 任务
    job.setNumReduceTasks(1);

    // 任务执行中会提示进度
    boolean b = job.waitForCompletion(true);
    if (!b) {
      throw new IOException("任务出错!");
    }
  }
}
```

9.3.5 打包、部署、运行

使用 Maven 的 package 方法把项目打成一个 jar 包，如图 9-3 所示。

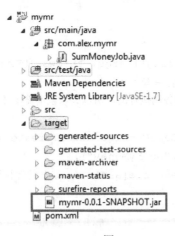

图 9-3

把这个 jar 包上传到 HBase 所部署的服务器上,并切换到 hadoop 用户下,运行以下命令:

```
$ HADOOP_CLASSPATH=`${HBASE_HOME}/bin/hbase classpath`
${HADOOP_HOME}/bin/hadoop jar mymr-0.0.1-SNAPSHOT.jar com.alex.mymr.SumMoneyJob
```

如果一切正常的话,会看到大量的 MapReduce 日志被输出:

```
......
17/07/20 05:27:58 INFO mapreduce.Job: Counters: 38
    File System Counters
        FILE: Number of bytes read=43157924
        FILE: Number of bytes written=44150702
        FILE: Number of read operations=0
        FILE: Number of large read operations=0
        FILE: Number of write operations=0
        HDFS: Number of bytes read=0
        HDFS: Number of bytes written=0
        HDFS: Number of read operations=0
        HDFS: Number of large read operations=0
        HDFS: Number of write operations=0
    Map-Reduce Framework
        Map input records=12
        Map output records=12
        Map output bytes=180
        Map output materialized bytes=210
        Input split bytes=63
        Combine input records=0
        Combine output records=0
        Reduce input groups=1
        Reduce shuffle bytes=210
        Reduce input records=12
        Reduce output records=1
        Spilled Records=24
        Shuffled Maps =1
        Failed Shuffles=0
        Merged Map outputs=1
        GC time elapsed (ms)=12
        CPU time spent (ms)=0
        Physical memory (bytes) snapshot=0
        Virtual memory (bytes) snapshot=0
        Total committed heap usage (bytes)=509607936
    Shuffle Errors
        BAD_ID=0
        CONNECTION=0
        IO_ERROR=0
```

```
        WRONG_LENGTH=0
        WRONG_MAP=0
        WRONG_REDUCE=0
File Input Format Counters
        Bytes Read=0
File Output Format Counters
        Bytes Written=0
```

接下来,去查看 mymoney 的数据,就会惊喜地发现 rowkey=total 的记录被添加进来了:

```
hbase(main):005:0> scan 'mymoney'
ROW     COLUMN+CELL
……
total   column=info:totalIncome, timestamp=1500499677656, value=\x00\x01\x03j
```

不过从 HBase 的 shell 中是无法直接看出数字类型的值的,所以你最好使用 API 来获取 info:totalIncome 的值:

```
Table table = connection.getTable(TableName.valueOf("mymoney"));
Get get = new Get(Bytes.toBytes("total"));
Result result = table.get(get);
System.out.println((Bytes.toInt(result.getValue(Bytes.toBytes("info"),
Bytes.toBytes("totalIncome")))));
```

输出结果为:

```
66410
```

至此你就做出了你人生中第一个 HBase 的 MapReduce 任务啦!

9.4 相关类介绍

9.4.1 TableMapper

TableMapper 抽象类继承了 Hadoop 的 Mapper 类,如果你打开这个类的代码你会惊奇地发现,这个类其实除了定义出这个类以外,什么都没干。

```
@InterfaceAudience.Public
@InterfaceStability.Stable
public abstract class TableMapper<KEYOUT, VALUEOUT>
extends Mapper<ImmutableBytesWritable, Result, KEYOUT, VALUEOUT> {
}
```

它做的所有事情就是标定出你这个 Mapper 是为 HBase 专门定义的 Mapper 类,这样做有什么意义呢?其实你完全可以把 TableMapper 看作是一个接口,它只是在 Mapper 的基础上把泛型定为是以下 4 种而已：

```
<ImmutableBytesWritable, Result, KEYOUT, VALUEOUT>
```

- ImmutableBytesWritable：定义 map 函数的第一个参数类型，即 rowkey。
- Result：定义 map 函数的第二个参数类型，即当前行的 result。
- KEYOUT：定义 Context.write 方法的第一个参数类型，即输出的 key。
- VALUEOUT：定义 Context.write 方法的第二个参数类型，即输出的 value。

这样你就可以在 map 方法中得到 ImmutableBytesWritable 类型的 rowkey 和 Result 类型的 result 对象。你就可以获取到这行数据了。

如果你的 map 输入阶段并不需要从 HBase 获取数据，比如你只是从一个文本文件获取数据，或者从关系型数据库获取数据，你可以直接使用 Hadoop 的抽象类 Mapper 来获取你所需的数据。

9.4.2 TableReducer

TableReducer 继承自 Hadoop 的抽象类 Reducer。没错，正如你想的 TableReducer 也只是一个定义泛型的抽象类而已：

```
@InterfaceAudience.Public
@InterfaceStability.Stable
public abstract class TableReducer<KEYIN, VALUEIN, KEYOUT>
extends Reducer<KEYIN, VALUEIN, KEYOUT, Mutation> {
}
```

- KEYIN：定义 reduce 方法的第一个参数类型，即 Mapper 中定义的输出 key 类型。
- VALUEIN：定义 reduce 方法的第二个参数类型，即 Mapper 中定义的输出 value 类型
- KEYOUT：定义 Context.write 方法的第一个参数。
- Mutation：定义 Context.write 方法的第二个参数，该类型可以是任意一个 Mutation 的子类，比如 Put、Delete、Append 等，这个参数传入的 Mutation 类最后会被自动执行。

如果你的输出不是 HBase 中的表，比如你要输出一个文本文件，或者输出到传统关系型数据库，请直接继承 Reducer 抽象类。

9.4.3 TableMapReduceUtil

这个类是 HBase 提供的工具类，方便你把之前定义的所有东西设置进 Job 任务类。它提供了很多实用的方法，最重要的就是以下两个方法：

- initTableMapperJob：该方法可以为 Job 设置需要扫描的表名、扫描器、TableMapper 类、map 输出 key 类型、map 输出 value 类型等参数。具体参数参看官方 API 文档。
- initTableReducerJob：该方法可以为 Job 设置需要输出的表名、TableReducer 类等参数。具体参数参看官方 API 文档。